Jean Merrien

JEAN MERRIEN

Sie segelten allein

Jean Merrien

Sie segelten allein

Übertragen von

Ulrich Zimmermann

3. Auflage

VERLAG DELIUS, KLASING & CO
BIELEFELD UND BERLIN

Titel der französischen Originalausgabe
LES NAVIGATEURS SOLITAIRES
verlegt bei Editions Denoël Paris

ISBN 3-7688-0140-3

Einbandgestaltung: Siegfried Berning

Alle Rechte der deutschen Ausgabe liegen beim
Verlag Delius, Klasing & Co. – Bielefeld und Berlin

Printed in Germany 1972

Druck: Friedrich Pustet, Regensburg

Inhalt

Einführung 7
Die ersten Atlantiküberquerungen von West nach Ost 28
Atlantiküberquerungen von Ost nach West und Überfahrten unter
    Motor 61
Der Pazifik 102
Der Indische Ozean 135
Die Weltumsegler 146
    Der Pionier Slocum 146
    Pidgeon, Drake, Alain Gerbault 167
    Miles, Erling Tambs und seine Familie, Francesco Geraci 180
    Commandant Bernicot 188
    Vito Dumas 198
    Jacques-Yves le Toumelin 228
    Murnan, Petersen, Jean Gau, Bardiaux, Guzzwell, Michel Mermod, Auboiroux, Bill E. Nance, Frank Caspar, Roger Plisson,
    Chichester, Alec Rose, Lee Graham 237
Weltumsegelung als Nonstop-Einhandregatta 255
Zwei Phantasten 263
    Hans Zitt 263
    John E. Schultz 275
Die Einhandregatten über Atlantik und Pazifik 284
Schlußbetrachtung 305
Liste der Sportsegler, die mindestens eine Einhandreise über einen
    Ozean nachgewiesen haben 311
Anhang (Karten verschiedener Routen) 324

Einführung

WAS BEDEUTET ÜBERHAUPT EINHANDSEGELN?

Allein über den Ozean! Diese vier Wörter, gefolgt von einem Ausrufezeichen, das Erstaunen oder Bewunderung, Unverständnis oder sogar Ablehnung ausdrückt, beinhalten für Landbewohner drei furchterregende Aspekte:
Die offene See.
Die Kunst der Navigation.
Die Einsamkeit.

Die Einsamkeit ist es, die den völlig Unvorbelasteten und vor allem den Betriebsamen am meisten schreckt.
Die Erfahrung beweist jedoch, daß gerade die Einsamkeit am wenigsten zu fürchten ist. Das einzige Übel beim Alleinsegeln liegt in der Zunahme gewisser Schwierigkeiten, besonders während des Schlafens. Aber selbst dieses Problem ist nicht unlösbar. An Bord eines kleinen Schiffes ist vielmehr das *Nichtalleinsein* schwer auszuhalten. Das Ertragen des ständigen Beisammenseins auf engstem Raum, ohne die Möglichkeit, sich einmal zurückziehen zu können. Die Notwendigkeit, über getroffene Entscheidungen diskutieren zu müssen oder sie durchzusetzen, der Verzicht auf liebgewordene Gewohnheiten, die lebenswichtige Bedeutung der geringfügigsten Maßnahme. Diese Faktoren können fortgesetzt die Legitimität des Skippers in Frage stellen, der nichts anderes in die Waagschale zu werfen hat als den anhaltenden Erfolg, die konstante Überlegenheit und die Unfehlbarkeit.
Dabei sind wahrscheinlich all die Burschen, die sich zu zweit und auf paritätischer Basis in großen Abenteuern auf See versuchen, ganz außergewöhnliche Persönlichkeiten. Häufig vertragen sich ausgeprägte Persönlichkeiten schlecht miteinander. Viele Reisen sind aus diesem Grund gescheitert.
Sie gelangen nur, wenn einer für die anderen unbestreitbar und unwiderruflich der Chef war, der die Heuer zahlt, oder der einzige, der das

Boot zu führen versteht. Und trotzdem war das Zusammenleben oft unerträglich. Geplatzte Illusionen und zerbrochene Freundschaften waren die Folge. Oder sogar Tragödien.

Doch es gibt selbst auf See ein Motiv für das harmonische Miteinander – die Liebe. Öfter, als man glaubt, sind Ozeansegler Ehepaare oder Familien. Man hält sie immer für glücklich (sogar wenn die Frau die Hosen anhat...). In einem solchen Fall handelt es sich allerdings nicht um zwei Einzelpersonen, sondern um ein Paar, dessen zarte Bande selbst Wind und See standhalten.

Eine drei- oder vierköpfige Crew?

Hier ist das Gleichgewicht schon leichter herzustellen. Es wird sich dabei im allgemeinen auch nicht um so ganz kleine Boote handeln, der Platz für Lebensmittel würde nicht ausreichen. Alle Arbeiten und besonders die ermüdenden Wachen, die Hundewachen, lassen sich besser einteilen, die Nerven werden weniger strapaziert, denn es wird regelmäßiger geschlafen.

Es bleibt aber das Nahebeieinanderleben, und es bedarf einer starken Willenskraft, um keine ernsten Konflikte oder gar Zerwürfnisse aufkommen zu lassen. Tragische Beispiele sind bekannt. Es gibt auch den Entschluß, unerfreuliche Geschehnisse zu verschweigen, wenn die Partie gewonnen, das Land erreicht wurde und sich die Phantasmen der See auflösen. Das „Schweigen nach der Explosion" ist offenbar eine häufige Erscheinung. Damit ist auch allen gedient.

Nur dieses Schweigen kann demjenigen einige optimistische Schilderungen von Segelreisen erklären, der sich an die Atmosphäre in einer Messe oder einer Mannschaftsback auf einem Kriegsschiff oder einem Frachter erinnert, wie sie in Wirklichkeit nach längerer Zeit auf See ist... Der Mensch ist nicht dafür geschaffen, in einer kleinen Gesellschaft von Männern oder Frauen zu leben, ohne Ventil für familiären oder künstlerischen Überdruck.

Da läßt sich die wirklich vollkommene Einsamkeit viel leichter ertragen. Der Alleinsegler kann allerdings in einen Traumzustand geraten, in dem er völlig abstumpft, durchdreht und sich in einem Nirwana verliert. Er wird in den Zustand einer krankhaften Überreizung versetzt. Nichts berührt ihn dann mehr. Der Einhandsegler steckt in einer selbstgewählten „Zelle" (ein Gefangener ist im allgemeinen nicht Alleingänger, er ist nur Eingeschlossener, Empörer). Ob diese „Zelle" nun hinter dicken Steinmauern liegt oder auf dem Wasser schwimmt, der wahrhaft Einsame kann niemandem etwas übelnehmen, es sei denn, sich selbst, seinem Gott oder dem Schicksal, was auf das gleiche herauskommt. Der wirklich Einsame, und vielleicht gibt es ihn nur auf freier See, wo Hilfe und Unglücksfälle nur ganz im stillen erhofft oder gefürchtet werden, dieser Einsame ist gleichzeitig Herr und Diener, beide Gegensätze des Menschseins vereinigt er in einer Person. Er kann dem herausgeforderten Schicksal nicht ausweichen. Er kann an seinem Glück zweifeln, über seine eigenen Fehler oder Mißgeschicke laut sprechen, kein Mensch wird es hören. Die Stimme des Selbsterhaltungstriebes, die ihre eigene Sprache spricht, läßt ihn immer und nachdrücklich das Vergangene vergessen, um ihm die Kraft für den Weg zur Rettung zu lassen. Das ist eine Eigenart des Seemanns. Er hat also die besten Chancen. Auch den Frieden hat er. Wenn das Wort des Evangelisten Gültigkeit hat: „Jedes Königreich, das gegen seinen Willen geteilt wird, wird untergehen", dann gilt es erst recht auf See. Jede Besatzung, die sich nicht einig ist, das heißt, die an den Fähigkeiten ihres Führers zweifelt, ist mehr gefährdet als eine andere. Der härteste, aber auch der einfachste Weg, eine Meuterei zu vermeiden, ist, allein zu sein.

Ein Beispiel stimmt nachdenklich: das der Leute von der *Kon-tiki*. Auf diesem Floß, das im Humboldtstrom vor den Passatwinden quer über den Pazifik trieb, gab es allerdings wenige Entscheidungen zu fällen. Bei der Abfahrt hatte man sich den souveränen Kräften des Windes und des Wassers ausgeliefert. Die Würfel waren gefallen, man konnte nur abwarten. „Mehr nicht?" Drei Monate lang abwarten, sechs junge Leute voller Vitalität und Ideen (ohne die sie nicht dort gewesen wären), ohne die Möglichkeit, auszusteigen. Auf den wenigen Quadratmetern keine Möglichkeit, sich zurückzuziehen, nicht einmal für die intimsten Obliegenheiten oder um sich dem Geschwätz zu entziehen. Ein großes Schiff hat Schlupfwinkel, stille Ecken vorn oder achtern, ruhige Plätze an Deck, wo die Illusion der Einsamkeit, der Traum des Individuums, gefunden werden kann. Und sei es nur, um wieder Gefallen an der Gemeinschaft zu finden. Das ist an Bord eines Floßes unmöglich. Schade, daß die Jungen, die dieses Abenteuer erlebt haben, nicht ehrlich berichteten, wie sie miteinander ausgekommen sind. Im Gespräch über dieses Problem meinten einige Seeleute: Italiener hätten es nur 3 Tage ausgehalten, Pariser 6 Tage, Bretonen 10 Tage, Deutsche 20 Tage, Engländer vielleicht einen Monat. Aber drei Monate! Das ist lange – selbst für Skandinavier[1].

Es war ein verhältnismäßig großes Floß, und sie waren zu sechst. Wenn mehr als drei Menschen an Bord sind, werden es weniger statt mehr. Spaß beiseite, wer will, versteht schon. Aber eine Segelyacht von knapp 12 m Länge ist eine einzige Zelle. Man ist wirklich allein oder zu zweit, je nachdem.

---

[1] Die Geschichte der zweiten Floßfahrt, der *Tahiti-Nui* verlief ganz anders: Eric de Bisschop war aus Erfahrung, Lebensalter, Persönlichkeit und Autorität unbestrittener Führer.

Es gibt keine *weniger große* Einsamkeit zu zweit, auch keine *größere* Einsamkeit allein.
Zwischen beiden ist kein Kompromiß möglich. Die Erfahrung lehrt, daß die erste viel schlimmer ist als die zweite.

Bei der höllischen Dreifaltigkeit, unter der sich der Landbewohner eine Ozeanüberquerung vorstellt, ist der Dämon der Einsamkeit also nicht so furchterregend.
Kommen wir zur Kunst der Navigation.
Die Landratte stellt dich darunter eine ganze Welt vor.
Der Nichtseeman glaubt, es sei ein Beruf, der zu mehreren ausgeübt wird, wie beispielsweise der Betrieb einer Eisenbahn mit dem kleinen Unterschied, daß für ihn der Seemann ein Tier ist, das sich etwas vom Menschen unterscheidet. Ein Tier, das auf Tauwerkrollen sitzt, das nie seekrank wird, das zünftig gekleidet herumläuft, Alkohol trinkt, zwischen Kneipen und „Häusern" der Häfen herumkreuzt, die Kompensation der Gefahren seines Berufes aber verdient; das den Frauen in gefährlicher Weise nachstellt, für die es ein exotisches Flair hat, eine Pudelmütze mit Bommel oder eine Schirmmütze und goldene Kolbenringe auf dem Ärmel trägt. Es ist nicht übertrieben, viele Leute haben diese krause Vorstellung ... Theoretisch wissen sie natürlich, daß es vier Arten von Seeleuten gibt, vier völlig unterschiedliche Kategorien:
Die Seeleute der Kriegsmarine, in erster Linie Militärs, die Karriere machen oder „ihre Zeit herunterreißen" wollen. Sie teilen sich in zwei „Clans": Deck und Maschine. Die Offiziere der Brücke sind Seeleute mit überkommener Tradition. Sie stemmen sich gegen die Vorstellung, daß Schiffe „reparierbares Eisen" oder schwimmende Festungen sind, die ihnen das zwanzigste Jahrhundert beschert. Der Unteroffizierstand bildet ein Corps, das trotz der Umstände erstaunlich seemännisch ist. Wie lange noch? Es gibt dann noch einige wenige Spezialisten unter den Matrosen: Rudergänger, die Wache gehen, und Deckspersonal, das man zum Manövrieren braucht. Der Rest –, der Rest ist, trotz Marinemütze und Bommel, Truppe oder bestenfalls Facharbeiter zur See. Im Maschinenraum gibt es Leute von Format, aber abgesehen von Ausnahmen sind sie keine Seeleute, trotz der gleichen Uniform. Viele sind aus Liebe zur See dorthin gekommen. Es muß noch hinzugefügt werden, daß beide, Deck und Maschine, in Friedenszeiten häufig und leider Gottes einer Meinung sind: Aus Mangel an Schiffen und Geld fahren weder die einen noch die anderen.
Die Seeleute der Handelsmarine. Sie fahren ständig. Im allgemeinen in Zivil und haben fast immer eine Mütze auf, transportieren Passagiere oder Waren und fühlen sich oft als „Straßenbahnschaffner". Diese Be-

scheidenheit ist gar nicht am Platze. Selbst von dem hochliegenden Deck eines Dampfers gesehen, bleibt die See immer noch ein bißchen die See. Auch sie müssen auf schlechtes Wetter Rücksicht nehmen. Dabei sind sie die ersten, die unter dieser Degradierung leiden, denn ihr Herz hängt an den großen Segelschiffen. Übrigens übertreiben sie etwas, denn sie haben es ja immer noch mit den maritimen Schwierigkeiten zu tun, mit Nacht, Nebel, Kälte, Hundewache, Kurs – und in ihren Augen spiegelt sich das Licht der weiten See.

Die Seeleute von der Fischerei. Auch diese Kategorie wird von der öffentlichen Meinung in einen Sack gesteckt. Dabei gibt es ganz erhebliche Unterschiede. Es gibt Hochseefischer, die ihre Netze auf den Bänken Neufundlands oder sogar bei Grönland oder Island ausbringen – was sogar der Maschine einige Seemannschaft abverlangt. Sie fahren nach Mauretanien, um die Langustengründe auszuloten, oder von Portugal nach Irland, um den Thunfisch zu angeln, oder sie setzen die kilometerlangen Treibnetze in den kalten, neblichen und gefährlichen Gewässern des Kanals aus. Etwas weniger wissenschaftlich, aber härter und schlechter dran sind die Küstenfischer, die beim übelsten Wetter, welches das ertragreichste ist, ihre unendlich langen Leinen mit den tödlichen Haken dort auslegen, wo das Meer „arbeitet", die nach ihren unauffindbaren Hummerkästen in der Nähe der Felsen suchen oder nur ganz einfach auf langen Schlägen fischen und zwischen Maschinenkraft und Widerstand des Netzes auf See furchtbar herumbolzen. Sie sind auch Seeleute, obwohl sie „zu Hause schlafen", wie man sagt (längst nicht immer und zu welcher Tageszeit?). Sie sind großartige Seeleute, diese Küstenfischer. Im unmittelbaren Kontakt mit dem Meer, vertrauen auch sie einem Segel mehr als einer Zündspule ...

Insgesamt genommen, ist die Fischerei die seemännischste unter den Marinen.

Aus ihr sind zu allen Zeiten die Seeleute für die anderen Sparten der Marine hervorgegangen.

Auch die der vierten Kategorie. Denn es ist die Fischerei, aus der sich die *Sportschiffahrt* gebildet, an der sie sich ausgerichtet und instruiert hat.

Aber, denkt der Mann an Land, Segler und Sportschiffer sind doch keine Seeleute. Sie besitzen Yachten, wie andere ein Auto, Sportler.

Sportler?

Ja und nein. Ja, wenn man sagen will, daß sie Amateure sind und mit einem finanziellen Profit nicht rechnen, daß sie zu ihrem Vergnügen fahren, keine Schwierigkeiten scheuen, sich freiwillig physischen und psychischen Anstrengungen aussetzen, daß sie die Beschwerlichkeit lieben, ritterlich sind und nicht mogeln. Nein, wenn man unter Sport nur den reinen Wettkampf versteht. Es gibt ein Wettsegeln der Yachten, das aber in ziemlichem Gegensatz zum Wesen der See steht. Auf jeden Fall kommen die Einhandsegler nicht aus diesem Bereich des Sportsegelns. Schon gar nicht, wenn man nur an die physischen Anstrengungen denkt. Hier vermag der beste Athlet nichts, hier muß man eine Kunst beherrschen.

Die Yachteigner? Ja, im allgemeinen, aber nicht ausschließlich. Sie sind Seeleute. Zuweilen sehr schlechte, oft mittelmäßige, machmal die besten – auf jeden Fall aber Seeleute. Verdünntes oder konzentriertes Seewasser bleibt ja auch immer Seewasser. Ihrer Natur nach sind sie seemännischer als die Berufsseeleute, weil sie als einzige zur See fahren, *ohne es zu müssen*.

Dazu sagt Eric de Bisschop:

„Nach Meinung der Durchschnittsbürger ist der ein Seemann, dessen Beruf ihn zwingt, auf dem Meer zu leben. Irrtum! Großer Irrtum! Seemann ist, dessen Weltanschauung ihn zwingt, *mit* dem Meer zu leben."

Nur auf Sportsegler kann das immer zutreffen.

Werden sie von ihren „Kollegen" schief angesehen?

Gewiß.

Aber Tatmenschen sehen auf „Träumer" herab, und trotzdem sind es die „Träumer", die die Menschheit in stärkerem Maße beeinflußt haben als die aktivsten Tatmenschen.

Die Seeleute der vierten Marine brauchen sich im übrigen auch nicht um das zu kümmern, was man von ihnen denkt. Ein fatales Schicksal will es, daß der Sportsegelei – kaum geboren – (sie zählt in Jahrzehnten, was die anderen Marinen in Jahrhunderten rechnen) ein erdrückendes Erbe zufällt, das sie allein verwalten muß: die tausendjährige Tradition des Segelns. Das Fortbewegen auf dem Meer „in Höhe der Wasserlinie".

Allein dadurch verdient sie Respekt. Es stimmt nachdenklich, wenn sich illustre Berufsseeleute oder ein großer Kriegsmarineschriftsteller wie Claude Farère Asche auf das Haupt streuen: „Ich mache mir den Vorwurf", sagt Claude Farère, „in meinen Marinebüchern das Sportsegeln vernachlässigt zu haben. Und heute, wo die Kriegsmarine in unseren Augen nicht mehr das ist, was sie einmal war, ist das Sportsegeln so unentbehrlich wie nie zuvor. Die Passagier- und Frachtschiffe wären die einzigen, die unsere drei Farben über den Ozean führen, wenn es nicht auch die Yachten gäbe. Sie sind wertvoll, weil sie die Tradition des Segelns bewahren. Und nur das Segeln macht Seeleute."

Über diesen Punkt müssen wir uns etwas verbreiten, weil Einhandsegler Sportsegler sind. Niemand wird ihre Leistung richtig zu würdigen wissen, der nicht eine Idee von den Problemen hat, die das Alleinsegeln mit sich bringt.

Selbst wenn der Segler, im besonderen der Einhandsegler, aus einer der anderen Marinen kommt, muß er für den Segelsport seine bisherigen Beziehungen zur See auf eine völlig neue Basis bringen.

In früheren Ausgaben hatte ich die bekannte englische Scherzfrage zitiert: Was sind die drei unnützesten Dinge an Bord einer Segelyacht? Ein Rasenmäher, eine Schreibmaschine und ein Offizier der Kriesmarine. Dieser Spaß ist falsch verstanden worden, denn in seinem schätzenswerten Buch schreibt Tabarly: „Um seine Theorie vom schlechten Segler unter den Offizieren der Kriegsmarine zu stützen, schreibt Merrien..." Eine solche These habe ich nie aufgestellt. Sie wäre absurd. Ich habe geschrieben, und das möchte ich sogar wiederholen, daß die Schaffung einer Staatsflotte, und vor allem das militärische Leben auf See, nur wenig für den Segelsport Verwendbares beitragen. Allein während des Urlaubs, in der Atmosphäre der Küste, der Ferien, der Familien, finden die Staatsseeleute Kontakt zum Segeln. Tabarly ist das bekannteste Beispiel.

Ebenso habe ich festgestellt, daß unter den Einhandseglern keiner zu finden ist, der ausschließlich unter der Regie des Staates zur See fährt. Das war einmal eine Tatsache. Seit Guillaume und Tabarly nicht mehr. Aber warum glauben die Leute immer, man wolle sie angreifen? Die Abstinenz der Militärs hatte gute Gründe: Zeitmangel, zu kurzer Urlaub, hohes Pensionsalter. Die Tatsache, daß unsere Admiralität dies versteht und das ihrige dazu beiträgt, ist ein Ereignis – ein ebenso glückliches wie neuartiges.

Nicht minder glücklich sind Segelunterricht an den Marineschulen und die Gründung von Segelclubs innerhalb der Kriegsmarine. Im übrigen schildert diese Chronik die Vergangenheit. Diese Zeilen sollen dem nicht sachverständigen Leser verständlich machen, daß die verschiedenen Flotten sich stark voneinander unterscheiden und daß man nicht allein deshalb eine Yacht zu führen in der Lage ist, weil man die Kolbenringe eines Kapitäns oder Admirals trägt.

Zwischen der Handelsmarine, der Fischerei und der Sportsegelei gibt es aus der Zeit der großen Segelschiffe ein gemeinsames Band: den Gebrauch der Segel, die Kenntnis der Winde. Dieses Band erklärt die Herkunft fast aller ersten Einhandsegler.

Aber auch in jener Epoche waren die Probleme, die sich einer einhandgeführten Yacht stellten, sehr verschieden von denen eines Dreimasters, Luggers, Dundees (großes Fischerboot unter Segeln) oder einer Schaluppe (Kutter), die stets in den gleichen Gewässern fischt.

Heute werden Segel nur noch auf Yachten gesetzt. Die Probleme interessieren darum ausschließlich sie allein.

Was ist eine Yacht?
Eine große Yacht mit fester Besatzung, ob unter Segel oder Motor, ist eine Art Fahrgastschiff. Diese Sorte wird jedoch immer seltener und interessiert uns hier nicht.
Wir wollen uns nur mit Booten beschäftigen, die von einem Mann allein geführt werden.
Welcher Art sind die Probleme?
Sich fortzubewegen, das Ziel zu erreichen, und zwar nicht zu langsam und ohne zu große Anstrengungen für den Menschen.
Unversehrt zu bleiben.
Wohnlich und komfortabel zu sein, mit allem Erforderlichen ausgerüstet.
Leider stehen diese drei Wünsche im Widerspruch zueinander. Je wohnlicher ein Boot ist, desto weniger handlich, schnell oder sicher ist es. Je sicherer, desto langsamer, schwerer und weniger luvgierig ist es. Je schneller, desto weniger komfortabel!
Überlassen wir diese Sorgen den Sportseglern, die sich ihr Leben lang auf den Kojen herumwälzen, verzweifelt darüber, daß sie die unvereinbaren Komponenten nicht in Übereinstimmung bringen können.

Sicher ist es immer noch besser, an Bord schlecht untergebracht zu sein, als zu ertrinken oder überhaupt im Hafen zu bleiben. Aber besonders für Ozeanüberquerungen ist dieses Problem ebenso wichtig wie die anderen, denn die physische Belastung muß eine Grenze haben. Lebensmittel, Ausrüstungsgegenstände und ausreichende Ersatzteile müssen an Bord untergebracht werden können.
Man hat schon des öfteren so kleine Boote zu weiten Reisen auslaufen sehen, in denen sich die Segler nicht einmal ganz ausstrecken und genügend gegen Feuchtigkeit schützen konnten. Es bestand keine Möglichkeit, eine warme Mahlzeit zu bereiten, die auf die Dauer nicht entbehrt werden kann. In tropischen Zonen konnten sie sich nicht gegen Hitze schützen, weil sie sich zum Beispiel nicht an der frischen Luft ausstrecken konnten. Wenn Lebensmittel, Trinkwasser, Segel, Ersatztauwerk und Brennstoff nicht in ausreichender Menge an Bord sind, kann man sich die tragischen Folgen sofort vorstellen.
Solche Fälle sind keineswegs selten. Die Gründe dafür sind entweder höhere Gewalt (z. B. Flucht), Geldmangel (in diesem Fall sollte man lieber darauf verzichten) oder eine verrückte Wette, eine Regatta, was überhaupt das unseemännischste ist.
Ein Boot für Einhandsegler sollte praktisch kaum mehr als 10 bis 12 m in der Länge messen, sonst werden Segel und Anker zu schwer. Es darf

aber auch nicht weniger als 8 m lang sein, 7,50 m wäre das allerwenigste. Wir werden aber sehen, daß namentlich bei Atlantiküberquerungen viele Boote über den „Heringsteich" gingen – der aber kein Ententeich ist –, die über alles nicht mehr als 4,50 m maßen. Das ist glatter Wahnsinn!
Warum glatter Wahnsinn?
Wegen des Grundsatzes: Je größer ein Schiff, desto kleiner die Gefahr? Diesen Grundsatz hielt man lange für richtig, er ist es aber nicht.
Die Sicherheit steht nicht im Verhältnis zur Tonnage. Das sei hier im Sinne von Gewicht (Verdrängung) verstanden oder von Volumen (Bruttoregistertonnen), was im vorliegenden Fall das gleiche bedeutet. Vielmehr muß die Festigkeit in Relation zur Tonnage stehen.
Lange hat man geglaubt, ein großes, schweres Schiff *widerstehe* der See besser.
Das ist vollkommen richtig. Es *widersteht,* und das ist genau das, was es nicht soll.
Man beobachte einmal das Meer von der Höhe einer Steilküste aus. Man sieht, wie die Wellen sich an den Felsen brechen. Sie wirken dort mit einer derartigen Gewalt ein, daß sie im Laufe der Zeit große Brocken herausreißen.
Neben diesen Felsen schwimmt ein Ast, sagen wir ein Zweig mit zarten Blättern. Der Zweig schwimmt zurück, dann wieder vorwärts und bleibt völlig unversehrt. Die Welle schiebt ihn etwas, ohne ihn zu beschädigen, aber er kommt mysteriöserweise immer wieder.
Dieses Geheimnis ist sehr einfach zu erklären. Die Wellen laufen nämlich gar nicht vorwärts, es sieht nur so aus, als täten sie es. In Wirklichkeit verlagern sich die Wassermoleküle überhaupt nicht oder nur sehr wenig. Die Welle, im Sinne der Radiotechnik, schwingt. Das Wasser scheint vor- und zurückzulaufen, dabei bleibt es im großen und ganzen immer an derselben Stelle. (Ja, das stimmt wirklich! Wenn es anders wäre, müßte sich das Wasser in Küstennähe ansammeln und mitten auf dem Ozean immer weniger werden. Man würde eine schiefe Ebene sehen. Haben Sie einmal darüber nachgedacht?)
Der Wind, ja, er treibt Gegenstände vorwärts, die Wellen jedoch kaum. Es sei denn, daß sie sich brechen (Strom ist eine völlig andere Sache). Andererseits, und das beschäftigt uns hier, *stellt der Felsbrocken der Welle eine Masse entgegen. Das leichte Stück Holz, das praktisch keine Trägheit besitzt, stellt ihr nichts entgegen. Die Welle geht unter ihm durch.*
Genauso ergeht es der Möwe, die sich auf das Holzstück gesetzt hat. Die Welle hebt sie an, zieht sie ein Stück zurück und schiebt sie wieder nach vorn (diese Bewegung gleicht einem Zykloid, übrigens wenig bekannt). Kommt eine Welle mit weißem Schaumkopf, bringt sie das Tier

etwas zum Schaukeln, nur ganz wenig, und donnert später gegen den Felsen.

Das schwere Schiff, mit seiner großen Trägheit, verhält sich der Welle gegenüber wie ein Fels. Es widersteht der Gewalt mit Gewalt. Das leichte Boot verhält sich wie ein schwimmender Wasservogel, es gibt nach, und die See läuft unter ihm durch.

Eiche und Schilfrohr.

Die Lösung Eiche benutzt man, um Güter, nicht aber, um ein oder zwei Menschen zu transportieren.

Ist es mit dem Wind auch so?

Nein.

Auf dem Meer wirkt der Wind auf alles ein, was sich von der Oberfläche abhebt. Je höher das Objekt aus dem Wasser herausragt, desto größere Angriffsflächen bietet es dem Wind. Umgekehrt, je tiefer ein Objekt im Wasser liegt, je größer seine benetzte Fläche ist, desto mehr Widerstand leistet es gegen die Wirkung des Windes auf die über dem Wasser liegende Fläche. Das Ganze läuft auf die Frage der Beziehung zwischen Unterwasser- und Überwasserteil hinaus. Sind beide geringfügig, bewegt sich nichts, wirkt keine Kraft ein. Ist der Unterwasserteil groß, der Überwasserteil klein, wird der Gegenstand vom Wind getrieben, ohne daß zerstörerische Gewalt auf ihn einwirkt. Liegt das Verhältnis umgekehrt, bleibt er dort, wo er ist, wiederum ohne daß zerstörende Kräfte auf ihn einwirken. Er arbeitet aber stark im Wasser und wird hoch in die Luft geschleudert – also auch nicht das richtige.

So liegt der Fall bei einem großen Segelschiff, das sehr viel benetzte Fläche aufweist und, wenn es manövrieren will, himmelhohe Masten an Deck stellen muß, die in eine Höhe reichen, in der der Wind viel stärker ist als auf der Wasseroberfläche. Aus diesem Grund haben schwere Schiffe mehr auszuhalten als ein kleines Boot.

Also ist unter der Einwirkung von See oder heftigem Wind (und oftmals von beiden zugleich) das kleine Boot theoretisch sicherer als der große Segler.

Praktisch ist es jedoch Wahnsinn, einen Ozean mit einem zu kleinen Boot zu überqueren. Es gibt viele Gründe dafür. Hier sind die wichtigsten:

Das kleine Boot, das der See und dem Wind „nachgibt", kann nicht genug Luv halten, kann sich nicht aus einer Bucht oder von einer Küste freisegeln, auf die der Wind steht. Leicht wird es von einem Brecher einfach umgeworfen. Bei seiner geringen Höhe oberhalb der Wasserlinie (Freibord) besteht die Gefahr, daß die „Seen einsteigen", was für ein nicht eingedecktes Boot das Ende bedeuten würde.

J.-Y. le Toumelin in Croisic

»Sturdy«, das schunergetakelte Fahrzeug des Einhandseglers Edward Miles, der sein Boot selbst entworfen und für eine Weltumsegelung erbaut hat.

Bei der Lektüre dieses Buches wird man erkennen, daß die Idee, „ein kleines Boot könne nicht auf weite Reisen gehen", vollkommen falsch ist, vorausgesetzt natürlich, daß man sein Verhalten ganz genau kennt.

Macht sich der Leser eine Vorstellung davon, welche Fahrtgeschwindigkeit man von einer kleinen Segelyacht erwarten kann?

Das ist natürlich sehr unterschiedlich und hängt von der Länge und Breite des Bootes, von der Stärke des Windes, vom Zustand der See, vom Rigg (Besegelung) und vor allem von der Bootsform ab.

Im allgemeinen erscheint die Geschwindigkeit einem Landbewohner doch recht gering. Für Einrumpf-Boote[1] unter 12 m Länge, wie etwa die, von denen hier die Rede sein wird, liegt sie zwischen vier und neun Knoten. Sieben bis siebzehn Kilometer pro Stunde. Ein Segelschiff ist also langsamer als ein Kind auf dem Fahrrad! Und trotzdem schafft es Weltumsegelungen in einer relativ kurzen Zeit, weil es Tag und Nacht Fahrt macht oder wenigstens 17 bis 18 Stunden am Tag. Weil es sich vorwärtsbewegt, während der Mensch kocht, ißt oder arbeitet. Oft auch – und das ist wichtig – während er schläft. Eine solche Segelyacht kann in 24 Stunden bis zu 150 oder 160 Seemeilen laufen. Man hat schon 200 erlebt (und das Boot war nur 8,85 m lang). Sie schafft zwar nur 15 km/h, aber 300 bis 400 km in 24 Stunden.

Es wurden die Bezeichnungen „Meilen" und „Knoten" gebraucht... Das muß dem Leser abverlangt werden. Es ist wirklich nicht möglich, Seegeschichten zu schreiben, in denen die Distanzen in Kilometern ausgedrückt werden. Dagegen steht die Gewohnheit, eine ganze Tradition, eine ganze Ästhetik. Man trinkt auch nicht Champagner aus einer Suppentasse, lieber verzichtet man darauf. Man muß also in Seemeilen zählen.

Eine Seemeile (sm) mißt 1852 m. Es ist die Länge einer Bogenminute auf einem Längengrad, ganz gleich, wo man sich befindet.

Wenn man Seemeilen in Kilometer umrechnen will, muß man die Zahl verdoppeln und 7,5 % davon abziehen. Es ist viel leichter, als man glaubt, weil die Zahlen 15, 30, 45, 60 usw. durch 7,5 teilbar sind.

Ein Knoten ist ganz einfach eine Seemeile pro Stunde. Es wäre also Unsinn zu sagen „ein Knoten pro Stunde".

Noch ein Wort zur Geschwindigkeit.
Wie steht es mit der Geschwindigkeit unter Motor?
Manche Leute glauben, es genüge, einen stärkeren Motor zu nehmen, um eine größere Geschwindigkeit zu erzielen. Das ist vollkommen falsch.

---

[1] Die neuartigen Mehrrumpfboote (Katamarane und Trimarane) erreichen eine viel höhere Geschwindigkeit, zuweilen die dreifache.

Ohne hier auf die Probleme der Schraube einzugehen, mag allein die Feststellung genügen, daß der Widerstand eines Schiffsrumpfes bei der Vorwärtsbewegung so schnell mit der Fahrtgeschwindigkeit wächst, daß sehr bald ein Limit gesetzt wird. Jenseits dieses Limits erhöhen sich Sog und Materialbelastung, das ist alles.

Die maximale Geschwindigkeit eines gegebenen Rumpfes ist immer dieselbe, gleich ob unter Motor oder Segeln. Sie hängt von seinen Unterwasserlinien ab, d. h. der Form des eingetauchten Teils des Rumpfes, und dem Zustand der See. Deshalb kann man durch Segeln mit Motorunterstützung, wie es viele Fischer bei frischer Brise tun, keine wirksame Erhöhung der Geschwindigkeit erzielen. Man vergeudet nur Kraftstoff und belastet das Boot für nichts. Man kann lediglich den Kurs damit verbessern, z. B. höher an den Wind gehen.

Dies ist sehr bedeutsam für das Verständnis der Reisen von Einhandseglern: Sie bedienen sich der Motoren nur bei totaler Flaute, zum Einlaufen in einen Hafen oder „um in den Wind zu gehen", was aber nur erreicht wird, wenn der Wind schwach und der Motor stark genug ist. In der Praxis läuft eine mit Hilfsmotor ausgerüstete Segelyacht auf freier See niemals unter Maschine. Um lange unter Motor laufen zu können, benötigt man im übrigen derartig große Mengen an Kraftstoff, daß sie sich meistens auf einem Boot für Einhandsegler nicht unterbringen lassen. Es ist ohnehin schon mit Lebensmitteln und Ersatzteilen vollgestopft. Alleinreisen unter Motor ohne Segel stellen derart viele Probleme, daß es bislang nur eine einzige gegeben hat.

Vielleicht bedarf es noch einiger ganz kurzer Hinweise auf Segelmanöver und das Rigg.

Eine Segelyacht kann in jede Richtung laufen, *selbst in die, aus der der Wind kommt.*

Oder der Wind „läuft mit", d. h., er „bläst" das Segelboot vor sich her. Dabei kann der Wind genau von achtern kommen. Das ist keinesfalls, wie man häufig glaubt, das einfachste. Ganz im Gegenteil. Denn auf dem Kurs vor dem Wind befindet sich die Besegelung nicht mehr im Gleichgewicht, und dabei drücken die Wellen von achtern nach mit der Tendenz, das Boot um seine eigene senkrechte Achse zu drehen. Für den Einhandsegler ist dies eines der schwierigsten Probleme, weil er ja nicht immer am Ruder sitzen kann und er durch die sehr anstrengende Arbeit des „Gegenrudergebens" sehr schnell erschöpft sein würde (dem „Wegschmieren" entgegenwirken und das Gieren mit dem Ruder neutralisieren). Wir werden später die verschiedenen Lösungen sehen. Ein Boot kann auch mit Backstagsbrise segeln, d. h., der Wind kommt ein Viertel vorlicher als von achteraus. Oder auch raumschots, d. h. zwischen Backstagsbrise und Wind von querab. Auf allen diesen Kursen kann man die Segel einer gut getrimmten Yacht (das sind sie keineswegs alle!) mit ein paar kleinen Tricks so stellen, daß sie allein läuft und mit festgelegtem Ruder Kurs hält, d. h., das Ruder ist in einer entsprechenden Stellung fixiert, so daß das Boot von seinem Kurs nicht abweicht.

Es hält ihn sogar noch besser und leichter am Wind, d. h. auf Kursen, die das Boot gegen den Wind läuft, immer näher an die Richtung heran, aus der er weht. In diesem Fall „stößt" er das Boot nicht mehr, sondern er zieht es, saugt es an! Es soll hier weder ein Kursus über Aerodynamik abgehalten noch eine Lektion über Besegelung erteilt werden.

Daher genügt es zu sagen, daß die Trimmlage bei diesem Kurs, der also das Amwindliegen gestattet, und der beständige Kurs mit unbesetztem Ruder leicht zu bewerkstelligen sind. Vorausgesetzt allerdings, daß die Vorsegel so weit vor dem Mast ansetzen, daß sie den Druck des hinter ihnen liegenden Großsegels ausgleichen und gegebenenfalls auch den des Besans. Aus diesem Grund haben die Boote der Einhandsegler häufig einen langen und unschönen Klüverbaum, der Fock oder Klüver weit vor den Bug hinausbringt.

Aber dieses „An-den-Wind-Gehen" hat seine Grenze. Der spitze Winkel, den der Bug des Bootes zum Wind bildet, übrigens auf Kosten der Fahrtgeschwindigkeit, ist um so spitzer, je schmaler das Boot ist und je tiefer es im Wasser eintaucht. Es gibt da noch eine Menge Schwierigkeiten. Ein schlechtes oder mittelmäßiges Boot in harter See oder ein sehr kleines Boot in normalem Seegang geht nicht mehr an den Wind (sehr fatal, denn es läuft dann nicht in die gewünschte Richtung). Einhandsegler sind auf offener See nicht darauf aus, zuviel Anluvvermögen aus ihrem Boot herauszuholen, weil das mit einem heftigen Klotzen gegen die See bezahlt werden muß. Wenn der Segler, einschließlich Abdrift, 45 Grad am Wind erreicht, ist das schon ausgezeichnet. (Die schmalen Regattayachten erreichen in ruhigem Wasser mehr, ca. 40 Grad, aber sowie etwas See steht, können sie diesen Kurs nicht mehr halten. Ihre Schnelligkeit nutzt ihnen dann nicht mehr viel.) Bei Seegang rechnet man in der Praxis mit 60 Grad. Um einen Punkt zu erreichen, der genau in Windrichtung liegt, muß man *kreuzen*, d. h., man legt einen Schlag nach Steuerbord (Backbordhalsen), anschließend einen Schlag nach Backbord (Steuerbordhalsen). Halsen hat hier den Sinn von: Richtung, aus der der Wind kommt. Das Boot hat nach zwei gleich langen Schlägen von 60 Grad, einschließlich Abdrift, einen Kurs in Form eines gleichschenkligen Dreiecks durchs Wasser zurückgelegt. Es hat also zweimal die Distanz durchlaufen, die es von dem in Windrichtung gelegenen Punkt trennt, um diesen zu erreichen. Dabei ist es naturgemäß langsamer. Daher auch das Sprichwort: Beim Kreuzen macht man den doppelten Weg und braucht die dreifache Zeit. Die Seeleute ergänzen: Und man hat den vierfachen Ärger. Denn dieser Kurs ist mühsam und stellt manchmal hohe Anforderungen an das Durchhaltevermögen. Jeder kennt den Ausdruck: Der Kapitän ist in Stimmung „Wind von vorn"!

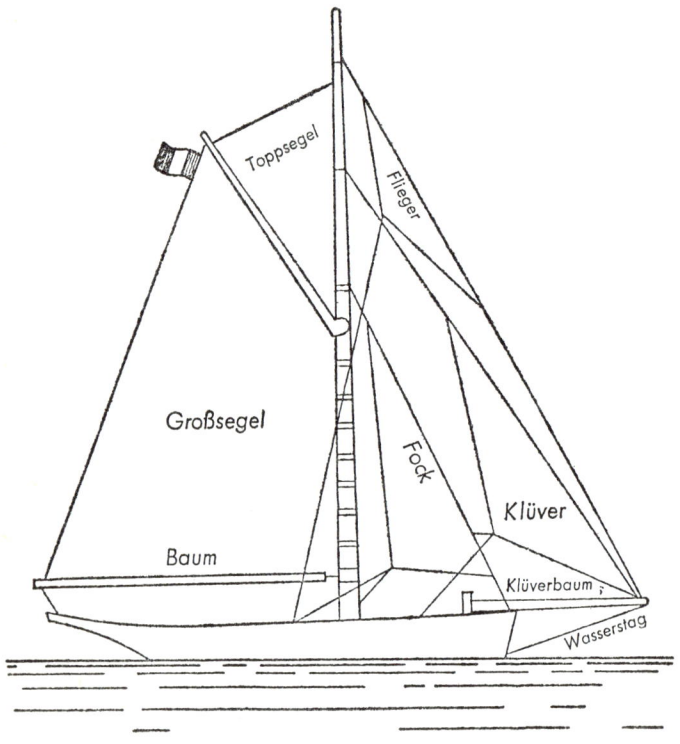

Fire-Crest, noch gaffelgetakelt, vor dem Umriggen

Das Rigg einer Yacht bestimmt die Art der Besegelung. Es wird nach den Charakteristika des Rumpfes gewählt, um die größtmögliche Schnelligkeit, die beste Manövrierfähigkeit und vor allem das Segelgleichgewicht (Trimmlage) zu erzielen, die dem Boot auf allen Kursen eine leichte Luvgierigkeit verleiht. (Das Gegenteil, nämlich Leegierigkeit, ist außerordentlich gefährlich.)

Für den Einhandsegler tritt eine ganz andere Schwierigkeit auf: Die Segel dürfen nicht zu schwer, müssen ganz besonders robust und in der Gesamtfläche groß genug sein, um ausreichende Schnelligkeit und günstiges Verhalten auf See zu erreichen. Sie müssen so handlich sein, daß sie von einem Mann allein gesetzt und geborgen oder bei schlechtem Wetter gegen kleinere ausgewechselt beziehungsweise gerefft werden können. Die Besegelung sollte also gut unterteilt, leicht und einfach zu reffen sein.

Jeder Segler hat hierzu seine eigenen Ideen. Eines der überraschendsten Ergebnisse dieses Buches ist die Tatsache, daß die kleinen Segelyachten, die den Atlantik überqueren oder die Welt umsegelten, eine fast vollständige Kollektion der verschiedensten brauchbaren Riggarten darstellen!

Es sei auf die Zeichnungen auf S. 22 und 24 hingewiesen. Man sollte immer wieder zurückblättern, um die Bedeutung der Ausdrücke wie Slup, Kutter, Ketsch, Jolle, Schoner usw. zu verstehen. Die Bezeichnung der verschiedensten Riggarten: Gaffel, Bermuda (oder Marconi, auch Hochtakelung), Lugger, Spriet, Lateiner usw. Schließlich die Namen der Segel selbst: Fock, Klüver, Spinnaker, Großsegel, Toppsegel, Besan, Stützsegel, Breitfock.

Ein Einhandsegler, der sein Boot gewählt und es ausgerüstet hat – wir werden sehen, mit wieviel Sorgfalt –, ist ein Mann, der „damit umzugehen versteht", der manövrieren kann (es gab einige Ausnahmen, die aber fast alle scheiterten) ...

Lange Reisen verlangen von einem Segler außergewöhnliche Geschicklichkeit auf diesem Gebiet. Denn ist er einmal draußen auf See, muß er das Wetter nehmen, wie es kommt – auch die Stürme. In diesem Fall kann er zwischen zwei Manövern wählen, die für Boote in Küstennähe nicht in Frage kommen: das *Ablaufen* bei achterlichem oder fast achterlichem Wind mit ganz kleiner Segelfläche oder nur vor Topp und Takel und das *Beidrehen,* eine besondere Art des ausgetrimmten Gleichgewichtes einer Segelyacht mit oder ohne Segel, mit oder ohne Treibanker. Jedenfalls so, daß sie keine oder nur wenig Fahrt durchs Wasser macht und dabei in gewisser Weise die Seen unter sich durchlaufen läßt, wie die Möwe in unserem Beispiel. Man macht das, um schlechtes Wetter abzureiten oder um ein paar Stunden schlafen zu können. An dieser Frage entzünden sich die leidenschaftlichsten Diskussionen der erfahrensten Seeleute. Sie wird im Verlauf unserer Darstellung noch mehrfach behandelt werden. Der Segler sollte sich auch größtmögliche Kenntnisse in der Wetterkunde erwerben (sie ist bis auf den heutigen Tag eine Kunst – keine Wissenschaft). Hierzu ist der berühmte „sechste Sinn für die See" vonnöten, aber auch ein bißchen Fatalismus. Es gibt Leute, die finden den Passat immer dort, wo er sein soll, oder sogar eine leichte Brise in den berüchtigten Flautenzonen. Andere scheinen eine magnetische Wirkung auf schlechtes

Wetter auszuüben. Die Franzosen nennen sie die „Charbonniers" (etwa: Kohlenmänner), weil offenbar der Himmel über ihnen immer schwarz wird!

Aber der Einhandsegler auf großer Fahrt muß nicht nur manövrieren können und in der Wetterkunde Bescheid wissen, sondern auch noch die *Navigation* beherrschen, muß feststellen können, wo er sich befindet, und in der Lage sein, einen Kurs abzustecken.

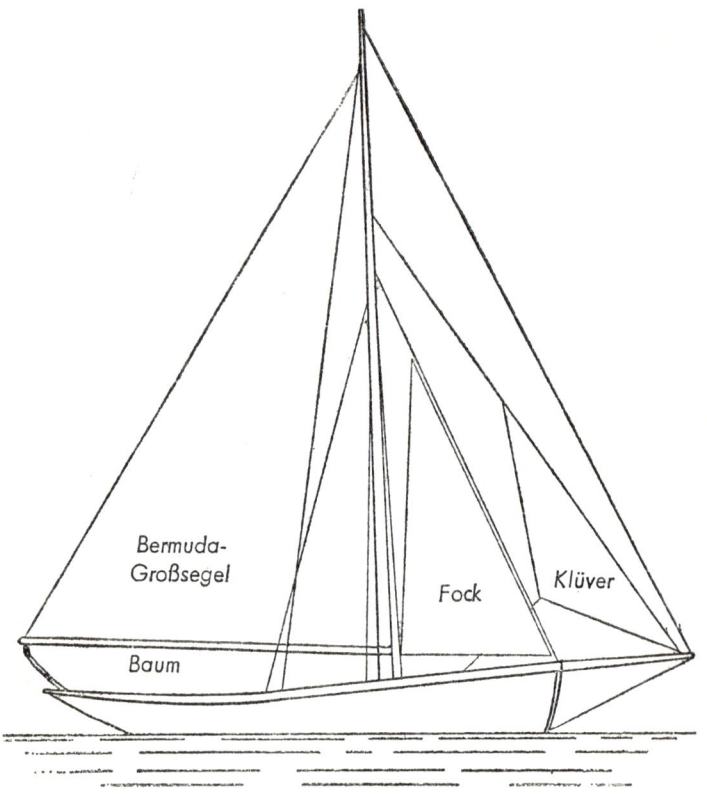

Marconi-Slup *Fire-Crest* mit zweitem Rigg

Auf diesem Gebiet ist es nicht das Alleinsein, das ihn in eine schwierigere Lage bringt als den gewöhnlichen Sportsegler, es ist vielmehr die Tatsache, daß die Küsten außer Sicht kommen.

Sicher, das passiert jedem Segler, ohne daß es ihm viel ausmacht. Eine

Nebelbank, eine Regenbö (die einige Stunden anhalten kann) können ihm die Sicht auf das nahe Land vollständig nehmen (mehr aber auch nicht). Und bevor diese Situation eintritt, weiß der Segler oder sollte es wissen, wo er sich befand. Er weiß es durch *Peilung* oder *Gissung*. Die Peilung ist die einfache Beobachtung von markanten Punkten an der Küste, deren Richtung (Winkel) durch den Kompaß bestimmt wird. Es liegt klar auf der Hand, daß jemand, der eine große Ozeanüberquerung macht, allein oder nicht, auf Peilung verzichten muß.

Bleibt die *Gissung*, deren Ungenauigkeit aber mit der Reisedauer wächst. Sie basiert auf der Kenntnis der durchlaufenen Distanz (bezogen auf die Wasseroberfläche, d. h. die Fahrt durchs Wasser) mit Hilfe eines *Logs* – heutzutage ist das eine Art Zähler an einem kleinen Propeller, den man achteraus schleppt – und der Auswertung des Kompaßkurses (Koppeln). Leider wird diese Berechnung durch zahlreiche Faktoren ungenau: Strom, d. h. Versetzung der Wassermasse in Bezug auf den Meeresgrund, Abdrift und andere Fehlerquellen. Daher wäre das gegißte Besteck nach einigen Tagen des Koppelns nicht viel wert, wenn man es nicht auf andere Weise kontrollieren könnte.

Der Standort wird durch Beobachtung der Gestirne ermittelt.

Das ist keine Zauberei. Man braucht dazu nur etwas Übung in Mathematik und eine gewisse Praxis. Der Kapitän oder der erste Offizier der Handelsmarine, der Offizier der Kriegsmarine, sie alle haben sich diese Theorie angeeignet. Die von ihnen erworbene Praxis läßt sich aber nicht ohne weiteres auf kleine Boote übertragen, sie werden sich jedoch schnell an die neuen Bedingungen gewöhnen. Der „richtige Segler", der ehemalige Landbewohner oder ehemalige einfache Matrose, muß die astronomische Navigation sehr gewissenhaft erlernen.

Wir werden sehen, daß Einhandsegler auf See gegangen sind, ohne zu wissen, wie man den Standort bestimmt. Sie haben es später unterwegs gelernt und geschafft.

Wir sprachen bisher von der Einsamkeit und der Kunst der Navigation.

Kommen wir jetzt zu den „großen Distanzen", nach der vorherrschenden Meinung der schlimmste aller Schrecken.

Die See in Küstennähe scheint fast sanftmütig zu sein, die „auf der anderen Seite des Horizontes" tausendmal gefährlicher!

Beinahe das Gegenteil davon stimmt!

Abgesehen davon, daß es keine anpeilbaren Landmarken gibt, ist die offene See im allgemeinen nicht gefährlicher als in Küstennähe. Sie ist sogar weniger mörderisch, und das Sprichwort: Die Gefahren der See liegen in Landnähe, ist keineswegs ein Witz.

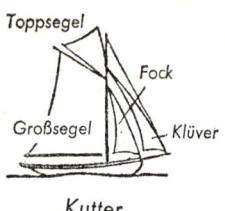
Kutter

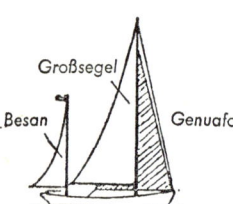
Steilgaffelslup

Marconislup
Bermudassegel

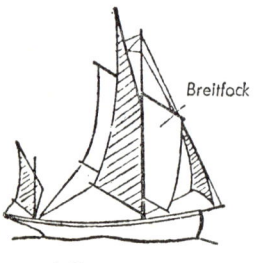
Marconiketsch
2. Mast vor dem Ruder

Marconiyawl

Yawl
2. Mast hinter dem Ruder

Lateinersegel

Ketsch

Schaluppe
luggergetakelt

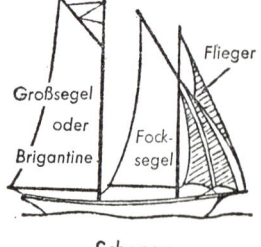

Jolle mit Breitfock

Sprietsegel

Schoner

Es kommt nur selten vor, daß kleine Segelyachten mit Mann und Maus auf offener See untergehen, vorausgesetzt, daß das Boot nicht völlig ungeeignet, in einem schlechten Allgemeinzustand oder der Ballast falsch verteilt ist. Offensichtlich ist nicht die See Ursache der meisten Verluste, sondern oftmals schwere Manövrierfehler, Materialmängel, Kollisionen, Feuer im Schiff oder Krankheit des Einhandseglers. Dieser letzte Fall höherer Gewalt kann auf See sehr übel werden, und es ist verständlich, daß er für Alleinsegler eine Quelle ständiger Sorge ist. Einem Knochenbruch zum Beispiel oder einer akuten Blinddarmentzündung steht man auf See ziemlich hilflos gegenüber. Es ist merkwürdig, daß solche Fälle mit Sicherheit sehr selten sind. Das sei nicht wahr? Aber gewiß. Wenn kein lebender oder funktionsfähiger Segler mehr an Bord ist, bleibt das Boot schwimmfähig und wird kurz über lang auf See oder am Strand aufgefunden.

Das Überbordfallen eröffnet eine schreckliche Perspektive: Man sieht, wie sich das Boot mit belegtem Ruder langsam entfernt, und bleibt selbst wie eine Aalquappe mitten im Ozean in der Erwartung, daß Albatrosse einem den Schädel zertrümmern, daß man von Haien verschlungen wird oder erschöpft absäuft.

Aber auch das Überbordgehen kommt nicht auf das Schuldkonto der See. Im allgemeinen ist es auf die Unvorsichtigkeit des Seglers zurückzuführen, der sich hätte sichern müssen, zum Beispiel mit einer Sorgleine, die an der Hüfte befestigt und deren Ende an Bord belegt oder eingepickt ist.

Es kommt vor, daß ein kleines Segelboot auf offener See kentert, von einem Brecher überrollt wird. Wir werden von dramatischen Fällen hören. Es kommt vor, daß es „über Kopf" kentert, also mit dem Bug tief eintaucht, von einer See am Heck angehoben wird und dann einen „Purzelbaum" nach vorn schlägt. Man hat diese Möglichkeit überhaupt bezweifelt. Die Existenz des Wortes „sancir" (im gascognischen Dialekt der französische Sprache), eines sehr alten Wortes, beweist, daß man so etwas schon erlebt hat. Vor einigen Jahren ist dieser Fall Ering Tambs mit seiner zweiten Yacht *Sandefjord*, einer schönen Yawl von 14,20 m Länge, mitten auf dem Atlantik passiert. Außerdem auch Smeeton und anderen.

Aber diese Kenterungen, sei es über die Seite oder den Vorsteven, sind sehr selten und verlaufen keineswegs immer tödlich. Dagegen ist die Zahl der Bootsverluste durch Landeinwirkung oder durch Kollision unübersehbar groß.

Wichtig ist also immer, daß man bei schwerem Wetter oder stockfinsterer Nacht weit genug vom Land entfernt ist, genügend Seeraum zum Ablaufen hat und daß man sich nicht auf den vielbefahrenen Schiffahrtsrouten befindet.

Einer der bekanntesten Einhandsegler hat gesagt: „Auf See, im Sturm beigedreht, fühlte ich mich sicherer als im Salon des Hotels Ritz... Aber ganz übel war das tagelange Segeln auf einem Schiffahrtsweg in der Biskaya, Tag für Tag ohne Schlaf. Oder im endlosen Fahrwasser der Torresstraße..."

Alles bisher Gesagte läßt schon erkennen, daß es keineswegs immer eine ruhige Sache ist, allein zu segeln. Die einzelnen Erlebnisschilderungen werden das bestätigen.

Aber warum tun sie es denn?

Vor allem, weil sie segeln wollen.

Der Segler ist ein bizarres Lebewesen, das sehr teuer – mit Geld und Sorgen – für das Vergnügen bezahlt, auf See zittern zu dürfen. Denn er zittert unaufhörlich. Um sein Schiff. Um seine Mitsegler. Um sich selbst. Um seine Ehre, die er verloren glaubt, wenn er ein Manöver verhaut oder wenn er nicht das Beste aus dem jeweiligen Wetter gemacht hat.

Freilich wird er zeitweilig mit Glück und Schönheit überschüttet. Oft empfindet er eine innere Reinheit, die vielleicht der Schlüssel zu seinem Paradies ist. Aber alles das wird unablässig getrübt (wenn er Kapitän ist) durch Sorgen, Vorsichtsmaßnahmen auf lange Sicht, die seine wichtigste Pflicht sind, das Sicheinstellen auf das Schlimmste, einen extremen Pessimismus, der sich Voraussicht nennt. Wenn Führen Voraussehen bedeutet, dann ist Segeln Voraussehen in reinster Form.

Segler haben für ihre Passion keine normale Erklärung, keine Legitimation. Sie zucken mit den Schultern und sagen: „Ich habe eben eine Seewasserspritze bekommen!" Sie halten ihr „Laster" für pathologisch. Sie sind morphioman und müssen ihre Dosis haben...

So weit, so gut.

Aber wenn die Einhandsegler von dieser Krankheit befallen sind, warum heilen sie sich nicht wie ihre Sportskameraden? Sie können doch einfach in nahe oder weniger nahe Gewässer gehen, immer wenn es ihnen Spaß macht. Zwischen den britischen Inseln, Marokko und Alexandrien gibt es genug Platz, um diesem Laster frönen zu können, „allein oder mit anderen", wie es in der Beichte heißt.

Suchen sie mehr?

Hat sie das urmenschliche „noch weiter" gepackt?

Vielleicht.

Eine Weltumsegelung dauert aber mehrere Jahre. Sie opfern Familie und Beruf oder strapazieren sie zumindest ganz erheblich.

Und das alles nur wegen der Zirkusdevise „immer noch mehr"? Gilt das überhaupt heute noch, nachdem über ein Dutzend Männer allein eine

Seereise um die Welt hinter sich gebracht hat? Sollte dahinter nicht noch etwas anderes stecken? Erwarten sie Ruhm? Profit? Wollen sie sich selbst beweisen, daß sie aus anderem Holz geschnitzt sind, etwas ganz besonderes leisten können? Wollen sie völlig in einem selbstgezimmerten Weltbild aufgehen, vor der Zivilisation flüchten?

Es wäre leicht, die heute noch Lebenden zu fragen. Hin und wieder macht es die Beschäftigung mit diesen Fällen möglich, der Antwort auf diese Frage näher zu kommen. Aber würden sie ehrlich antworten? Und wissen sie es überhaupt selbst?

I.

DIE ERSTEN ATLANTIKÜBERQUERUNGEN VON WEST NACH OST

Johnson, Ehepaar Crapo, Andrews, Lawlor, Harbo und Samuelson, Howard Blackburn

Niemand kann den Ruhm für sich in Anspruch nehmen, der erste Einhandsegler gewesen zu sein.

Seitdem es Wasserfahrzeuge gibt – Fischer- oder Rettungsboote –, hat es Seeleute gegeben, die freiwillig oder unfreiwillig allein losgefahren sind.

Im Mittelalter trieb eines Tages ein exotischer rothäutiger Mann „in einem Einbaum" an der spanischen Küste an. Nach der zeitgenössischen Schilderung, aus der ganz klar hervorgeht, daß er kein Neger war, handelte es sich um einen Amerikaner in einer Piroge. Wie war er nach Spanien gekommen? Welcher Sturm hatte ihn verschlagen? Wie hatte er durchhalten können? Kannte er schon das Mittel, Trinkwasser aus Fischen zu gewinnen, wie es Dr. Bombard herausgefunden hat? Eine Kenntnis, die die Entdeckung und Besiedelung der im Pazifik verstreuten Inseln erklärt, wie beispielsweise die der Osterinseln.

Wir werden darüber nie etwas erfahren, denn dieser Fall scheint einmalig zu sein, und der Unglückliche, der in einer jämmerlichen Verfassung war, starb, bevor man ihm beibringen konnte, sich verständlich zu machen. Man hatte ihn zu Mönchen gebracht, die sich aber viel mehr um seine Seele als um ethnographische und geographische Erkenntnisse bemühten. Sie wollten ihn zum Bischof bringen, damit er, mit der christlichen Lehre vertraut, getauft werde. Diese Reise überstand er nicht...

Bis zum 17. oder 18. Jahrhundert waren einsame Seefahrer selbst im Küstenbereich mit Sicherheit außerordentlich selten. Navigation war eine Kunst, die zu mehreren ausgeübt wurde. In arktischen Gewässern hat es aber sicher immer Eskimos gegeben, die allein in ihren Kajaks kühne Fahrten vollbracht haben. Selbst in unseren Gewässern hat die Verbreitung des Segeltuchs, die die Verkleinerung der Dimension von Fischerbooten ermöglichte, zweifellos einige Küstenfischer oder kleine Küstenschiffer dazu gebracht, ziemlich lange allein zu fahren. Etwa wenn sie keine Besatzung zusammenbekamen oder sie verloren hatten. Oder auch beim Fischen mit Dorys auf den Bänken, wenn sie das Mutterschiff nicht wiederfanden und allein nach Hause laufen mußten. Oft über weite Strecken. Schließlich ist die Gewohnheit, allein, ohne Mannschaft auszulaufen, um Reusen aufzunehmen, den Wittling zu angeln oder Sand zu transportieren, allgemein verbreitet. Und viele der Pensionäre in den kleinen Häfen sind, ohne etwas daraus zu machen, „navigateurs solitaires", einsame Seefahrer, gewesen. Von da bis zum gewollten oder ungewollten Zurücklegen langer Strecken ist es nur noch ein Schritt. Aber das sind keine Sportsleute. Wenn sie solche Leistungen vollbringen, dann nur, weil ihr Beruf es verlangt. Man spricht nicht groß darüber. Ähnlich ist es mit den Schiffbrüchigen. Das Treiben in Rettungsflößen kann kaum als Seereise betrachtet werden und schon gar nicht als Vergnügen.

Dann ist schon eher Sport-, und zwar Einhandsegelsport – wovon ein holländisches Dokument aus dem Jahre 1601 berichtet:

Ein Chirurg namens Henri De Voogt (schon damals Mediziner unter den Seglern!) richtete an den Fürsten von Aremberg die Bitte um Ausstellung eines Passes, um mit „einer kleinen offenen Schute zum Rudern" von Vlissingen nach London fahren, „ganz allein und nur mit Hilfe des HERRN", und dabei unterwegs mehrere Häfen anlaufen zu können. Er befürchtete, „auf See Schiffe oder Kriegsvolk" anzutreffen, „die Hand an ihn legen"...

Der Paß wurde am 19. April 1601 ausgestellt. Die Geschichte berichtet nicht, ob die Überfahrt glückte. Aber der letzte Satz des Zitats erklärt, warum bis zum Anfang des 19. Jahrhunderts das Sportsegeln auf See so selten war und nur für große Yachten in Frage kam, die häufig bewaffnet waren (Yacht kommt von Jagen und ist holländischen Ursprungs): Kriege und Piraten machten es unmöglich, allein oder nur mit kleiner Mannschaft über die Meere zu gehen.

Das gilt für Europa, nicht aber für Amerika.

Die amerikanischen Kolonisten hatten keine Zeit dazu, sich zu amüsieren. Sie bauten eine neue Welt auf. Sie fuhren in beachtlichem Maße zur See, vielleicht manchmal sogar allein. Die meisten aber, um Land zu entdecken, Handel zu betreiben und um sich anzusiedeln. Die Geschichte bietet wenig Anhaltspunkte.

Indessen soll 1800 Kapitän Cleveland aus Salem (Massachusetts) allein den Indischen Ozean und den Pazifik in einem 4,60 m langen Boot überquert haben, gegen die Sonne und den Passat... Vom Kap bis in die Gegend von Alaska. Mehr wissen wir darüber nicht. Und wir glauben es auch nicht!

Nennen wir besser J. M. Crenston, der 1849 mit der *Tocca*, einem 12,30 m langen Kutter, in 226 Tagen von New Bedford (in der Nähe von Boston) nach San Franzisko segelte (13 000 sm). Es ist allerdings nicht bekannt, ob er um Kap Hoorn oder durch die Magellanstraße ging.

Kehren wir zu den europäischen Einhandseglern zurück.

Da wird ein Engländer namens John MacGregor erwähnt, der vor 1866 als Einhandsegler mit seiner *Rob-Roy* in den europäischen Gewässern berühmt war. Er überquerte zwar nicht den Atlantik, jedoch den Kanal und so manchen schwierigen Golf ohne Landsicht. Bestimmt war er nicht der einzige seiner Art. Der Anfang war gemacht ... und bald wurde es für die Engländer alltäglich, während des Sommers an der französischen Küste spazierenzufahren. Oft ganz allein.

Doch von da bis zur Überquerung des Atlantiks ist es noch weit.

Das Jahr 1876 war für die Vereinigten Staaten sehr bedeutsam: hundert Jahre Unabhängigkeit. Die großen amerikanischen Städte übertrafen einander mit Einfällen, um diesen Geburtstag zu feiern. Einige organisierten Ausstellungen, auf denen die schönsten Leistungen des Yankeegeistes und der Yankeearbeit gezeigt wurden. Auch in Philadelphia zerbrachen sich alle Leute den Kopf, um sich etwas Neues einfallen zu lassen.

Die Seeleute wollten nicht abseits stehen. Aber was sollte man zeigen? Heilbutts? (Große Heilbutts erreichen 2 m Länge und bis zu 600 kg Gewicht.)

Das war nicht originell. Irgend jemand schlug vor, ein Boot auszustellen, mit dem ein Mann allein den Atlantik überquert hatte. Es gab da einen wackeren Burschen, genauer gesagt, einen Heilbuttfischer, der diese Idee hatte. Er brütete lange über diesem Gedanken und wurde ihn nicht mehr los.

Alfred Johnson hieß er und war noch keine 30 Jahre alt. Er war kein Kapitän, sondern ein einfacher Leinenfischer. Sommer wie Winter holte er die schweren Fische aus den kalten Gewässern der Großen Bänke bei Neufundland von Hand an Bord seines Dorys. Er wußte besser als mancher andere, was eine Dory in schwerem Wetter durchstehen kann (wie die Möwe!).

Darum war es auch ein Dory, das er wählte. Ein Boot von 5 m Länge.

Ja, das erste Boot, das mit nur einem Mann an Bord den Atlantik überquerte, war 5 m über alles lang und fast ohne Kiel. (Normale Dorys haben überhaupt keinen. Es ist kaum zu glauben, daß sie so zur See fahren.)

Er deckte es ein. Ganz einfach, wie man ein Fischerboot eindeckt. Es bekam ein Deck aus Brettern, unter dem zwar ein kleiner Stauraum, jedoch keine Unterkunft entstand. Im vorliegenden Fall diente dieser Raum beinahe auch als Luftkasten. Er trimmte das Boot mit Ballast, so daß es nach Anbordnahme von Lebensmitteln und Trinkwasser nur noch 30 cm Freibord hatte! Als Rigg nahm er ... was ein Dory tragen kann: ein Gaffelgroßsegel, Fock, Klüver und eine große Breitfock für achterlichen Wind.

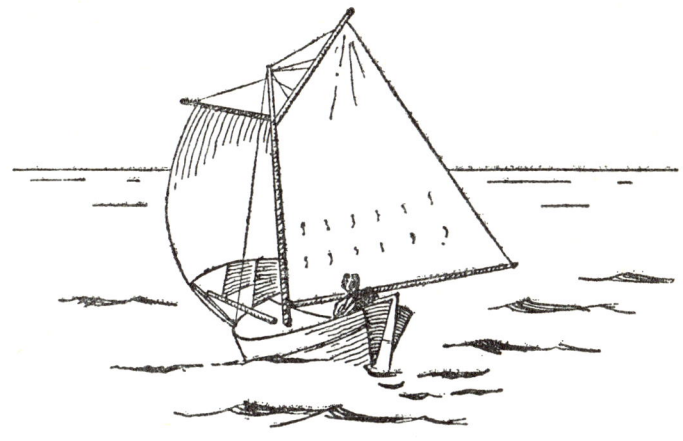

Centennial

Das „gebrechliche Fahrzeug", hier kann man den Journalistenausdruck wirklich einmal gebrauchen, wurde auf den Namen *Centennial* getauft.
Und dann ging es los.
Er legte in Gloucester ab. Wahrscheinlich ist dies das Gloucester in New Jersey, am Ufer des Delawares, in der Nähe von Philadelphia gewesen und nicht Gloucester in Massachusetts, etwas nördlich von Boston. Das letztgenannte würde weder mit der Weltausstellung in Philadelphia, 500 km entfernt und auf der anderen Seite von New York, noch mit der Zwischenstation zusammenpassen. Denn nachdem er am 15. Juni 1876 die Leinen losgeworfen hatte, lief er zunächst Shake-Harbour in Neuschottland an, im Süden der Ostküste Kanadas. Unterwegs konnte er sein Boot ein bißchen ausprobieren und die Vorräte ergänzen. Am 25. Juli ging er auf die große Reise. Ohne Tusch, ohne Journalisten.

Hatte er einen Sextanten (oder genauer einen Oktanten) bei sich? In erster Linie bediente er sich wohl seines Dorykompasses (das ist der Name einer flachen Bussole jener Zeit und zweifellos ein Trockenkompaß, der hoch bewegungsempfindlich war) und eines Bootslogs (er erwähnt davon nichts, aber das Propellerlog war noch kaum in Gebrauch). Ein primitives

Instrument, mit dem *von Zeit zu Zeit* die Fahrtgeschwindigkeit festgestellt werden konnte, nicht aber *konstant* und keineswegs etwa die abgelaufene Distanz. Der Kompaß zeigte ihm die Richtung, aber wie weit exakt? Welche Karten benutzte er? Kannte er die genaue Deviation der Kompaßnadel, die auf jedem Kompaßkurs anders und in dieser Gegend auf kurzen Strecken sehr unterschiedlich ist? Seinen ungefähren rechtweisenden Kurs? Das Log gab ihm eine Idee von seiner Geschwindigkeit. Im ganzen erhielt er also recht vage Positionen, die aber durch das korrigiert wurden, was man einen sechsten Sinn nennen kann, durch den der Fischer auch heute noch oft „weiß wo er ist".

Das ist keineswegs übertrieben, die Langustenfischer von Camaret sind auf diese Weise bis nach Portugal gekommen. Man könnte denken, daß es auf dem Atlantik anders sein müßte. Keine Spur anders ist es, vielleicht sogar noch einfacher. Im Osten lag Land, das war sicher. Vögel zeigen seine Nähe an. Es genügte also, nach Osten zu laufen und darauf zu achten, nicht zu weit nach Süden, und vor allem, nicht zu weit nach Norden zu geraten. Für die Eingeweihten: Man merkt, wenn man zu sehr von der Breite abweicht, dann geht die Sonne nicht mehr in derselben Peilung auf und unter, und die Dämmerung hat nicht mehr die gleiche Zeitdauer. Es genügt, die Sonne nicht nördlicher als zum gleichen Datum auf den Bänken untergehen zu lassen, um sicher zu sein, daß man den 45. Breitengrad nicht nach Norden überschreitet. In der Nähe Europas treffen sich die großen Schiffahrtswege, und es müßte mit dem Teufel zugehen, wenn man nicht einen Frachter träfe. Woran es dann auch nicht gefehlt hat.

Johnson, Seemann und Fischer, war kein Großmaul. Die bekannten Einzelheiten seiner Reise sind nicht gerade überwältigend zahlreich und beschränken sich auf die wichtigsten Fakten seiner Navigation.

Von seinem seelischen Zustand, von den kleinen Problemen des täglichen Lebens berichtet er nichts. Das sind für ihn Selbstverständlichkeiten. Wenn man in einem Dory, nur durch einen Ölmantel geschützt, zwischen den gefangenen Fischen geschlafen hat, im Nebel abgetrieben ist, im Eisregen oder Schnee der Bänke, dann redet man nicht viel, wenn man *auf dem* Deck eines ausgebauten Dory schlafen kann, *auf*, nicht etwa *unter* Deck, denn binnenbords war kein Platz. Mitten auf dem Atlantik! Konnte er sich warme Mahlzeiten bereiten? Wie schlief er, drehte er bei oder lief er unter Breitfock weiter? Über diesen wichtigen Punkt ist nichts bekanntgeworden.

Dreizehn Tage lang hatte er gutes Wetter, dann folgte ein handfester Sturm. Das Dory hielt sich gut, aber eine See stieg ein und verdarb einen Teil der Lebensmittel. Daraus ist zu schließen, daß die Vorpiek nicht groß genug war, um alle Vorräte darin unterzubringen.

Kurz darauf traf er einen türkischen Dreimaster, dessen Kapitan als Inkarnation des Beelzebub die Rolle des Versuchers spielte, als er ihm etwa folgendes zurief:

„He, Seemann, komm zu mir an Bord! Dein Dory setzen wir an Deck. Du mimst bei uns ein bißchen mit, und dann in der Gegend von Kap Clear (Südspitze Irlands) bringen wir dich und dein Beiboot wieder zu Wasser, bevor wir in Sicht kommen. Dann noch ein paar Meilen, und du hast es geschafft. Keiner hat etwas gesehen, keiner weiß etwas davon. Meine Leute sprechen nur türkisch, und ich erzähle ihnen, du seist ein Schiffsbrüchiger. Und was mich anbelangt, so kannst du auf meine Verschwiegenheit rechnen. Übrigens, ich hab's noch weit..."

Johnson wird schön gelacht oder mit den Schultern gezuckt haben. Was für eine Idee überhaupt! Er wollte den Atlantik allein überqueren, um zu beweisen, daß die Yankees tolle Kerle waren. Und dabei mogeln? Kam überhaupt nicht in Frage...

Er fiel ab und ging wieder auf Kurs.

Diese Begegnung verhalf ihm aber wenigstens zu einer genauen Position.

Am 2. August stand er nach seinem gegißten Besteck nur noch 300 Meilen vor Kap Clear, als ein ausgesprochenes Mistwetter aufzog. Johnson gebraucht das Wort *„schwerer Sturm"*, und das ist ein Ausdruck, den die echten Seeleute und noch weniger die Fischer von den Neufundlandbänken benutzen, wenn sie nur ein paar Böen meinen.

Johnson legte den Mast. Das war bei weitem die beste Lösung. Noch vor wenigen Jahren hatten es die Fischer auf den Schaluppen genauso gemacht, wenn sie einen Klappmast fuhren. Das geht aber nur, wenn der Mast leicht ist, ein Beweis dafür, daß die kleinen Abmessungen der *„Centennial"* nicht nur Unbequemlichkeit boten und daß Johnsons Wahl ihre guten Gründe hatte. Er brachte einen Treibanker aus, diesen Apparat, zu dessen Apostel sich Kapitän Voß 25 Jahre später machte.

Übrigens kann man bezweifeln, daß der Treibanker – ein Kegel aus versteiftem Segeltuch, so getrimmt, daß er unter der Wasseroberfläche querab zum Schiff liegt und im Wasser eine Bremswirkung ausübt – bei einem so leichten Boot wirksam werden konnte. Zumal bei gelegtem Mast. Wenn ein Treibanker wirksam werden soll, muß das Boot ihn stark nach oben ziehen.

Dazu folgendes Beispiel:

Ein Papierdrache (praktisch ein Treibanker in der Luft) zieht nicht, fliegt also nicht, wenn der Wind zu schwach ist, um als Kraft zwischen dem beweglichen Teil und seinem Festpunkt wirken zu können.

Wie auch immer, nachdem Johnson freiwillig den Mast gelegt und den

Treibanker ausgebracht hatte, streckte er sich ruhig auf den Bodenbrettern seines Dorys aus und wartete ab, was passieren würde ...

Gegen 3 Uhr nachmittags kam eine steile See von dwars, die das Boot zum Kentern brachte. Es trieb kieloben.

Hier war das geringe Gewicht des Bootes, das vielleicht die Ursache dieses Malheurs war, auch die Rettung. Johnson konnte das Dory wieder aufrichten.

Wie? Er hat es nicht erzählt. Es kann nicht anders gewesen sein, als daß er von der Seite her auf den Rumpf kroch und dabei eine Leine dichtholte, die um die andere Bordwand lief. Ein Dory mit Ballast ist kein Seelenverkäufer. Johnson erzählt, daß er nur *20 Minuten* brauchte, um es nach mehreren Versuchen zu schaffen. Wahrscheinlich unter Ausnutzung einer Welle. Man kann sich diese 20 Minuten zwischen den furchtbaren Seen vorstellen. Das dauernde Hin und Her zwischen Todesangst, Verzweiflung, Erschöpfung und dem „Ich-versuch's-noch-mal".

Schließlich glückte es. Johnson zog sich an Bord. Es gelang ihm, das Boot leerzuschöpfen, ohne daß es noch einmal kenterte.

Ohne die für einen Seemann unerläßliche Voraussicht, Ordnung und Methode wäre Johnson dennoch verloren gewesen. Hätte er es unterlassen, Mast und Besegelung festzuzurren, oder hätte er es nur schlecht gemacht, dann wäre alles abgetrieben, und Johnson hätte nicht mehr segeln können. Glücklicherweise waren auch die Ballastgewichte gut gesichert, was gar nicht einfach ist. Anderenfalls hätten sie bösen Schaden angerichtet, und es wäre zweifellos unmöglich gewesen, das Dory wieder aufzurichten.

Das Malheur war auch so schon groß genug: Alles naß, und der größte Teil der Lebensmittel war ungenießbar geworden.

Trotzdem mußte es weitergehen. Weitersegeln, naß – patschnaß im Wind, patschnaß in der Nacht – ohne einen Faden trocknen zu können, denn es regnete ohne Unterlaß. Er hatte noch 200 Meilen vor sich ...

Es ist ganz einfach, so etwas in einem gemütlichen Sessel zu lesen. Es ist weniger einfach, es zu erleben. Wer seine vier Buchstaben schon einmal auf die Sitzbank einer kleinen Segelyacht gedrückt hat, kann sich mit etwas Phantasie vielleicht ein Zehntel von dem vorstellen, was das bedeutet.

Fünf Tage später, am 7. August, 100 Meilen vor Kap Clear, entdeckte ihn die Brigg *Alfredon* und hielt auf ihn zu. Daran kann man Johnsons Mut ermessen: Ganz allein auf See gab es keine Wahl. Aber hier bot sich eine Möglichkeit, auf ein Schiff zu gehen, mit seinem warmen, trockenen Zwischendeck, mit den reichlichen Vorräten! Wenn Kap Clear weiter entfernt gewesen wäre, hätte Johnson vielleicht nicht widerstanden. So begnügte er sich damit, Wasser und Brot anzunehmen, von dem er kaum noch wußte, wie es schmeckte.

Am 9. August gab die *Prince-Lombardo* ihm die genaue Position. Es waren noch 53 Meilen bis Wexford-Head, d. h. zum Eingang des St.-Georges-Kanals. Johnson mied die nahe irische Küste, und am 10. August lief *Centennial,* nach 46 Tagen auf See, in den Hafen von Abercastel (Wales) ein. Zum erstenmal hatte ein Mensch den Atlantik allein überquert.

Aber Johnson war damit noch nicht zufrieden.

Er hatte gesagt, daß er nach Liverpool wollte, und dahin würde er auch gehen. Er ruhte sich nur zwei Tage aus und legte dann wieder ab. In Liverpool traf er am 17. August 1876 ein.

Und dann...

Und dann ist die Geschichte zu Ende.

Er kehrte nach Hause zurück und fing wieder Heilbutt.

Er fühlte sich keineswegs als Held. Er hatte nur bewiesen, was er beweisen wollte: Einem Yankee-Seemann war nichts unmöglich.

Wenn auch die Yankee-Matrosen absolut seiner Meinung waren, so hatte sich die übrige Bevölkerung jedoch in keiner Weise dafür interessiert (wir kennen das ja...), und da die Journalisten damals diese Art „Wassertiere" noch nicht entdeckt hatten, geriet die ganze Angelegenheit bald in Vergessenheit.

Johnson, als alter Fachmann, wurde später Kapitän eines großen Fischereischoners, den er auf die Bänke führte, bis sie beide alt wurden. Mit mehr als 80 Jahren, um 1930, war er noch rüstig. Man nannte ihn immer noch den „Centennial-Johnson". Die Geschichte überliefert nicht, ob er wirklich ein „hundertjähriger Johnson" geworden ist.

Nach dem Einhandsegler kam ein Jahr später das Ehepaar!

Ein Seemannsehepaar.

Im 19. Jahrhundert nahmen amerikanische Handelskapitäne häufig ihre Frauen an Bord der großen Segelschiffe mit, nicht selten auch ihre Kinder. So wurde eine junge Schottin, die in Marseille den Kapitän Crapo aus New Bedford (Massachusetts, 60 km südöstlich von Boston) kennenlernte und heiratete, Fahrensfrau, eine Frau Kapitän.

Tat er es nun ihr zuliebe oder aus einem anderen Grund, jedenfalls hing Crapo plötzlich die ganze Seefahrt an den Nagel und ließ sich in seinem Land als Fischhändler nieder. Sein Geschäft ging alles andere als glänzend, und Thomas Crapo dachte sehr bald daran, wieder „in den Wind zu schießen", fand jedoch kein Schiff.

Als er von Johnsons ungewöhnlicher Überfahrt hörte, wollte er sie nachahmen. Er ließ sich ein Boot bauen, das – wahrscheinlich durch *Centennial* beeinflußt – Ähnlichkeit mit einem Dory hatte. Es war in der Tat eine Art Walboot, und zwar ein Spitzgatter in Klinkerbauweise (das normale Dory hat ein Spiegelheck), mit Kiel ohne Kielflosse und einem Tiefgang von nur 35 cm. Die Länge über alles betrug 6 m und die größte Breite 1.85 m. Das Boot war eingedeckt und hatte ein kleines Deckshaus, das Cockpit war nicht selbstlenzend, es konnte vollschlagen und damit das ganze Boot. Man muß zugeben, daß Johnsons eingedecktes Dory auch nicht viel besser war. Übergekommenes Wasser blieb dort, wo es war.

Crapo riggte sein Fahrzeug als Schoner, so sagte er jedenfalls. Tatsächlich war der achterliche Mast aber 15 cm kürzer als der vorliche, wobei der vorliche der Großmast, der achterliche Besan und das ganze Boot somit eine Ketsch war.

Na ja, das wichtigste dabei ist, daß es zwei Masten hatte. Die Segelfläche war also stark unterteilt, und die Trimmlage konnte aus Besan, Großsegel und einer einfachen Fock hergestellt werden. Crapo konnte auf einen Klüverbaum verzichten, was die Manöver erheblich erleichterte und die Gefahr verminderte. Die Segel waren an einer Steilgaffel angeschlagen, eine heute sehr seltene Besegelung, die aber seinerzeit bei den Marinekuttern üblich war.

Anfang Mai 1877 war das Boot fertig und wurde auf den Namen *New Bedford* getauft. Crapo bereitete sich auf eine Alleinreise vor. Damit war seine Frau aber nicht einverstanden. Sie wollte ihn begleiten. Crapo wußte aus Erfahrung, daß die Wünsche der Frauen Befehle sind und daß er sich fügen mußte.

Dadurch wurde das Problem noch komplizierter, denn die Wasser- und Lebensmittelvorräte mußten vergrößert und es mußte etwas mehr Platz unter dem winzigen Deckshaus geschaffen werden. Crapo machte es möglich. Er brachte 450 Liter Wasser, 90 Pfund Schiffszwieback, 75 Pfund Fleischkonserven, Tee, Kaffee, Zucker und Petroleum für den Kocher an Bord.

Capo war Kapitän auf Großer Fahrt, verstand also, eine Standortbestimmung zu machen.

Zur Feststellung der Breite genügte es zum Beispiel, eine Mittagsbreite zu nehmen. An Bord eines Walbootes ist das nicht einfach, und die Ergebnisse werden nicht so exakt wie auf der Brücke eines Dreimasters. Es mußte trotzdem gehen. Aber Crapo konnte die Länge nicht berechnen, denn er besaß keinen Chronometer. Er glaubte, daß nur ein Präsisionsgerät von Nutzen sei, für seinen Beutel viel zu teuer. Also verzichtete er darauf. Sehr zu unrecht, denn wir werden sehen, daß bestimmte Segler Weltumsegelungen mit billigen Basaruhren geschafft haben. Genau wie Johnson rechnete er auf Angaben von Schiffen, die er unterwegs treffen würde. Das erwies sich bei ihm auch als ausreichend. Zu jener Zeit war der Nordatlantik voll von Segelschiffen.

New Bedford

Am 28. Mai 1877 verließen Crapo und seine Frau New Bedford und liefen zunächst Chatam an, um das Deckshaus etwas zu ändern und 100 kg zusätzlichen Ballast an Bord zu nehmen. Außerdem sollte der Rumpf einen neuen Anstrich erhalten, „um ihn dicht zu machen". Dabei kommt man so auf Gedanken ... denn entweder arbeiten die Planken eines Bootes auf See oder nicht. Wenn sie nicht arbeiten, trägt der Farbanstrich nicht zum Dichtsein bei, sondern er platzt in den Nähten. Arbeiten sie, nützt ein Anstrich auch nichts. Er schützt lediglich Holz und Kalfaterung (die es beim Klinkerbau gar nicht gibt).

Das Ehepaar verließ Chatam am 1. Juni 1877, und sofort traf die *New Bedford* auf schlechtes Wetter. Schlechtes Wetter – für diese Jahreszeit ganz ungewöhnlich. Die Überfahrt gelang ohne Zwischenfall, lediglich zahlreiche Begegnungen mit Schiffen, jedoch unter erheblichen Strapazen.

War Frau Crapo nicht in der Lage, das Ruder in der groben See zu führen? Oder hatte ihr Mann kein Vertrauen zu ihr? Jedenfalls hat Crapo es nicht verstanden, mit belegter Pinne zu segeln, denn er gibt an, während der ganzen Reise nicht mehr als vier Stunden pro Tag geschlafen zu haben. Man kann sich vorstellen, wie erschöpft der Mann gewesen sein muß, als sie 45 Tage später im Hafen Newlyn, in der Nähe von Penzance, an der Südwestspitze Cornwalls, eintrafen, wenn man bedenkt, daß er die letzten 72 Stunden (drei ganze Tage) pausenlos an der Pinne saß und schon vorher am Ende seiner Kräfte gewesen war. Aber Crapo begegnete so vielen Schiffen, daß er es nicht wagte, beizudrehen. Seine Frau war ihm keine Hilfe.

Sie wurde mit den Strapazen und den Unbequemlichkeiten nicht fertig. Während der letzten beiden Wochen, also während des letzten Drittels der gesamten Reise, war sie dauernd krank, und zwar so schlimm, daß sich ihr Mann große Sorgen machte.

Sie kam aber wieder auf die Beine. Nach der Ankunft im Hafen waren beide so müde, daß sie Teewasser auf den Kocher setzten, es vergaßen und einschliefen. Vom unablässigen Pinnehalten war die linke Hand des Kapitäns mehrere Tage lang steif. Die *New Bedford* war offenbar schlecht getrimmt!

Das Ehepaar Crapo wurde stürmisch gefeiert, und die *New Bedford* in London sechs Wochen lang ausgestellt, bevor sie auf einem Frachter kostenlos in die Vereinigten Staaten zurückgebracht wurde.

Mehreren anderen Einhandseglern gelangen ähnliche Überfahrten. Wahrscheinlich war aber Frau Crapo die einzige Frau, die im 19. Jahrhundert allein mit einem Mann über den Atlantik gefahren ist. Frau Tambs machte viel später eine halbe Weltumsegelung mit ihrem Mann zusammen und, was beinahe nicht zu glauben ist, mit den Kindern, die während dieser Reise geboren wurden. Aber *Teddy*, ihr Kutter, war ein herrliches Fahrzeug von 12 m Länge und tadellos ausgerüstet. Er unterschied sich von der *New Bedford* wie ein moderner Wohnwagen von der Tonne des Diogenes.

Von da an waren Atlantiküberquerungen von Amerika nach England, einhand oder nur mit kleiner Besatzung, keine Seltenheit mehr.

Man mußte also schon etwas Besonderes bieten.

Bis 1891 hatten zwei Amerikaner diese Reise bereits mehrere Male geschafft.

William Andrews, seines Zeichens Klavierbauer, war 1878 von der „anderen Seite" New Yorks mit seinem Bruder in 48 Tagen von Boston nach Mullion-Cave (Cornwall) gesegelt, und zwar mit der erstaunlichen *Nautilus*, einer *Jolle* mit 45 cm Tiefgang. Gerigt ... mit einem lateinischen Segel, wie man es in der Levante sehen kann oder auf den Schweizer Seen. Die Segelfläche betrug 12,5 Quadratmeter, die Rute (Spiere) war 6,50 m lang. Sicher waren die Manöver damit extrem einfach, weil es nur ein Fall, eine Schot und eine Talje gab.

J. W. Lawlor, Sohn eines bekannten Bootsbauers, hatte die Route Boston–Le Havre im Mai/Juni 1889 gemacht, mit einem nicht weniger kuriosen „unkenterbaren und unsinkbaren" Boot, das er, wie es sich gehört, *Neversink* getauft hatte.

Dieses Fahrzeug war die Verwirklichung der „großen Idee" seines Erfinders, eines gewissen Norton. Die „große Idee", die nichts weniger als die gesamte Schiffahrt revolutionieren sollte, war 12 m lang und 3,60 m breit.

Nautilus

Lawlor und zwei Matrosen verließen New York am 11. Mai 1889 und erreichten Le Havre am 28. Juni. Eine lange Überfahrt ohne besondere Vorkommnisse. Das Boot wurde später auf der Weltausstellung gezeigt, und Lawlor erwarb sich damit großes Ansehen als Seefahrer.

Nun wird es ganz verrückt! Lawlor und Andrews stach der Hafer. Sie wollten den Vogel abschießen und mit noch kleineren Fahrzeugen lossegeln. Als sie, unabhängig voneinander, Anfang 1891 diese Absicht der Presse bekanntgaben, beschuldigte der eine den anderen des Plagiats. Damit lieferten sie der Yankeepresse, die damals schon sehr sensationslüstern war, eine heftige Polemik. Da kam man auf die Idee, eine „Transozean-Einhandregatta" zu veranstalten. Das hatte es bis dahin noch nicht gegeben und bis 1960, wenn auch in anderer Form, auch nicht wieder.

Die beiden Jungen liefen gleichzeitig von Boston aus. Der Siegeslorbeer sollte demjenigen zukommen, der als erster irgendeinen Punkt der europäischen Küste oder der britischen Inseln erreichte.

Lawlor ließ durch seinen Vater ein winziges Boot von 4,50 m Länge bauen. 4,50 Meter! Die Maße einer Herbulot-Jolle! Größte Breite 1,50 m, Tiefgang 60 cm, mit starrem Kiel. Und als wollte er das Abnormale zum Extrem treiben – oder um dieses Buch im voraus zu einem Katalog *aller* möglichen Riggarten zu machen – setzte er ein *Sprietsegel!*

Dieses Segel war im 16. Jahrhundert in Holland stark verbreitet, fand aber in Europa nur noch auf den Themsebarken Verwendung. Es hat fast die Form eines Entenfußes und ist eine Art Gaffelsegel, aber anstatt mit einem Gaffelschuh am Mast zu sitzen, wird es in der Diagonalen durch eine Spiere gespreizt, die man französisch Livarde nennt (im Süden Frankreichs Baleston).

Das Rigg wurde durch eine Fock vervollständigt, deren Hals am Ende eines langen Klüverbaumes saß, der bei seitlichen Winden zur Erhaltung der Trimmlage unerläßlich ist, der aber andererseits tief in die Seen eintauchen muß und damit heikle Probleme hinsichtlich der Segelmanöver auf dem Vorschiff eines so kleinen Bootes mit sich bringt.

Das Monstrum wurde auf den Namen ... *Sea-Serpent* (Seeschlange) getauft. Diese Amerikaner hatten ganz entschieden einen Sinn für Namen.

Welches phänomenale Boot sollte Andrews nun der Konkurrenz entgegenstellen, die schon die ungewöhnliche *Nautilus* hervorgebracht hatte? Ein nicht sehr malerisches. In bezug auf die Dimensionen etwa identisch und genauso absurd.

Mermaid hatte ein mehr klassisches Aussehen. Sie trug Fock und Gaffelgroßsegel, aber Andrews hielt sich an die Methode, die er bei seiner ersten Atlantiküberquerung ausprobiert hatte, und versah sein „Dingi" mit einem Schwert.

Ein Schwert ist eine Eisenplatte, die weggefiert als fester und tiefgehender Kiel wirkt, die sich aber auch aufholen läßt. Zu diesem Zweck läuft sie in einem offenen Schwertkasten, durch den man in das Meer sehen kann. Die Oberkante des Schlitzes des Schwertkastens liegt oberhalb der Wasserlinie.

Der Vorteil des Schwertes besteht darin, daß der Tiefgang eines Bootes verringert werden kann, wenn das Wasser flach wird. Im Atlantik ist das nun gerade nicht der Fall ... Andererseits sind die Nachteile erheblich. Der Schwertkasten ist wenig stabil und anfällig. Am Kielholz treten häufig Leckstellen auf, die auf See nicht abgedichtet werden können. Ist das Boot durch sein Alter schon etwas weich geworden, können die Plankennähte aufreißen, und dann ist ein ernsthafter Seenotfall kaum noch zu vermeiden. Wenn das Schwert bei schwerem Wetter aufgeholt ist, damit das Boot besser treibt, stellt sein Gewicht einen gefährlichen Ballast dar,

Sea-Serpent

der das Boot topplastig macht. Darüber hinaus nimmt der Schwertkasten ziemlich viel Platz in Anspruch.

Wenn also Andrews diese Rumpfform gewählt hat, dann nur, um die Schwierigkeiten und das Risiko mutwillig zu erhöhen.

Wie mögen die beiden Konkurrenten Wasser, Lebensmittel und Kojenzeug untergebracht haben?

Jedenfalls begann am 21. Juni 1891 um 18.30 Uhr vor der Einfahrt des Hafens von Boston die maritime Version des Kampfes zwischen der Frau und der Schlange, zwischen *Mermaid* und *Sea-Serpent*.

In bezug auf Boote von 4,50 m Länge gab es jedoch dummerweise einige Vorgänger. So hatte zum Beispiel 1864 – lange vor Johnson, selbst lange vor *Nonpareil et Alice* – ein New Yorker namens J. C. Donovan mit viel Trara angekündigt, daß er die Überfahrt von New York nach England mit einer... Schonerbrigg... von 4,50 m auf 1.40 m ausführen wolle.

Das Boot mit dem Namen *Vision* (es handelte sich wohl auch um etwas Visionäres) wurde am 17. Juni 1864 vor einer großen Menschenmenge am East River zu Wasser gebracht. Für Publizität war gut gesorgt, sogar der *New York Herald* hatte dieser Geschichte zahlreiche detaillierte Artikel gewidmet, die Donovan so viel einbrachten, daß er den größten Teil seiner Ausrüstung davon bezahlen konnte.

Das Rigg entsprach genau dem einer richtigen Schonerbrigg, hatte jedoch keinen Außenklüver[1].

Also von vorn nach achtern: Klüver; Rahfock (ungefähr 2,25 m × 1,25 m); Untermarssegel (etwa 2 m × 1,50 m); Obermarssegel (ca. 1,50 m × 1 m) und ein Stagsegel. Na bitte!

Dann kam das Großsegel in Dreiecksform, mit dem damals die berühmten amerikanischen Sharpies anfingen und das wir heute *Marconisegel* nennen. In dieser Beziehung war Donovan ein Schrittmacher. Andererseits war er bemerkenswert konservativ in bezug auf die Rahsegel. Seine Besegelung war ganz gewiß stark unterteilt! Aber wie, zum Teufel, soll man da Unterbram- und Oberbramsegel bergen? Konnte er in den Wanten eines Mastes von 4,50 m Länge auf einem Boot von 1,40 m Breite aufentern? Wie hat er die Segel geborgen? Ein Geheimnis!

Tatsächlich ging *Vision* am 26. Juni 1894 um 14 Uhr mit einem Matrosen, William Spencer, und dem Hund Toby an Bord in See.

Sie kreuzte mit Vollzeug hinaus, allerdings ohne Obermars- und Stagsegel. Man kann wirklich bedauern, das nicht gesehen zu haben!

Zwei Tage später wurde sie 45 Meilen ostwärts von Fire Island mit geborgenen Segeln beigedreht liegend angetroffen. Das war immerhin nicht schlecht.

Seitdem hat man weder von der *Vision* noch von Donovan, Spencer und vom Hund Toby jemals wieder etwas gehört.

Aber solche Beispiele können potentielle Selbstmörder nicht bremsen, die sich immer für klüger halten als ihre Vorgänger.

Andrews und Lawlor liefen am 21. Juni 1891 um 18.20 Uhr aus.

Lawlor wählte dieselbe Route wie Johnson und Crapo, den direkten Kurs nach England, die Nordroute. Im Gegensatz dazu nahm Andrews die Südroute, vielleicht weil Sirenen warmes Wasser vorziehen, wahrscheinlicher aber, weil Schwert und Rigg ihm bessere Fahrt verliehen und seine Besegelung, besonders auf Vorwindkursen, leichter zu handhaben war. Diese Route wird auch die „Azorenroute" genannt und ist nach Spanien viel kürzer, kostet aber im allgemeinen mehr Zeit.

Sea-Serpent wurde unterwegs von mehreren Schiffen gesichtet. Am 5. August 1891, also 45 Tage nach dem Auslaufen in Boston, traf sie in Coverack, in der Nähe Cap Lizards, ein (Südspitze von Cornwall). Für ein so kleines Boot wirklich eine tolle Leistung! Dem Sprietsegel gebührt alle Ehre.

Die Überfahrt verlief allerdings nicht ganz ohne Abenteuer. Das aufre-

---

[1] *Red, White and Blue* war wie ein richtiger Dreimast-Rahsegler getakelt, mit 14 Vorsegeln, 11 Rahsegeln, 1 Brigantine!

gendste war der „Besuch", den *Sea-Serpent* eines Nachts von einem großen Seetier bekam. (War es vielleicht ihr synonymer Ahnherr?) Ein Wal oder ein Hai, der an der Wasseroberfläche trieb, wollte sich den Buckel scheuern, was diese Tiere an treibenden Wracks gern tun. Vielleicht wollte er auch Algen vom Rumpf des Bootes abernten, oder er verfolgte seine Beute, die sich in den Schutz des Rumpfes geflüchtet hatte. Jedenfalls bumste er heftig an den Kiel und brachte das Boot fast zum Kentern.

Lawlor gewann die Regatta.

Denn sein Konkurrent kam niemals an.

Andrews rechnete mit 50 Tagen, um Europa zu erreichen. Er wurde von mehreren Schiffen gesichtet. Eines davon traf ihn 5 Wochen nach sei-

Sapolio

nem Auslaufen, am 27. Juli, 350 Meilen nordwestlich der Azoren. Ziemlich weit nördlich, wie es scheint, was aber einer normalen Reisegeschwindigkeit entspricht, die allerdings geringer war als erhofft.

Dann war man fast 4 Wochen ohne Nachrichten. Er hatte die Route der großen Segelschiffe verlassen. Endlich, am 22. August, wurde *Mermaid* 600 Meilen vor der Küste Europas von dem Dampfer *Elbruz* entdeckt. Andrews lag ausgestreckt im Cockpit, ohne Reaktion, erschöpft. Es war allerhöchste Zeit!

Elbruz nahm den Segler und das Boot mit nach Antwerpen. Dort erzählte Andrews, daß *Mermaid* von einer See umgeworfen wurde und daß er sie nur „unter Einsatz der letzten Kräfte" wieder aufrichten konnte. Woran nicht zu zweifeln ist.

Er hatte alles verloren... Vier Tage, vier grauenvolle Tagen waren vergangen, ehe man ihn fand. Er war nahezu bewußtlos gewesen. Vier Tage oder noch mehr, die er nicht mehr zählen konnte?

Als er an Bord der *Elbruz* wieder sprechen konnte, schrie er: „Ich werde mich nie wieder auf solche Abenteuer einlassen!"...

Doch schon drei Jahre später baute er sich einen „schwimmenden Sarg", wie ihn die Seeleute nannten, und taufte ihn auf den Namen *Sapolio*. Auch dieses Boot war 4,50 m lang und fast völlig eingedeckt. Mit dieser „Schachtel" gelang ihm die Überfahrt von Atlantik City nach Palos de Moguer in 58 Tagen, dem Hafen, wo damals spanische „Fahrensleute" und „Kapitäne" wie im Falkenflug nach Amerika ausliefen, trunken von einem heroischen und brutalen Traum.

Aber sie waren keine Clowns. Das Meer liebt keine Clowns und läßt sich nicht in eine Manege verwandeln. So ungeheuer die Anstrengungen Andrews und Lawlors auch waren, versagten sie der See doch den Respekt. Im Jahre 1901, Andrews war schon 51 Jahre alt, segelte er mit seiner Frau, einer ehemaligen Krankenschwester, mit einem slupgetakelten feuchten Untersatz ähnlicher Art los, den sie wie das Phantomschiff der südlichen Meere „Flying Dutchman" zu nennen gewagt hatten, den Künder des Seemannstodes. Mit diesem Namen sollte man nicht Schindluder treiben: Andrews und seine Frau verschwanden für immer.

Das kommt davon!

Mit diesen Akrobaten mußte es schlecht ausgehen: Norton, der die *Neversink* gebaut hatte, ließ sich, verleitet durch den Erfolg dieses „Unkenter- und Unsinkbaren", einen „Dampfer" von 15 m Länge bauen, die *F. L. Norton*. Mit seiner Frau, seiner Nichte und sieben Matrosen ging er in See – Kurs Europa. Mitten im Herbst. Und in diesem Jahr 1891, das die verrückte Transatlantik-Einhandregatta gesehen hatte, gab die See weder den Dampfer noch einen seiner zehn Insassen wieder her.

Erwähnt sei noch, daß es Lawlor wenig später genauso erging.

Leute fanden sich, die es noch toller treiben wollten.

Sollte man nun die Länge eines Transozeanseglers auf weniger als 4,50 m reduzieren? Das war möglich, denn 1968 entschied sich Hugo Vihlen für weniger als 2 m! Oder 1965 Bob Manry, bei seiner Atlantiküberquerung Richtung Europa, für eine kleine Slup von 3,98 m L. ü. a. Aber gegen Ende des 19. Jahrhunderts sprach die Öffentlichkeit auf derartiges nicht an. Der Rekord an tödlicher Dummheit brachte damals nichts ein.

Die Segelfläche konnte auch nicht mehr verkleinert werden, also dachte man an etwas noch Außergewöhnlicheres, auf dem man unter dem grenzenlosen Horizont fahren konnte:

An das Ruderboot!

Man hat George Harbo und Frank Samuelson „die Giganten des Atlantiks" genannt. Zweifellos war ihre Leistung für Jahrzehnte einmalig. Sie haben gezeigt, wie weit man menschliche Ausdauer, physische Widerstandsfähigkeit und Willenskraft strapazieren kann. Es ist nur schade, daß ihre Beweggründe so ganz ohne Noblesse, wenn nicht sogar naiv waren. Nach geglückter Überfahrt wollten sie durch die Ausstellung des Bootes Geld verdienen. Zwischen dieser Barnum würdigen Konzeption maritimer Heldentaten und der Einstellung Johnsons oder selbst der jener unsinnigen *Regatta der kleinsten Boote „in the world"* gibt es einen Unterschied.

Harbo und Samuelson waren norwegischer Abstammung, eingebürgerte Amerikaner. Beide benutzten Sandy-Hook, einige Meilen südlich von New York, als Ausreisehafen. Wie Johnson und Blackburn, von dem bald die Rede sein wird (sein Fall ist jedoch von ganz anderer Bedeutung), fischten sie auf den Bänken und lebten auch an Bord ihrer Dorys. Immerhin war Harbo Nautiker mit Patent und schien sogar Lotse gewesen zu sein.

Im Jahre 1894 kam ihnen die Idee. Sie überlegten lange hin und her, fanden schließlich einen Kommanditisten, die „Polize Gazette", ein Schundheftchen mit Detektivgeschichten. Ihr Dory trug den Namen des Managers dieser Zeitschrift: *R. K. Fox*. Reklame...

Das Dory war, genauer gesagt, ein kleines Walboot in Spitzgattbauweise. Es maß 5,40 m, war also etwas länger als das von Johnson, 1,50 m breit und ging voll ausgerüstet 20 cm tief.

Sie deckten es nur halb ein (eine Unvorsichtigkeit, die sie teuer bezahlen sollten), versahen aber die Steven mit je einem Luftkasten. Segel nahmen sie überhaupt nicht mit, damit man sie später nicht des Mogelns verdächtigen konnte. Hierzu sei bemerkt, daß ein Dory *ohne Mast* viel weniger verwundbar ist (in der Theorie haben wir das in der Einführung gesehen, in der Praxis beim Fall Johnson) als ein Boot *mit* Mast, Wanten und allem, was dem Wind an einem Rigg Angriffsfläche bietet. Die Ausrüstung bestand aus fünf Paar soliden Riemen, einem Treibanker aus konisch vernähtem Segeltuch und Positionslaternen. Sie nahmen 200 Liter Trinkwasser mit, das heißt für 100 Tage einen Liter pro Person, was ausgesprochen wenig ist. Zur Navigation einen Dorykompaß und einen Oktanten zur Bestimmung der Breite, aber kein Log – den Grund lernen wir noch kennen.

45

Die beiden Langstreckenruderer verließen New York am 6. Juni 1896 um 17 Uhr mit Einsetzen des ablaufenden Wassers. Eine riesige Menschenmenge, von der *Polize Gazette* zusammengetrommelt, wohnte dem Ereignis bei. Man kann sich vorstellen, daß der gewisse Mr. R. K. Fox sich die Hände rieb. Der Rummel war beim breiten Publikum angekommen, was machte es da schon aus, wenn diese beiden Dummköpfe möglicherweise absaufen würden. Wenn man das Wrack fände, gäbe das noch eine wunderschöne Schlagzeile. Eine Kollekte für Kränze könnte man dann auch noch aufziehen und die Auflagenhöhe halten ...

Auch die beiden Männer rieben sich die Hände, spuckten aber dabei hinein: Diese Hände sollten sie über die Enden ihrer Riemen „an das andere Ufer" bringen, auf der Schiffahrtsroute etwa 3250 Seemeilen entfernt. Auf der normalen Schiffahrtsroute leistet der Golfstrom anfangs noch wertvolle Unterstützung. Diesen Kurs riet schon die allerelementarste Vorsicht an. Bei einem Faden (1,83 m) pro Schlag vor dem Wind und einem halben Faden (0,92 m) pro Schlag gegen den Wind macht das insgesamt wieviel Schläge? Über 3 Millionen ...

Unsere Fischer, die nie ein Log gebrauchen, kennen die Antwort ganz genau. Sie wissen, welche mittlere Distanz mit einem Dory pro Stunde durchlaufen werden kann, bei günstigem und ungünstigem Wind. Die beiden stellten daher einen Fahrplan auf, an den sie sich offenbar strikt gehalten haben, soweit das Wetter es zuließ: Von 8 Uhr morgens bis 8 Uhr abends pullten sie gemeinsam und legten nur zwei Pausen ein, nämlich das Früstück, anschließend eine Stunde Ruhe, und das Mittagessen, auch danach eine Stunde Ruhe. Die Nächte, von 20 bis 7 Uhr, wurden in kurze Wachen eingeteilt, in denen der eine pullte und der andere schlief, und zwar von 20 bis 23 Uhr, 23 bis 2 Uhr, 2 bis 4.30 Uhr, 4,30 bis 7 Uhr. Schließlich nahmen sie zwischen 7 und 8 Uhr die Morgenmahlzeit. Sie rechneten aus, daß sie täglich im Schnitt 54 Meilen schaffen würden, wenn sie diesen Fahrplan in etwa einhielten. Auf dem fast reinen Ostkurs war mit einer Abdrift durch Wind nicht zu rechnen, und sie würden den Eingang zum Kanal in 60 Tagen erreichen ...

Sie schafften es in 55 Tagen!

Nach kurzer Zeit zählten auch ihre Handflächen die Schläge mit. Trotz aller Vorsichtsmaßnahmen hatten sie einiges durchzumachen.

Bei dem Wind verweigerte der Petrolofen den Dienst, und zwar während der ganzen Überfahrt. Sie mußten sich damit begnügen, die Lebensmittel roh und kalt zu essen. Glücklicherweise hatten sie Eier und Zwieback mitgenommen.

Zu den anderen Zwischenfällen, von denen sie berichteten, zählen auch die indiskreten Besuche eines Haies.

Dann kam Ostwind auf – ein wahres Pech! – Er zwang sie, den Treibanker auszubringen und beizudrehen. Dabei trieben sie 20 Meilen zurück. Und dann die Wale...

Auf den Bänken trafen sie schließlich mehrere Schiffe, von denen sie endlich eine warme Mahlzeit bekamen.

Am 7 Juli überfiel sie der erste Weststurm, den sie beigedreht abritten. Am 9. wurde die See so grob, daß das zu tief geladene Walboot bei jeder See Wasser übernahm. Weil es nur zum Teil eingedeckt war, wäre es schnell vollgeschlagen, darum mußte einer der Männer unaufhörlich lenzen, während der andere den Bug zur See hielt, denn, wie man schon sah, erfüllt der Treibanker diese Aufgabe nur unzureichend. Um 9 Uhr abends geschah das Unglück: Quergeschlagen, trotz Zuges auf den Treibanker, wurde das Boot umgeworfen.

Glücklicherweise hatten Harbo und Samuelson Schwimmwesten angelegt und sich mit Sorgleinen an Bord gesichert. Am Boot waren – wie an Rettungsbooten üblich – Handleisten angebracht, die gleichzeitig als Schlingerkiel und Handgriff dienten. Man konnte sich daran festhalten, wenn das Boot gekentert war. Als das Wetter endlich handiger wurde, konnten sie das Boot wieder umdrehen. Zu zweit hatten sie es wahrscheinlich leichter als Johnson, aber es war trotzdem sicherlich keine Kleinigkeit. Ein Teil der Ausrüstung, weniger gut gesichert als die von Johnson, ging verloren. Darunter ein Paar Riemen.

Fünf Tage lang waren sie naß bis auf die Haut...

Fünf Tage und fünf Nächte in ihrem eigenen Schmutz.

Endlich wurde das Wetter anhaltend schön. Am 15. Juli trafen sie auf eine norwegische Dreimastbark, die ihnen mehr Wasser und Lebensmittel gab, als sie nötig hatten. Und dazu noch die herzliche Wärme des Heimatlandes.

Erst die Hälfte des Weges war geschafft. In der folgenden Woche legten sie einen Schlag zu und brachten es auf 65 Meilen am Tag. Am 24. Juli gab ihnen ein anderes norwegisches Schiff die Position, 400 Meilen vor den Scilly-Inseln (an der Südwestspitze Cornwalls). Auf diesem merkwürdigen kleinen Archipel war es, wo sie am Samstag, dem 1. August, nach 55 Tagen auf See an Land gingen. Nach 55 Galeerentagen. Es war noch schlimmer als auf einer Galeere, was Wind, Kälte und Nässe anbelangt. Tag und Nacht in Ölzeug, das an ihren Handgelenken den blutigen „Chou des bancs" verursachte (Hautentzündung im Bereich der Handgelenke bei den Dorymannschaften der Neufundlandfischer. Entsteht durch andauernde Reibung des feuchten Ölzeugs auf der Haut, auch „Blume von Island" genannt). Und immer kaltes Essen. Aber auf den Scilly-Inseln waren sie ebensowenig zufrieden wie Johnson in Abercastel.

Sie pullten weiter nach Le Havre. Dort trafen sie am 7. August 1896 um 9 Uhr morgens ein.

Diese Atlantiküberquerung kann dank der zahlreichen Zusammentreffen der *R. K. Fox* mit anderen Schiffen an aufeinanderfolgenden Punkten des Kurses nicht in Zweifel gezogen werden. Das war bei einigen ihrer Nachahmer und selbst bei ihren Vorgängern (sie hatten angeblich welche) nicht immer der Fall. Natürlich ist es leicht, sich unterwegs an Deck eines Schiffes setzen zu lassen und kurz vor Insichtkommen der Küste wieder zu Wasser zu gehen, um nachher zu erzählen, man habe den Atlantik im Ruderboot überquert.

Der Traum vom Geld, den Harbo und Samuelson träumten, war weit davon entfernt, Wirklichkeit zu werden. In Le Havre brachte ihre Ausstellung nur vier Tage lang etwas ein. Dann pullten sie die Seine aufwärts und konnten kaum die Kosten des Aufenthaltes in Paris decken. In England latten sie auch nicht mehr Erfolg. Und ihr Norwegen empfing sie ausgesprochen kühl, weil man ihnen die Yankeeflagge der Naturalisierten übelnahm! Ein Jahr später kehrten sie auf einem Passagierdampfer in die USA zurück und... gerieten völlig in Vergessenheit.

Später gingen sie wieder nach Norwegen. Samuelson starb dort 1946 im Asyl.

Das Handwerk des exzentrischen Seefahrers zahlt sich nicht aus.

Und heute?

1966 wurde der Versuch von zwei Mannschaften erneut unternommen. Die beiden Briten, Kapitän und Fallschirmfeldwebel John Ridgeway, 27 Jahre und Charles Blyth, 26 Jahre, hatten Erfolg. Er vollzog sich ziemlich unbemerkt. Tatsächlich haben sie länger gebraucht als ihre Vorgänger: Am 4. Juni mit ihrem offenen 6,50 m-Boot „English Rose" am Kap Cod ausgelaufen, erreichten sie Galway in Irland nach 92 Tagen. Die von ihnen abgepullte Distanz war also etwas kürzer. Offenbar gab es keine ernsthaften Zwischenfälle. Bei ihrer Ankunft befanden sie sich zwar in guter Verfassung, konnten aber ihre Finger nicht mehr spreizen. Um diesen Kraftakt vollbringen zu können, hatten sie „Erholungsurlaub" erhalten. Erholung! Bei ihrer Ankunft waren sie „glücklich, es geschafft zu haben und hofften, es beim nächsten Mal besser zu machen". Das kennt man ja. Es soll bloß niemand auf die Idee kommen, sie „Giganten des Atlantiks" zu nennen!

Dagegen endeten zwei andere Nachahmer jener beiden Norweger im selben Jahr auf tragische Weise. Die beiden britischen Journalisten, John Hare und David Johnstone, 29 und 34 Jahre alt, liefen am 26. Mai 1966 von Norfolk, Virginia, aus. Ihr Ruderboot „Puffin" war kleiner, 4,50 m, leichter, was nicht zwangsläufig ein Vorteil sein muß, hatte jedoch einen guten Riss. Es war theoretisch viel sicherer, weil eingedeckt und unsinkbar, aber wenig wohnlich. Die Luftkästen beanspruchten zuviel Platz. Am 16. Oktober wurde das Boot kieloben 600 sm südostwärts Neufundland entdeckt, also noch recht nahe der amerikanischen Küste. Stellt man die Versetzung durch den Golfstrom seit 2. September – an diesem Tage enden die Eintragungen im Logbuch – in Rechnung, hatten sie in drei Monaten und einer Woche 1200 bis 1300 sm geschafft. Weniger als ein Drittel der Route ihrer Vorgänger, die zur gleichen Zeit unterwegs waren. Ihre Riemen hatten sie nicht verloren, waren auch keinem Schiff begegnet. Das Geschehen erklärt sich um so weniger, als sich an Bord noch empfindliche Gegenstände befanden, wie Fotoapparat, Doppelglas und ein Radio. Auf den letzten Logbuchseiten war zu lesen, daß sie keine Lebensmittel mehr hatten und Kurs Nord nahmen in der Hoffnung, auf ein Schiff zu treffen. Was sie aber trafen, war der Hurrikan „Faith". Ebenso unverständlich bleibt, warum sie sich nicht an den Handleisten festgezurrt hatten, die eigens dafür vorgesehen waren.

Aber es kam noch besser – oder schlechter.
1911 hatte ein gewisser Joseph Lawlor behauptet, er wäre allein von Boston nach Spanien gesegelt und niemand glaubte ihm. Auch nicht die Geschichte von einigen Nachahmern, die unterwegs verloren gegangen sein sollten. Das wäre eine zu einfache Art zu verschwinden.

Heute jedoch wissen wir, daß die Sache möglich ist, und allein im Jahr 1969 wurde das in zweifacher Richtung bewiesen.
Die erste Einhandüberfahrt unter Riemen wurde von Ost nach West im Passat vollbracht, der das Unternehmen gewiss förderte. Der Engländer John Fairfax legte am 20. Januar mit seiner „Britannia" auf den Kanarischen Inseln ab (in diesen Breiten ein günstiger Zeitpunkt, um die Hurrikans zu vermeiden, die Romer auf dem Gewissen haben). Sein Boot hatte vorn und achtern je eine wasserdichte Kajüte. Mitte Juli traf er in Florida ein. Sechs Monate lang hatte er sich an seinen Riemen abgekämpft, jedoch auf dem 3400 sm-Kurs – das sind bei günstigem Wind 19 sm pro Tag – regelmäßig geschlafen. Während eines Sturmes, der Passat ist nicht umgänglich, hatte er sich ein Knie verrenkt. Seine Kleidung ging in Fetzen, die Sonne brannte auf seine nackte Haut, was recht gefährlich werden kann. Aber das Schlimmste, sagte er, war die Einsamkeit. Er will es noch einmal versuchen. Diesmal von Kalifornien nach Australien. Das sind über 5000 sm... zusammen mit einer hübschen jungen Frau, einer Londoner Sekretärin, die für dieses Unternehmen in keiner Weise vorbereitet ist.

Immerhin hat er sie gebeten, mindestens ein Jahr lang drei Stunden pro Tag zu schwimmen. Mal sehen, was dabei herauskommt.

Die zweite Alleinreise über den Atlantik unter Riemen im Jahre 1969 ging gewiß über eine kürzere Distanz. Von Neufundland nach Irland, etwa 1700 sm. Sie war aber erheblich schwieriger, denn sie führte von West nach Ost. Der Strom ist sicherlich ein günstiges Moment, aber die See viel härter und wechselhafter. Am 17. Mai ging die Reise in Saint-Jean auf Neufundland los. Sein 6 m-Dory *Super Silver* war an beiden Enden mit Luftkästen ausgerüstet. Der Engländer Mac Lean, ehemaliger Fallschirmjäger, 26 Jahre alt, kam am 27. Juli an. Das sind nur 70 Tage, gegenüber der Reise zu zweit von Ridgeway und Blyth von 91 Tagen. Diese extrem kurze Zeit ergibt bei Berücksichtigung der Tage mit ungünstigem Wind ein Mittel von 24 sm pro Tag. Versuchen Sie das einmal, selbst auf einem gemütlichen Gewässer!

Mac Lean trainierte einen Monat lang, nur sehr wenig zu schlafen und immer nur kurze Schlafintervalle einzulegen. Am 18. Juli, gegen 2 Uhr 30 morgens, schwamm er in seinem vollgeschlagenen Boot, hatte die meisten Karten verloren, einen seiner Trinkwasserbehälter und Lebensmittel für sechs Tage, vorwiegend Reis und Fruchtkonserven. Schlimmer machte ihm jedoch der Ausfall seines Transistorradios zu schaffen. Die Verbindung zur Außenwelt war abgeschnitten: Auf See befand er sich nicht um der See willen, sondern um eine Überfahrt zu schaffen, um einen Rekord aufzustellen. Danach bedauerte er am meisten – und das kommt nur Nicht-Seeleuten komisch vor – daß er vergessen hatte, Schmierfett für Dollen und Ruderbeschlag mitzunehmen. Das Öl aus Sardinendosen versah diesen Dienst nur mangelhaft. „Mit schmerzenden Händen und Schultern" kam er an, woran nicht zu zweifeln ist. Diese Ruderpartie wurde 1967/70 von dem Briten Sidney Ganders wiederholt. Diesmal in 74 Tagen von den Kanarischen Inseln (Weihnachten 1969) nach Antigua, also auf der kürzesten Route. Das schwerste Stück war für Ganders das Pullen von Cornwall nach den Kanarischen Inseln. Die Lebensmittel gingen aus, er fand aber den Mut, die Reise fortzusetzen.

All diese Geschichten sind eigentlich nur Anekdoten. Sie unterscheiden sich erheblich von der Überfahrt des Dr. Bombard, von dem wir später noch sprechen werden.

Das Gelingen beweist die Chance der Schiffbrüchigen, ohne Lebensmittel, ohne Wasser zu überleben. Und das ist es wert, das Leben einzusetzen.

In gewisser Weise hatte Bombard einen Vorläufer, einen *Berthon* (Prototyp einer späteren Serie), ein zusammenklappbares Rettungsboot, das 1891 700 sm von Spanien zum Kanal zurücklegte. Auch sein Ziel war,

Vertrauen zu dem neuen Rettungsmittel zu erwecken. Das Resultat war schlüssig, und erst der Kautschuk konnte diesen Bootstyp entthronen.

Jetzt soll von Howard Blackburn erzählt werden, dem Nonplusultra aller Seeleute.

Paul Budker hat in seiner eindringlichen Art bereits über ihn geschrieben, literarisch und seemännisch so perfekt, daß es nicht nötig ist, neu zu formulieren. Er hat hier das Wort[1]:

Die Männer von Gloucester, Boston und die kanadischen Seeleute von Neuschottland (die Blue-Noses) befahren außerordentlich gefährliche Gewässer. Sie fischen Sommer und Winter auf den Großen Neufundlandbänken und in deren Umgebung. Die französischen *Terre-Neuves* besuchen diese Plätze nur im Sommer. Die Fischer von Fécamp, von St. Malo und Paimpol zählen zu den besten Seeleuten der Welt, und alle, die häufig auf den Bänken sind, erklären einstimmig, daß sie dort einem „ganz üblen Job" nachgehen – und die Leute von der Hochseefischerei untertreiben eher. Dabei gehen sie ihrer so harten, so mühseligen und so gefährlichen Arbeit während der guten Jahreszeit nach. Nun stelle man sich einmal die Existenzbedingungen der Fischer von Neuschottland und Neuengland vor, die *während des ganzen Winters* auf den Großen Bänken auf Heilbutt gehen... Der Winter von Neufundland ist ungefähr die Hölle, eine Eishölle, in der sich Wind, Schnee und Nebel zu Exzessen steigern und sich alle Naturkräfte verbinden, um den Seemann zu verderben. Die ein solches Leben führen, sind harte Männer. Zweifellos die besten Seeleute des neuen Kontinents. Die großartigen Heldentaten, die von den Mannschaften der großen Schoner ohne Aufhebens vollbracht werden, wären der skandinavischen Sagas nicht unwürdig.

Howard Blackburn wurde am 17. Februar 1858 in Port Midway geboren, einem kleinen Dorf an der Küste Neuschottlands, zwischen Halifax und Kap Sable. Genau wie Slocum ist Blackburn also eine *Blue Nose*. Er ließ sich später als Amerikaner einbürgern.

Seit seinem 15. Lebensjahr fuhr Blackburn zur See. Sechs Jahre lang an Bord englischer und amerikanischer Segelschiffe. Im April 1879, nachdem er schon hinreichende Erfahrungen auf See gesammelt hatte, ließ er sich in Gloucester nieder und beschloß, in der Hochseefischerei anzumustern.

Anfang 1883 war er Matrose an Bord des Schoners *Grace L. Fears* unter dem Kommando des Kapitäns John A. Griffin. Am Morgen des 25. Februar stieg er mit seinem bewährten Kameraden Tom Welch in sein

---

[1] Das Folgende bis Seite 57 ist von Budker. Jean Merrien hat das ganze Leben Blackburns in *Mutilié de L'Océan*, Edition Bonne, geschildert.

Dory, um die Angeln einzuholen. Das Wetter war ruhig, die See glatt. Aber es war noch nicht die Hälfte der Leinen wieder an Bord, als eine Brise aus Südost aufkam, die schnell immer mehr zunahm. Beide Fischer verloren die Ruhe deswegen nicht, denn sie lagen in Luv zu ihrem Schoner.

Doch bald sprang der Wind auf Nordwest und erreichte Sturmstärke. Dann setzte ein so dichtes Schneetreiben ein, daß die Sicht nur noch wenige Meter betrug. Bei dieser neuen Windrichtung befand sich das Dory in Lee zum Schoner, die Situation wurde plötzlich also sehr gefährlich. Blackburn und Welch nahmen, nachdem sie in größter Hast alle Leinen eingeholt hatten, die Riemen in die Hand und pullten mit aller Kraft auf das Schiff zu. Lange pullten sie in der Finsternis des Schneesturms, und als sie glaubten, den Ankerplatz der *Grace L. Fears* hinter sich zu haben, ließen sie den Draggen fallen und warteten auf Wetterbesserung, um wieder an Bord gehen zu können.

Erst in der Nacht hörte es auf zu schneien...

Bald konnten sie die Ankerlaterne des Schoners ausmachen, aber *weit in Luv*. Trotz ihrer Anstrengungen hatten sie nicht gegen Wind und See ankommen können. Sie holten den Draggen ein und griffen wieder zu den Riemen. Sie wußten, daß es jetzt um Leben oder Tod ging. Mit der ganzen Kraft ihrer gestählten Muskeln, mit aller Energie, ruderten sie um ihr Leben – aber das Ankerlicht des Schoners kam nicht näher. Der Wind war zu stark, die See zu grob, dagegen konnte ein Dory nicht ankommen. Der Versuch, ein zweites Mal zu ankern, schlug fehl, weil der Draggen nicht faßte und über Grund ging. Das Dory trieb immer schneller vor dem Wind.

Es wurde sehr kalt, und das Boot überzog sich mit einer so dicken Eiskruste, daß die gefangenen Fische wieder über Bord geworfen werden mußten, um das Boot zu entlasten. Blackburn behielt nur einen kleinen Heilbutt von etwa 12 Kilo zurück. Selbstverständlich hatten sie weder Wasser noch irgendwelche Lebensmittel an Bord. Die Fischer nehmen kein Frühstück mit, wenn sie nach den Leinen sehen, sei es aus Sorglosigkeit, sei es, um die ohnehin überladenen Dorys nicht noch mehr zu belasten. So etwas Unvernünftiges, wird man sagen. Natürlich, aber wenn die *fresh halibuters* vernünftige Leute wären, würden sie sich hüten, von Berufs wegen in einem Dory im Winter auf den Neufundlandbänken Heilbutt zu angeln...

Während der Nacht mußten die beiden Männer pausenlos lenzen und Eis abschlagen, das sich immer wieder auf dem Boot bildete. Als es dämmerte, waren sie allein auf der aufgewühlten See. Die *Grace L. Fears* war nicht mehr zu sehen. Mit Recht hielten sie es für sinnlos, den Draggen weiter über Grund zu schleppen, also holten sie ihn ein und nahmen Kurs

West, die Richtung, in der Neufundland liegen mußte. Aber lange konnten sie nicht durchhalten, denn der Seegang war so hoch und so gefährlich, daß das Dory jede Minute vollzuschlagen und zu kentern drohte.

Nach einiger Zeit gelang es ihnen, das Boot mit dem Bug zur See zu legen. Während Welch das Boot mit den Riemen in Position hielt, arbeitete Blackburn an einem Nottreibanker.

Um besser hantieren zu können, hatte er seine Handschuhe ausgezogen und sie auf den Boden des Dorys geworfen. Weil es wieder viel Wasser übernahm, ergriff Tom Welch, während der Kamerad noch am Treibanker arbeitete, ein Pütz, um Wasser auszuschöpfen. Durch Unachtsamkeit gingen Blackburns Handschuhe mit der ersten Pütz über Bord... Das war ein unersetzlicher Verlust, dessen Folgen schrecklich werden sollten. Zuerst machte Blackburn sich darüber keine Sorgen. Er brachte den Treibanker aus, der sofort wirksam wurde, so daß die beiden Fischer etwas Ruhe fanden. In diesem Augenblick rief Tom Welch:

„Howard! Sieh' doch nur, wie weiß deine Hände werden!"

Blackburn merkte, daß seine Hände vollkommen gefühllos geworden waren. Ein Gedanke schoß ihm durch den Kopf: wenn meine Hände erfrieren, kann ich keinen Riemem mehr halten, und Tom muß allein pullen. Wenn meine Hände doch verloren sind, dann sollen sie wenigstens noch zu etwas nützlich sein.

Mit eisernem Willen bog er seine Finger um die Riemen und rechnete damit, daß seine Hände vollkommen erfrieren würden. Die Kälte war so stark, daß sie nach 20 Minuten ganz starr waren. Mehrmals führte er die Riemenenden in den gefühllosen und unbeweglichen Ring ein, den seine Hände bildeten, und stellte mit Befriedigung fest, daß er notfalls pullen konnte wie sein Kamerad und daß er in er Lage war, seinen Anteil zu ihrer Rettung zu leisten.

Auch während des ganzen folgenden Tages mußte ohne Unterbrechung gelenzt und Eis abgeschlagen werden, das sich in großer Menge ansetzte und das Dory zu versenken drohte. Eis mit erfrorenen Händen abzuschlagen ist eine sehr mühsame Beschäftigung. Blackburns rechte Hand war obendrein verletzt, und er hatte die Idee, einen seiner Strümpfe als Handschuh zu benutzen. Unglücklicherweise ließ er den Socken ins Wasser fallen, und ohne daß er die Verschlimmerung der Hand verhindern konnte, merkte er bald, daß auch der nackte Fuß im Seestiefel langsam erfror. Tom Welch sagte er nichts davon, um dessen Sorgen nicht noch zu vergrößern.

Der Sturm hielt an. Gewaltige Seen schlugen in das Dory und zwangen die beiden Schiffbrüchigen, pausenlos das übergekommene Wasser auszupützen. Welch war ein stabiler und mutiger Mann, an das rauhe Leben auf der Großen Bank gewöhnt. Dennoch brachen gegen Abend Müdigkeit, Hunger und Durst seine Widerstandskraft, und er begann zu delirieren, verlangte frisches Wasser. Er lag ausgestreckt auf dem Boden des Vorschiffes, ganz vorn, d. h. an dem Platz, der am besten gegen Wasser und den eisigen Wind geschützt war. Die furiose See drohte das schwache Fahrzeug zu verschlingen. Mit allen Kräften lenzte Blackburn. Das Wasser drang jedoch immer wieder ein. Tom Welch rief: „Howard, komm ganz nahe heran, geh nicht weg!"

Blackburn hielt sich so dicht bei seinem Kameraden, wie es ihm möglich war, und gab ihm als Ersatz für Trinkwasser Eisstücke in den Mund, in der Hoffnung, ihm dadurch etwas Erleichterung zu verschaffen.

Tom Welch starb in der Nacht.

Im Morgengrauen fand Blackburn ihn – steif und kalt, schon mit einer Eisschicht bedeckt, die sich aus der Gischt gebildet hatte...

Ein weiterer Tag verging und eine Nacht. Ohne zu essen, trinken oder etwas zu schlafen, pützte Blackburn bei Sturm und Kälte mechanisch neben seinem toten Kameraden. Er kämpfte ohne große Hoffnung und fühlte sich schon von den Lebenden ausgeschlossen. Er wartete darauf, daß eine Welle das Dory endlich vollschlug und ihn auf den Grund des Meeres schickte.

Am dritten Tag ließ der Wind nach, und die See beruhigte sich. Bei Sonnenaufgang war das Wetter fast ruhig. Blackburn holte den Treibanker ein, brachte die Riemen in die Dollen und pullte in die Richtung, in der nach seiner Meinung Land liegen mußte. Natürlich bereitete ihm die Handhabung der Riemen außerordentliche Schwierigkeiten. Nach und nach gelang es ihm, Fahrt in sein Boot zu bekommen und diese während des ganzen Tages beizubehalten. Durch die Reibung seiner gefrorenen Handflächen am Holz wurden ihm, nach seinen eigenen Worten, „Fleischfetzen von der Größe eines Halbdollarstückes" herausgerissen. Aber er verspürte gar keinen Schmerz und pullte bis zum Abend weiter. Kurz vor Sonnenuntergang machte er am westlichen Horizont einen großen weißen Felsen aus, auf den er zuhielt. Nach Einbruch der Dunkelheit holte er die Riemen ein und brachte den Treibanker wieder aus. Es wehte noch immer heftig aus Nordwest, aber der Seegang war erträglich, und das Dory nahm fast kein Wasser mehr über. Aus Angst einzuschlafen und nicht wieder aufzuwachen (der Frost war noch sehr stark), kauerte er sich auf den Boden des Bootes, umschlang eine Ducht mit seinen Armen und balancierte während der ganzen Nacht nach achtern und von achtern nach vorn, um gegen den Schlaf und die tödliche Müdigkeit anzukämpfen, die ihn jetzt überkam. Im Morgengrauen nahm er den Kurs wieder auf, mühte sich mit den Riemen ab. Der große weiße Felsen, den er am

Abend zuvor entdeckt hatte, entpuppte sich als eine kleine, unbewohnte, schneebedeckte Insel. Deshalb ging er dort gar nicht erst an Land, sondern pullte mit Kurs West weiter.

Gegen Mittag tauchte endlich Land auf, und nachmittags lief er in einen kleinen Fluß ein, dessen ziemlich schmale Mündung von hohen Hügelketten gesäumt war.

Blackburn machte an einem kleinen Bootssteg fest, in dessen Nähe eine Hütte stand. Zu dieser Jahreszeit war sie aber unbewohnt, hatte weder Türen noch Fenster und war nur mit einem Tisch und zwei Brettern möbliert, die eine Art Schlafstelle bildeten. Alles war mit Schnee bedeckt. In einer Ecke stand eine Tonne mit eingesalzenen Fischen, die Blackburn aber nicht anrührte. Der kleine Heilbutt, den er bei sich behalten hatte, als das Boot ins Treiben geriet, war vollständig steifgefroren und hart wie ein Stein. Während des Kampfes gegen den Sturm hatte er keinen Augenblick Hunger verspürt und nichts davon gegessen. Fünf Tage lang hatte Blackburn weder geschlafen, getrunken noch gegessen. Er war trotzdem noch nicht am Ende seiner Kräfte. Der Platz, an dem er an Land gegangen war, bot ihm keinerlei Hilfe. Diese erste Nacht an Land verbrachte er in der Hütte, er streckte sich auf den kahlen Brettern der Liege aus.

Starr vor Kälte, entmutigt, hilflos, hatte er immer noch so viel Energie, aufzustehen und ein paar Schritte zu machen, wenn der Schlaf ihn zu überwältigen drohte.

Am nächsten Morgen wollte er unbedingt in eine bewohnte Gegend, um Hilfe zu erbitten. Er entschloß sich, wieder in das Dory zu steigen und flußauf zu pullen. Die Strömung war sehr stark. Blackburn, den die bisherigen Strapazen schon arg geschwächt hatten, konnte die Riemen mit seinen erfrorenen Händen kaum halten und machte daher nur wenig Fahrt. Nach Eintritt der Nacht ging glücklicherweise der Mond sehr bald auf und ermöglichte ihm, den Weg flußauf langsam fortzusetzen. Es war schon Tag, als er ein kleines Fischerdorf erreichte. Er wurde gesehen, und die Leute stürzten herbei, um ihm beim Aussteigen zu helfen.

Little River, so hieß das Dorf, bot wenig Hilfsmittel. Die Bewohner waren sehr arm und lebten in einer Einfachheit, die schon an das Nichts grenzte. Aber sie waren mitfühlend und bemühten sich sehr um Blackburn. Einer von ihnen, Frank Lishman, nahm ihn mit nach Hause und versorgte ihn, so gut er konnte. Leider gab es in Little River weder einen Arzt noch Heilmittel. Dank seiner außerordentlich robusten Konstitution überlebte Blackburn diese furchtbaren Strapazen. Aber seine Hände waren unheilbar erfroren, und in knapp zwei Monaten fielen alle Finger ab, einer nach dem anderen, zuletzt die Daumen. Auch alle Zehen verlor er und den halben rechten Fuß.

Nach einem dreimonatigen Aufenthalt in Little River wurde er nach Burgeo gebracht, von dort nach Gloucester, wo er am 4. Juni eintraf.

Als Krüppel konnte Blackburn nicht mehr daran denken, seinen Beruf als Fischer wieder auszuüben. Eine Sammlung zu seinen Gunsten wurde veranstaltet und brachte so viel ein, daß er davon eine kleine Kneipe aufmachen konnte. Seine früheren Kameraden kamen gern dorthin, um ein Glas Bier zu trinken und von dem zu klönen, was sie alle interessierte: von der See, den Schiffen und der Fischerei.

Mit großer Geduld lernte Blackburn bald, sich dessen zu bedienen, was von seinen Händen noch übriggeblieben war. Jeder in Gloucester dachte, daß er seine Tage friedlich an Land beschließen werde und daß die Zeit der Abenteuer auf See für ihn vorbei sei. Worin sie sich gewaltig täuschen sollten!

Eines Tages verließ er Gloucester an Bord eines Fischereischoners, den mehrere Fahrensleute gekauft und ausgerüstet hatten, um am Klondyke Gold zu suchen. Das Abenteuer hatte Blackburn schon immer gelockt, und so schloß er sich dem Goldsucherhaufen an. Die Reise verlief ohne besondere Ereignisse. Vor Kap Hoorn bekam der Schoner natürlich seinen Teil von den ungeheuren Seen und Stürmen, aber die Goldsucher kamen heil in San Franzisko an. Von dort aus mußten sie sich auf den Weg nach Alaska machen. Auch Blackburn wollte nach Alaska, aber vor seiner Ausreise brach er sich ein Bein und mußte über Land wieder nach Hause zurückkehren.

Acht Monate lang sah man in Gloucester, wie er sich auf Krücken herumschleppte, und kein Mensch ahnte, daß dieser kranke Mann nicht nur seine Landsleute, sondern jeden in der Alten und Neuen Welt, der die See kannte, noch in Erstaunen versetzen sollte.

Nach seiner Genesung wurden die Krücken in die Ecke gestellt, und Blackburn begann, ohne Finger, mit dem Bau eines Bootes: 9 m lang, 2,60 m breit und 1,50 m lichte Höhe unter Deck. Übrigens, während er baute, hatte er noch keine Vorstellung davon, was er später damit anfangen würde. Einer seiner regelmäßigen Besucher bemerkte eines Tages beiläufig, daß es doch ganz amüsant sein müßte, einmal die Überfahrt von Gloucester in den USA nach Gloucester in England zu machen. Dieser Gedanke gefiel Blackburn, und nachdem er sein Boot, nicht ohne Humor *Great Western* getauft, abgeslipt und aufgeriggt hatte, brachte er ausreichende Mengen Lebensmittel und Ausrüstungsgegenstände an Bord und verkündete seine Absicht, allein über den Atlantik zu segeln.

Die Ausreise erfolgte am 18. Juni 1899[1].

---

[1] Die Einhandweltumsegelung von Slocum fand von 1895-1898 statt. Wir werden im zweiten Teil darauf zurückkommen.

Um 2 Uhr nachmittags war ganz Gloucester an der Pier, um die winzige Slup zu sehen, wenn sie Kurs auf See nehmen und am Horizont verschwinden würde. Mit seinen Fingerstümpfen setzte Blackburn Segel, holte die Fallen durch und führte alle Manöver tadellos aus.

Er erreichte Gloucester in England nach 61 Tagen, also am 18. August 1899, um 9 Uhr morgens. Begeistert wurde er begrüßt, was ihn sehr überraschte, denn er war nicht der Meinung, etwas Besonderes geleistet zu haben. 61 Tage für eine solche Überfahrt, das war eine Spazierfahrt, Sportsegelei! Er verkaufte seine *Great Western* nach London und kehrte mit einem Passagierdampfer in die Staaten zurück – mit dem festen Vorsatz, es beim nächsten Mal besser zu machen...

Nach seiner Rückkehr nach Gloucester (USA) begann er mit dem Bau eines Bootes, das kleiner werden sollte als das erste. Die *Great Republic,* so nannte er es, war nur 7,50 m lang, 3,10 m breit und hatte 90 cm Höhe unter Deck. Es hatte einen langen, geraden Kiel, der es ermöglichen sollte, bei unbesetzter Pinne Kurs zu halten, was mit der *Great Western* nicht möglich gewesen war. Während seiner ersten Überfahrt schlief Blackburn fünf Stunden täglich und drehte während dieser Zeit bei, dann segelte er 19 Stunden ununterbrochen weiter. Genauso machte er es auf der *Great Republic,* aber anstatt während des Schlafens beizudrehen, lief das Boot mit kleiner Besegelung und belegtem Ruder weiter.

Howard Blackburn forderte am 1. Januar 1901 über die Presse alle amerikanischen Einhandsegler heraus, sich mit ihm auf der Strecke Gloucester – Lissabon zu messen (die Wettfahrt Andrews – Lawlor hatte 1891 stattgefunden). Um seiner Herausforderung mehr Gewicht zu geben, deponierte er beim Sekretär des East Gloucester Yacht Club einen Wetteinsatz. Es meldeten sich mehrere Konkurrenten, aber keiner zahlte den Wetteinsatz ein, und als der für den Start dieser zweiten transatlantischen Einhandregatta festgesetzte Tag anbrach, war lediglich *Great Republic* seeklar. Man wollte Blackburn daher in Bausch und Bogen zum Sieger erklären. Aber auf dem Ohr war er taub. Da sich kein Konkurrent stellte, segelte er „gegen die Uhr" und versuchte, Lissabon in der bestmöglichen Zeit zu erreichen. Am 9. Juni 1901 legte Howard Blackburn nachmittags mit der *Great Republic* ab.

Diesmal war es keine „Spazierfahrt" auf dem Ozean. Es galt, einen Geschwindigkeitsrekord für kleine Boote aufzustellen.

Anfangs war ihm das Glück nicht gerade hold. Mitten auf dem Dampfertreck geriet er in dichten Nebel. Wiederholt lief er Gefahr, von Dampfern überrannt zu werden. Einer kam so dicht an ihm vorbei, daß sein Schraubenwasser auf das Deck der kleinen Slup spritzte. Blackburn beeilte sich, aus dieser gefährlichen Gegend herauszukommen, wo sich der Schlaf von selbst verbot. Im freien Wasser nahm er seine alten Gewohnheiten wieder auf: 19 Stunden Wache, 5 Stunden Schlaf.

Als er die Azoren bereits passiert hatte, hielt ein englischer Dampfer auf ihn zu. Der Wachoffizier beugte sich über die Reling und fragte, ob er Howald Blackburn sei, der schon einmal in einem kleinen Boot den Atlantik überquert habe. Auf die bejahende Antwort erwiderte der Offizier:

„Dachte ich mir's doch. Brauchen Sie was?"

„Ja, ein bißchen Wind!"

Der Dampfer entfernte sich, und Blackburn hatte bald mehr Wind, als ihm lieb war. Er wuchs sich zu einem handfesten Sturm aus und *Great Republic* setzte die Reise unter Sturmfock und Trysegel fort. Dabei nahm sie viel Wasser über. Weil die Windrichtung für seinen Kurs günstig war, lief Blackburn bei diesem Sturm weiter. Nach zwei Tagen zwang ihn das Wetter jedoch, beizudrehen. Blackburn hatte das Manöver gerade beendet und war in die Kajüte gegangen, als kaum eine Minute später ein Dampfer vor ihm auftauchte. Es war ein Frachter in Ballast, der fürchterlich rollte und stampfte und gerade so dicht an *Great Republic* heranging, als die Vorsicht es erlaubte.

„Sollen wir Sie an Bord nehmen?" brüllten die Offiziere von der Brücke.

„Nein, danke!" antwortete Blackburn.

„Sie werden Ihre Meinung vielleicht bald ändern. Wir bleiben noch etwas in ihrer Nähe!"

Tatsächlich blieb der große Dampfer bei dem kleinen Segler und wartete darauf, daß der Einsame sich dazu entschloß, sein Boot zu verlassen. Als Blackburn das merkte, gab er das Beidrehen auf und ging wieder auf Kurs.

„Diese Dampferleute glauben wohl, ich wüßte nicht, wie man mit einem Segelboot umgeht, wenn es bläst!"

Zwanzig Minuten lang folgte der Frachter der *Great Republic,* die der Skipper mit Mühe durch die enormen, gischtgekörnten Seen führte. Endlich schien man überzeugt zu sein, daß die kleine Slup wirklich keine Hilfe brauchte. Der Frachter nahm seinen Südwestkurs wieder auf, nicht ohne den unerschrockenen Segler dreimal kurz mit der Dampfpfeife zu grüßen.

Blackburn hatte die Absicht, wieder beizudrehen, sobald der Dampfer außer Sicht war. Aber sein Boot lief so gut, und der Kurs lag genau richtig, daß er es nicht tat, sondern weitersegelte. Trotz der schweren Seen, die sich fast ständig an der Bordwand brachen. Er wußte, daß er die Reise bald hinter sich haben würde.

Bei seiner Ausreise in Gloucester hatte man Blackburn gesagt, daß er sich glücklich schätzen könne, wenn er Europa in 50 Tagen erreiche.

Jetzt, *38 Tage* danach, machte er Kap Espichel, 15 Meilen südlich der Tajomündung, aus. Ein ausgezeichneter Landfall nach einer Überfahrt von mehr als 3000 Seemeilen! Am 18. Juli um 2 Uhr nachmittags, genau 39 Tage nach seiner Ausreise aus Gloucester, machte *Great Republic*, die stolz das Sternenbanner gesetzt hatte, im Hafen von Lissabon fest.

Great Republic kehrte an Bord eines Frachters in die Staaten zurück, und Blackburn ging wieder hinter seine Theke, wo ihn jeder Neugierige betrachten konnte. Aber weder die kleine Slup noch der Skipper konnten sich an eine längere Untätigkeit gewöhnen. Blackburn hörte von den Großen Seen, rüstete sein Boot und segelte los. Diesmal über Süßwasser. Er überquerte die Großen Seen, lief den Mississippi hinab und geriet vor der Küste Floridas in Seenot.

Nach Gloucester zurückgekehrt, dachte Blackburn daran, die Reise Johnsons zu wiederholen. Er beschaffte sich ein Dory, deckte es halb ein, riggte es mit Fock und Großsegel auf und ging in See, Richtung Europa.

Es war Sommer, und Blackburn konnte mit gutem, zumindest mit handigem Wetter rechnen. Aber ganz im Gegenteil traf er draußen auf schwere See und stürmischen Wind, und noch bevor er Kap Sable an der Südwestspitze Neuschottlands erreicht hatte, kenterte das Dory in einer Sturmbö. Es schwamm aber noch auf dem Wasser. Ohne sich entmutigen zu lassen, brachte Blackburn es fertig, das Boot wieder aufzurichten und weiterzusegeln. Aber zwischen Neuschottland und Neufundland kenterte es noch zweimal. Er sagte sich dann, daß das Glück diesmal nicht mit ihm sei, und kehrte weise nach Gloucester zurück, was ihm gewiß niemand nachtragen wird.

Er wurde älter und lebte friedlich in Gloucester. 1930 besaß er immer noch seine kleine Kneipe in der Main Street. Die Fahrensleute trafen sich wie immer „bei Howard", um von See, Fischfang und Schiffen zu klönen. An den Wänden hingen naive Federzeichnungen, die ein Fischer, ein ehemaliger Bordkamerad Blackburns, angefertigt hatte und die einige Episoden der tollen Abenteuer darstellten, denen der Wirt in so wunderbarer Weise lebend entronnen war. Bei dem Gedanken an die übermenschliche Energie dieses Mannes, der allein in einem Dory, mitten in einem Wintersturm auf den Großen Bänken, die erfrorenen Hände um die Riemen gekrallt, neben seinem toten Kameraden am Rande der Erschöpfung ausgehalten hatte, da sagte mehr als einer der harten Burschen von Gloucester mit Bewunderung: „Howard, das ist ein Kerl!"

Blackburn starb im Alter von über 70 Jahren.

Zum Schluß soll hier sein Urteil über einen anderen Einhandsegler, nämlich Alain Gerbault, zitiert werden.

Als man ihm einen Artikel über die erste Atlantiküberquerung des

Franzosen zu lesen gab, sagte er: „Wie lange hat er gebraucht?"
„101 Tage."
„101 Tage?"
Howard kratzte sich nachdenklich am Kopf, dann:
„Was meint ihr, hat ihn unterwegs aufgehalten?"

Es gab natürlich auch noch andere. Sicher. Einige segelten sogar hin und zurück – wir werden von ihnen sprechen –, zahllose Unbekannte, von denen man nur per Zufall in einer Hafenchronik etwas hört. Unter Segel allein von Amerika?
Was ist denn schon dabei?

2.

ATLANTIKÜBERQUERUNGEN VON OST NACH WEST UND ÜBERFAHRTEN UNTER MOTOR

Gerbault, Graham, Romer, Lindemann, Marin-Marie, Ann Davison, John Riding, Hugo Vihlen, Doktor Bombard

Blackburn war gegen Gerbault nicht ganz gerecht gewesen, denn es ist viel schwieriger und langwieriger, den Atlantik in Richtung Nordamerika zu überqueren. Er selbst hat es nie getan.

Im Nordatlantik herrschen Westwinde vor, sie blasen nach Europa. Wer von Ost nach West segelt, muß also entweder häufig kreuzen (doppelter Weg, dreifache Zeit, vierfacher Ärger!) oder weit nach Süden gehen, in die Zone der Wendekreise, wo die Passatwinde im allgemeinen beständig aus Ost, also in Fahrtrichtung, wehen, um dann, an den zentralamerikanischen Inseln entlang, wieder nach Norden zu laufen.

So machte es Alain Gerbault im Jahre 1923 als erster. Man möge nun nicht einwenden, Slocum habe das schon 28 Jahre vorher getan, denn was Slocum von West nach Ost, von den Kapverdischen Inseln nach Pernambuko (die Nase von Brasilien) überquerte und von St. Helena nach den Antillen, war nicht der Nordatlantik, sondern der mittlere Atlantik, der keine vergleichbaren Schwierigkeiten bietet.

Alain Gerbault war unbestreitbar der erste, der allein, von Europa kommend, Nordamerika erreichte, und zwar, ohne unterwegs *einen Hafen* einzulaufen. 25 Jahre vergingen, bis 1948 J. F. Petterson auf *Seven Seas* eine ähnliche Reise machte. Die von ihm durchlaufene Distanz von Estremadura (Portugal) nach Northeast Harbor (Maine), an der Grenze Kanadas, war jedoch viel kürzer, weil sie viel weiter nördlich verlief.

Genau genommen, wurde eine Überfahrt wie die Alain Gerbaults erst 1949 wieder in Angriff genommen. Edward Allcard mit seiner Yawl *Temptress* scheint sich den Spaß gemacht zu haben, von demselben Ausgangspunkt, Gibraltar, auszulaufen, um auf der gleichen Route zu demselben Endpunkt, New York, zu gelangen. Er brauchte 80 Tage, also 21 Tage weniger als Gerbault. Sein Boot hatte einen Motor.

Man sollte Gerbault also lassen, was ihm zukommt, und zugeben, daß diese kühne Pioniertat von einem Franzosen unternommen und zu einem guten Ende geführt wurde. Ein Franzose aus dem Westen, Sohn eines bretonischen Vaters und einer aristokratischen Mutter aus der Vendée.

Der Name Gerbault hat die Begeisterung der Massen hohe Wellen schlagen lassen und die Seeleute auf die Palme gebracht.

Die Begeisterung der Massen wurde zuerst von der Presse und später vom Verlag „gemacht" und gepflegt. In jeder Buchhandlung gibt es acht Werke von Gerbault und zwei über ihn. Die Presseartikel sind nicht zu zählen.

Dieses sogenannte „Machen" hat etwas Gutes für sich. Der Chauvinismus und die Vergrößerungsgläser gewisser Journalisten erreichten, was vorher noch nicht dagewesen war: Das Interesse des breiten französischen Publikums für die Belange der Seefahrt wurde geweckt. Schon aus diesem Grunde hätte man Gerbault erfinden sollen, wenn es ihn nicht gegeben hätte.

Es ist diese „Mache", die die Seeleute auf die Palme brachte, denn sie wußten genau, daß viele von ihnen, so die Besatzungen von Rettungsbooten oder einfache Fischer, täglich viel Schwereres, Gefährlicheres und Verdienstvolleres leisten..., die das aber keineswegs als etwas Außerordentliches betrachten. Das Publikum ignoriert diese Tatsache oder schätzt sie falsch ein. Seeleute können Ruhmredigkeit nicht leiden, sie haben es viel lieber, wen man immer im Rahmen der Bescheidenheit bleibt. Wenn sie dann Gerbaults „Seul à travers l'Atlantique" lesen, verziehen sie das Gesicht bei den Redensarten, die sie in dieser Darstellung finden. Zugegeben, Gerbault hat sich an ein breites Publikum gewandt, das mit der See nicht vertraut ist. Er konnte technische Ausdrücke nicht einfach immer wieder verwenden, aber bestimmt ist er in der anderen Richtung zu weit gegangen. Es ist haarsträubend, wenn zum Beispiel alles ohne Unterschied als „Gewittersturm" bezeichnet wird: Sturm, Sturmböen, schwerer Sturm und wirkliche Gewitter. Wenn Seeleute in diesem Punkt besonders empfindlich sind, dann deshalb, weil bei einem so diffizilen Handwerk wie dem ihrigen nur absolut zutreffende Ausdrücke gebraucht werden dürfen (und zwar nicht nur aus Koketterie). Es gibt nicht 36 Möglichkeiten, sich auszudrücken, es gibt nur eine, und wenn man die nicht benutzt, wird man unverständlich. (Laien verstehen trotzdem nur sehr vage, man braucht ihnen nicht alles zu opfern und schon gar nicht eine „Antiseefahrts-Demagogie" zu verursachen.) Es ist gar nicht einzusehen, warum eine Landratte nicht das Verbum „festmachen" verstehen soll und warum dafür der schreckliche Ausdruck „anbinden" gebraucht wird, der uns trifft wie ein Hieb. Aber seine Ausdrucksweise beiseite, es gibt Schlimmeres: Die Versicherungen und Behauptungen Gerbaults in diesem Buch sind oftmals einfach lächerlich. Wenn er von seinem „Schiff" von 11 Meter Länge spricht, muß man lächeln. Wenn er sagt, daß *Fire-Crest* mit einer Breite von 2,60 m „wahrscheinlich das schmalste Schiff ist, das jemals über den Atlantik fuhr", und daß es eine Glanzleistung sei, 50 bis 90 Meilen am Tag zu machen, ein ausgezeichneter Durchschnitt für eine Yacht von 8 Tonnen", kann man nur mit den Achseln zucken (man vergleiche die vorhergehenden Kapitel). Wenn er auf Seite 145 schreibt, daß „der Sturm plötzlich schwächer wurde, als ob er sich eingestand, daß er besiegt sei und nichts gegen mein tapferes Schiff ausrichten konnte", hat man gute Lust, dieses Geschreibsel über Bord zu werfen. Bis zu welchem Grad mögen die schlechten Ratschläge seines Verlegers hierfür verantwortlich sein (der ihn publik machen wollte)?

Aber das Ärgste kommt noch: Seeleute erkennen nur „saubere Arbeit" an. Ohne Zweifel war die erste Überfahrt der *Fire-Crest*[1] keineswegs „saubere Arbeit". Sie war streckenweise vielmehr eine ganz üble Stümperei. Es gibt viel, viel zuviel Tauwerk, das bricht, Segel, die zerfetzen, zu viele Mastkälber, die ins Rutschen kommen, Ersatzmaterial, dessen Bedarf er nicht vorausgesehen hatte ...

Voraussicht! Den großen Vorwurf muß man ihm machen: Sie fehlt ihm völlig. Er ist kein Seemann.

Nein, er ist kein Seemann, er war es wenigstens während der ersten Überfahrt nicht. Er ist kein Berufsseemann, er ist gerade noch ein Sportsegler, aber ohne gründliche Erfahrung.

Und genau das ist es, was ihm andererseits große Bewunderung einbringt.

Alle, die den Atlantik vor Gerbault überquerten, alle, die nach ihm die Erde umsegelten, waren entweder Berufsseeleute, Kapitäne, Fischer oder wenigstens bewährte und erfahrene Sportsegler, Söhne von Seeleuten, Kinder, die auf See groß geworden sind, Fanatiker von jeher. Nicht so Gerbault. Sicher, er lernte die Anfangsgründe bei den Fischern von Saint Malo. Sicher, er trainierte im Verlauf von zwei Jahren verschiedentlich auf dem Mittelmeer (schlechte Gegend für diesen Zweck), aber er hatte noch fast alles über den Ozean zu lernen und vor allem alles über das Eigenleben eines Bootes.

Ein Boot ist keine Ansammlung von Holz, Nägeln, Tauwerk und son-

---

[1] Englisch, etwa: Feuerwelle. Der Name wurde offenbar von St.-Elms-Feuer abgeleitet.

stigen Bestandteilen. Es ist ein lebendiges Wesen, weil es sich immer wieder anders verhält. Das Unglück jener, die das nicht begreifen, ist tragikomisch. Sie stellen zum Beispiel die Frage: Wie überwintere ich meine Yacht? Läßt man sie im Wasser, kann sie zu Bruch gehen, man muß sie überwachen, sie kann abtreiben, sich losreißen und so weiter. Setzt man sie im Watt ab, kann das auch zu Schaden führen. Man muß ebenfalls dauernd nachsehen. Eine Stütze kann brechen oder ähnliches. Na gut, meint der Eigner, setzen wir sie in einen Schuppen, dort wird sie „eingemottet" und kann ohne schädliche Einflüsse lagern. Doch nein, mit Einsetzen des Frühlings trocknet sie aus. Auch das ist schädlich, kann sogar das Ende bedeuten. Ja, was also? Da kann man nichts machen, das Boot lebt, im Sommer wie im Winter. Man kann es ebensowenig allein lassen, wie man ein Pferd von einer Saison bis zur nächsten in einem Stall einsperren kann.

Gerbault *wußte* das ganz bestimmt. Aber man muß schon ein alter Segler oder ein Sohn der Küste sein, um es auch wirklich zu *spüren,* um sich über Natur und Alter seines Bootes im klaren zu sein, wie man sich über das Alter und den Charakter seiner Frau oder seines Vaters im klaren ist, über ihre Sorgen und Nöte.

Auf seiner ersten Überfahrt kannte Gerbault seine *Fire-Crest* kaum. Sie hatte eine zu alte Besegelung und manövrierte zu schwerfällig. Er hatte nicht bemerkt, daß dieses mit viel zuviel Ballast versehene Boot nicht weich genug reagierte und eine zu große Belastung auf die Besegelung brachte, wodurch sie schnell verschliß und Spieren, Tuch und das laufende Gut zu sehr strapaziert wurden.

Natürlich, mit den 6500 kg Ballast und 1,80 m Tiefgang lief er keineswegs Gefahr zu kentern, wie Gerbault stolz sagte! Aber bei gleichem Wind wurde das Material doppelt so stark beansprucht wie bei einem anderen Boot. Diese Kehrseite der Medaille und noch vieles andere konnte er nicht voraussehen, das war zuviel verlangt.

Gerbault kann gut erzählen, daß er den größten Teil seiner Jugend in Dinard verbracht hat und „immer danach trachtete, den Tag auf den Fischerbooten zu verbringen". Man sieht aber, daß dieses „immer" nur einige wenige Ausfahrten betraf. Er „liebte das Leben der bretonischen Fischer" und ihn „schauderte bei den Erzählungen ihrer Heldentaten an Ausdauer und Kühnheit".

Das ist es. Gerbault ist Intellektueller. Seine Liebe zur See ist eher platonisch.

Außerdem darf man nicht vergessen, daß er zur „geopferten Generation" gehört. 1893 geboren, war Gerbault 1914 21 Jahre alt. Von der Hochschule, vom Examen am Polytechnikum und an der Fachschule für

Brücken- und Straßenbau ging er direkt in den Krieg. Von Segeln keine Rede. Aber gerade zwischen dem 16. und 25. Lebensjahr wird man Seemann, oder man wird es niemals richtig. 1919 ist er Fliegeroffizier und wird Tennismeister. Beinahe hätte er Suzanne Lenglen geheiratet... Er spielt Bridge mit Albaraan. Mondäne Atmosphäre, vollkommen landgebunden. Aber er ist unzufrieden. Er will etwas tun. Er denkt daran, den Atlantik mit einem Flugzeug zu überqueren. Dann entscheidet er sich für das Boot...

Und damit kann man sich weitere Kommentare sparen: Das ist der Beweis. Er wählte die See nicht aus Passion, sondern einfach als eine Möglichkeit unter vielen anderen. Er ist Rekordmann, kein Seemann. Er wird es später bis zu einem gewissen Grade, aber er bleibt vor allem Intellektueller und bewahrt seine „Persönlichkeit". Eine Persönlichkeit ist immer interessant. Die seine „entwickelt" sich im fotografischen Sinne des Wortes durch die Einsamkeit auf See. So, wie sein erster Bericht mittelmäßig ist und man erkennt, daß er überhaupt nicht verdaut hat, was er schreibt und erlebt hat, so führte ihn die Segelei – nein, seine Reisen und auch das „Beförderungsmittel" – auf seinen ureigensten Weg, auf den Weg des Schriftstellers, Künstlers, Apostels. Ein „geistiger Wert" also, nicht der des Seemanns.

Vielleicht ist das der Grund, warum er sich gern „Alain, der Matrose" nennt; darum behauptet er vielleicht auch, daß es für eine Atlantiküberquerung wichtiger sei, ein guter Wachgänger zu sein als ein guter Navigator. Man rühmt sich oftmals dessen, was man nicht ist. Villeicht, um es sich selbst einzureden.

Es ist nicht „Alain, der Matrose", dem die erste Atlantiküberfahrt Ost–West gelingt. Denn es ist doch so, ein Matrose, der den schlechten Zustand der Segel nicht meldet und der so miserable Manöver fährt, wird abgemustert. Es ist vielmehr Gerbault, der Bourgeois, Gerbault, der blasierte Mondäne, Gerbault, der Intellektuelle, Gerbault, der begeisterte Idealist (der sich *in Wirklichkeit* nicht mit der Wirklichkeit beschäftigt). Gerbault, der Nichtseemann, der in seiner Jugend keine Salzwasserspritzer erhielt, stellt Seeleute vor die Herausforderung: Ich werde etwas vollbringen, was ihr noch nicht gemacht habt...

Und es gelingt ihm!

Daß sich Seeleute darüber ärgern, ist klar. Aber sie sollten loyal sein und ihm sagen: Bravo, Amateur!

Natürlich haben sie das Recht, reserviert zu lächeln und im stillen zu denken: Wir wissen, daß die Göttin, der wir alle dienen, nur eine Kirche hat. Wir warten auf dich, mein Lieber. Es gibt nur zwei Möglichkeiten: Entweder du bestehst nicht vor ihr, oder du wirst einer der Unsrigen.

Nach seiner „Schule" auf dem Nordatlantik wird er langsam Seemann. Der Pazifik erteilt ihm weitere Lehren (es wird später davon die Rede sein). Im Zentralatlantik erlebt er einen Rückfall, der seinen Feinden fast Recht gegeben hätte. Eine Weltumsegelung machen zu müssen, um Segeln und Navigieren zu lernen, ist der Tribut desjenigen, der nicht in jungen Jahren angefangen, der nicht unter Seeleuten gelebt hat.

Fire-Crest war ein altes, aber solides Boot (1892 erbaut). Eine ausgezeichnete Konstruktion, sehr wohnlich, sehr robust (kein Kajütsaufbau), ausgesprochen seetüchtig. Ein richtiges Boot. Damit kommen wir von den mehr oder weniger burlesken Nußschalen ab, die wir bis jetzt segeln, kentern und sich wieder aufrichten sahen ..., von denen wir aber nie hörten, daß sie sanken.

Es ist doch eigenartig, daß bisher keiner der Atlantik-Einhandüberquerer ein normales Boot benutzt hat. Eine dieser Yachten (Abkömmlinge der Lotsenversetzboote), die sich schon auf einfachen Kreuzfahrten wunderbar bewährt haben. Für eine Weltumsegelung war die *Spray* von Slocum das richtige Boot, nicht aber *Tilikum*[1]!

Das hat seinen Grund. Vielleicht ist es der: Im 19. Jahrhundert waren vernünftige Leute, die die Möglichkeit hatten, Seereisen mit seriösen Schiffen zu machen, nicht der Auffassung, es sei seriös, sie allein zu unternehmen. Blieben die Unvernünftigen, die sich auf die absurdesten Fahrzeuge stürzten. Zu Beginn des 20. Jahrhunderts kam man zu der Meinung, daß auch die Vernünftigen Erfolg haben müßten, wenn ihn sogar Narren hatten. Allerdings nur mit vernünftigen Mitteln, das heißt mit richtigen Booten, *Spray*, *Islander*, *Fire-Crest*.

Fire-Crest[2] hatte einen Qualitätsrumpf, für Regatten gebaut, noch ganz in der Tradition der britischen Lotsenboote.

Aber das ursprüngliche Rigg war zum Einhandsegeln keineswegs geeignet. Bei diesem Kutter hatte man auf nichts verzichtet! Drei Vorsegel, darunter ein Flieger, der auf dem oberen Vorstag hoch am Topp gesetzt wurde, ein wenig handliches Gaffelgroßsegel, das Gerbault in New York in ein Bermudasegel änderte, ein Toppsegel, das er gleich nach dem Auslaufen aus dem Hafen von Cannes barg. Eine unheimlich schwere Breitfock, auf deren Gebrauch er verzichten mußte, und das Ganze keineswegs neu (eine ziemliche Dummheit).

---

[1] Pidgeon und Drake waren praktisch Zeitgenossen Gerbaults.
[2] Gerbault hatte sie in England gekauft und ins Mittelmeer überführt durch den Canal du Midi, eine ziemlich traurige Geschichte. Es hat dem Boot sehr geschadet.

Muß man die ganze Reise schildern? Alle Welt hat darüber gelesen. Das Resümee müßte den Titel bekommen „Alains Pechsträhne".

Am 25. April 1923 legte er in Cannes ab. Am 27. bricht das eiserne Patentreff, was er sich selbst zuzuschreiben hat, denn in Cannes hatte er *gesehen*, daß es für die vorgesehene Belastung zu schwach war, und es trotzdem nicht auswechseln lassen. Am 29. bricht das Fockfall. Schon? 1923 gab es immerhin bereits gute Sisal- und Manilaware.

Hafentage in Gibraltar. Er läßt das Patentreff reparieren, das er besser hätte auswechseln sollen. Schon vom ersten Tage an hatte das Metall nachgegeben, und während der ganzen Reise, so erzählt er, mußte er das Großsegel bei jeder starken Bö bergen! Wußte er denn nicht, daß man ein Reff auch einbinden kann, oder hatte das Segel keine Reffbändsel? Er kaufte Salzfleisch ein, ohne es zu prüfen. Es verdarb ..., glücklicherweise gab es zum Ausgleich genügend Fisch.

Am 6. Juni verließ er Gibraltar und nahm Kurs Südwest, um in den Passatbereich zu gelangen. Er geriet gleich in „einen richtigen Sturm", *Fire-Crest* lag gut beigedreht. Und dann ...

Man sagt, daß Gerbault dann Glück gehabt habe. Doch im Gegenteil, er hatte unglaubliches Pech. Er war ziemlich weit nach Süden gelaufen, um in den Passat zu kommen. Er hätte ihn fast die ganze Zeit nutzen können, jedoch kam der Wind abnormal unregelmäßig und wehte oft aus allen möglichen Richtungen. Er hatte die Trimmlage der *Fire-Crest* vorher auf Vorwindkurs nicht ausprobiert und notiert melancholisch: „Ich war nicht so glücklich wie Kapitän Slocum, der (1895 bis 1898) mit seiner *Spray* große Distanzen vor dem Wind segelte, ohne das Ruder zu berühren!" Weil er nicht wagte, nachts mit belegter Pinne weiterzusegeln, mußte er beidrehen (daher die lange Reisedauer).

Gerbault kommt in die Nähe von Madeira. Der erste Pluspunkt: Er denkt nicht daran, den Hafen anzulaufen, weil er sich von Anfang an zu etwas anderem entschieden hatte. Bei völliger Flaute flickte er seine Segel. Am 23. Juli wird der Vorrat an Segelnähgarn knapp.

Auf freier See verkürzt er seinen Klüverbaum (und seine Trimmversuche?).

Am 7. Juli bricht die Dirk in einer „starken Nordostbrise" (zu schwer belastet?). Am nächsten Tag geht der Flieger in Fetzen. „Meine Schoten brachen, eine nach der anderen, und ich mußte sie ersetzen." Sieht er denn nicht rechtzeitig, daß sie dünn werden, bevor sie brechen? „Meine Segel wurden immer morscher, der Vorrat an Segelnähgarn ging schnell zur Neige ..., mein Durst wurde immer stärker."

Und das ist das schlimmste, er hatte nicht daran gedacht, daß neue Eichenfässer Süßwasser in einen ungenießbaren Gerbsäurelikör verwandeln. Wozu hat er das Polytechnikum besucht? Konnte er vorher nicht einen Fahrensmann konsultieren, hatte er keine Reiseberichte gelesen? 1500 sm vor seinem Ziel sind nur noch 50 l Wasser im Tank. Er behauptet, seine Ration auf ein Glas Wasser pro Tag gesetzt zu haben...

Und das in der heißen Zone!

Er lauft Etmale von nur 50 sm..., wenn das so weitergeht, wird er verdursten.

Und wieder bricht die Dirk, die „den Baum trägt, wenn das Großsegel geborgen ist" (er schreibt aber „heruntergeholt" ist). Hat er denn keinen Galgen für den Baum? Oder nicht wenigstens eine einfache Baumschere?

Er vergißt, das Vorluk zu schließen, und erzählt: „Als ich das Großsegel heruntergeholt hatte, um es zu reparieren, und dafür das Sturmsegel setzte, war ich mit dem Großsegel gerade fertig..., als das Sturmsegel zerriß."

Das Sturmsegel!? Im allgemeinen ist ein Sturmsegel aus so schwerem Tuch genäht, daß es beinahe von allein stehen kann.

Genug, genug.

Doch nein! Freitag, der 13.! Man ist ja nicht abergläubisch, aber –, aber in der Fock zeigt sich ein großes Loch. Das Fockfall bricht, und das Segel geht zu Bach. Noch besser, er klettert auf den Klüverbaum und springt ins Wasser, um die Fock zu retten, hat aber nicht daran gedacht, sich mit einer Sorgleine zu sichern. Eben erwischt er noch das Wasserstag und entert an Bord. Um ein Haar wäre es passiert – durch solch eine Dummheit! Die Perspektive, von der wir gesprochen haben: *Fire-Crest* segelt langsam davon, und er selbst strampelt sich hoffnungslos im Wasser ab.

Unter dem Wendekreis verdurstet er fast. Es regnet ein bißchen, und er fängt einen Liter Regenwasser auf. Er repariert gerade die Fock (das kennt man ja nun schon), als das Großsegel 5 Meter lang einreißt.

Es ist hinüber!

Seine Kehle schwillt an. Er hat Fieber. Es ist heiß, er hat Durst. Der Passat stellt sich nicht ein. Das Salzfleisch ist vollkommen verdorben. Da weht eine leichte Brise aus Nord, und das Resultat: Die Segel zerreißen, zerreißen, zerreißen. Immer wieder. Beim Setzen des Großsegels klemmt der Hahnepot im Laufer – was wäre schon dabei? Versteht er es nicht, notfalls einen neuen zu scheren und am Mast anzuschlagen? Er angelt mit einem Teller als Köder, und das – so komisch es klingt – ist wieder seemännisch.

Endlich kommt Regen. In seinem Buch ist das der Anlaß zu sehr viel Literatur, und zwar zur schlechtesten. Aber endlich kann er seine Fässer wieder füllen, es gibt Fisch – Schlaraffenland!

Wenn er in 24 Stunden 66 Meilen absegelt, ist er ganz stolz..., mit einem Läufer wie *Fire-Crest*!

Zwei Monate dauert die Reise schon.

Er liest. Ausgezeichnet. Für uns macht er Literatur. Schon weniger gut. Schlechtes Wetter. Vom Treibanker ist er enttäuscht (er ist nicht der einzige). Immer wieder Löcher und Risse in den Segeln (er hat keinen zweiten Satz zum Auswechseln mitgenommen). Die Nächte verbringt er mit Segelnähen, Segelsetzen. Sei reißen sofort wieder, und er fängt von vorn an. Orkan am 20. August. Er scheint diese Bezeichnung wirklich zu verdienen. Eine riesige Welle...

In seiner Angst klettert er in den Mast! Man hat sich darüber lustig gemacht und Gerbault als Affen bezeichnet. Doch auf einem Boot ohne Kajütsaufbau ist das gar nicht so absurd. Slocum, der beste von allen, hat es auch getan. Das Boot stampft sich fest, liegt aber sonst tadellos. Havarie..., der Klüverbaum ist gebrochen. Die Reparatur mag sicher nicht einfach gewesen sein, aber Gerbault beschreibt sie derartig dramatisch, daß man kein Mitleid mehr haben kann.

Dann geben auch noch die Kocher ihren Geist auf..., und man kann nur noch leise lächeln.

Aber bald hat man dazu keinen Grund mehr.

Gerbault ist ziemlich am Ende. Er denkt an die Bermudas, die gar nicht weit weg in Lee liegen. Welche Versuchung, sie anzulaufen, um Mensch und Boot etwas Ruhe zu gönnen! Immerhin war der Atlantik überquert. Da er mit niemand über seine Absicht gesprochen hatte – selbst mit seinen Freunden nicht ganz eindeutig –, kann es auch keine Blamage geben, wenn er einen Hafen anliefe. Doch, es gibt eine, die Blamage vor sich selbst. Denn er hat sich ein Ziel gesetzt: New York.

Der Versucher gibt ihm ein: Die Bermudas, das verlangt die Vernunft. Vorausgeplante Reisen sind nicht seemännisch! Der Teufel benutzt immer gewichtige Argumente!

Jetzt reagiert Gerbault seemännisch: Repariere ich erst einmal den Kocher. Ein Vergnügen ist es nicht, ein kleines Loch mit einer zu großen Nadel bei der Stampferei zu säubern. Er schafft es. Warmes Frühstück, Tee.

Bermudas? Wer hat denn je daran gedacht? Kurs Nord! Es wird repariert, was reparabel ist.

Hut ab. Hier ist Gerbault nicht nur ein Seemann, hier zeigt er Charakterstärke.

Die Freude, sich selbst besiegt zu haben, gibt ihm neuen Schwung (der Klüverbaum ist wieder in Ordnung, der Mast gesichert). Meilen muß er machen, Meilen!

Durch den verkürzten Klüverbaum ist *Fire-Crest* stark luvgierig geworden, er muß dauernd voll Gegenruder geben. Fatal. Ein Streichholz hat sich unter die Ventilklappe der Lenzpumpe geklemmt. Oh, Atlantik ohne eine brave, alles schluckende Lenzpumpe! Er demontiert, montiert sie wieder. Plumpsch, plumpsch – die Pumpe ist frei. Hurra!

Wieder schlechtes Wetter. Als er eines Tages mit dem Elker fischt, rutscht er ihm aus der Hand – keine Fische mehr! Er muß sich jetzt von Reis ernähren. Das macht nichts, New York kommt näher. Nähend, flikkend und wieder nähend – er ist kein Seemann, er ist eher ein Schneider –, segelt er weiter. Etwas zu weit nach Ost, die Windrichtung zwingt ihn dazu. Der Golfstrom bringt eine zusätzliche Gefahr: Schiffe. Ein Schwachkopf von einem griechischen Frachter stoppt neben ihm und nimmt ihm dadurch den Wind weg (haben Dampferkapitäne das Abc des Segelns vergessen?). Oben, auf der Brücke, ist man erstaunt darüber, daß er nicht mehr manövrieren kann. Um ein Haar wird er versenkt. Gerbault nennt diesen Dummkopf „Lokomotivführer auf dem Wasser". Das ist gut gegeben. Für jemand, der seit drei Monaten mit keinem Menschen mehr gesprochen hat, allerdings eine etwas rabiate Art der Kontaktaufnahme. Der Grieche gibt ihm die Position, über die sich Gerbault wundert. Das kann er mit gutem Recht, denn sie ist falsch. Seine eigene dagegen, nach so vielen Tagen, richtig.

Nebel, mitten auf dem Dampfertreck. Es bleibt ihm auch nichts erspart! Aber da sind Vögel. Dann ein französischer Fischer von Saint Pierre et Miquelon. Er hat es geschafft! Doch nein – es wird wieder flau. Endlich, am 10. September..., Land!

Zu dumm, jetzt ist es aus mit der Einsamkeit.

Das ist sympathisch an ihm.

Long Island. East River. New York, am 15. September 1923, 2 Uhr morgens, nach 101 Tagen auf See. Er hat nur noch das Bedürfnis zu schlafen. Während der letzten drei Tage war er nicht dazu gekommen.

Und die Freude: Geschafft!

Triumphaler Empfang, Presse, Indiskretionen. Gerbault sagt, für ihn sei es furchtbar gewesen. Das ist aber nicht so ganz sicher.

Später werden wir einen Gerbault finden, der Einhandweltumsegler geworden ist. Einen ganz anderen Gerbault.

Jetzt wäre noch über die Atlantiküberquerung von Ost nach West zu berichten, aber nicht auf dem südlichen, sondern auf dem nördlichen Kurs. Also gegen die Hauptwindrichtung, was – wie schon gesagt - viel schwieriger ist. Das war das Los des Commanders R. W. Graham.

R. W. Graham ist in das Meer verliebt. Das ist für uns nichts Besonderes, denn diese ganze „Portraitgalerie" besteht aus seinesgleichen. Genau wie ein Liebender, lebt er auf, wenn er dem geliebten Objekt nahe ist. Die See heilt alle seine Krankheiten, selbst die Geldbeutelschwindsucht.

Während des Winters 1932/33 gehen seine Geschäfte schlecht, er verzehrt sich vor Sorgen. Man müßte eine große Seereise machen, dachte er. Aber eine Schiffskarte war ihm zu teuer. Er hielt es für billiger, allein mit seiner kleinen Yacht zu segeln, mit der er zuvor auf dem Kanal herumgeschippert war.

Ein Vortrag über Neufundland brachte ihn auf die Idee, selbst einmal dorthin zu fahren. Es ist gewiß eine sehr schöne Insel, wenn auch das Wetter im allgemeinen wenig angenehm sein soll. Was tut's – er geht mit *Emanuel* auf die Reise, Kurs Neufundland. *Emanuel* war ein hübscher Kutter, 9,15 m lang und 2,60 m breit. Graham dachte ursprünglich auch daran, die gleiche Route zu nehmen wie Gerbault und seine Nachfolger, also von den Kanarischen Inseln an mit dem Passat zu laufen. Aber es war schon Mai und zu spät dafür. Diese lange Route bis Neufundland konnte *Emanuel* während der schönen Jahreszeit nicht mehr bewältigen. Es blieb also nur der direkte Weg. Ist er viel schwieriger? Graham hatte schon einiges erlebt auf See. Allein hatte diese Route noch niemand abgesegelt? Ausgezeichnete Gelegenheit, diese Lücke zu füllen!

Am 19. Mai 1933 verläßt er Falmouth, aber ermüdet durch das angespannte Aufpassen auf den regen Schiffsverkehr, ruht er sich in Bantry (Südirland) erst einmal aus.

Am 26. Mai wieder ausgelaufen, segelt er – wie erwartet – in schlechtem Wetter. Er macht sehr gute Fahrt und sichtet am 17. Juni den ersten Eisberg.

Die Nähe von Eisbergen ist nun gar nicht zu empfehlen. Trotzdem dreht Commander Graham bei (mit *Emanuel* geht das ganz ausgezeichnet) und schläft ruhig in der Nähe seines eisigen Begleiters. Ohne weitere Abenteuer erreicht er Kap. St. Francis und am 19. Juni St. John auf Neufundland. Weniger als einen Monat hat er gebraucht, um den Nordatlantik gegen den Wind zu überqueren.

Commander Graham erzählte dann, als handele es sich um die einfachste Sache der Welt, daß er die Küste Labradors besuchen wolle. Die Fischer fangen dort zwar Kabeljau und andere Fische, aber sie fürchten die eisigen Ströme, den Nebel usw. Sie waren nicht wenig überrascht, als sie eines Tages eine kleine Yacht mit einem einsamen grauhaarigen Mann sahen. „Hier schippert man doch nicht zum Vergnügen herum?!"

Aber es waren weder die See noch der Himmel, die ihm übel mitspielten, es war das Land. In Cartwright mußte Graham mit einer Blutvergiftung ins Krankenhaus und schwebte mehrere Monate zwischen Leben und Tod.

Erst im Oktober war er einigermaßen wiederhergestellt Oktober bedeutet in diesen Breiten Winter. Es herrschte eine schneidende Kälte. Die Schneestürme, auch Blizzarde genannt, „schnitten einen in Stücke". Zwei Mittel gab es, die ihn wieder ganz gesund machen konnten: Ein milderes Klima und – natürlich die See.

Deshalb lief er mitten im Winter, bei eisigem Wind und Schneestürmen (gerade das richtige für Rekonvaleszenten) nach den Bermudas. Er war wieder auf See, und einige Tage dieser „Therapie" genügten, um seine Gesundheit völlig herzustellen.

Mag sein, daß er seiner guten Freundin nicht warm genug gedankt hat. Sie ärgerte sich jedenfalls ungemein und stellte ihren Geliebten auf eine harte Probe. Er, der die Frauen kannte, fand sie häßlich, wenn sie zornig waren. „Ich konnte sie nicht mehr sehen und blieb den ganzen Tag unter Deck", sagte er, als ginge er nach einer häuslichen Szene in den Klub, um dort in Ruhe seine Zeitung zu lesen.

Eine ausgezeichnete Methode. „Sie" beruhigte sich und machte sich wieder hübsch, bekam aber noch Weinkrämpfe, das heißt eine grobe See. Eine Ortsbestimmung ist unmöglich, die Feststellung also, wie der eigene Standort zu den Bermudas liegt. Verdammt! Er wird sich doch mit den wenigen Lebensmitteln nicht auf die Mitte des Atlantiks verschlagen lassen. Glücklicherweise wird die Schöne wieder sanft, und trotz des armseligen Zustandes seines Riggs führte sie ihn zufällig geradewegs nach Ely's Harbor auf den Bermudas (so ein Undankbarer, er spricht vom „Zufall").

In den folgenden fünf Monaten östlicher Ruhe wird *Emanuel* repariert, überholt und wieder auf Hochglanz gebracht.

Am 24. April 1934 wirft Graham die Leinen los und nimmt Major Kitchener mit. Die Azoren (1880 sm) erreichten sie nach 18 Tagen schönen Wetters. „Nur zwei kleine Stürme" waren zu vermelden.

Am 18. Mai ist *Emanuel* wieder auf See und nach 17 Tagen, ohne bemerkenswerten Zwischenfall, in Hughtown. Am folgenden Tag endet die Reise in Plymouth.

Das ist eine schöne, sehr schöne Liebesgeschichte zwischen der See und einem großen Segler..., der es nur dann fertigbrachte, seine Geschäfte hinter sich zu lassen, als sie schlecht gingen.

1939 ging er mit seiner Tochter Marguerite auf eine Weltreise, die er in Neuseeland unterbrechen wollte.

Bis 1964 blieb seine Neufundlandreise ein Einzelfall, als ein Teilnehmer der Atlantikregatta, Hasler, denselben Kurs nehmen wollte.

Aber nicht nur der Norden kann fürchterlich sein. Derartige Unternehmungen und die See sind so sehr das Spiegelbild unserer Seele, daß der deutsche Kapitän Romer mit seinem wilden Unternehmungsgeist Mittel und Wege fand, aus dem tropischen Atlantik, diesem hübschen blauweißen Meer unter dem Passathimmel, diesem Meer, auf dem heute Einhandsegler mit ihren Doppelspinnakern schon beinahe spazierenfahren, eine Hölle zu machen.

Er unternahm die Überfahrt nämlich in einem Kajak.

Jeder weiß, was ein Kajak ist: ein Seelenverkäufer aus imprägniertem Segeltuch, das über ein Holzgestell gespannt wird.

Ein Fahrzeug, in dem man sich weder bewegen, aufrecht stehen noch sich vernünftig gegen Wind und Wetter schützen kann.

Eine Nußschale, die schon auf dem spiegelglatten Wasser eines Teiches oder Flusse wenig stabil ist, unbeschadet der akrobatischen Kunststücke, die von einigen Leuten in Stromschnellen ausgeführt werden, und dabei oft genug unfreiwillige, aber publikumswirksame Bäder nehmen.

Und mit so etwas ist 1928, fünf Jahre nach der Atlantiküberquerung Gerbaults, Franz Romer, Kapitän auf Großer Fahrt bei der Hamburg-Amerika-Linie, die Seen des offenen Meeres angegangen auf dem mehrere tausend Meilen langen Weg, der die Alte von der Neuen Welt trennt.

Verrückt? Nicht ganz!

Kapitän Romer (später auch Alain Bombard) verfolgte ein wissenschaftliches und uneigennütziges Ziel. Wenn er auch nicht daran gedacht hat, seinen Durst mit Seewasser zu stillen und sich von Fischen zu ernähren wie sein Nachfolger, so wollte er doch beweisen, daß man sich im Falle eines Schiffbruches retten, dem Ozean entkommen und wieder an Land gelangen kann, und zwar in einem zusammenlegbaren winzigen Rettungsboot, das ohne Schwierigkeiten an Bord jedes kleinen oder großen Fahrzeuges unterzubringen ist.

Bis 1928 hatte man aufblasbare Boote kaum benutzt[1]. Aber man machte sich daran, auf See gummibeschichtetes Segeltuch zu verwenden, aus dem man Faltboote bauen konnte. Für das Flußrevier wurde der Kajak entwickelt, die Nachahmung eines Eskimofahrzeuges, das aus Fellen gearbeitet wird, die sich um ein Holzgerippe spannen. Vergessen wir dabei nicht, daß Eskimos im allgemeinen nicht auf die offene See gehen, weil die Gewässer, an denen sie leben, meist durch Eis oder Inseln begrenzt werden.

---

[1] Das Abenteuer der *Nonpareil* 1868 stand völlig allein da.

Die Hauptschwäche des Kajaks auf See liegt darin, daß die Außenhaut zwar gut gespannt werden kann, trotzdem entstehen aber zwischen den Spanten des Gerippes Einbuchtungen, die die Fahrt vermindern und dem Wasser Widerstand bieten. Auf Flüssen spielt das meistens keine Rolle. Man stelle sich aber einmal das ewige Klappern und Schlagen auf See vor, die dadurch entstehenden Erschütterungen und die geringe Geschwindigkeit, die man damit erreicht. Es hat aber auch einen großen Vorteil, besonders gegenüber den Dorys, denn ein Kajak ist vorn und achtern vollkommen eingedeckt. Wasser kann also nicht eindringen, was an Deck kommt, wird durch eine senkrecht stehende Holzleiste, den Wellenbrecher, aufgehalten und zurückgeworfen.

Zum Kajak gehört ein Spritzpersenning, das an der Hüfte des Insassen dicht abschließt. Auf dem Papier sieht das alles *recht brauchbar* aus. Jeder hat schon von den Grönländern gelesen, die „eskimotieren", das heißt eine volle Drehung um die Längsachse ausführen, fast wie ein U-Boot, und die dabei mit dieser Ausrüstung keinen Tropfen Wasser hereinbekommen...

Natürlich bleibt man nur unterhalb der Gürtellinie trocken.

Bleibt abzuwarten, was dabei auf einer langen Atlantiküberquerung herauskommt!

Kapitän Romers Kajak Marke Klepper, das er *Deutscher Sport* getauft hatte, bestand, wie alle, aus gummiertem Tuch und einem zerlegbaren Holzgerippe. Es war 6 m lang, 0,95 m breit und ging voll ausgelastet 0,25 m tief. Der Kapitän nahm nur ganz wenige geringfügige Änderungen vor. Weil er nicht über den Atlantik paddeln wollte, riggte er eine Yawlbesegelung. Ein Großsegel vor dem Wellenbrecher, dem üblichen Platz, an dem man auf Fahrzeugen dieser Art einen kleinen Mast stellen kann, und ein ganz kleines Segel hinter seinem Rücken. Insgesamt 5 qm. Um beim Segeln und Paddeln Kurs halten zu können, baute er ein Ruder ein, das mit Fußpedalen bedient wurde, und schließlich, aus Sicherheitsgründen, aufgeblasene Schwimmkörper und für den Fall des Vollschlagens Kohlensäurezellen, die sich automatisch aufbliesen.

Für die längste Etappe benötigte er Wasser und Lebensmittel für drei Monate, mit einer Sicherheitsspanne also für ungefähr vier Monate.

Wie bringt man bloß Trinkwasser und Lebensmittel für vier Monate in einem Kajak unter?

Im Bereich der Wendekreise kann ein Mensch mit weniger als zwei Liter Wasser täglich nicht auskommen Romer rechnete für 250 Liter 250 kg, dazu das Gewicht der Behälter, verlöteten Dosen, insgesamt also etwa 300 kg.

Die Lebensmittel wogen 220 kg, plus Verpackung rund 250 kg. Obst war in diesen Gewichtsangaben nicht enthalten.

Dazu kamen noch zwei kleine Ersatzsegel, etwas Segelnähgarn, ein paar Kleidungsstücke, ein Kompaß, ein Sextant, nautische Tafeln, ein Nautisches Jahrbuch, 25 kg Petroleum, ein Kocher usw.

Kapitän Romer mußte insgesamt mindestens 600 kg mitnehmen. Kann man sich vorstellen, wie sich ein Kajak mit 670 oder 680 kg einschließlich des Insassen auf offener See benimmt? An der äußersten Grenze der Tragfähigkeit? Der Verkaufsprospekt sagte: trägt 600 kg. Und dabei war an Binnengewässer gedacht, also an Süßwasser.

Kapitän Romer wählte dieselbe Route wie Gerbault. Genauer gesagt, legte er die Atlantiküberquerung genauso an wie Bombard: mit dem Passat nach Westen.

Die Reise begann in Portugal bei Kap St. Vincent in der Nähe von Lissabon. Nach 11 Tagen, einer ganz beachtlichen Zeit, hatte er die Kanarischen Inseln erreicht, wo (wie auch für Bombard) die eigentliche Überfahrt begann.

An dieser ersten Teilstrecke konnte er ermessen, auf welch tolles Abenteuer er sich eingelassen hatte.

Bei frischer Brise und keineswegs geringem Seegang wollte er den Wind ausnutzen, um Weg zu machen. Dauernd mußte er auf die See aufpassen. Die kleinste Welle konnte ihn umwerfen. Wellenkämme verbargen den Horizont. Und das Tag und Nacht! So hat er gelebt und geschlafen:

Dicht umschloß das Spritzpersenning seine Hüfte. Trotzdem drang Wasser in das Innere des Kajaks, und zwar so viel, daß seine Vorräte bald anfingen zu schwimmen. Eine See drückte das Spritzpersenning ein, der Kajak schlug voll. Glücklicherweise arbeiteten die Kohlensäureflaschen einwandfrei und drängten etwas Wasser wieder hinaus, vor allem sicherten sie die Schwimmfähigkeit. Die kleine, von Romer eingebaute Fußpumpe funktionierte nicht, jedenfalls nicht ausreichend. Romer mußte mit einer großen leeren Konservendose schöpfen, immer an seinen Beinen entlang. Die viereckige Vierliterdose ging gerade eben noch zwischen seinem Körper und der Bordwand hindurch (man stelle sich diese Gymnastik einmal vor). Das hielt er drei Tage lang aus ... drei Tage!

„Es kam die vierte Nacht", sagte er, „die vierte Nacht ohne Schlaf. Bei der groben achterlichen See mußte ich dauernd Ruder geben. Meine Aufmerksamkeit *durfte* nicht nachlassen, ich *durfte* keine einzige Welle verpassen. Ich *mußte* auch nach Land Ausguck halten – die Kanarischen Inseln sollten bald auftauchen. Aber ich *mußte* auch schlafen, denn Schlaf ist das absoluteste Bedürfnis des Menschen. Ich war an dem Punkt, wo es eine Frage auf Tod oder Leben bedeutet. Ich stellte einen seltsamen Kompromiß her, eine Balance zwischen diesen drei Notwendigkeiten. Zwischen einem Wellenkamm und dem folgenden schlief ich. Auf dem Kamm wachte ich auf, gab Ruder und beobachtete den Horizont. Das dauerte zwei Sekunden, zwei Sekunden Wachsein. Dann schlief ich wieder vier bis fünf Sekunden, gerade lange genug, um mit halbwegs klarem Kopf in das nächste Manöver zu gehen. Das Gefühl für Gefahr war völlig verschwunden. Mir war alles egal. Ich tat mechanisch, was getan werden mußte.

Gegen Mitternacht packte mich ein Brecher, er warf den Kajak um. Ich lag darunter.

Ich blieb fast unversehrt und begriff bald: Der Wind war nicht so stark, daß er eine so hohe See aufwerfen konnte. Sie zeigte vielmehr die Nähe des Landes an. Ich war drauf und dran zu stranden.

Ich glaubte, das Geräusch von Kieselsteinen zu hören, die auf den Strand rollten, aber es war nichts zu sehen. Plötzlich eine Stimme aus dem Nichts, die mir auf englisch zurief, nach Süden zu halten statt nach Südwesten.

Eine Halluzination? Zweifellos, denn ich stieß erst am Nachmittag des folgenden Tages auf Land. Ich mußte aber ganz dicht unter einer Insel vorbeigelaufen sein, und das Stückchen Südkurs, das ich einlegte, bevor ich wieder auf meinen alten Südwestkurs ging, hat mich vielleicht gerettet. Es konnte aber keine menschliche Stimme gewesen sein. Wer hätte sich schon um mich kümmern und vom Ufer her so laut rufen sollen? Warum aber sprach Gott englisch zu mir, ich bin doch Deutscher? Sollte ich merken, daß er es war, in der Nähe dieser Insel, wo nur spanisch oder portugiesisch gesprochen wird?

In Lee der Insel spürte ich, daß Seepocken und Wasserflora aller Art in dem warmen Wasser so schnell gewachsen waren, daß sie nach elf Tagen eine 10 cm starke Schicht auf der Außenhaut des Kajaks bildeten und es fast völlig bremsten. Es war so schlimm, daß mir der Wind mitten im kanarischen Hafen Arecife überhaupt nichts mehr nützte und ich fast abgebuddelt wäre!»

Diese Teilstrecke betrug 580 sm. Die zweite Etappe, direkt nach New York, 3670 sm oder 3000 sm nach den Antillen, mit dem Passat.

Er entschied sich für diese Inseln.

Er wußte schon aus Erfahrung, was ihn erwartete. Am 3. Juni 1928 ging er wieder in See. Er war sich klar, daß es für drei Monate und länger sein würde.

Drei Monate sitzen, immer nur sitzen, ohne sich bewegen, ohne sich ausstrecken zu können oder die Beine anzuziehen, die Hüften entlasten, ohne auf normale Weise den einfachsten menschlichen Bedürfnissen nachkommen zu können.

Drei Monate war die untere Hälfte seines Körpers in der Feuchtigkeit klamm. Die Nässe im Boot war mit Deckspersenning ebenso schlimm wie ohne. Der Kajak wurde zu einer Art ungesunden Schwitzkasten, einem Brutschrank. Ohne Deckspersenning drangen See und Regenwasser ein und Luft kam doch nicht heran. Die obere Hälfte seines Körpers röstete in der heißen Tropensonne, die ihm Nacken, Arme und Kopf verbrannte, weil er schon während des ersten Monats seine letzte Mütze verloren hatte. Der Gedanke verfolgte ihn dauernd, daß ihn der Sonnenbrand zum Wahnsinn treiben könnte.

Drei Monate, ohne richtig zu schlafen, ohne sich richtig ausstrecken oder sich umdrehen zu können, ohne einmal an nichts denken zu müssen, denn wenn das Fahrzeug querschlug, würde es auch bei mittelschwerem Wetter sofort kentern.

Fast drei Monate ohne warmes Essen, weder gekochtes noch aufgewärmtes.

Wie bei Harbo, Samuelson und Gerbault zeigte der Petrolkocher auch ihm seine Tücken. Aber an Bord eines Kajaks können solche Tücken tragisch werden. Romer hatte den Kocher zwischen seine Beine gestellt, um sich etwas zu kochen. Eines Tages fing das Ding Feuer, und um nicht zu verbrennen, mußte Romer es schnell über Bord werfen.

Drei Monate Akrobatik bei den Versuchen, das Wasser unter sich auszuschöpfen.

Drei Monate fürchterlichste Schlingerei, von jeder Welle hin- und hergeworfen. Drei Monate der zermürbende Wellenschlag gegen das Gummituch.

Drei Monate Angst, weil sich dauernd große Fische, Haie und Schwertfische oder Wale und Tümmler an dem zerbrechlichen Rumpf aus Segeltuch rieben oder abknabberten, was daran wuchs. Eine besondere Anlage sollte den Segler in einem solchen Fall alarmieren. Dieser Apparat war völlig nutzlos, denn Romer konnte sich ohnehin nicht verteidigen. Er wurde aber bald zu einer zusätzlichen und grausamen Nervenbelastung. Um die Angreifer zu vertreiben, schlug Romer auf eine leere Konservendose. Nachts leuchtete er mit einer Taschenlampe. Aber dadurch wurden fliegende Fische angelockt, schossen hoch, ihm ins Gesicht.

Eines Tages wurde das Boot von einem riesigen Hai mit drei Jungen angegriffen. Romer gab ein paar Schüsse ab, ohne sie damit vertreiben zu können. Wütend schoß der große Hai auf das Boot zu, tauchte im letzten Moment darunter durch, scheuerte mit seinem Rücken am Unterwasserteil des Kajaks entlang, so daß Romer angehoben wurde und sah, wie sich die dünne gummierte Haut unter dem Druck des Hairückens noch oben wölbte.

Der Hai schien auf das sichere Frühstück nicht verzichten zu wollen und tauchte erneut. Romer ergriff den erstbesten Gegenstand, der ihm in die Hände fiel, und schlug damit dem Tier auf den Rücken, als es unter ihm durchschoß. Er hatte den Stock der amerikanischen Flagge erwischt. Das Tuch entrollte sich und leuchtete in der Sonne. Der Hai machte einen Satz, tauchte und – verschwand für immer!

„Sieg der amerikanischen Farben auf der ganzen Linie", schrieb darüber später ein Reporter ...

Romer wird zwar nicht verrückt, aber sein ganzer Körper ist wund von Salz. Überall bildeten sich bösartige, schmerzhafte Geschwüre.

Der ständige Sonnenschein in der Passatregion verhärtete das Salz zu festen Krusten. Romers Haare waren weiß davon. Schließlich spülten die heftigen tropischen Platzregen es wieder aus. Aber er konnte sich ja nicht aufrecht hinstellen, um sie voll auszukosten, und seine Beine gammelten weiter in der Salzlake.

Er hatte sich vorgenommen, vor Ende August bei den Antillen zu sein. Am 31. August ging er auf der Insel St. Thomas, einer der nördlichsten, an Land, direkt in den Hafen, nach 88 Tagen auf See. 88 Tage als „schwimmende Mumie", 88 Tage der unglaublichsten Strapazen, die jemals ein Mensch freiwillig auf sich genommen hat (sie scheinen noch schrecklicher als die von Bombard gewesen zu sein).

Sein Gesicht, hinter einem Dreimonatsbart versteckt, glich dem Robinson Crusoes.

Schwankend stieg er aus seinem Fahrzeug und sank auf der Kaimauer nieder. Man brachte ihn in ein Hotel, wo er 48 Stunden lang wie ein Toter schlief.

Als er aufwachte, kannte die Bevölkerung der Insel seine Geschichte schon. Man wollte ihn feiern. Aber die tiefen Geschwüre, die am Oberkörper trockneten, heilten an den Schenkeln nicht, weil sie vom Seewasser aufgeschwemmt und angefressen waren. Er mußte für mehrere Wochen ins Krankenhaus.

Der englische Gouverneur der Insel, Sir Evans, überreichte ihm eine Auszeichnung, die seinerzeit speziell für Lindbergh geschaffen worden war, der als erster den Atlantik in einem Nonstopflug überquert hatte. Auch er war allein gewesen.

Aufgehalten durch die amerikanischen Behörden, die sich bei der Ausstellung seiner Papiere viel Zeit ließen, lief Kapitän Romer von der Insel St. Thomas (Antillen) erst Anfang Oktober mit Ziel New York wieder aus, das heißt bereits in der gefährlichen Jahreszeit.

Die Tage vergingen.

Zwischen St. Thomas und New York liegen 1500 Seemeilen. Es sind 1200 sm bis Kap Hatteras, in dessen Nähe er ungefähr einen Monat nach seiner Ausreise sein mußte.

Mitte November – immer noch nichts.

Anfang Dezember tobte ein verheerender Zyklon von Süd nach Nord, er folgte haargenau dem Kurs des Kajaks. Wenn, so unwahrscheinlich das auch ist, Romer bis dahin noch gelebt haben sollte, so war sein Schicksal jetzt mit Sicherheit besiegelt.

Tatsächlich hat man ihn nie wiedergesehen.

Dieses Unternehmen mag vielleicht blasphemisch gegen die See gewesen sein, aber es verlangte ein ungeheures Maß menschlicher Energie. In Deutschland hatte es einen derartig starken Eindruck hinterlassen, daß es zweimal von einem anderen Deutschen, dem Arzt Dr. Hannes Lindemann, nachgeahmt wurde. Das erste Mal überquerte er 1955/56 den Atlantik von Las Palmas nach St. Thomas in einem primitven Einbaum aus Holz, der in Liberia gebaut worden war und auch so hieß. Das zweite Mal, 1956/57, von La Palmas nach St. Martin in 72 Tagen in einem Kajak aus gummiertem Tuch, aus derselben Fabrik wie das von Romer. Dr. Lindemann hatte nur wenig Lebensmittel und Trinkwasser mitgenommen. Er ergänzte sie aus den „Quellen des Meeres" wie der Arzt Dr. Bombard (er hatte auch dieselbe wissenschaftliche Zielsetzung). Sein Kajak war längst nicht so stark beladen wie Romers, trug eine bessere Besegelung und lag günstiger im Seegang. Aber auch er konnte sich ebensowenig wie sein berühmter Vorgänger weder aufrecht hinstellen noch sich ganz ausstrecken. Er kenterte zweimal und hing eine Nacht lang an sein Kajak geklammert, ohne es wieder aufrichten zu können. Dabei büßte er fast alle Lebensmittel ein. Während dieser Reise verlor er 19 kg seines Gewichtes.

Man könnte nun meinen, andere Berichte von Atlantiküberquerungen müßten dagegen verblassen. Aber das ist nicht so. Wir kommen jetzt zu den bewunderswerten Unternehmungen von Marin-Marie mit *Winnibelle II*, von Mai bis August 1933, und mit *Arielle*, 1936.

Marin-Marie, der im Zivilleben einen alten normannischen Namen trägt, hat eine bretonische Mutter. Er ist unsterblich in die See verliebt und gehört zu den Sterblichen, die diese Liebe in eine sichtbare Form übertragen können: Er ist Marinemaler, sogar ein ganz bedeutender.

Einmal äußerte er: „Ein Maler muß sich von Zeit zu Zeit mit seinem Objekt auseinandersetzen, und zwar gründlich. Es ist die Lust am direkten Kontakt mit der See, die ihn so weit und allein reisen läßt. Nur um zu sehen... Aber dann muß man ‚das Objekt' auch ertragen, selbst wenn man genug hat davon. Das ist sehr gesund für Körper, Geist und die Seebilder."

Marin-Marie wollte außerdem einige Neuerungen in praxi ausprobieren, die beachtlichste darunter waren die *Zwillingsvorsegel*, eine genauere Bezeichnung für „Doppelspinnaker".

Wir haben gesehen, daß die Unmöglichkeit, mit belegtem Ruder bei achterlichem oder raumem Wind zu segeln, bisher eine der großen Schwierigkeiten der Einhandsegler war. (Es gab eine Ausnahme, die *Spray* von Slocum, von der wir noch sprechen werden.) Und diese Kurse sind in den Passaten das tägliche Brot, das heißt, auf drei Viertel des Weges einer Weltumsegelung. Ergebnis: Tagsüber muß man am Ruder bleiben, das ist sehr ermüdend, unbequem und bei großer See sogar gefährlich, weil man es ja doch einmal für kurze Zeit aus der Hand lassen muß. Nachts ist man gezwungen, beizudrehen, wobei man viel Weg im Sinn der zu überwindenden Distanz und der Fahrtrichtung verliert.

Es wurde behauptet, daß Marin-Marie die Zwillingsfock erfunden habe. Das ist nicht ganz richtig. Das Verdienst um die Idee und die erste Ausführung in der Form, über die wir gleich sprechen werden, kommt, wie es Marin-Marie selbst darstellt, dem britischen Kapitän Otway Waller zu, der 1930 seine Yacht *Imogen* damit ausrüstete, eine kleine Yawl von 7,80 m Länge. Er hatte eine Weltumsegelung geplant, aber auf Madeira aß er Gurken – wenn er Spaß versteht, wird er uns erlauben, ihn ein bißchen aufzuziehen –, die, wenn man den Schilderungen in *Yachting Monthly* und *Yachting* glauben will, Fieber auslösten, seine Uhr zum Stehen brachten und seinen Radioempfänger störten. Noch auf Teneriffa wirkten die Gurken, in Las Palmas war das Fieber immer noch nicht gewichen, so daß er sein Boot verlassen und nach London zurückkehren mußte, wo ihn seine Geschäfte sehr bald wieder gefangennahmen. War also nichts mit Weltreise. Aber die zurückgelegte Strecke hatte genügt, um die „Zwillingsspinnaker" glänzend zu rechtfertigen, wie er sich ausdrückte.

Es handelte sich um zwei Vorsegel, die jeweils auf Back- und Steuerbord gesetzt wurden. Natürlich kann man sie auch Spinnaker nennen, denn sie saßen nicht auf Stagreitern und jedes war mit einer Spiere ausgebaumt. Die beiden Schoten waren in den Schothörnern eingepickt, die durch die Bäume ausgespreizt wurden, liefen jeweils über einen Block zum Achterschiff und wurden an der Pinne belegt. Wenn das Boot nach Backbord aus dem Ruder lief, zog die Backbordfock mehr als die andere und übte damit auf die Pinne einen Zug nach Backbord aus, wodurch das Boot wieder auf Kurs gebracht wurde.

Das ist die wunderbare Einfachheit großer Entdeckungen.

Das Ergebnis war einwandfrei.

Alain Gerbault, der berühmte Einhand-Weltumsegler, als er mit seinem alten Kutter »Fire-Crest« in Schlepp eines Torpedobootes der französischen Marine in Paris eintraf, wo er vom Marineminister und einer vieltausendköpfigen Menschenmenge begrüßt wurde.

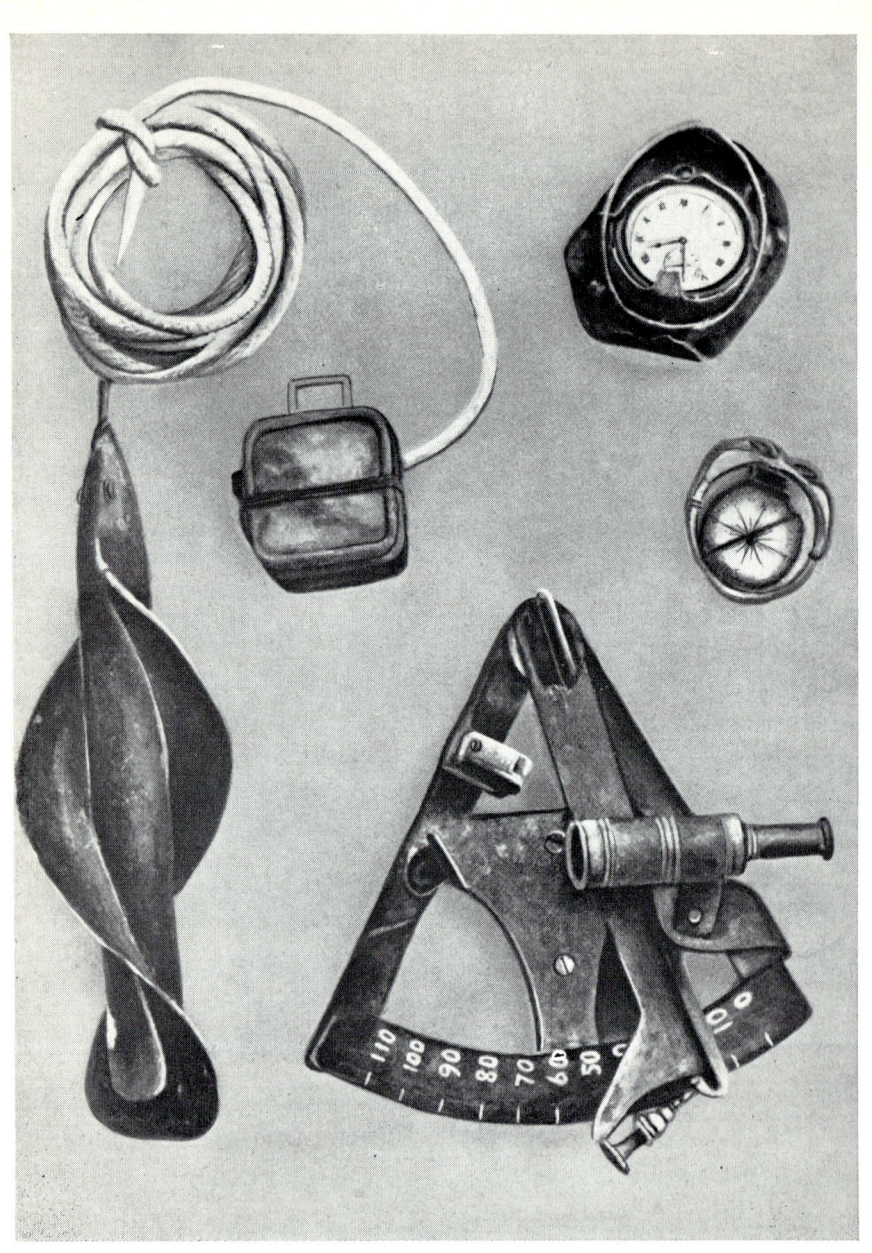

Rebells selbstgebaute Navigationsinstrumente

„Nach Vigo lief ich Kurs Südwest und hatte eine schöne Nordostbrise. Die Vorwindsegel ließ ich Tag und Nacht stehen. Es war außerordentlich angenehm, das Ruder ganz sich selbst zu überlassen. Das Boot lief bei frischer bis steifer Brise allein. Ohne die Pinne im Verlauf von drei Tagen nur einmal anzufassen, legte ich jeweils 105, 106 und 107 Meilen zurück. *Imogen* verhielt sich auf diesem Kurs ganz tadellos."

Kapitän Waller[1] hatte sein System unnötig kompliziert, wie es bei Erfindungen häufig vorkommt. Er schlug Bullenstander an den Fockbäumen an und führte sie durch je einen Block, der an der Klüverbaumnock angeschäkelt war. Außerdem wurden die beiden Vorsegel mit Ausholring auf dem Klüverbaum und Ausholleine gesetzt, so daß man sie schnell bergen konnte. Das ist für einen Einhandsegler beim Einlaufen in einen Hafen sehr interessant, aber auf dem Atlantik gibt es nicht viele Häfen. Man kann sich also den Luxus leisten, seine Segel auf die übliche Art zu setzen, anstatt den schweren Nachteil des Ausholens in Kauf zu nehmen. Bei der Ausholmethode kann man die Vorsegel nicht mehr auf Stagreitern auf den Stagen führen, dadurch geraten sie schneller aus der Form und verschleißen.

Marin-Marie, und nicht Gerbault, der sich dessen in recht illoyaler Weise rühmt, hat dieses System verbessert: Die beiden Vorsegel wurden mit Stagreitern versehen und die Bullenstander weggelassen. (J.-Y. Le Toumelin brachte eine weitere Verbesserung: Es blieb noch die Belastung durch das ständige Auf- und Abgeigen der Bäume und dadurch Verschleiß und gelegentliches Ausdemruderlaufen. Er ließ sich einen kleinen

---

[1] Er entwickelte auch eine beachtenswerte Methode des Beidrehens, eine Methode gegen das Schlingern und erkannte die Zweckmäßigkeit der Verwendung von „sandows" an der Pinne (Gummistroppen).
Beigedreht merkte ich, daß mein Boot zu viel Fahrt voraus machte und dadurch hart einsetzte. Das führte zu so heftigem Aufschlagen, daß die ganze Yacht erzitterte, und zwar so, daß ich nicht mehr schlafen konnte.
Ich zurrte also den Baum an den Wanten des Besans fest, und zwar nach Luv (das Großsegel hatte ich stark gerefft), die Fock wurde back belegt und die Pinne nach Lee. I m o g e n machte keine Fahrt voraus mehr, trieb nur noch nach Lee, dabei entstand nach Luv ein Sog von mehr als drei Meter Breite. Dieser Sog wirkte wie ein Ölstreifen. So lag mein Boot tadellos, und das Deck blieb trocken. Hätte es aber beispielsweise einen Tiefgang von 1,80 m gehabt, wäre dieses Manöver nicht möglich gewesen. Natürlich braucht man Platz nach Lee, und vielleicht ist es auch nicht alltäglich, auf diese Weise beizudrehen, aber mit I m o g e n ging es ganz ausgezeichnet. Auf dieser Reise fand ich auch heraus, wie man das heftige Schlingern einer kleinen Yacht mildern kann. Als ich I m o g e n kaufte, hatte sie eine bestimmte Menge Innenballast aus Blei. Diesen Ballast habe ich herausgenommen, denn auf einem kleinen Boot stellen die für eine lange Reise mitgenommenen Vorräte ausreichenden Ballast dar. Aber bei schwerer ach-

dreibeinigen Metallmast bauen, der Halterungen für die mastseitigen Enden der Bäume besaß. Für achterlichen Wind benutzte er ein Sandow.)

Das von Marin-Marie erzielte Ergebnis war hervorragend. Das Doppelspinnakersystem zog *Winnibelle II* bei achterlichem Wind mit mehr als 100 Meilen täglich während 26 aufeinanderfolgenden Tagen, ohne daß Marin-Marie das Ruder anfaßte! Paradies des Seglers? Dazu meinte er drollig: „Wären zwei Leute mehr an Bord gewesen, was hätte ich mit ihnen anfangen sollen? Man hätte alle vier Stunden 120 Minuten lang am Ruder sitzen müssen, weil ja zum Wachegehen genügend Leute an Bord gewesen wären. Da ich aber allein war, konnte ich Daumen drehen und sparte außerdem eine große Menge Wasser für zwei Mäuler. Ohne Hemmungen wusch ich mich mit Süßwasser. Es gibt noch viele andere Gründe."

Marin-Marie, 1933 noch sehr jung, war schon als Vollmatrose auf Dreimastern gefahren und später mit Charcot auf der *Pourquoi-pas?* Als Sohn eines bekannten Sportseglers konnte er eher wriggen als sich die Nase putzen, war von Jugend an auf Schiffen und besaß später zahllose Yachten, mit denen er nach Chausey, seinem Lieblingshafen, oder sogar bis Casablanca segelte, allein, mit seinem vertrauten alten Matrosen oder mit Frau und Kindern. Er ist der Typ des perfekten Sportseglers. Deshalb platzten die Sportsegler auch vor Stolz, als sie von der Überfahrt der *Winnibelle* hörten. Endlich, endlich! Jetzt kommt die Revanche, der Triumph eines Seglers, der weder Kapitän auf Großer Fahrt, noch ein Narr, noch ein Angelsachse war.

terlicher See setzte die Yacht so tief ein, daß ich mich kaum noch in meiner Koje halten konnte. Ich machte den großen Anker an einem Fall fest, sicherte ihn mit einem starken Auge um den Mast herum, damit er nicht in Schwingung geraten konnte, und hießte ihn auf ... Der erzielte Effekt war ganz außergewöhnlich. Das Schlingern wurde tatsächlich erträglich und gestaltete das Leben an Bord wesentlich gemütlicher, als es vorher gewesen war.

Diese Kreuzfahrt lehrte mich noch eine ganze Menge Dinge, die auf einer kleinen Hochseeyacht von Bedeutung sind. Besonders dies: Vor meiner Ausreise kaufte ich Sandows, deren geflochtene Umhüllung dafür sorgte, daß sich der Gummi (der sehr stark ist) bis an die Grenze seiner Elastizität ausdehnt und nicht weiter. Wäre die Pinne während des Beidrehens nicht mit diesem Gummistroppen belegt gewesen, so hätte der gewaltige stoßartige Druck auf das Ruderblatt sie mit Sicherheit zerbrochen oder irgendeine andere Havarie angerichtet.

Unter diesen Bedingungen muß die Pinne etwas Spielraum haben, denn die Belastungen, die vom Ruderblatt auf die belegte Pinne übertragen werden, sind außerordentlich groß.

Diese Gummistroppen benutzte ich auch, um die Lose vom stehenden Gut aufzufangen: Ich schlug sie um die beiden Wanten und holte sie dicht, so daß die Leewanten, anstatt dauernd hin und her zu schlagen, immer gut steif standen.

Winnibelle II war ein schöner Kutter von 11 m Länge, mit Norwegerheck, mit Kupferblech beschlagen, tadellos in Schuß. Abgesehen von den Zwillingsspinnakern war sie nach Marin-Maries eigenem Entwurf geriggt und mit selbst konstruierten Beschlägen ausgerüstet (alles hat gehalten). Das Wasserstag bestand aus einem Stück geschmiedeten Eisens. Das Boot hatte Hohlmasten, die Fallen waren im Cockpit zu belegen, wo man sie mit Winschen dichtholen oder fieren konnte. Ruderstand in der Kajüte. Das Großsegel hatte, wie die früheren Lotsenversetzboote, ein loses Flußliek, war also nicht am Baum angereiht. Das Ganze war außerordentlich stabil. Zu stark hat noch nie geschadet, oder wie Marin-Marie sagt: „Es gibt nichts Lächerlicheres, als bei ein bißchen Brise dauernd Havarie zu machen. Dann sitzt nämlich der Yachtkonstrukteur hoch und trocken in seinem Büro und man selbst in der Patsche. Immer dieselbe Geschichte, seitdem Yachten konstruiert werden. Kein Wunder, daß sich die Fischer vor Lachen den Bauch halten, wenn sie Sportsegler sehen."

Es war das Prinzip der minuziösen Vorbereitungen, das J.-Y. Le Toumelin kurze Zeit danach zur *Weltumsegelung ohne Havarie* verhalf.

Die Reise der *Winnibelle II* war vorbildlich. Von Dounarnenez nach Funchal (Madeira) 14 Tage, von Funchal nach Fort-de-France (Antillen)[1] 29 Tage und 2 Stunden (Rekord für 2900 sm), davon 26 Tage, ohne die Pinne anzufassen, ganz gleich, ob der Wind stark oder schwach war. Von Martinique nach New York in 21 Tagen.

Während der ganzen Reise hatte Marin-Marie seinen Motor nicht benutzt, die Schraube hatte die Fahrt etwas verlangsamt. Bis auf einen ganz extremen Fall am Vorabend seiner Ankunft, wegen eines Zyklons, der zwei Tage später die Küste verwüstete. Wie sagte dieser immer fröhliche Segler (man muß sein Logbuch gesehen haben!): „Wir sind zwar kühn, aber nicht tollkühn!"

Eine Überfahrt ohne Havarie... Aber nicht ohne Verbrennung! Wenn das Wasser Marin-Marie auch verschonte, das Feuer tat es nicht. Er erlitt schwere Verbrennungen.

Von der Einsamkeit hatte er ganz präzise Vorstellungen:

„Auf eine lange Überfahrt noch einen Mann mitzunehmen, das ist einfach nicht zu machen. Zwei an Bord ist eine schlechte Zahl. Während der

---

[1] Die Schilderung des Empfanges, den man Marin-Marie bereitete, ist episch: *Als der Militärarzt zur Visite kam, saß ich auf meinen vier Buchstaben, hatte zu seinem Empfang die weiße Mütze aufgesetzt und klarte das Deck auf. Er schickte mich eiskalt auf die Reede vor Anker ... in Quarantäne. Ich hatte nämlich kein französisches Gesundheitszeugnis. Deshalb! Französische Yachten brauchten es in England nicht und umgekehrt. Es war ihm egal ... Aber hier ist das Attest von Madeira! Auch das war ihm egal. Ob ich meiner Frau ein Telegramm schik-*

Rudergänger allein Wache geht, vergißt er oft die Verantwortung für den, der unter Deck ist. Ich kann bestätigen, daß man nicht eine Minute ruhig schläft. Wenn mein Bootsmann und ich zusammen segelten, hatten wir es uns zur Gewohnheit gemacht, daß der Wachgänger dauernd Geräusche verursachte, daß er mit den Füßen scharrte, vor sich hin sang oder irgend etwas anderes tat, damit er unter Deck ruhen konnte, ohne dauernd die Ohren spitzen zu müssen. Außerdem riskiert man mehr, wenn man zu zweit ist. Man wartet länger mit dem Setzen der kleinen Fock oder mit dem Reffen. Wenn einer bei schwerem Wetter über Bord geht, ist es für den anderen bestimmt nicht leicht zu manövrieren, um ihn wieder aufzufischen. Ich weiß es, weil ich es mit einer Mütze versucht habe. Bei drei Versuchen buddelten zwei ab, bevor ich sie wieder erwischen konnte, oder ich verlor sie im Seegang ganz aus den Augen. Man kommt mit einem schlechten Gefühl auf der anderen Seite des Atlantiks an, wenn man seinen Kameraden über den großen Teich gequält hat oder ihn sogar sterben lassen mußte, weil man nicht wußte, wie ihm zu helfen war. Ich würde dann lieber überhaupt nicht mehr ankommen. Aus diesem Grunde schätze ich die Zahl Zwei überhaupt nicht an Bord eines Bootes, das auf eine lange Reise geht. Ich kenne ein Drama dieser Art, an dem der Überlebende bis zum Ende seiner Tage zu tragen hatte."

Was haben wir zu Anfang dieses Buches gesagt? Die Erfahrung hat es bestätigt. Weil er nicht daran gewöhnt war, hat ihn die Einsamkeit stark beeindruckt: Er beobachtete treibende Abfälle, die von nicht mehr sichtbaren Schiffen stammten, empfand sie als „beruhigende" Zeichen menschlicher Nähe! Bei seiner Ankunft auf den Antillen oder später in New York war dieser sympathische und so bescheidene junge Bursche „einigermaßen aufgeregt".

„Mitten in dem unbeschreiblichen Durcheinander sprang ich von achtern nach vorn, um an Deck etwas Ordnung zu schaffen, von vorn nach achtern, um wieder an die Pinne zu gehen, sang alle Lieder, die mir gerade einfielen, begrüßte feierlich die Schlepperkapitäne, ,Miss Liberty' und alles was mir in die Quere kam."

Die Zwillingsspinnaker sind inzwischen klassisch geworden. So liest man z. B. in *Le Yacht* vom 5. April 1951: „Die belgische Yacht *Omoo* hat den Atlantik von Las Palmas nach den Bermudas überquert..., ... aus-

---

ken könne? Kommt überhaupt nicht in Frage! Oder mir an Land etwas Brot besorgen? Verboten! Und wenn ich nach einer anderen Insel wieder auslaufen würde? Bevor ich dort einträfe, wäre sein Telegramm da. Und er war berechtigt, mich auszuräuchern, zu entratten, zu impfen und einzusperren! Na schön, aber ich, ich hatte das Recht, ihn über Bord zu werfen, wenn er noch länger als eine halbe Minute bliebe. Ich war außer mir.

schließlich Doppelspinnaker gefahren mit einer Gesamtfläche von 44 Quadratmetern und dabei die Pinne fest belegt. Für diese Überfahrt von 2420 sm brauchte sie 23 Tage und 3½ Stunden, das ergibt eine Durchschnittsgeschwindigkeit von 5 kn." An Bord der *Omoo* befanden sich zwei Männer und eine Frau. Diese wunderbare Weltreise wurde am 2. August 1953, mit dem Einlaufen in Zeebrügge, abgeschlossen.

Ein solcher Erfolg bringt diese Serie eigentlich zum Abschluß. Was könnte man jetzt noch Neues darbieten?[1]

Einhandsegler konnten auf dem Atlantik nichts mehr vollbringen, was nicht schon dagewesen wäre. Weder von Ost nach West, noch von West nach Ost (außer einer Überfahrt ohne Lebensmittel oder von einer Frau allein).

Aber es gab doch noch etwas: Eine Überfahrt unter Motor. Das ist doch ganz einfach, wird man sagen. Im Gegenteil, das ist sogar viel schwieriger. Es ist so schwierig, daß es bis heute nur ein einziger Mann fertiggebracht hat: Wiederum Marin-Marie.

Wollen wir einmal nachdenken.

Wir haben gesehen, daß eine Segelyacht unter einer bestimmten Besegelung beidrehen oder auch mit gut belegtem Ruder weitersegeln kann, während der Alleinsegler schläft oder Backschaft macht.

Mit einem Boot ohne Besegelung ist das unmöglich. Es kann nicht allein Kurs halten, es würde im Kreis fahren. Man kann es nicht beidrehen wie eine Segelyacht, und vor Treibanker würde der Bug nicht im Wind bleiben, es sei denn bei kräftiger Brise. Bei mittlerem oder etwas stärkerem Wind würde sich das Motorboot querlegen, unheimlich rollen (Schlaf oder Backschaft wären unmöglich).

Deshalb hat vor Marin-Marie auf *Arielle* niemand versucht, *allein unter Motor* Reisen von mehr als ein oder zwei Tagen zu machen.

Nun, man darf keine Angst haben, denn Störungen am Motor können leicht einmal auftreten und sind immer ernsthafter als selbst der Verlust des Mastes einer Segelyacht, denn man kann gegebenenfalls eine Notbesegelung aufriggen, während die Form eines Motoorbootes das nicht gestattet. Es bliebe nur das langsame Laufen vor dem Wind, und das ist nicht ungefährlich. Dazu kommt das Problem des Brennstoffvorrates, das nicht leicht zu lösen ist.

Dies sind die Gründe dafür, daß vorher nur zwei Atlantiküberquerungen mit einem kleinen Motorboot gemacht worden waren, und zwar 1920

---

[1] Wir können nicht alle erwähnen. Am Ende dieses Buches befindet sich eine Zusammenstellung zahlreicher anderer Atlantiküberquerungen unter Segel: Plesums, Sadrin, Jeau Gau, Hans von Meiss-Teuffen, F. Peterson, Allcard (der erste, der allein hin und zurück segelte) usw.

von W. G. Newmann mit seinem 16jährigen Sohn auf der *Abiel Abbot Low* (12,60 m lang, 10 PS-Motor) von New York nach Falmouth in 38 Tagen und 1912 von Thomas Fleming Day mit Ch. C. Earle und W. Newstead auf der *Detroit*, einem Motorkreuzer von 10,65 m Länge, 2,70 m Breite und 1,40 m Tiefgang, ausgerüstet mit einem 16-PS-Zweizylinder-Scripps-Motor.

Thomas Fleming Day, Engländer von Geburt und naturalisierter Amerikaner, Marinejournalist, war schon 1911 unter Segel von West nach Ost über den Atlantik gegangen. Diese Überquerung der dreiköpfigen Crew von New Rochelle nach den Azoren, dann nach Gibraltar wäre nichts Besonderes gewesen, wenn nicht das Boot von Thomas Fleming Day, die *Sea-Bird*, zwei bemerkenswerte Charakteristika aufgewiesen hätte: Einmal hatte sie einen Hilfsmotor an Bord, einen 3-Ps-Knox, und 365 Liter Brennstoff, eine Menge, die nur für fünf oder sechs Tage ausreichte. Zum anderen war der Rumpf der *Sea-Bird* nicht rundspant, sondern knickspant gebaut wie ein Sharpie.

In Amerika war das nichts Neues. Die Knickspantrümpfe tauchten gegen 1884 auf, waren damals noch platt, das heißt rechtwinklig. Die Vergrößerung dieses Winkels kam erst 1863. Man kannte sie sogar in Europa: 1861 wurden in Angers zwei Yachten in dieser Art gebaut und 1884 die eigens für die Einhandsegelei konstruierte Yacht *Marthe* in Le Havre ausgestellt. Aber erst 1902 erfaßte der amerikanische Yachtkonstrukteur M. Mover, was man daraus machen konnte, und zeichnete den Prototyp *Sea-Bird*, eine Yawl von 7,78 m auf 2,48 m in Knickspantbauweise. Damit ließen sich die Baukosten erheblich senken, man erzielte große Geräumigkeit unter Deck und ausgezeichnetes Verhalten auf See[1]. Trotz allem Mangel an Ästhetik hatte diese Bauweise für Kreuzeryachten später großen Erfolg auf der ganzen Welt, nachdem *Sea-Bird* durch die Reise von Thomas Fleming Day bekannt geworden war. Bestens bewährt hatte sich diese Bauweise auch bei *Islander* von Pidgeon, einem vergrößerten Nachbau der *Sea-Bird*, die zweimal um die Welt fuhr. *Sea-Queen*, mit der Voß *eine komplette Drehung um die Längsachse gemacht hat, ohne dabei abzubuddeln*, war ebenfalls ein *Sea-Bird*.

Die Überfahrt von Thomas Fleming Day wurde bei Wassersportlern und Journalisten aus einem bestimmten Grund berühmt, der in der nachstehenden Anekdote geschildert wird:

Nachdem sie endlich besseres Wetter erwischt hatten, wollte Tom Day es dazu nutzen, seiner Mannschaft eine gute Mahlzeit zu bereiten. Er kün-

---

[1] Heutzutage ist diese Bauweise besonders interessant, weil sie in Sperrholz ausgeführt werden kann. Andererseits bietet sie keine besonderen Vorteile für den Kunststoff.

digte ein „Ragout" an. Es war eher ein „Quer-durch-die-Last", denn es bestand aus einem Gemisch aller möglichen Konserven, die aufgewärmt und serviert wurden. Thurber und Godvin fanden, „daß das Zeug etwas merkwürdig schmecke". Aber, na ja, es war genießbar. Beim Nachschlag fischte einer von ihnen einen Socken heraus!

Tom Days Ruf als Koch verbreitete sich auf der ganzen Welt, genau wie die Kinder seiner *Sea-Bird*.

Im darauffolgenden Jahr, 1912, wurde Tom Day von dem Motorenkonstrukteur Scripps gebeten, eine seiner Maschinen auf dem Atlantik auszuprobieren. In ruhigem Wasser lief der Motorkreuzer *Detroit* 8 kn.

Voll aufgetankt hatte er fast kein Freibord mehr, das Seewasser schwemmte dauernd über Deck, und der Mann am Rohr mußte dauernd Stiefel tragen. Aber schlimmer war das starke Rollen. Die Überfahrt war sehr anstrengend. Von Kochen konnte keine Rede sein. Man war froh, wenn es überhaupt gelang, eine Konservendose zu öffnen! Die Reise von Vineyard (südlich von Boston) nach Queenstown an der Küste von Cork (Südirland) dauerte 22 Tage. Wiederholt mußte er beidrehen.

Diese Überfahrt bewies die Qualitäten eines guten Motors, aber sie löste die Probleme der mechanischen Steuerung für einen Einzelfahrer ebensowenig wie die Reise von Cassels und Malonei im Jahre 1914 von Dublin nach Halifax mit der *L'Imp* in 97 Tagen.

1936, also 24 Jahre später, machte Marin-Marie noch einmal den Versuch. Er gelang.

Marin-Marie ist kein Narr, deshalb trug *Arielle* ein kleines Rigg, mit dem man notfalls eine Hilfsbesegelung setzen konnte. Es war eine starke Pinasse von 13 m Länge, 3,45 m Breite und 1,40 m Tiefgang, mit ausreichendem Freibord und einem soliden Kajütsaufbau.

In Sartrouville speziell für diese Überfahrt gebaut, hatte sie äußerlich mit einer Yacht kaum noch etwas gemeinsam. Genau wie bei *Winnibelle II* wurde nichts dem Zufall überlassen, nicht eine schwache Stelle wurde hingenommen.

Ausgerüstet mit einem 50- bis 60-PS-4-Zylinder-Dieselmotor mit Druckluft- und Handanlasser, konnte sie 5000 Liter Gasöl bunkern, eine Menge, die für 24 Tage reichte und einen Aktionsradius von 4500 sm gestattete.

Arielle hatte Selbststeuerung.

Wenn man von solcher Anlage spricht, stellt sich der Laie immer vor, daß sie von der Kompaßnadel aus gesteuert wird, daß also eine Einstellung auf 85 Grad genügt, wenn man 85 Grad laufen will, und daß ein

Hilfsmotor, der auf das Hilfsruder wirkt, das Motorboot mit der Nase genau auf den gewünschten Kurs bringt oder auf ihm hält. So etwas gibt es in Verbindung mit dem Kreiselkompaß. Aber die Anschaffungskosten einer solchen Anlage sind außerordentlich hoch, für eine normale Yacht jedenfalls völlig unerreichbar.

Marin-Marie begnügte sich mit einem viel einfacheren und genialeren System, das inzwischen auch auf einem anderen Gebiet Eingang gefunden hat, dem Modellyachtbau! Die auf der *Arielle* eingebaute Apparatur war die vergrößerte Ausgabe jener sogenannten „Vane Gear", mit deren Hilfe die Modellyachten auf den Teichen Kurs halten, wenn der Skipper weitab am Ufer steht.

Das System arbeitet nach dem Prinzip der Wetterfahne. Ein senkrechtes Brett, hier in V-Form, um größere Wirkung zu erzielen, wird auf einer senkrechten Achse befestigt und so montiert, daß es dem Wind von allen Seiten gut ausgesetzt ist. Es weht dann aus wie eine Flagge oder wie jede andere Wetterfahne. Es ist gar nicht schwer, dieses Brett auf das Ruder wirken zu lassen. Um die Selbststeueranlage einzustellen, legt man das Boot auf Kurs und läßt die Windfahne auswehen. Dann stellt man sie so fest, daß ihre Stellung zur Windrichtung konstant bleibt. Jede Abweichung der Mitschiffslinie *in bezug auf die Windrichtung* wird sofort durch die Einwirkung der Windfahne korrigiert, die vom Wind zurückgedreht wird und jede Änderung auf das Ruder überträgt.

Die Unzulänglichkeit dieses Systems springt sofort ins Auge: *der gewählte Kurs kann nur bei Wind gehalten werden und solange er aus derselben Richtung weht.* Man kann also nicht einfach auf dem Großkreis von New York nach Le Havre laufen, ohne sich um den Kurs zu kümmern. Weil aber der Wind in Richtung und Stärke über längere Zeit annähernd konstant bleibt, kann man seinen täglichen Verrichtungen nachgehen, kann schlafen und dabei seinen Kurs weiterlaufen. Wenn sich der Kurs schlimmstenfalls durch eine Drehung des Windes ändert, wird der Skipper es merken, bevor schwerwiegende Folgen eintreten, denn genau wie eine Katze schläft er nie absolut.

Noch eine kleine Bemerkung: Die Selbststeueranlage muß eingestellt werden, *wenn das Boot in Fahrt ist,* denn seine eigene Geschwindigkeit ergibt zusammen mit dem tatsächlichen Wind eine Resultante, „den scheinbaren Wind"! Dieser wirkt auf die Windfahne, und man muß seine Richtung beim Einstellen zugrunde legen.

Marin-Maries Überfahrt war ein glänzender Erfolg. *Arielle* wurde per Dampfer nach Amerika verfrachtet, verließ New York am 23. Juli 1936 um 9.45 Uhr und hielt sich ungefähr an der Dampferroute. Um jeder Kollisionsgefahr von vornherein aus dem Wege zu gehen, schlief Marin-Marie

SELBSTSTEUERANLAGE DER *ARIELLE*,

konstruiert und gebaut von Marin-Marie

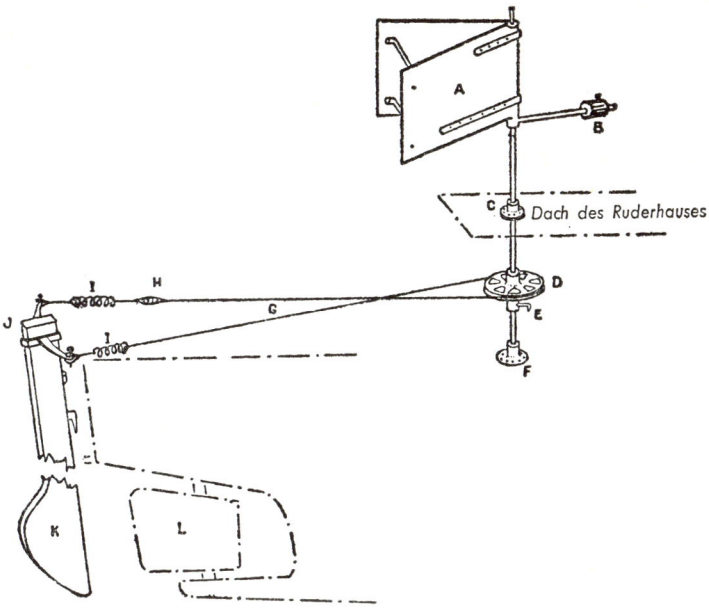

- A. Windfahne aus Sperrholz
- B. Gegengewicht
- C. Kugellager auf dem Dach des Ruderhauses
- D. Scheibenrolle
- E. Feststellschraube
- F. Gegenlager
- G. Stahldraht
- H. Spannschraube
- I. Spiralfedern
- J. Schaft des Hilfsruders mit Zugjochen
- K. Blatt des Hilfsruders
- L. Hauptruder, festgestellt in Mittschiffslage

Der zu laufende Kurs wird mit dem Hauptruder grob eingestellt, der scheinbare Wind wirkt auf die Windfahne. Man braucht dann nur noch die Feststellschraube E. anzudrehen. Das Hilfsruder korrigiert den Kurs automatisch, wenn das Boot davon abweicht.

während des Tages und ging nachts Wacht, obwohl *Arielle* ausreichend starke Lichter führte. Der Motor lief fehlerlos und sogar 10 mal 24 Stunden ohne Unterbrechung. Das Wetter war teils schön, teils mittelmäßig, bis zum Kanal, dort geriet er in einen Sturm. Wegen schlechter Sicht und Ermüdung entschloß sich Marin-Marie, nach Hause zu fahren, nach Chausey, anstatt direkt Le Havre anzulaufen. Nach Chausey ist nicht gerade leicht hineinzukommen, wenn man nur 400 m Sicht hat. Aber Marin-Marie war in seinen heimatlichen Gewässern. 18 Tage und 16 Stunden hatte er das Geräusch des Dieselmotors hören müssen. Er traf nur wenige Schiffe unterwegs. Sehr bald verholte er nach Le Havre, wo ihm ein enthusiastischer Empfang bereitet wurde.

Diese Atlantiküberquerung besonderer Art fordert den folgenden Vergleich mit der *Normandie* heraus.

	Normandie	*Arielle*
Länge	313,75 m	13,05 m
Breite	36,40 m	3,40 m
Antrieb	160 000 PS	55 PS
Tonnage	79.280 BRT	12,5 BRT
Besatzung	1355	1
Passagiere	1971	0
Baupreis	1800 Mill.[1]	250 000 Franken[1]
Reisedauer	etwas über 4 Tage	18 Tage, 16 Stunden
Brennstoffverbrauch	?	900 Franken[1]

Was konnte auf dem Atlantik jetzt noch Besonderes geboten werden? Die Überfahrt durch eine Frau allein. Das tat Ann Davison.

Die 38jährige englische Journalistin hatte ihren Mann mit der Yacht *Reliance* verloren, einige Meilen nach dem Auslaufen zu einer Hochseetour. Sie wollte sich aber vom Schicksal nicht unterkriegen lassen und hat es in bewundernswerter Weise gemeistert. Sie ist die erste Frau, die den Atlantik allein überquert hat, mit ihrer kleinen Slup *Felicity Ann*, 6,50 m lang, mit Norwegerheck. Der erste Teil ihrer Reise von Plymouth nach den Kanarischen Inseln verlief recht langsam. Am 20. November 1952 ausgelaufen, traf sie am 27. Januar 1952 auf der Insel Dominique (brit. Antillen) ein und lief dann nach Antigua weiter. Am 25. November 1953 erreichte sie New York.

Seither ist sie nur einmal nachgeahmt worden, aber in wesentlich härterem Seegebiet des Nordatlantiks. Nicolette Milens-Walker, 28jährige

---

[1] Französische Franken z. Z. Poincarés.

Engländerin, überquerte mit ihrer *Amiz* die Strecke England–Newport auf dem Kurs der Transatlantikregatta, ca. 3500 sm in 45 Tagen und kam am 26. Juli 1971 an.

Diese Leistung verdient besondere Bewunderung, denn Einhandsegeln ist für eine Frau physisch und psychisch außerordentlich strapaziös.

Wir bewundern sie, doch wir wünschen ihr nicht zu viele Nachahmerinnen. Das fortwährende Überbieten der Rekorde wird früher oder später halsbrecherisch.

Spielt dabei auch die „Verkleinerung" der Boote bis ins Extreme eine Rolle? Nicht unbedingt. Animiert vom Wunsch vieler Segler auf kleiner Fahrt, die ihr Boot hinter ihrem Pkw trailern wollen, hat der moderne Bootsbau derartige Fortschritte gemacht, daß winzige Abmessungen heutzutage nicht mehr als absurd gelten. So kommt es, daß der kleine Kimmkieler *Sjø-Äg* von John Riding trotz seiner 3,60 m L. ü. a. nichts mehr mit den „schwimmenden Särgen" des 19. Jahrhunderts gemein hat. Mit je 90 kg Ballast in jedem Kiel wurde er sehr ansehnlich bei Hervé in La Rochelle gebaut. Zwar etwas rundlich aber ausgezeichnet geriggt. Mit Zwillingsfock, Selbststeueranlage, Kocher und Stauraum. Mit diesem „Mini-Boot" wollte der erfahrene Yachtsegler John Riding, nachdem er den Start zur Transatlantikregatta 1964 verpaßt hatte, dennoch seinen Törn absegeln. So lief er von England zunächst über Spanien nach den Azoren, dann über die Bermudas nach Rhode Island. Zwar war das keine schnelle Reise, sie verlief aber ohne Zwischenfall. Und das nicht einmal im Passat, sondern in der Zone westlicher Winde, die auch nahezu konstant bliesen. Miserables Wetter hat er gehabt, mehrere echte 10 Bft. waren darunter. Von einem Hai wurde er attackiert, der vor diesem Faß keinen Respekt hatte, jedoch durch einen Schlag auf den Kopf mit einer (hoffentlich leeren) Rumflasche in die Flucht getrieben wurde. Wale wollten mit ihm spielen und verfolgten ihn. Die Zeit bis zur nächsten Regatta 1967 vertrieb er sich mit dieser Schipperei und hat sich damit einen besonderen Platz verdient, auch wenn es nicht die Atlantiküberquerung im kleinsten Boot war. Die kann Hugo Vihlen mit seiner winzigen *April Fool*, einem Cat-Boot (ohne Fock), für sich in Anspruch nehmen. Sein Fahrzeug weniger als 2 m lang (!), war fast so breit wie lang. Es sah wie eine geschlossene Kiste aus. Der Zivilpilot Vihlen ging damit 1968 bei Casablanca in See und erreichte mit Doppelspinnakern nach 85 Tagen Miami. In diesem Brummkreisel hatte er schwer unter Seekrankheit zu leiden, und er träumte von Motoryachten.

Zu den ungewöhnlichen Fahrzeugen zählen auch die Mehrrumpfboote, von denen noch im Zusammenhang mit der Transatlantikregatta zu berichten sein wird. Die Flöße haben nicht immer eine glückliche Reise gehabt: Im Pazifik war Willis erfolgreich, jedoch die tragische Geschichte Eric de Bisschops mit seiner *Tahiti-Nui* ist noch nicht vergessen.

Im Atlantik war dem zuerst rah-, später marconibesegelten Metallfloß des 37jährigen ehemaligen Fallschirmjägers René Lescomes jedes nur erdenkliche Pech beschieden. Von Hourtin wollte er auslaufen. Trotz der Barre, die er gut kannte. Er wurde prompt zurückgeworfen. Dann brach sein Ruder auf ähnliche Weise, schließlich auch der Mast. 1959 startete er auf den Kanarischen Inseln, überquerte den Atlantik und setzte sein Floß auf den Strand von Barbados. Er wurde geborgen, am Ende seiner Kräfte. Diese Geschichte, so banal sie durch die Ausnutzung des Passats eigentlich ist, verdient erwähnt zu werden. Nicht wegen des Rummels der Spektakelpresse, deren Kommentare dem Leser Schauder über den Rücken jagten, sondern weil sie der von *Tahiti-Nui* erteilten Lektion ein weiteres Kapitel hinzufügt: Ein Floß segelt gut vor dem Wind und mit dem Strom (wie ein Bündel Heu), aber es kommt nie heil an Land.

Zum Versuch der Rekonstruktion einer angeblichen Atlantiküberfahrt durch antike ägyptische Nilboote meint der Verfasser, er ist absurd. Außerhalb ihres Flußbereiches, für die eigentliche Seefahrt, bedienten sich die Ägypter angeheuerter Phönizier, die ihrerseits seetüchtige Fahrzeuge mitbrachten. Damit haben sie gut Amerika erreichen können, jedoch niemals mit gebrechlichen Papyrusbündeln. Mit großem Trara verkündete die Presse, daß der Norweger Thor Heyerdahl mit seinen sechs Gefährten ein solches Boot aus gelaschten Bündeln gebaut hat. Es war sehr hübsch anzusehen und auf den Namen des Sonnengottes Ra getauft, den jeder Freund von Kreuzworträtseln kennt. Von Marokko liefen sie im Frühjahr 1969 aus. Aber ein bißchen Seegang löste die Laschungen, die Bündel zogen Wasser, der Mast sackte weg und das (Binnen-)Fahrzeug mußte aufgegeben werden. Ein eigens dafür bestimmtes Begleitboot, die Yacht *Shenandoa*, konnte die gesamte Besatzung am 16. Juli wieder einsammeln, die weniger töricht gehandelt hat als einige Alleinsegler, über die noch etliches zu sagen sein wird.

Was gibt es sonst vom Atlantik noch zu erwähnen? Etwas noch nie Dagewesenes, von den Regatten 1960, 1964 und 1969 abgesehen, die am Ende dieses Buches behandelt werden. Etwas völlig Abwegiges, zu dem das ständige Suchen nach Neuem um jeden Preis führen muß.

Eine Überfahrt mit dem Wassertreter? In der Badewanne?

Besser noch: in einer Tonne! In welchem Gewässer?

Den Neufundlands!

Lesen Sie nur:

„Drei junge Leute auf der Suche nach Abenteuern sind am Samstagabend an Bord eines Eisenfasses aus dem Hafen von Saint-Jean geschleppt worden, um sich draußen in freier See von Wind und Strom treiben zu lassen.

Diogenes, ein Eisenfaß von sechs Meter Länge, ist mit einem kleinen Segel ausgerüstet, einem Ruder und einem Schnorchel. Reiseziel: Europa, wo das Trio in sechs Wochen einzutreffen hofft."

Das erinnert an den 40jährigen Londoner Robert Platten. Zunächst hatte er ein Eisenbett auf ein Floß montiert. 1965 logierte er sich in einer Riesenausgabe einer Ginflasche ein, begnügte sich aber damit, den Ärmelkanal zu überqueren.

Zur gleichen Zeit wollte ein in England ansässiger Pole den Kanal auf Skiern überqueren. Langen, spindelförmigen Schwimmkörpern und zwei Stöcken, die mit flachen, tellerförmigen Hohlkörpern versehen waren. Damit konnte man noch nicht einmal einen Fluß „überschreiten".

Oder diese Meldung:

Neapel. – Herr Michale Lisi, ein neapolitanischer Geschäftsmann in Badeartikeln, hat seiner Regierung das grandiose Projekt vorgeschlagen, den Atlantik zu durchschwimmen. Und zwar soll sich eine Mannschaft von 24 Schwimmern stündlich ablösen. Herr Lisi meint, daß so etwas in 35 Tagen geschafft werden könnte. In seiner Eigenschaft als Präsident der neapolitanischen Sektion des italienischen Verbandes der Unterwasserjäger hat er der Regierung das Projekt in detaillierter Form schriftlich vorgelegt. Nach seiner Meinung kann das Unternehmen in einem Jahr organisiert sein. Der Start soll in der Bucht von Neapel erfolgen. Die Schwimmer sollen einen Stafettenstab mitführen, der eine Freundschaftsbotschaft des italienischen Volkes an das amerikanische enthalten soll. Er will noch in diesem Sommer eine Gruppe von Schwimmern in der Bucht von Neapel trainieren.

Da kann ich ja jetzt die Atlantiküberquerung als Einzelschwimmer vorschlagen! Nach allem ist das nicht absurder als die Weltreise unter Wasser, ohne aufzutauchen, wie sie von den Atom-U-Booten durchgeführt werden. So ähnlich muß wohl jene gedacht gewesen sein, die angeblich Joseph Papp, ungarischer Flüchtling aus Kanada, im August 1966 vollbracht hat. Atlantiküberquerung nach Brest in ... 12 Stunden! Das U-Boot dazu hat tatsächlich existiert. An Land, im kanadischen Sorel, konnte man es besichtigen. Es soll die Kleinigkeit von 25 000 Dollar gekostet haben und „mittels eines Spezialtreibstoffs, der auf der Flucht aus Ungarn in einem Feuerzeug versteckt war", 250 kn (483 km/h) laufen. Niemals! Kein Rumpf, gleich welcher Antrieb ihn in Bewegung setzt, kann diese Geschwindigkeit erreichen. Nicht einmal Wale mit ihren hydrodynamischen Finessen (Vibrationshaut), die der Mensch gar nicht konstruieren kann.

Am Mittwoch, den 10. Mai, verließ er sein Haus in Montreal und erschien am 14. Mai in Brest... im Schlauchboot, „weil er sein U-Boot mit Absicht versenkt hatte, damit es nicht kopiert werden kann". Sein Transportmittel kann nur das Flugzeug gewesen sein und er landete... in einer Nervenheilanstalt.

Es gab auch Einhandsegler, die es – ohne Aufwand von so viel Phantasie – wider Willen wurden. So zum Beispiel die junge Aga Müller, die 1950, mit ihrem toten Vater an Bord, eine Yacht allein zum Kontinent zurückgeführt hat. Oder 1937 der Holländer J. G. Knuyt, der im Verlauf einer 71-tätigen Überfahrt unverhofft Alleinsegler und Krankenwärter wurde, weil sein Mitsegler ein tropisches Fieber hatte, dem er mit kalten Kompressen Linderung zu schaffen versuchte.

Aber noch viel abwegiger ist die Überfahrt, egal auf welchem Untersatz, die Überfahrt – oder besser das Treiben – ohne alles. Natürlich unvorbereitet. Die Fahrt eines Schiffbrüchigen.

In den meisten Fällen wird dieser nicht allein sein, zumindest nicht von Anfang an, sondern erst nach dem Tode seiner Schicksalsgefährten, und darin liegt ein Unterschied.

Ein Chinese namens Poon Lim wurde unfreiwilliger Rekordhalter auf diesem Gebiet. Er war allerdings von Anfang an allein.

Der Chinamann fuhr als Matrose auf dem englischen Frachter *Ben Lomond,* der am 23. November 1942 mitten auf dem Atlantik in Äquatornähe (0° 30' N, 38° 45' W) torpediert wurde. Als das Schiff in die Luft flog, hatte Lim gerade noch soviel Zeit, sich eine Schwimmweste zu greifen, sie umzulegen und zu dem Rettungsboot zu laufen, zu dem er nach der Alarmrolle eingeteilt war. Aber das Boot wurde von einer See davongetragen, und Poon Lim stürzte ins Wasser.

Als er wieder an die Oberfläche kam, war die *Ben Lomond* verschwunden und kein Mensch mehr zu sehen. An ein Stück Holz festgeklammert, paddelte Lim etwa zwei Stunden im Wasser, als er eines der Flöße entdeckte, die von den Dampfern auf Deck geführt, beim Sinken des Schiffes auftreiben und sich losreißen. Er zog sich dort hinein.

Dann sah er ein anderes Floß mit drei seiner Kameraden, an das er aber nicht näher herankommen konnte, weil Wind und See auf die unterschiedlich belasteten Flöße verschieden wirkten. Schnell trieb er ab.

In seinem Floß befanden sich in dafür vorgesehenen Kästen Trinkwasser, Lebensmittel, einige Signalraketen und Medikamente, kurz, die komplette vorgeschriebene Ausrüstung.

Poon Lim hatte kein Mittel, um die Fortbewegung seines Floßes zu beeinflussen. Treibend konnte er nur hoffen, daß man ihn bald finden und auffischen würde. Da er sich auf der Dampferroute befand, konnte das nicht lange dauern. Es liefen auch wirklich einige Dampfer in seiner Nähe vorbei. Poon Lim schwenkte Tuchfetzen. Ohne Erfolg. Eines der Schiffe kam sehr dicht heran, und zwar nachts, was im Gegensatz zur landläufigen Meinung viel günstiger ist, weil der Chinese ja Leuchtraketen besaß. Er zündete eine, konnte aber die Aufmerksamkeit der Besatzung nicht auf sich lenken. Zwar zeigen fast alle Geschichten dieser Art, daß in Friedenszeiten an Bord großer Handelsschiffe aller Flaggen draußen auf freier See nur unzureichend Ausguck gehalten wird, aber in Kriegszeiten ist eine nicht bemerkte Leuchtrakete mehr als überraschend. Vielleicht glaubte der Kapitän an eine Falle.

Poon Lim befand sich in der äquatorialen Zone, Roßbreiten genannt, die Zone der wechselnden Winde, schwach oder kurz, ohne konstante Richtung, unterbrochen von Kalmen und Gewittern. Das war gleichzeitig Glück und Unglück des Chinesen. Als das Trinkwasser allmählich zur Neige ging, konnte er die Behälter durch Auffangen der wolkenbruchartigen Platzregen wieder auffüllen. Seine Schwimmweste formte er zu einem Trichter. So lief er nicht Gefahr zu verdursten, wie es in der Passatregion hätte passieren können.

Andererseits war seine Drift unbeständig und im ganzen auch sehr gering. Wohlgemerkt, er hatte keinerlei Hilfsmittel, um sie festzustellen, und konnte nur abwarten. In das Setzbord des Floßes schnitt er Kerben ein, um die Tage zu zählen.

Poon Lim war gar nicht weit von der brasilianischen Küste entfernt, sie kam aber nur sehr langsam näher. Von der Dampferroute trieb er schnell ab und bekam bald kein Schiff mehr in Sicht.

Nach sechs Wochen gingen seine Lebensmittel zur Neige. Selbst wenn er sie mit der sprichwörtlichen Genügsamkeit der Söhne des Himmels verbrauchte, würden sie bis zum 50. Tag nicht ausreichen. Er mußte angeln, hatte aber keine Leine.

Es gelang ihm, eine anzufertigen, indem er eine Kardeele der Festhalteleine aufdüselte, die um das Floß geschoren war. Eine Kardeele drehte er in mehrere Garne auseinander, die wieder verzwirnt wurden, und drei oder fünf dieser Garne verspleißte er miteinander (Zeit genug hatte er ja). So bekam er eine Leine von beachtlicher Festigkeit.

Fehlte nur noch der Haken. Er brachte es fertig, einen verzinkten Nagel mit den Zähnen aus dem Floß herauszuziehen. Vielleicht saß dieser nicht so fest. Tatsächlich schaffte es der Asiate, mit den Zähnen einen Haken daraus zu biegen.

Als Köder mußte er Zwieback nehmen, den er mit Speichel knetete. Daraus formte er eine Kugel und ließ sie am Haken in der Sonne trocknen. Er wußte genau, daß sie im Wasser nicht sehr lange halten würde, ohne sich aufzulösen. Das Problem war jetzt, einen Fisch schnell heranzulocken.

Er hatte Glück und holte einen Art Merlan herauf (dieser schlichte Matrose konnte nur eine Beschreibung von geringer wissenschaftlicher Präzision abgeben).

Poon Lim hütete sich, ihn sofort zu essen: Endlich hatte er einen richtigen Köder, mit dem er einen größeren Fisch fangen konnte. Dieser ließ auch nicht lange auf sich warten. Bald hing ein Fünfzigpfünder an der Leine, den er ohne Widerwillen ungekocht verzehrte.

Nach 50 Tagen war der rohe Fisch seine einzige Nahrung, außer ein paar Vögeln, die er einfangen konnte, als die sich auf seinem Kopf oder dem Floß niedergesetzt hatten, wie wir es auch bei Gilboy sehen werden. Natürlich mußte er auch die Vögel roh essen.

Nun stellte sich noch ein anderes Leiden ein: Seine einfachen Kleider widerstanden dem dauernden Wechsel zwischen Regen, starker Sonnenbestrahlung, Böen und der äquatorialen See nicht. Er war inzwischen völlig nackt, und die Sonne hatte ihn furchtbar verbrannt, vor der er sich nur mit der Schwimmweste schützen konnte, die auch der einzige Schutz vor der nächtlichen Kälte war.

Eintönig vergingen die Tage. Aber Poon Lim kam der Gleichmut und der Fatalismus seiner Rasse zu Hilfe. Seine bäuerische Robustheit, die ererbte Gewohnheit, sich mit wenig zu begnügen, ließen ihn die Entbehrungen leichter ertragen. Zweifellos, sagte Bombard, ist der erste Faktor der wichtigste. Er verzweifelte nicht und hielt durch, während ein Europäer in seiner Angst und Verzweiflung das Durchhaltevermögen nicht aufgebracht hätte.

Um den hundertsten Tag herum wurden die Regenfälle seltener. Er hatte kein Wasser mehr. Trank er Seewasser? Darüber hat er nichts gesagt. Diese Tortur dauerte fünf Tage, dann konnte er wieder Regenwasser auffangen.

Und das Floß trieb weiter.

Es waren schon vier Monate vergangen, als Poon Lim Flugzeuge sah. Er schloß daraus, daß das Land nicht mehr weit sein konnte. Die Maschinen zogen über ihn hinweg, ohne anzuzeigen, daß sie ihn entdeckt hatten. Eine von ihnen hatte ihn aber gesehen und verständigte die brasilianischen Behörden in Belem (Para). Diese schickten ein Suchflugzeug aus, das ihn aber nicht fand.

Endlich, am 130. Tag, dicht unter der brasilianischen Küste, die er erst

Ann Davison an Bord ihres Schiffes »Felicity Ann«

Commandant Bernicot auf »Anahita«

im Abstand von 10 Meilen ausmachen konnte, wurde er von brasilianischen Negerfischern aufgefunden. Er lag ausgestreckt auf seinem Floß und konnte sich nicht mehr aufrichten.

An Bord gebracht, drückte sein Gesicht maßlose Freude aus. Er lachte und sang. Durchgedreht? Durchaus nicht, er war ganz einfach glücklich.

Dieses robuste und einfache Wesen beachtete überhaupt keine der üblichen Vorsichtsmaßregeln nach einer langen Hungerkur. Er verschlang alles, was man ihm gab, besonders „Nelkenpfeffer"[1], ganze Hände voll. Die schwarzen Fischer betrachteten ihn verdutzt, denn sie selbst hätten niemals soviel von den „Feuerpflanzen" essen können.

Am 5. April wurde Poon Lim in Belem an Land gesetzt. Er hatte schon wieder soviel Kraft gewonnen, um sich allein vorwärtsschleppen zu können.

Im Krankenhaus erholte er sich ziemlich schnell – er litt eigentlich nur an einer leichten Verdauungsstörung, die die Ärzte dem rohen Fisch zuschrieben. Hatte der Patient von dem Nelkenpfeffer erzählt?

Nach 14 Tagen war der Mann wieder auf den Beinen, pfiff auf jegliche Rekonvaleszenz und suchte sich eine Heuer[2].

Einen analogen Fall wollte Dr. Bombard im Selbstversuch unternehmen.

War ein solcher Versuch nicht Wahnsinn? Allein über den Atlantik in einem aufblasbaren Gummiboot von 4,60 m Länge, einem Serienmodell, das er auf den Namen *L'Hérétique* taufte. Und das ohne *Lebensmittel, ohne Trinkwasser*. Das Schlauchboot besaß eine kleine Kanubesegelung und konnte sicher bestenfalls nur vor raumem Wind segeln oder, dank seiner beiden Seitenschwerter, allerhöchstens bei Wind von dwars. Aber nur sehr langsam – drei Knoten.

Unten hatte es zwischen den beiden Wülsten nur ein einfaches mit Latten verstärktes Tuch, das sämtliche Bewegungen der See auf den Insassen

---

[1] Eine Art Chili-Schoten.
[2] Hier ein anderes Beispiel der unfreiwilligen Einhandskipperei. Es handelt sich dabei nicht um einen Schiffbrüchigen, sondern um einen „Abgetriebenen": Brisbane (Australien), 23. Februar 1954 – Der 28jährige Lette Wiktors Zvejnieks erreichte gestern im Norden Cairns, nach einer Reise von 46 Tagen in einem offenen Boot von 4 m Länge, wieder Land. Am 6. Januar hatte er Thursday Island verlassen, um mit seinem Beiboot spazierenzufahren, als ihn ein Sturm überraschte. Er verlor seine Paddel, und das Boot trieb 720 Kilometer und strandete schließlich an der australischen Küste. Zvejnieks, der keinerlei Lebensmittel an Bord hatte, ernährte sich von Algen und dem Fleisch eines kleinen Hais, den er fangen konnte. Krank und sehr geschwächt wurde er in das Hospital von Cairns gebracht.

übertrug. Schließlich bot das Schlauchboot überhaupt keinen Schutz und bei etwas Seegang konnte man noch nicht einmal aufrecht drin stehen.

Was Dr. Bombard vorschwebte, war folgendes:
1. Auf See zu überleben, selbst wenn das Material nicht hält.
2. Künftigen Schiffbrüchigen Zuversicht zu geben, selbst wenn sie nicht so physische Kraftmenschen sein würden wie Poon Lim.

„Jedes Jahr", so führte er aus, „verlieren 200 000 Menschen auf See das Leben. 100 000 durch Landeinwirkung, 50 000 bis 55 000 ertrinken. Für diese 155 000 kann man nichts tun. Aber von den restlichen 45 000, die in die Rettungsboote steigen, kommt ein großer Teil um, weil die Suchaktionen zu früh abgebrochen werden. Man muß ihnen beweisen, daß sie selbst wieder Land erreichen können."

Dramatische Beispiele in Kriegszeiten haben gezeigt, daß Menschen in Schlauchrettungsbooten sehr lange Zeit aushalten können, sogar bei jedem Wetter. Man weiß aber auch, daß sie durch Hunger und Durst umkommen, vor allem jedoch durch Hoffnungslosigkeit und Verzweiflung.

Dr. Bombard behauptete – und er hat es bewiesen –, daß man auf See immer vom Fischen leben kann. Man kann sich von rohem Fisch ernähren, von Plankton, diesem dem unbewaffneten Auge unsichtbaren oder kaum wahrnehmbaren „Gelée marine", das aus den verschiedensten Tiersorten besteht, aus Krebstieren, Schalentieren, Larven, Algen usw., das nach Langusten oder Kaviar schmeckt oder nach widerlichem Leim, das aber sehr wirksam ist gegen Skorbut. Daß man seinen Durst drei oder vier Tage lang mit Seewasser stillen kann, ein Zeitraum, der ausreicht, um einen Fisch zu fangen, vorausgesetzt jedoch, daß die tägliche Dosis einen Liter nicht überschreitet und man diese Menge von Anfang an nur in kleinen Teilmengen zu sich nimmt. Dazu stellt das physiologische Serum ein hinreichendes Getränk dar, das man aus ausgepreßten Fischen gewinnt. Schließlich ist es auch möglich, Regenwasser aufzufangen, selbst in der Passatregion.

An Widerspruch fehlte es nicht. Da gab es die Meinung, daß bestimmte zentralozeanische Zonen überhaupt keinen Fischbestand haben oder nur große und angriffslustige Fische (wie z. B. Haie). Man konnte sich schlecht vorstellen, wie sie von einem Schlauchboot aus gefangen und getötet werden sollten, das viel kleiner ist als die Fische selbst. An Doraden (Meerbrassen) war allerdings nie Mangel.

Vom seemännischen Standpunkt war dieses Unternehmen haarsträubend wegen des völligen Mangels an Komfort und Stabilität dieses Fahrzeuges, das, wie die Erfahrung seit langem zeigte, zwar seetüchtig, aber absolut unbequem ist. Wohin soll man etwas stauen, wie vor Feuchtigkeit schützen? Wie kann man sich selbst davon bewahren? Wie schlafen? Wir, die wir uns schon beklagen, wenn das Deck undicht ist...

Zudem war Dr. Bombard früher tuberkulosekrank gewesen und hatte ein Leberleiden. Der junge Internist, 27 Jahre alt, verheiratet und Papa, beachtlicher Musiker, hatte viele Jahre im Sanatorium zugebracht. Man muß annehmen, daß er gut gepflegt wurde, denn bei zwei Versuchen wäre es ihm beinahe gelungen, den Ärmelkanal schwimmend zu durchqueren, und die hier geschilderte Überfahrt, während der er 20 Kilo abnahm, hat er lebend überstanden.

Am meisten litt er unter der Feuchtigkeit – seine Kleidungsstücke zerrissen wie Papier – und dem Nichtgehenkönnen, was seine Beine stark schwächte. Dazu kam noch die überhöhte Schwäche durch den Verzicht auf Lebensmittel, besonders des Zuckers, der im Fisch nur in ganz geringen Mengen vorhanden ist. Hautinfektionen und blutige Diarrhoe haben ihn stark mitgenommen.

Seit Ende 1951 arbeitete er im Laboratorium des Ozeanischen Instituts in Monaco. Nachdem er seine Theorien aufgestellt hatte, dachte er, daß es nur eine Möglichkeit gäbe, sie zur Anwendung zu bringen: Er mußte sie persönlich unter Beweis stellen.

Im Mittelmeer fand er die größten Schwierigkeiten vor, weil es sehr fischarm ist, so daß sein anfänglicher Begleiter, der Panamese Jack Palmer, der einhand eine Mittelmeerrundfahrt gemacht hatte, ihn in Tanger wieder verließ.

Nachdem Bombard die Grundbegriffe der Navigation gelernt hatte, setzte er die Reise allein fort, ohne Radiosendeanlage.

Die Etappe Casablanca – Las Palmas schaffte er in 11 Tagen (24. 8. bis 3. 9.), immerhin gar nicht so langsam. Am 19. Oktober lief er von Las Palmas wieder aus, wurde von einem Flugzeug ausgemacht und später, am 10. Dezember, das heißt nach 53 Tagen, durch den britischen Frachter *Arakara* auf 15 Grad 38' N und 49' W angetroffen, also 700 Meilen vor den Antillen. Die angebotenen Lebensmittel wies er zurück und begnügte sich mit einer warmen Mahlzeit, die übrigens die fatale Wirkung hatte, daß er sich nur schlecht wieder an Fisch gewöhnen konnte. Am 23. Dezember ging er in der Nähe von Speighatown (Barbados), einer der britischen Antilleninseln, an Land. In 65 Tagen hatte er es geschafft.

Dr. Bombard hat sein eigenes Befinden im Verlauf der Reise wissenschaftlich genau überprüft und zahlreiche Analysen auf seinen Eiweißgehalt vorgenommen. Darauf baute er eine medizinische These auf.

Der Leser steht fassungslos vor dem Mut, den der Arzt aufbringen mußte, um wieder in sein Fahrzeug zu steigen, nachdem er eine komfortable Episode (Dusche, warmes Essen) an Bord der *Arakaka* erlebt hatte.

Man bot ihm an, an Bord zu bleiben, und er war auch schon drauf und dran, anzunehmen, aber einige Sekunden später lehnte er ab. Trotz der hinter ihm liegenden 53 Tage, die wirklich ausgereicht hätten, um die Richtigkeit seiner Theorie zu bezeugen, dachte er, daß die Beweiskraft seiner These anderenfalls weniger groß sei. Aber wie er mit seinem netten, bescheidenen Lächeln sagte (in der Regel sind Einhandsegler immer nette Kerle), „vor allem sah ich im Geiste die Mienen gewisser Fahrensleute in Boulogne". Da haben wir es: Bombard war Seemann. Er legte Wert auf die Meinung der Seeleute, er gehörte zu ihnen.

Ein Journalist wagte es später, ihm die Mahlzeit auf der *Arakaka* vorzuhalten. Man sollte diesen Kerl nehmen und 53 Tage auf einer Boje schwimmen lassen, als Nahrung nur Fisch, und ihm nach 12 Tagen den Geruch einer warmen Mahlzeit in die Nase steigen lassen!

Wir hatten uns geirrt, als wir annahmen, Bombard sei eine reine Landratte. Tatsächlich hatte er auf der Hochzeitsreise seine junge Frau unter Segel vom Kanal nach Spanien geführt. Genau wie Gerbault hat auch Bombard bretonisches Blut in den Adern und in der Bretagne hat er auch das Segeln gelernt. Er wußte also genau, was er tat, als er sich auf dieses lange und sorgfältig vorbereitete Unternehmen einließ.

Ihm blieb das Pech, im Passatgürtel in eine Flaute zu geraten, die 27 Tage anhielt, was sehr selten vorkommt. Er erlebte auch schlechtes Wetter, und sein Schlauchboot schlug oft voll.

Wie jeder, beging auch er eine Unvorsichtigkeit, die dem Leser einen Schauer über den Rücken jagt. Er badete und ließ *L'Hérétique* mit geborgenen Segeln vor einer Art Fallschirmtreibanker liegen. Der Anker fiel zusammen, das Schlauchboot nahm Fahrt auf, und der Crawlmeister brauchte einige Zeit, ehe er es wieder fassen konnte. Das gelang ihm aber auch nur, weil der Anker plötzlich wieder hielt. Brr ... Unsere Bewunderung ist grenzenlos.

Bleibt noch nachzutragen, daß dieses Beispiel *keineswegs zur freiwilligen Wiederholung empfohlen wird*. Das wäre ja genau das Gegenteil von dem, was Dr. Bombard sich zum Ziel gesetzt hat. Es wäre ein Nacheifern ohne wissenschaftliches Ziel und ohne wissenschaftliche Kompetenz. Ihr jungen Tollköpfe, glaubt ja nicht, daß ihr mit einem Schlauchboot eine Weltumsegelung unternehmen könnt! Jede Nachahmung wäre bloß grotesk, und euer Tod verdiente nur ein Achselzucken.

Vom Atlantik werden wir noch am Ende des Buches im Zusammenhang mit den Einhand-Transozeanregatten der Jahre 1960, 1964 und 1968 sprechen.

Im übrigen macht es die große Zahl der Alleinsegler, die heute die Ozeane bereits in Kiellinie überqueren, unmöglich, von ihren Geschicken zu berichten. So beschränken wir uns im Anhang auf den Versuch, eine Liste derer aufzustellen, die Erfolg hatten und bekannt wurden. Sicher fehlen darin eine ganze Menge.

Solche Überfahrten sind nicht mehr originell. Wer sie heute noch unternimmt, sprengt nicht mehr den Rahmen des Herkömmlichen. Um extravagant zu sein, muß man schon anderes vorzeigen.

3.

DER PAZIFIK

Gilboy, Rebell, Willis, Kenichi Horie

Der Stille Ozean wird seinem Namen keineswegs immer gerecht. Vor allem ist er unendlich groß. Einhandsegler, die heutzutage eine Weltreise unternehmen, überqueren ihn unter dem Passat von Insel zu Insel. Zwei Männer haben es jedoch ganz anders gemacht.

Der erste, der nicht vor den endlosen Distanzen zurückschreckte, war Bernard Gilboy. Er wollte die Überfahrt machen, *ohne einen Hafen anzulaufen:* 7000 sm (13 000 km) *ohne* Aufenthalt, in einem kleinen Boot von 6 m Länge! Neben der Reise vom Kap nach Auckland, die viel später von Vito Dumas ausgeführt wurde (7500 sm), ist das die längste Strecke, die jemals von einem Einhandsegler in einem Boot von 6 m Länge bewältigt wurde. Dabei war *Legh II* von Vito Dumas 9,55 m lang, das stellt dreifache oder vierfache Tonnage dar und bedeutet viel größere Sicherheit.

Bernard Gilboy, Sohn des eingewanderten katholischen Iren aus der Grafschaft Mayo, William Guilboy (Bernard änderte die Schreibweise seines Familiennamens genau wie Slocum), wurde 1852 in Buffalo im Staate New York geboren. Im Alter von 17 Jahren musterte er für drei Jahre bei der Kriegsmarine an, später ging er zur Handelsschiffahrt. Auf dem Atlantik erfuhr er von Johnsons Überfahrt (1876).

Er beschloß, es ihm auf dem Pazifik nachzumachen.

Um jene Zeit segelte er allein von Britisch Columbien nach den Sandwichinseln (Hawaii), eine Distanz von 2000 sm. Mit welchem Fahrzeug, blieb unbekannt.

Um 1879 nach Buffalo zurückgekehrt, eröffnete er einen Kramladen. Später ließ er sich in San Franzisko nieder und fand Beschäftigung in einer Schuhfabrik. Dort brachte er es zu ziemlichem Wohlstand.

Da entschloß er sich zu der ungeheuer langen Reise.

Pacific, das Boot, das er sich 1882 in San Franzisko für 400 Dollar bauen ließ, war 6 m lang, genau wie später *Elain.* Es war aber noch schmaler, 2 m gegen 2,15 m. *Pacific* war trotzdem etwas seriöser als *Elain*, diese absurde offene Jolle mit beweglichem Schwert, die für Binnenregatten oder bestenfalls Wettfahrten dicht unter der Küste gebaut worden war.

Pacific war voll eingedeckt, und der Raum unter Deck (0,83 m scheint die größte Höhe unter den Deckstringern gewesen zu sein) war durch ein Querschott in zwei Räume aufgeteilt, die geschlossene „Kammern" abgaben. Zugang von der einen zur anderen hatte man durch zwei dichte „Schottüren". Zu jeder der beiden führte von Deck eine verschließbare Luke. Das ergab im Vorschiff einen Raum von 4 m und achtern eine Kabine von 2 m. Licht und Luft drangen nur durch den Lukendeckel hinein. Das Boot war schonergetakelt. Der Großmast stand annähernd auf der halben Länge des Bootes, ein etwas kürzerer Fockmast vorn. Jeder Mast stand in einer Mastspur durch ein Mastloch im Deck, in einem wasserdichten Rohr. Wenn der Mast in Deckshöhe brechen und über Bord gehen sollte, konnte also kein Wasser eindringen.

In der kleinen achterlichen Kammer baute er auf jeder Seite seiner Koje Schwalbennester mit Schlingerleisten ein, in denen er auf einer Seite den Sextanten, Seekarten, Bücher usw. sicher unterbringen konnte, und auf der anderen Lebensmittel für eine Woche, die jeden Freitag aus der vorderen Kammer aufgefüllt wurden.

Im Vorschiff verstaute er Lebensmittel für vier Monate. Er verlor keine Stunde, denn das Boot wurde am 3. August abgeliefert, und er wollte am 15., am Fest der Jungfrau, auslaufen.

Vier Monate, um 7000 sm, auf der normalen Route gemessen (zweieinhalbmal der Atlantik), auf dem Pazifik von San Franzisko nach Australien zurückzulegen?

Dabei mußte er noch den Passat der südlichen Hemisphäre aufsuchen. Das war reichlich optimistisch. Sicher, der Passat gestattet gute Etmale, aber in der Kalmenzone unter dem Äquator sind 58 Meilen schon ein sehr schöner Durchschnitt. Man wird sehen.

Für diese 120 Tage hatte Gilboy in seiner vorderen Kammer gestaut:

560 l Trinkwasser in 14 Fässern (4½ l pro Tag für 120 Tage oder 2¼ l pro Tag für 8 Monate).
165 Pfund Brot in verlöteten Dosen (es wird wahrscheinlich Zwieback gewesen sein).
24 2½-Pfund-Dosen Roastbeef.
24 gebratene Hühner in Einpfunddosen.
24 Dosen entbeinte Schweinepfoten (nicht sehr nahrhaft!).
24 Dosen Pfirsiche.
24 Dosen Milch.

25 Pfund Würfelzucker.
144 Schachteln Streichhölzer in 6 Dosen.
6 l Alkohol in einer Korbflasche.
40 l Nußöl in 4 Kanistern.
20 l Petroleum (für Kocher und Laterne).
3 Pfund Kaffee.
2 Pfund Tee.
3 Pfund Schweineschmalz.
1 Block Seife (schäumte sie in Seewasser?).
Dieser Bernard Gilboy ist offenbar ein Feinschmecker.

Eines überrascht: Konserven schon 1882? Aber gewiß, Appert war zu der Zeit schon 40 Jahre tot. Die wirtschaftliche Auswertung seiner Idee war zwar noch wenig verbreitet, und die Preise der konservierten Lebensmittel lagen sehr hoch. Bei den anderen Einhandseglern finden wir bis in die jüngste Zeit hinein kein derartiges Sortiment.

Dazu kam noch etwas sorgfältig ausgesuchtes Werkzeug: 3 Pfund Nägel, eine Lenzpumpe aus Holz, ein Gummischlauch, um die Fässer abzufüllen, Hammer, Buschmesser, Petrolofen, eine kleine Spirituslampe, zwei Laternen und ein Pfund Kerzen.

Die Navigationsinstrumente: Zwei Kompasse, ein Barometer, Sextant, Patentlog (damals eine völlig neue Sache), eine Uhr, eine Wanduhr (wahrscheinlich handelte es sich um einen Wecker oder großen Chronometer), Seehandbücher, einen Übersegler des Südpazifiks.

Ein Gewehr, einen Revolver, Munition, neun Messer.

Ein Wurfanker, ein Treibanker, 40 Fadenlängen 6,3-cm-Trosse (offenbar im Umfang gemessen, denn heute würde man dazu 20-mm-Leine sagen, für ein so kleines Boot ganz beachtlich, aber sehr unhandlich bei Manövern), Kabel- und Nähgarn, ein Paar Riemen von 4 m Länge, die auf Deck gefahren werden mußten, eine amerikanische Nationalflagge und einen Sonnenschirm!

Dazu eine dreizackige Harpune (vermutlich hatte sie aber fünf oder sechs Zacken), um Fische damit zu stechen, jedoch keine Angeln, und das war ein großer Fehler.

Dieser Gilboy versteht es, vorzusorgen – er ist Seemann. Er schützt sich sogar im voraus vor der Lächerlichkeit. Falls er umkehren müßte, sollte niemand Anlaß haben, über ihn zu lachen. Deshalb erklärte er Neugierigen, daß er nur eine kleine Kreuzfahrt vor der großen Friskobay machen wolle.

Am 15. August ist *Pacific* noch nicht seeklar. Erst am Abend des 17. ist es soweit, und Gilboy entschließt sich, am folgenden Morgen auszulaufen. Inzwischen hatte ein Beobachter die großen Vorräte an Bord bemerkt, und eine Menschenmenge versammelte sich an der Pier, während er das Ablegemanöver vorbereitete.

Jemand fragte:

„Wo wollen Sie denn hin?"

„Nach Australien."

„Nach Australien, mit dem Ding da? Und ganz allein?"

„Ja, natürlich."

„Und Sie wollen bald los?"

„Ich bin gerade dabei."

„Um Gottes willen, machen Sie das bloß nicht – heute ist Freitag! Freitags läuft man nicht aus, jeder Moses weiß das ..."

„Freitag oder nicht, ich laufe jetzt aus."

Um 13 Uhr setzte er das Großsegel, dann den Besan und schließlich, nachdem er sich von der Pier freigedrückt hat, die Fock. Weil gerade Mittagspause war, konnten ihn zahlreiche Angestellte, Arbeiter und auch Nichtstuer aller Art beobachten. Als die Schoten dicht waren, ertönte großer Beifall.

Gilboy antwortete einfach: „Good bye" und nahm Kurs auf die Ausfahrt der Bucht. In sein Logbuch trägt er ein: Ablegen 13 Uhr, schwache Brise von Land. Viele nette Leute auf der Pier. Es geht los!

Zunächst ging er nur hinaus, um seine Vorräte noch einmal nachzustauen. Außerdem kam etwas Nebel auf, darum blieb er eine Nacht in der Bucht von Lime Point, kochte seine erste Mahlzeit auf dem Petrolkocher und schlief ruhig, wohlgeschützt gegen den Landwind.

Es war der 19. August 1882, an dem er seine Reise tatsächlich antrat.

Der erste Teil verlief glücklich.

Bevor er auf den Nordostpassat stieß, im Tropengürtel der nördlichen Hemisphäre, mußte Gilboy eine Zone wechselnder Winde durchlaufen, die sich aber recht gnädig zeigten. Nach 4½ Tagen machte Gilboy sein Besteck und stellte fest, daß er 540 sm hinter sich gebracht hatte, also 120 sm pro Tag, 5 Knoten im Schnitt. Ausgezeichnet (der Strom schob etwas mit). Nach 12 Tagen fiel dieses abnormale Etmal auf 70 Meilen pro Tag zurück, was immer noch sehr gut ist.

Gilboy unterbrach die Fahrt während des Schlafens. Sein kleines Boot – zeitlich weit vor Marin-Marie und seinen Doppelspinnakern – hatte nicht die einzigartigen Qualitäten der *Spray* von Slocum und konnte mit belegtem Ruder vor dem Wind allein nicht Kurs halten. Gilboy segelte nachts, beim Morgengrauen drehte er bei, aber durchaus nicht etwa in der üblichen Art. Er barg Fock und Besan, holte das Großsegel ganz dicht, belegte das Ruder mittschiffs und brachte den Treibanker aus (ein einfaches Stück Segeltuch, das wie ein rechteckiges Rahsegel aussah), belegte die Trosse *mittschiffs*. Die Ankertrosse war praktisch dort belegt, wo das Boot den geringsten Freibord hat, und es lag quer zur See, wie Gilboy sagt. Es scheint aber vielmehr, daß *Pacific* durch den Druck des Windes im Großsegel auf *dreiviertel* lag, das heißt 5 oder 6 Strich am Wind. Dieses Manöver, das er in der Passatregion immer wieder ausführte, ist außerordentlich bemerkenswert. Es wäre sehr interessant zu wissen, ob Voss, der Apostel des Beidrehens mit wenig Tuch und am Bug belegtem Treibanker, im Jahre 1901 von dieser Erfahrung gewußt hat (Voss begann seine Reise in Vancouver). Eines ist gewiß: Es funktionierte ausgezeichnet.

Gilboy erreichte den Nordostpassat in den ersten Septembertagen. Welch herrliches Leben, Wind von Achtern! Gilboy hat zwei Gaffelsegel und fährt sie als Schmetterling, das heißt, das Großsegel auf der einen, den Besan auf der anderen Seite, wozu das Schonerrigg geradezu prädestiniert ist. Er muß Ruder gehen, denn das Boot hält seinen Kurs nicht von selbst. Aber Gilboy erzielt trotz der Unterbrechung zum Schlafen Etmale von 70 Meilen.

Wunderbar!

Wunderbar? Nicht ganz, denn er muß die Roßbreiten durchlaufen, die seinen Tagessdurchschnitt erheblich herabsetzen werden.

Gilboy fühlt sich jetzt pudelwohl. Bis zum 8. September sah er weder einen Fisch noch einen Vogel, schließlich tauchten ein paar Möwen auf.

Am 12. große Aufregung: Gilboy wird plötzlich durch einen starken Stoß aus seiner Schläfrigkeit gerissen. Ein Riff? Das ist in dieser Gegend doch völlig ausgeschlossen! Aber was sonst?

Eine Schildkröte!

Diese ist so wenig beeindruckt, daß sie nicht einmal aus dem Wege geht. Gilboy versucht es zweimal mit seiner Harpune, trifft aber nicht. Wenn schon. Er bringt die Segel wieder auf Schmetterling aus und macht weiter gute Fahrt.

Rums! Schon wieder. Noch eine Schildkröte? Nein, ein großer Balken zwischen zwei Wellen, den *Pacific* überfährt und dabei Bocksprünge macht. Ein Glück, daß er quer auftrifft, denn wenn das Balkenende auf die Planken gestoßen wäre, hätte es das Ende der Reise bedeutet. Hat man denn niemals Ruhe, noch nicht einmal im Passat?

Die Reise verläuft normal: Schiffe in der Ferne, reichlich zutrauliche Wale und einige etwas beunruhigende Schulen Tümmler. Endlich, am 20. September, die ersten Fische. Gilboy harpuniert einen Bonito (kleiner Thunfisch). Da fällt ihm ein, daß er etwas vergessen hat – Salz! Für die Konserven hat er es nicht gebraucht, Fisch ohne Salz schmeckt fade.

Recht mühsam produziert er es selbst, indem er Salzwasser der tropischen Sonne aussetzt.

Fisch gibt es jetzt im Überfluß. Er kann seine Vorräte ergänzen und sich darüber hinaus gegen Skorbut schützen: Tintenfische, Bonitos, deren Fleisch Gilboy zu trocken findet und die er bald satt hat und fliegende Fische.

Dann kommt das Gebiet der Zyklone. Sie sind noch klein, haben noch keine Krallen. Wenn sie aber direkt von vorn kommen, aus Südwest, hält er es für zwecklos, hoch am Wind dagegen anzulaufen, und dreht bei. Das Dumme ist nur, daß diese Winde das Ende der Passate ankündigen. Er muß durch die Zone der äquatorialen Kalmen, durch die Roßbreiten, wo die Winde so zum Verzweifeln unterschiedlich wehen. Stundenlang überhaupt keiner, dann fallen sie ganz leicht mal hier, mal da ein, bleiben wieder aus und werden plötzlich zu handfesten Böen mit Regenschauern. Dann folgt wieder das Rösten in der Flaute wie in einem Kartoffeldünster.

Gilboy knirscht mit den Zähnen. Von Zeit zu Zeit gab es eine kleine Abwechslung. Eines Tages lag er bei heftigen Böen wieder beigedreht. Die fast unbewegliche *Pacific* erweckt die Aufmerksamkeit einer großen Schildkröte. Während sie sich unterhalb der Bordwand tummelt, wartet der Segler, der mit seiner Harpune gegen die erste Schildkröte nichts ausrichten konnte, auf einen günstigen Augenblick, um sie von der Seite her an den Flossen zu packen und sie lebend an Bord zu werfen. Der Wunsch, diese Beute zu fangen, verzehnfachte seine Kräfte.

Im Nu war dem Reptil der Kopf abgeschlagen, und Gilboy zog den Hals an ein Speigatt, damit das Blut direkt in die See abließen konnte.

Kaum eine halbe Stunde später tauchte achtern, vom Blut angelockt, ein gewaltiger Hammerhai auf. Gilboy blieb kaltblütig. Mit dem Revolver schoß er auf den Rücken des Fisches, als er näherkam. Das Biest ließ sich dadurch aber keineswegs einschüchtern. Gilboy merkte, daß er ein solches Tier mit seinem Schießeisen nicht töten konnte, und versetzte ihm Stöße mit der Harpune. Aber ein Meter vor der Bordwand verhielt der Hai. Drei oder vier kleine Fische, seine „Lotsen", schossen unter seinem Bauch hervor, erkundeten den Bootsrumpf und kehrten zurück, um Meldung zu erstatten. Dann zog der Hai schräg nach achtern weg, so dicht, daß er fast das Ruder berührte. Ganz ruhig, langsam, ohne die geringste Eile. Da nahm der Mann seinen ganzen Mut zusammen, die Harpune in beide Hände und stach zu. Die Haut war aber so hart oder die Verachtung des Ungeheuers so vollständig, daß es offensichtlich reiner Zeitverlust war, es noch weiter zu belästigen.

Wind und See hatten sich wieder beruhigt, und ohne seinen schrecklichen Reisegenossen aus den Augen zu lassen, begann Gilboy die Treibankerleine einzuholen, um wieder Fahrt aufzunehmen. Der Hai umkreiste das Boot einmal und verharrte wieder dort, wo er zum ersten Male stehengeblieben war, schoß dann erneut auf das Heck der *Pacific* zu.

Hart am Ruder entlang schrubbte er, daß es fast zu Bruch ging. Dann zeigte er sich noch ein paarmal im Kielwasser, aber als hätte er keine Lust, Schritt zu halten, verschwand er, zu Gilboys großer Erleichterung.

Befriedigt wandte er sich wieder seiner Schildkröte zu, die jetzt ausgeblutet war und genug Fleisch für eine gute Suppe lieferte. Den Rest warf er über Bord, weil er seine Beute ohne Salz nicht konservieren konnte.

Dann kam wieder diese hoffnungslose Flaute, von Böen unterbrochen. Sie dauerte 29 Tage. Die Feuchtigkeit war so stark, daß neben der Wanduhr, die schon anfing zu rosten, dauernd eine Laterne brennen mußte. Hätte er den Zwieback nicht in verlöteten Dosen verwahrt, wäre er unweigerlich verschimmelt.

Er brauchte also 2 Tage, um von 9° 2' N nach 5° 5' N zu kommen. Dabei schaffte er nur 4° in der Breite (240 sm). Übel war, daß der Strom ihn um 8° (480 sm = 890 km) nach Osten versetzte, in Richtung Amerika. Aber endlich, am 20. Oktober, drehte der Wind auf Ost, und am 22. wehte er sich auf Ostsüdost ein. Eine schöne Brise. Das ist der Passat der südlichen Hemisphäre, der Passat, der *Pacific* auf Vorwindkurs zuverlässig nach Australien pusten soll.

Die verlorene Zeit mußte wieder eingeholt werden. Dieser ganze Monat hatte keine Fahrt über Grund gebracht, eher sogar über den Achtersteven (vgl. die Karte). Gilboy hatte übrigens noch Glück, er faßte den Südostpassat auf 5° nördlich des Äquators. Im allgemeinen findet man ihn viel weiter südlich.

Auf jeden Fall mußte er Zeit gut machen. Gilboy gönnt sich vor Treibanker nur noch drei bis vier Stunden Schlaf. Wahrscheinlich döste er aber bei belegtem Ruder vor sich hin und warf nur von Zeit zu Zeit einen Blick in die Segel, wie er es später immer tat. Er ist etwas beunruhigt: Jetzt sind schon zwei Monate vergangen, das heißt die Hälfte der vorgesehenen Zeit. Noch nicht einmal ein Drittel seiner Route hat er hinter sich. Selbst wenn er den Flautenmonat nicht rechnet, der sich wohl nicht wiederholen wird, muß er bei der durch die Kalmen beeinträchtigten Durchschnittsgeschwindigkeit noch mit mehr als zwei, wahrscheinlich sogar drei Monaten rechnen, um Australien zu erreichen. Es wird Zeit, die Lebensmittel zu rationieren. Gilboy beschränkt sich auf zwei Mahlzeiten täglich, was diesem Feinschmecker und starken Esser sehr übel angekommen sein muß. Glücklicherweise liegen jeden Morgen fliegende Fische auf Deck und verbessern den Magenfahrplan. Am 27. Oktober, auf 4° S, macht Gilboy Inventur. Es blieben ihm 75 Pfund Zwieback von den 165, 360 Liter Wasser von 540. Das Wasser wird reichen. Im Hinblick auf den Zwieback und die anderen Eßwaren, die sich ebenfalls auf weniger als die Hälfte vermindert hatten, müßte die rettende Küste bald auftauchen.

Liegt es nun an dem euphorischen Effekt seiner guten Fahrt im Passat? Immer passiert etwas, das man kaum verstehen kann: Am 17. November trifft Gilboy endlich ein Schiff, den Dreimastschoner *Tropicvance*. Man bietet ihm Lebensmittel an ... und er weist sie zurück! Nur einige Früchte werden akzeptiert.

Sicher hat sich dieser Mann, der später noch eine Willenskraft zeigen wird, die an Starrköpfigkeit grenzt, geschworen, die ganze Reise mit eigenen Mitteln durchzuhalten. Er will diesen Schwur vor sich selbst halten. Ihn halten – aber mit Einschränkungen, denn er nimmt ja Obst an. Bananen, Apfelsinen, Zitronen, die gegen Skorbut so wertvoll sind.

Aber das ist schließlich Gilboys Sache, nicht unsere.

Der große Segler bestätigt den Standort, der ganz genau stimmt: Wie Gilboy weiß, ist er kaum 100 Meilen nördlich der Marquesas und wird am folgenden Tag nördlich der Gesellschaftsinseln stehen.

Er braucht nur etwas Ruder zu legen, um nach Matahiva, nach Bora-Bora oder sogar nach Tahiti zu kommen. Aber nein, er hat sich vorgenommen, daß er keinen Hafen anlaufen will, und dabei bleibt es. Im übrigen ist jetzt auch gar nicht die Zeit, um zu unterbrechen. Er schafft Etmale von 90, 100, 106 Meilen am Log, was in Wirklichkeit noch mehr ausmacht, denn der Strom nimmt ihn täglich um 15 bis 20 Meilen mit. Weiter – immer weiter! Land will Gilboy scheinbar nicht einmal mehr sehen, denn er läuft weit im Norden der letzten Tuamotus und der nördlichsten der Gesellschaftsinseln vorbei, die er gar nicht in Sicht bekommt, ebenso weit südlich von Flint Island.

Haie bereiten ihm jetzt die einzigen Sorgen. Sie haben die häßliche Angewohnheit, sich kurz vor Tagesanbruch zu nähern, wenn er gerade schlafen will. Von achtern kommend, ziehen sie einen Bogen, legen sich auf den Rücken, und oft reiben sie sich den Bauch am Kiel so stark, daß diese grobe Zärtlichkeit den Segler aus dem Schlaf jagt. Zweck dieser Übung sind die kleinen Fische, die sich an das Unterwasserschiff der *Pacific* geflüchtet haben. Die Haie verfolgen ihre Beute von Sonnenuntergang bis Sonnenaufgang. Tagsüber halten sie Abstand, behalten das Boot aber immer im Auge. Die unter dem Bootsrumpf verborgenen Fische zeigen Zeichen des Erschreckens, wenn sie die Haie wieder kommen sehen, und drängen sich dicht aneinander, berühren sogar die Außenhaut des Bootes. So können sie der Gefräßigkeit ihres Feindes entkommen. Gilboy mag schießen und mit der Harpune stechen, soviel er will, er kann sich von der Gefahr nicht befreien. Bestenfalls wird die Angriffslust der Haie etwas gedämpft, wenn sie sich bedroht sehen. Diese Ungeheuer scheinen alles zu merken, sie setzen ihre Angriffe fort, wenn sie wissen, daß der Mensch nach einer gewissen Zeit ausruht!

Gilboys Leben wird unerträglich. Am Ruder stellt er eine Art „Haischeuche" (aus was eigentlich?) auf, bekleidet mit einem alten Hemd. Mit dieser List gelingt es ihm manchmal, seine unerwünschten Besucher zu vertreiben.

Aber was macht das schließlich schon aus? Hauptsache, er macht Fahrt. Und *Pacific* läuft unter dem Passat wie ein Torpedo.

Wie er Tahiti mied, meidet er den Cook-Archipel. Am 8. Dezember müssen seine Augen Land sehen. Er kann den Tonga-Archipel einfach nicht durchlaufen, ohne eine Insel zu erblicken. Land! Es ist Éoa, dann Cattow. *Pacific* läuft zwischen beiden durch, dicht unterhalb Éoa. Die Inseln bieten etwas geschützteres Wasser, was nicht gerade unangenehm ist. Das ist der ganze Nutzen, den Gilboy daraus zieht. Fahrt! Weiter! Nach 110 Tagen auf See ist der Alleinsegler immer noch nicht der Versuchung erlegen, einen Hafen anzulaufen! Spürt man die Willenskraft und den Glauben, die sich darin ausdrücken?

Am 13. Dezember schneidet *Pacific* den 180. Längengrad, den Gegenmeridian von Greenwich. Auf dem Kalender muß er jetzt einen Tag abziehen. Und der Bursche kann sich freuen, er ist nur noch 1430 sm von Australien (Kap Sandy) entfernt und hält den Kurs bei. Jetzt hat er nur noch einen Monat vor sich, vielleicht nur noch drei Wochen oder zwei. Der Lebensmittelvorrat ist zwar knapp, aber es wird schon gehen. Gerade an diesem Tag bläst der Passat sehr frisch bei völlig klarem Himmel.

Wird Gilboy durch diese freudigen Überlegungen abgelenkt? Da rollt eine Welle heran, schäumend. Schon steht sie über dem Heck der *Pacific*. Er gibt Ruder oder glaubt Ruder zu geben, wie er es gewohnt ist, damit sie im rechten Winkel auf das Heck trifft, um sie so parieren und unschädlich machen zu können.

Puschsch. Aus der Welle wird gewaltiger, kochender Schaum, der alles zuschüttet. Das Boot dreht sich wie ein Kreisel, und Gilboy fliegt über Bord.

Er ist unter einem Berg von grünem, durchsichtigem Wasser begraben. Er kommt an die Oberfläche. Da, in Lee, *Pacific,* kieloben!

Kieloben, mitten auf dem Ozean. Schwarz und rot, ganz von Seepokken und Algen überzogen, der Kiel. Die Planken des Bootes verschwinden in den Wellen, tauchen tief ein und wieder auf.

Das ist Johnson auch schon passiert, Gilboy weiß es. Aber *Centennial* war ein leichtes Dory, in jenem Augenblick auch ohne Mast (sein umlegbarer Mast lag bei dem harten Wetter festgezurrt an Deck).

Pacific ist viel schwerer.

Aber auch Gilboy ist schwer, denn er hatte gerade wegen des Sprühwassers sein Ölzeug über ein grobes Flanellhemd angezogen, das sich mit Wasser vollsog. Die Uhr ... die Uhr ist in seiner Tasche.

Gilboy schwimmt wie wild – er kann crawlen. Krallt sich mit einer Hand am Boot fest, mit der anderen versucht er, sich auszuziehen. Gar nicht so einfach. Die Knöpfe des Ölzeugs leisten Widerstand. Wenn schon, bloß nicht verrückt machen lassen.

Es gelingt ihm, sich des Ölzeugs und der anderen Kleidungsstücke zu entledigen, sie nicht zu verlieren und sogar zusammenzurollen, die Uhr hineinzustecken.

Was nun mit diesem Paket anfangen? Man müßte ein Ende haben, um es beizubändseln. Er denkt an die Trosse des Treibankers und will gerade tauchen, um sie zu suchen. Gewöhnlich lag sie auf dem Vorschiff. Aber da ist sie, etwas entfernt, auf dem Rücken einer Welle. Die Ankertrosse ist an Deck fest angeschlagen. Gilboy schwimmt auf sie zu, faßt sie und bindet das Paket daran fest. Ganz mechanisch.

Geschafft. Jetzt muß das Boot aufgerichtet werden.

Dummerweise ist die See nicht grob. Bei grober See kann nämlich die eine oder andere Welle beim Umdrehen mithelfen, wenn sie das gekenterte Boot von der Seite packt (so konnte Voss ein viel größeres Boot wieder aufrichten). Aber dies ist die See der Passate, ruhig und zu wenig bewegt, als daß man von ihr Hilfe erwarten könnte. Es muß also auch so gehen. Dieser arme, kleine, nackte Mann – Gott sei Dank sind keine Haie in der Nähe, aber er denkt auch gar nicht daran – schafft es allein mit seinen Armen, Beinen, seinen 75 kg, trotz der durch die Untätigkeit, durch unzureichende Nahrung und den langen Aufenthalt im Wasser geschwächten Muskeln.

Er packt die Trosse des Treibankers, macht sie mittschiffs an der Luvseite fest, führt sie über den Kiel und schwimmt auf die andere Seite. Dort, mit den Füßen auf der leeseitigen Bordwand, zieht er an der Leine, hängt sich mit dem ganzen Gewicht hinein, jedesmal, wenn eine etwas größere Welle anläuft.

Es rührt sich nichts. Der Rumpf schaukelt nur ein wenig. Mast und Segel wirken jetzt als Kiel.

Johnson erzählte, daß er zwanzig Minuten gebraucht habe, um zum Ziel zu kommen. Gilboy mußte *eine Stunde* lang kämpfen, und seine Angaben sind niemals übertrieben. Eine Stunde! Seine unerschütterliche Willenskraft, seine Hartnäckigkeit, können kaum noch überboten werden.

Endlich, endlich dreht sich der Rumpf ein wenig unter einem wirksamer angebrachten Zug an der Trosse, von einer etwas höheren Welle unterstützt. Schnell, schnell! Gilboy läuft senkrecht an der Bordwand hoch. Der Kiel erreicht 45 Grad. Nicht nachlassen, nicht aufgeben! Er klettert weiter und hängt das ganze Gewicht seines Körpers hinein, legt sich dabei an der Trosse weit nach rückwärts. Da, langsam, majestätisch, dreht sich der Rumpf, die Masten erscheinen und richten sich halb auf.

Nicht ganz, sie sind zu schwer für den verringerten Auftrieb des halbvollgelaufenen Rumpfes, denn – ja, die Luke der achteren Kammer hatte offengestanden, und die beiden Schotttüren, die die große Kammer hätten abdichten sollen, waren nicht eingesetzt gewesen. Schnell, schnell. Dies ist nicht der Augenblick, um sich auszuruhen. Flach auf dem Bauch liegend, zieht Gilboy seinen Oberkörper an Deck, fischt in der vollgelaufenen Kammer und findet eines der neun Messer. Er geht ins Wasser zurück, schwimmt zu den Leewanten, kappt sie, dann kehrt er um, kriecht erneut an Deck und kappt die Luvwanten des Großmastes. Mit einer einzigen kräftigen und sicheren Bewegung zieht er den Großmast aus seinem wasserdichten Stehrohr heraus und wirft ihn unbeschädigt über Bord. Jetzt der Besanmast. Das geht schon leichter. Über Bord damit!

Ufff! Der Rumpf liegt fast waagerecht. Es besteht keine Gefahr mehr, noch einmal zu kentern.

Gilboy geht wieder ins Wasser und macht aus den Masten und Spieren eine Art Floß, lascht alles so gut wie möglich zusammen und stößt es weit hinaus, nachdem er das Floß mit einer Leine am Boot belegt hatte. Dieser treibende Körper, der zwischen zwei Wellen schwimmt, bietet dem Wind keinen Widerstand und übernimmt die Aufgabe des Treibankers. Er hält das Boot fast quer und aufrecht. Das Ende der Floßleine ist mittschiffs belegt. Das Boot selbst bietet dem Wind auch nur noch wenig Widerstand.

Gut. Weitermachen, denkt er.

Kriechend, oder doch zumindest ohne sich ganz aufzurichten, geht Gilboy wieder an Bord und fängt an zu lenzen. Die Holzpumpe schafft nur lächerlich wenig. Er sucht etwas zum Schöpfen. Da ist eine Kiste, in der früher 25 Pfund Zucker waren.

Ist dieser geschwächte Mann erschöpft? Keineswegs. Ruhig, kräftig und ohne eine falsche Bewegung zu machen, wirft er stundenlang 12 kg Wasser über Bord, nochmals 12 kg Wasser, wieder 12 kg Wasser, 12 kg Wasser...

Es wird Nacht. Gilboy schöpft immer noch, denn die See ist zwar nicht gerade grob, aber doch so unruhig, daß sie jeden Augenblick durch das offene Luk wieder eindringen kann, das ja offenbleiben muß, damit er lenzen kann.

Es kommt ihm vor, als liefe das Boot schneller wieder voll, als er es ausschöpfen kann. Sich entmutigen lassen? Keinen Augenblick. Wenn das Wasser steigt, wird *Pacific* sinken. Die menschliche Pumpe macht weiter. Erbittert. Er beschleunigt das Tempo. Gegen Mitternacht gewinnt das Boot Oberhand, siegt endlich. Es hat gesiegt! Der Freibord reicht jetzt aus, um den Wellen Trotz zu bieten.

Gilboy ruht sich einen Augenblick aus. Er tastet um sich.

Verheerung. Die Halterung für den Kompaß ist leer. Den hat die See. Auch die Ersatzkompasse.

Nach der Standortbestimmung, die Gilboy dann vornimmt, steht er nur noch 1430 sm vor Australien. Nur noch...

Wie kann er es jemals erreichen? Ohne Kompaß! Bei bedecktem Himmel ohne Standlinien. Das werden nicht nur 1430 sm bleiben, sondern wenn er Pech hat, trotz des achterlichen Passats, vielleicht viel mehr werden. Und Gilboy hat kaum noch Lebensmittel, denn in dem Wasser, das er über Bord schüttete, schwammen Zwiebackstücke.

Na ja, sagt dieser Mann aus Eisen, man wird weitersehen. Man wird weitersehen. Im Augenblick...

Im Augenblick ist die Bilge der *Pacific* vollkommen trocken, es ist der Morgen des 14. Dezember 1882. Gilboy hatte die ganze Nacht durchgelenzt.

Der Tag kommt, die Sonne. Jetzt wird alles getrocknet. Alles? Hm, da ist nicht mehr viel. Ach ja, die Kleider mit der Uhr. Die kann repariert werden. Gilboy holt die Treibankerleine ein. Das Paket hat sich aufgelöst. Die Uhr ist weg. Das bedeutet: Keine Länge mehr auf dieser Pazifikroute, die nach Längengraden absolviert wird! (Gilboy befand sich in derselben Lage wie Moitessier, von dem wir später noch sprechen werden. Aber in einem Gewimmel von Inseln, denen er weder nach Norden noch nach Süden ausweichen kann.)

Segel 'raus zum Trocknen. Dann die Masten an Bord.

Und da, noch ein Unglück. Großmast und Großsegel sind abgetrieben. Es bleibt nur noch der Besanmast mit seinem unzureichenden Tuch.

Wir werden sehen. Der Treibanker? O ja, der ist geblieben. Lebensmittel?

Bevor er Inventur macht und während die Sonne seine Sachen an Deck trocknet, auf denen sich eine Salzschicht bildet, müssen zuerst die gefährlich hin- und herrollenden Fässer mit dem Trinkwasser festgezurrt werden, die sonst die Bordwand durchschlagen könnten. Dann wäre alles aus.

Auch das wäre geschafft. Was jetzt? Essen? Keine Zeit, nur ein wenig Zwieback. So, was ist jetzt noch zu tun?

Den Besan setzen, und zwar an Stelle des Großmastes. Er muß in seinem Rohr gut verkeilt werden. Die Jungfern der Wanten wieder scheren, Fallen klarieren, Segel anschlagen.

Fahrt aufnehmen?

Ach du Schreck ... Das Ruder ist weg!

Gilboy, total erschöpft, den Tränen nahe, setzt sich entmutigt hin.

Aber, aber, was macht das schon!

Einen Riemen her. Na ja, er ist ziemlich schwach und wird wohl brechen. Er muß verstärkt werden.

Eine Spiere von 3,50 m wird beigebändselt, die als Fockbaum vorgesehen war.

Gilboy macht ihn fertig, sichert ihn mit einem Stropp. Das Ergebnis ist günstig, das Ruder reagiert gut. Es läßt sich sogar belegen, ebensogut wie die verschwundene Pinne. Es ist sogar noch wirksamer, denn das Segel zieht jetzt weiter vorn.

Die Sonne steht kurz vor dem Untergang. Gilboy will weitersegeln. Er will sehen, wieviel Fahrt er mit dieser Notbesegelung machen kann.

Aber der Schlaf überwältigt ihn. „Gut. Morgen ist auch noch ein Tag."

Er versucht beizudrehen (oder querzuliegen, wie immer) unter Treibanker.

Unmöglich. Das Großsegel war notwendig, um die Trimmlage herzustellen. Das Boot schert dauernd nach beiden Seiten aus.

Gilboy birgt die Segel und versucht es achtern. Geht auch nicht, *Pacific* schert aus. Er würde riskieren, noch einmal zu kentern.

Also muß der Schlaf noch warten. Weiterarbeiten. Ein Notgroßsegel muß gesetzt werden. Aus was? Als Mast muß der zweite Riemen herhalten. Er ist zu kurz, um an der alten Stelle des Großmastes wirksam zu werden. Gilboy setzt ihn fast achtern, am Lukendeckel der Kajüte.

Welches Segel? Eine Art Leesegel (oder Zusatzsegel), das er bisher kaum benutzt hatte, konnte einen Besan abgeben, der sich noch als sehr wertvoll erweisen sollte, denn unter Besan oder Hilfsbesan konnte *Pacific* gut beigedreht liegen.

Gilboy schläft.

Am Morgen des 15. Dezember wird es schön. Alles ist trocken. Gilboy holt den Treibanker ein und geht wieder auf Kurs. Die Notbesegelung ist gar nicht so schlecht ausgefallen[1]. Aber sie war zu klein. *Pacific* schleppt sich müde dahin. Die schönen Etmale von 100 Seemeilen liegen weit hinter ihm.

Vielleicht später wieder!

---

[1] Sie ist nach dem einzigen bekannten Zeitdokument auf unserer Zeichnung wiedergegeben. Es scheint sich um eine Rekonstruktion nach der Ankunft in Australien zu handeln.

Essen. Der Kocher funktioniert. Endlich eine warme Mahlzeit. Gilboy entspannt allmählich. Er denkt ruhig nach. Fische spielen um das Boot. Sieh da, ein Schwertfisch. Was fällt dem denn ein? Da schlägt doch das Biest einen Haken, wirft sich auf das Boot und attackiert es mit seinem Schwert. Der Angriff ist so heftig, daß der ganze Rumpf erzittert. Er erzittert erneut bei den Versuchen des Tieres, wieder freizukommen. Gilboy lacht darüber.

Allerdings nicht mehr lange, denn plötzlich hört er ein eigenartiges Geräusch, das immer mehr anschwillt. Was ist denn das? Die Konservendosen in der Bilge schlagen zusammen – sie schwimmen! Gilboy stürzt zur Luke und sieht, daß das Wasser schon 30 cm hoch steht. Das Schwert des Fisches hat tatsächlich die Bordwand durchbohrt.

Die achterliche Kammer? Nein, die ist trocken. Diemals waren die Schotten dicht.

Gilboy lenzt und lenzt. Endlich endeckt er den Strahl, der durch das

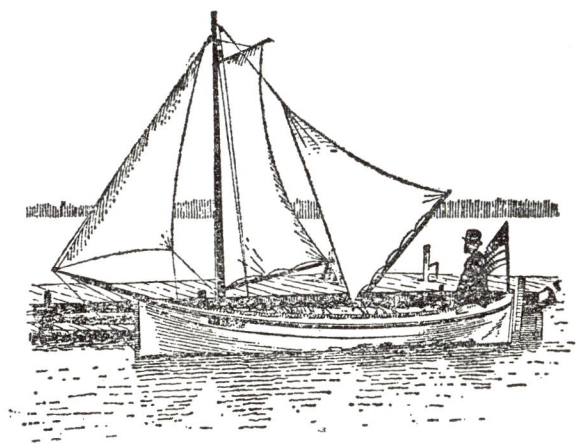

Pacific von Gilboy

Leck schießt. Er greift sich Werg, Lampendochte, ein Stück Baumwolltuch und stopft das Ganze in das Leck. Es ist jetzt fast abgedichtet. nur wenig sickert noch durch, was aber den Frondienst an der Lenzpumpe verlängert. Am Ruder sitzend lenzt er, wenn sich genügend Wasser angesammelt hat.

Am 21. Dezember wieder ein Schwertfisch. Er vertörnt sich in der Logleine. Obwohl schon auf Tiefe gezogen, bricht die Leine nicht, und das Log ist noch einmal gerettet.

Mit Hilfe dieses Logs navigiert Gilboy genau auf dem Wendekreis entlang (rein theoretisch natürlich, sehen kann man ihn nämlich nicht!). Und tatsächlich hat Gilboy am 21. Dezember, das ist der Tag der Sommersonnenwende in diesen Breiten, die Sonne mittags genau im Zenit. Genau. Er geht auf zwei Breitengrade weiter nördlich. Und hier, am 24., eine Standortbestimmung, eine haargenaue Position. Eine Position durch Peilungen: 7 sm im Norden die Insel Fern (oder auch Fearn).

Donnerwetter, das war sauber gemacht!

Gilboy hat noch 1230 Seemeilen bis nach Australien vor sich.

Mit seiner Notbesegelung schippert er nur langsam. Er hat keinen Kompaß mehr. Lebensmittel? Es gibt keinen Krümel Zwieback mehr, den letzten aß er am Abend zuvor, aber es sind noch 12 Pfund Roastbeef, 2 Liter Alkohol, 60 Liter Wasser da. Das ist bestimmt nicht genug, um 1230 Meilen mit halber Segelfläche abzumachen.

Aber da ist Land.

Zweifellos war Fearn damals unbewohnt. Er mußte sofort etwas mehr auf Nordost halten. So ist er sicher, entweder auf die Loyalitätsinseln oder Neukaledonien zu treffen, selbst wenn der Wind ihm noch einen bösen Streich spielen sollte.

Gilboy denkt, vielleicht treffe ich ein Schiff, das nach Neukaledonien geht oder von dort kommt. Es könnte mir Proviant abgeben und vielleicht auch noch etwas Material, damit ich mir einen Großmast und ein Segel machen kann. Ein paar Tage später könnte ich dann in Australien sein. „Ja, wenn ich nun aber kein Schiff treffe? Nun, dann steht es schlecht um meine Wette. Ich muß Noumea anlaufen."

Das war sehr weise. Gilboy nimmt Kurs Westnordwest. Er hat den Wind immer noch fast genau von achtern, liegt jetzt aber auf dem anderen Bug. Weise? Nein. Wenn Gilboy wirklich *einen Hafen anlaufen wollte*, hätte er Nordwest halten müssen. Er bemogelt sich selbst. Seine alte Idee nimmt ihn immer wieder gefangen, auch wenn vom Tode gezeichnet, an dem Entschluß festzuhalten, in einem Zuge von Amerika nach Australien zu segeln, in einem „Schiff" von 6 m Länge.

Der Weihnachtsschmaus war ziemlich mager. Es gab einige Stücke Beefsteak mit Alkohol und Wasser befeuchtet. Gegen 16 Uhr taucht vor ihm die vulkanische Insel Mathew auf. Unbewohnt, einsam[1].

Der Südteil besteht aus einer einzelnen Insel, die durch ein Riff von etwa vier Meilen Länge mit der Landmasse verbunden ist. Gilboy ist sich

---

[1] Den Text der nächsten Seiten entlehnen wir von Commandant Bourges, der ihn 1928 in der *Revue Maritime* in denkwürdiger Weise geschrieben hat. Wir freuen uns, ihm an dieser Stelle ein Denkmal setzen zu können.

darüber aber nicht im klaren. Er ist schon zu dicht unter Land und will zwischen beiden Inseln durchlaufen. Er muss ganz hoch an den Wind gehen, um die Insel im Norden zu umsegeln, ein enormer Umweg, der ihn etwa 100 Meilen kostete, denn das Riff verlängerte sich unter Wasser auf 8 bis 10 Meilen. Nachts weiterzusegeln, war zu gefährlich.

Als er am 27. aufwachte, sah Gilboy, daß sein Boot mit dem Logpropeller vor Anker lag. Der zerbrechliche Propeller hatte sich zwischen Korallen verklemmt und wirkte als Anker. Der Treibanker war durch den Strom nach Lee weggetrieben und stand jetzt auf Zug. *Pacific* befand sich 8 Meilen vor der Küste. Trotz aller Anstrengungen, den Logpropeller wieder freizubekommen, gelang es Gilboy nicht, ihn aus den Korallen zu lösen. Schließlich brach die Leine. Ein weiteres Unglück, jetzt hat Gilboy weder einen Kompaß noch eine Uhr, noch ein Log. Er hat kein Mittel mehr, um die zurückgelegte Distanz zu kontrollieren. Er kann nur noch mit seinem Sextanten die Breite feststellen.

Als es am 28. Dezember dunkelte, hatte Gilboy das Land nicht aus der Sicht verloren. Den ganzen Tag war er gut nach Westen vorangekommen. Als er noch fünf Meilen davor stand, drehte er nicht bei, um sich auszuruhen, sondern segelte weiter in der Hoffnung, seine unerträgliche Beunruhigung endlich loszuwerden.

Bei bedecktem Himmel hörte er gegen 20 Uhr plötzlich Brandung. Riffs? In der Dunkelheit war nichts zu erkennen. Aso dachte er, daß das Geräusch von der Brandung stammte, die auf den Strand donnerte.

Er drehte bei und hielt noch sorgfältiger Ausguck. Als er immer noch nichts sehen konnte, brachte er *Pacific* wieder auf Kurs. Aber nach wenigen Minuten – genau vor ihm – Brecher! Sie tauchten so plötzlich auf, daß er seinen Augen nicht traute. Er schloß sie, öffnete sie wieder, um sie zu vergewissern, daß er sich nicht getäuscht hatte. Die Zeit drängte, die Gefahr lag direkt vor ihm. Gilboys erste Idee war, an den Wind zu gehen und zu versuchen, sich von den Brechern freizukreuzen. Da er aber glaubte, schon zu dicht heranzusein, faßte er den heroischen Entschluß, die Durchfahrt zu riskieren, koste es, was es wolle. Mit See und Wind von achtern über das Riff und das zwischen den Felsen. Er hielt genau darauf zu. Als er die Barre überfuhr, drohte *Pacific* zu kentern. Das Deck wurde von einem Brecher überspült, der den angeschlagenen Treibanker über Bord schwemmte. Glücklicherweise drang nur wenig Wasser in das Boot, und die folgende Welle setzte ihn jenseits des Riffs in ruhiges Wasser von 8 Fuß Tiefe. Mit dem Gefühl ungeheurer Erleichterung nahm Gilboy seinen Treibanker wieder an Deck. Er fand, daß er in dieser Nacht genug riskiert hatte, und legte sich vor Anker.

Kurz bevor Gilboy das Geräusch der Brandung hörte, hatte er gesehen, wie ein großer fliegender Fisch auf das Deck schnellte, den er sofort mit der rechten Hand packte. Er war glücklich über diese Beute, die er so dringend brauchte. Als er aber den Fisch in die linke Hand nehmen wollte, um das Kompaßgehäuse zu öffnen und ihn dort hineinzustecken, zappelte der Fisch und glitt ihm aus der Hand. Bevor er ihn erwischen konnte, hatte der Fisch sein rettendes Element erreicht. Ein Fluch der Enttäuschung ging in der bedrohlichen Stimme des Riffs unter.

Am 29. gegen 2 Uhr morgens fuhr Gilboy aus seiner Koje, aufgeschreckt durch Aufsetzen des Bootes auf Grund. Das Wasser lief ab und *Pacific* Gefahr, trockenzufallen. Er holte den Anker auf und stieß sich mit einer Spiere ab (das ist der Vorteil kleiner Boote), bis er tieferes Wasser mit sandigem Grund erreichte. Im vollen Mondschein konnte er alles genau erkennen. Wieder in Sicherheit, fierte er den Anker und schlief weiter bis zum Morgen.

Die aufgehende Sonne fand ihn bei klarem Wetter wieder in Fahrt, ganz gemütlich mit günstigem Wind. Zwei Meilen segelte er über einen Korallenblock, der sich 8 oder 10 Meilen längs der Küste hinzog. Er hielt Abstand von der Küste und segelte im tiefen Wasser weiter – einen ganzen Tag lang, um die Insel Mathew ohne Zwischenfall zu erreichen. Bei Einbruch der Nacht dreht er bei.

Erst am folgenden Tag, nachdem er während einer Woche nur 170 Seemeilen Nordwest zurückgelegt hatte, machte Gilboy die Westspitze der staubtrockenen Insel aus, auf deren ganzer Länge er weder eine Kokospalme noch eine Wasserstelle gesehen hatte. Nichts als Lava ringsum.

Er entdeckte, daß sich jenseits der äußersten Spitze ein Riff seewärts verlängerte, dessen Ende man gar nicht mehr sehen konnte. Er lief im rechten Winkel auf die letzten Brecher zu und sah, wie die Korallen nach und nach in einer Wassertiefe von 10 bis 12 Fuß verschwanden. Wie am Vorabend zog er es vor, lieber beizudrehen, als sich Überraschungen auszusetzen, zumal er dringend Ruhe haben mußte.

Am Sonntag, den 31. Dezember, um 8. Uhr morgens nahm Gilboy seinen alten Kurs wieder auf, klar von Korallenriffs und Untiefen. Bei sanfter Brise, gegen 10 Uhr, umkreiste einer der kleinen schwarzen Vögel, die sich schon weit draußen auf See gezeigt hatten, das Boot und versuchte, sich auf dem Mast oder auf der Piek niederzulassen. Aber die heftigen Schlingerbewegungen machten seine Versuche zunichte.

Gilboy hatte ihn aus den Augen verloren. Plötzlich merkte er, daß der Vogel auf seinem Kopf saß. Er verhielt sich ganz still und dachte einen Augenblick an den Festschmaus, den der Vogel abgeben würde, denn die kargen Vorräte erlaubten ihm nicht, seinen Hunger richtig zu stillen. Ein schneller Griff – und der Vogel flog davon. Er war der erste, der es seit dem Auslaufen gewagt hatte, sich an Bord niederzulassen. Aber es kamen noch andere, und Gilboy schrieb in sein Logbuch: „Es war merkwürdig, daß sich vier Vögel gerade dann auf meinen Kopf setzten, als meine Vorräte zur Neige gingen. Vorher hatten sie es nie getan. Ich fing drei von ihnen und aß sie auf. Den vierten traf ich mit einer Revolverkugel, aber der Vogel versank in der See. Diese Beute hob den Mut und nährte die Hoffnung, irgendwie noch gerettet zu werden, obwohl ich oft daran gedacht hatte, daß der Tod nahe war ..."

Am 3. Januar 1883 besaß Gilboy noch 4 Pfund Rindfleisch, ¼ Liter Alkohol und 10 Gallonen Trinkwasser. An diesem Tage setzte der Passat wieder heftiger ein, drehte etwas auf Nord, und die See wurde so grob, daß der Segler vor Treibanker beiliegen mußte.

Wenn das lange dauerte, würde es eine Katastrophe geben, denn einmal nach Süden abgetrieben, würde er gegen den Ostpassat nicht aufkreuzen können, um nach Neukaledonien zu kommen.

Und es hielt an. Vier Tage lang. Am 6. mittags stand Gilboy auf 23° 18′ S, das heißt, wieder auf dem Wendekreis, südlich der großen Insel. Was die Länge anbelangte, so konnte er nur Vermutungen anstellen. Nach seiner Gissung befand er sich bei 168° Ost, also noch „vor" Noumea, weil er im Verlauf der Woche 227 sm nach Südwesten versetzt worden war.

Theoretisch war es nicht zu spät, diesen Hafen zu erreichen.

Aber nach dem Nordwind kam eine Flaute, und *Pacific* trieb weiter im Strom ganz sacht nach Südwesten, dann nach Westen, zuletzt nach Nordwest und schlug damit einen eleganten Bogen um das rettende Land.

Während dieser Zeit litt Gilboy Hunger. Er konnte sich nur noch von Vögeln ernähren.

Als er am Sonntag, dem 7., den Kopf zum Luk herausstreckte, saß wieder einer auf dem Heck und beäugte ihn furchtlos.

„Ich verhielt mich ganz still und wartete darauf, daß er durch irgend etwas abgelenkt würde, damit ich ihn fangen konnte. Er dreht den Kopf, um seine Federn zu putzen, da griff ich schnell zu. Er war von derselben Sorte, die ich schon beschrieben habe, etwa so groß wie eine kleine Taube. Ich zog ihm die Haut ab und hoffte, daß er so besser schmecken würde. Es war übrigens die einzige Methode, ihn von allen Federn zu befreien. Als er gekocht war, blieb von dem Vogel nicht viel übrig. Ich bereitete eine Suppe daraus. Es war ein Festessen. Ich hatte nur noch 2 Pfund Rindfleisch, etwas Alkohol und ungefähr 7 Gallonen Wasser. Weil es wieder heftig wehte, blieb ich beigedreht liegen."

Am 10. landete wieder ein Vogel auf Gilboys Kopf, nachdem er einige Mal um das Boot herumgeflogen war. Gilboy fängt ihn. Am 11. noch ein glücklicher Fang. Er hebt sich die Beute für das Frühstück des nächsten

Tages auf. Am 13. ißt er die letzten 60 Gramm Fleisch. Seit dem 7. hat er von 2 Pfund Rindfleisch, drei Vögeln und einigen fliegenden Fischen, von zwei bis drei Zoll Länge, gelebt und von etwas Wasser, mit Alkohol versetzt.

Gilboy spürte, daß seine Kräfte nachließen, und drehte aus Sicherheitsgründen jeden Abend etwas früher bei.

Er hatte nicht immer die Zeit, das Riemennotruder einzuholen, darum zurrte er es mit einem Zeising fest. So sicherte er sich davor, es durch irgendein unvorhergesehenes Ereignis zu verlieren, falls er es schnell einmal loslassen mußte. Am 15. hielt er es für angebracht, diesen halbverschlissenen Zeising durch einen stärkeren zu ersetzen, und ließ den Riemen danach beruhigt im Wasser, als er bei Sonnenuntergang beidrehte. Nachdem er den Treibanker ausgebracht, die Segel beigebändselt hatte und wieder nach achtern ging, sah er, daß der Riemen verschwunden war. Gilboy hatte einen zu steifen Tampen benutzt, aus dem der Riemen herausgerutscht war. Nun mußte er sich fragen, wie er das Boot letztenendes steuern sollte, wenn es so weiterginge.

Bei Sonnenaufgang am nächsten Morgen suchte unser Held nach Gegenständen, aus denen er ein Notruder anfertigen konnte. Die Deckel der Cockpitbackskisten und das Holz des Mastkokers waren die Mittel der Wahl. Um zwei Uhr war das Notruder fertig und mittels der Harpunenleine aufgehängt. Aber die See war zu grob, um weitersegeln zu können, und *Pacific* blieb bis zum folgenden Morgen beigedreht. Erst *gegen 10 Uhr* am nächsten Tag wurde die See ruhiger. Gilboy nutzte das sofort aus.

Wenn das improvisierte Notruder auch nicht tief genug eintauchte, so funktionierte es doch so gut, daß der Segler froh war, das alte Riemennotruder verloren zu haben, weil es viel mühsamer zu handhaben war.

Am 18. Januar gegen 9 Uhr, er hatte das Ruderblatt inzwischen vergrößert, nahm er seinen Kurs wieder auf. Um 10 Uhr machte er das Korallenriff Middle Ballone auf 21° 29′ S und 159° O aus. Er ließ es in Lee. Eine halbe Stunde später kreiste wieder ein Vogel um sein Boot und setzte sich auf seinen Kopf. Er versuchte, ihn zu fangen, verfehlte ihn aber beim erstenmal. Der Unvorsichtige kam aber wieder in Reichweite. Er erwischte ihn an einem Flügel, gerade als er sich seinem Kopf näherte. Gilboy war sehr hungrig und verzichtete darauf, ihn erst abzuziehen, sondern rupfte ihn schnell, flammte ihn über einer Kerze ab, um den letzten Flaum zu entfernen.

Den Nährwert der Suppe, die er daraus kochte, erhöhte er durch einen Schuß Alkohol. Die Hälfte war für den folgenden Tag bestimmt. Längs des Riffs lief er weiter und passierte mehrere Sandstriche, die mehr oder weniger unter Wasser lagen. Aber seine Hoffnung, wenigstens einen davon mit Kokospalmen verziert zu sehen, wurde enttäuscht.

Bei Flaute oder schwacher Brise kreisten kleine Fische um *Pacific*. Da bedauerte Gilboy bitter, daß er vergessen hatte, Haken und Angelleinen mitzunehmen. Er bastelte zwei Haken aus der Nadel eines Trockenkompasses, die sich bei diesen flinken Fischen aber als unbrauchbar erwiesen. Am 21., schon halb verhungert, kratzte Gilboy an der Außenhaut des Bootes die größten Seepocken ab und begnügte sich damit, die Substanz zu kauen, ohne sie zu schlucken. Am 22. hatte er das Glück, morgens zwei fliegende Fische von zwei Zoll Länge an Deck zu finden. Am 23. nur einen.

An diesem Tag gegen 6.30 Uhr setzte sich immer wieder ein Vogel auf das Boot, ohne das Gilboy ihn einfangen konnte. Als er schließlich auf der Nock des Klüverbaumes landete, traf Gilboy ihn mit dem Revolver. Der Vogel schlug fünf Meter entfernt auf dem Wasser auf und trieb unbeweglich. Die leichte Brise stand zu ungünstig, um das Boot an den Vogel heranzubringen. Schnell kam er außer Sicht der armen Beute, die so willkommen gewesen wäre.

Glücklicherweise fand der Segler am Morgen des 24. zwei fliegende Fische und am 25. vier. An diesem Tag gegen drei Uhr nachmittags setzte sich ein Vogel auf die Oberkante des Notruders. Gilboy erwischte ihn. Nachdem nun auch das Petroleum für den Kocher verbraucht war, gelang es Gilboy, seine magere Beute über einem winzigen Scheiterhaufen aus Streichhölzern, die beim Kentern unbrauchbar geworden waren, hinreichend zu braten. Sie wurden auf dem Blech des Petroleumkochers aufgeschichtet. Vorsorglich verschlang er nur die Hälfte der Mahlzeit und hob die andere für den nächsten Tag auf.

Von Freitag, den 26., bis Sonntag, den 28., blieb *Pacific* beigedreht oder bekalmt. Am Sonntagmorgen hatte Gilboy das Glück, an Deck einen fünf Zoll langen fliegenden Fisch zu finden, den größten, den er bisher aufgelesen hatte.

Diesmal aß er den Fisch nur mit etwas Süßwasser, um den restlichen Alkohol zu sparen. Gegen Abend kam bei klarem Himmel leichte Brise an. Vom Beidrehen genug, setzte Gilboy seine Segel auf Schmetterling, und das Boot konnte mit unbesetzter Pinne laufen. So segelte er die ganze Nacht und öffnete die Augen nur hin und wieder, um zu sehen, ob alles klar ginge (das hätte er schon längst so haben können ...).

Am Montag, den 29. Januar 1882, fand er morgens keinen fliegenden Fisch an Deck. Er hatte schrecklichen Hunger und fühlte sich sehr schwach. Es waren jetzt nur noch vier Kaffeelöffel Alkohol übrig. Zwei davon schlürfte er und fühlte sich danach etwas gekräftigt. Dann kontrollierte er das letzte Wasserfaß. Nur noch 10 cm hoch stand das Trinkwasser darin. Es würde nun zu Ende gehen mit ihm, wenn nicht bald Hilfe käme.

Am Nachmittag machte er die üblichen Eintragungen in das Logbuch, ging dann hoch an den Wind und ließ das Boot segeln, wie es wollte. Total entkräftet setzte er sich ins Cockpit, ließ den Kopf auf die luvseitige Bordwand sinken. Da kam die grausige Gewißheit über ihn, daß er verhungern würde. Die kleinste Bewegung bewies, wie erschöpft er war.

So hatte er eine Stunde niedergeschlagen vor sich hingedöst, als er seine Augen öffnete und etwas Unglaubliches sah: ein Segel.

Ein Segel. Ein Segel? Er begreift immer noch nicht.

Ein Segel!

Nein, das kann keine Halluzination sein.

Er reibt sich die Augen, sah noch einmal hin, sah weg, wieder hin. Ja, es war ein Segel! Etwa 8 Meilen in Südwest.

Gilboy fährt hoch, springt an seine Schoten und legt den Kurs so, daß er den des Schiffes kreuzen muß.

Den Sonnenschirm – den berühmten Sonnenschirm – holt er an Deck, öffnet und schwenkt ihn. Aber er ist so kraftlos, daß der Griff aus seiner Hand rutscht und der Schirm in die See fällt. Gilboy befestigt die Flagge am Ende des Bootshakens und gibt weiter Notsignale. Aber niemand scheint sie zu bemerken. Er muß etwas anderes versuchen. Der Revolver enthält noch sechs Schuß. Er schleppt sich mühsam auf das Vorschiff und schießt. Natürlich ohne jeden Erfolg. Er fiert die Nock des Besans und macht die Flagge daran fest, Kopf nach unten, so dicht wie möglich am Ende der Spiere, und setzt das Fall wieder durch. In diesem Augenblick passiert das „Segel" genau vor ihm, und der Arme wartet entsetzt darauf, daß es sich wieder entfernt, ohne ihn bemerkt zu haben. Plötzlich ändert es den Kurs. Es ist ungefähr zwei Uhr.

Das rettende Segelschiff versuchte, an den Wind zu gehen, und Gilboy passierte mit killenden Segeln. Aber durch den Bewuchs von Algen und Barnackels am Unterwasserschiff war sein Boot so schwerfällig geworden, daß Schiff und Boot erst um fünf Uhr nachmittags Seite an Seite lagen, *Pacific* in Lee. Man warf ihm eine Leine zu, die quer über das Vorschiff fiel. Der Alleinsegler war so geschwächt, daß er nur mit Mühe nach vorn kriechen konnte, um sie zu belegen. Sobald das aber geschafft war, begann die Crew des Retters, ganz sacht das kleine Boot heranzuholen, und als sich die Bordwände berührten, sprangen einige Männer auf sein Deck, um das Boot abzuhalten, damit es im Seegang nicht beschädigt wurde.

Der Kapitän lud Gilboy ein, so schnell wie möglich an Bord zu kommen. Man fierte die Jakobsleiter, aber er war so schwach, daß er kaum darauf aufentern konnte. An Deck des Segelschiffes verließen ihn die Kräfte. Er mußte sich am Deckshaus festhalten, um nicht zu fallen. Zwei Matrosen stützten ihn und brachten ihn nach achtern.

Groß war das Erstaunen der Crew des Schoners *Alfred Vittery*, als sie hörte, daß *Pacific* aus San Franzisko kam. Da die Retter nach einem Rekrutierungszug, das heißt nach einem Massenfang von Eingeborenen, vor etwa 14 Tagen von den Salomon-Inseln nach Maryborough (Queensland) ausgelaufen waren, hatten sie kaum noch Brot an Bord. Der Aufgefischte bat um Zwieback und Honig. Aber der Kapitän erklärte, daß es besser sei, eine Suppe zu essen, die der Smutje schon auf dem Feuer habe und die schnell serviert sein würde.

Gilboy brachte es fertig, darauf zu warten und zunächst nur eine Tasse Tee zu trinken, den er gern mit seinem restlichen Alkohol mischen wollte. Man brachte ihn, und kaum hatte Gilboy diesen Grog eingenommen, fühlte er sich schon gestärkt. Dieser Zustand wurde durch den Suppentopf konsolidiert.

Am nächsten Morgen, nach einem Bad in heißem Salzwasser, servierte man ihm das Frühstück, und die gefährlichen Folgen einer normalen Mahlzeit nach so vielen Tagen der Entbehrungen schienen nicht einzutreten.

Die 97 Kanaker an Bord der *Vittery* zeigten die größte Überraschung, als sie den weißen Mann in einem winzigen Boot, so weit von Land entfernt, sahen. Jedesmal, wenn Bernard Gilboy sich an Deck zeigte, umringten ihn die Wilden und sprachen mit gespanntem Interesse über ihn. Kapitän Boor und seine Crew wußten gar nicht, wie sie ihm ihre Verbundenheit und Bewunderung beweisen sollten.

Man hatte ihn auf 22° 08′ S, 154° 46′ O aufgefischt, 420 sm vor Kap Sandy, nach einer Überfahrt von ungefähr 6500 Meilen. 164 Tage nach seinem Auslaufen in Kalifornien. Es wurde Zeit!

Im ganzen hatte er es also praktisch geschafft. Er lag dicht bei der australischen Bird-Insel. Was waren schon 480 Meilen? Eine Woche normalen Segelns. Das war nicht mehr viel nach den 23 Wochen, die er hinter sich hatte, ohne einen Fuß an Land zu setzen, nach einer Überfahrt, von der vorher niemand auch nur die Idee hatte, sie überhaupt zu versuchen.

Bis Alec Rose war kein anderer Einhandsegler (auch kein Paar) so lange auf See geblieben. Rose brauchte für seinen zweiten Schlag von Melbourne nach Portsmouth (1967–68) 164 Tage. Aber unter ganz anderen Bedingungen. Danach folgten 1968–69 die Teilnehmer der Nonstop-Weltumsegelung.

Wahrscheinlich ist nie ein anderer Einhandsegler (auch kein Paar) so lange auf See geblieben. Die längste freiwillige Reise von Vito Dumas dauerte 104 Tage, seine dramatische Atlantiküberquerung 121 Tage, die Überfahrt Alain Gerbaults 101 Tage; das sind zwei Monate weniger. Die Drift des Schiffbrüchigen Poon Lim dauerte 130 Tage, als 34 Tage weniger.

Gilboy erholte sich in Maryborough nicht. Im Verlauf von drei Wochen wurde er immer schwächer und magerte noch mehr ab. Von den 80,3 kg, die er bei seiner Ausreise wog, von den 67,7 kg am Tage seiner Rettung, ging er auf 60,7 kg herunter, man hatte schon ernste Sorgen um ihn. Er beschloß daher, sich erst einmal zu erfrischen – es war der trokkene australische Sommer – und am Strand von Pialba zu baden. Nach Maryborough zurückgekehrt, nahmen Gewicht und Kräfte zu.

Seine Nerven waren ziemlich zerrüttet. Es war merkwürdig, er mußte einfach immer reden. Obwohl ihm jedes Wort heftige Schmerzen in der Lunge und im Kopf verursachte, erzählte er ohne Unterlaß Einzelheiten seiner Reise, und diese Besessenheit verzögerte seine Wiederherstellung. Die letzten Unpäßlichkeiten legten sich erst Ende März. Am 9. April schiffte sich Gilboy auf der *Leichardt* ein und nahm *Pacific* als Gepäck mit an Bord, um sie in Neusüdwales auszustellen.

Dort hatte er großen Erfolg, schockierte aber seine Bewunderer, die immer von der Vorsehung sprachen, mit der Versicherung, er sei in keinem Augenblick so verzweifelt gewesen, daß er sie um Hilfe gebeten hätte.

Das wurde ihm als mangelnde Frömmigkeit ausgelegt. Es gibt aber noch eine Interpretation von höherem Niveau, auf die wir bei der Erzählung vom Kentern der *Sandefjord* eingehen werden. Es ist in der Tat beachtlich, daß ein anderer eisenharter und gläubiger Mensch unter ähnlich dramatischen Umständen dieselbe Reaktion zeigte, die so ganz vom Klischee abweicht.

Nach San Franzisko zurückgekehrt, wurde Gilboy vorübergehend Straßenbahnschaffner, genau wie Voss. Aber 1889 ging er wieder auf See, zuerst als Bootsmann, später als Kapitän. Sein Dampfer mit dem Namen *Centennial* (wie der Name von Johnsons Dory) geriet 1906 bei der Sachalin-Halbinsel in das Eis Sibiriens und ging mit der gesamten Besatzung verloren.

Fred Rebell zögerte seinerseits nicht, den Pazifik zu überqueren, ohne einen Hafen anzulaufen, aber *in der entgegengesetzten Richtung!*

In Wirklichkeit hieß er Paul Sproge.

Er wurde am 22. April 1886 in Windau, Lettland, geboren, das damals russisch war und es inzwischen wieder geworden ist.

Als junger Mann „fühlte er sich als Pazifist" und wollte nicht in der Armee des Zaren dienen. Er ging nach Deutschland. Aber auch unter Wilhelm II. fand er die freiheitliche Atmosphäre nicht, die er suchte. Was schlimmer war, er fand keine Arbeit, weil er keinen Paß hatte. Was tun? Eines Tages, als er vor dem Trödelkram eines Antiquitätenhändlers stand, kam ihm die etwas eigentümliche Erkenntnis: Wenn man in einem gebrauchten Bett schlafen kann, warum kann man dann nicht auch einen „gebrauchten" Paß benutzen?

Der Paß, den er dann für 2 Mark in einem Hamburger Café erstand, war zwar nicht ganz in Ordnung, aber er würde genügen, dachte er. Dummerweise gehörte er einem desertierten Matrosen! Rebell rettete sich vor der Strafverfolgungsbehörde (daran erkennt man seine Logik) und sagte sich: Man wirft auch seine Uhr nicht fort, weil nur ein Zeiger verborgen ist. Mein Paß braucht nur eine kleine Änderung. Der Mann namens Fred Kuball war für das Einwohnermeldeamt gestorben, und durch eine kleine Korrektur wurde Fred Rebell geboren, „der jüngste Schiffsjunge Hamburgs", denn er war kam eine Stunde alt. Der Name drückt genau das aus, was er ausdrücken soll.

Nun heuerte er als Kohlentrimmer auf einem Frachter an und fuhr kreuz und quer durch die Welt. Es war gewiß ein schwerer Weg vom Schiffsjungen bis zum Heizer. Er schaffte es, ohne seinen revoltierenden Stolz dabei einzubüßen.

Als er 1907 davon genug hatte, er war gerade 21 Jahre alt, fuhr er als blinder Passagier nach Australien.

Er wurde Farmer. Aber, o weh, die Farmersfrau, die er sich auf eine „Kleinanzeige" aus Lettland kommen ließ, brachte ihm böse Zeiten.

Er wurde Zimmermann, er ist es jetzt noch. Die Zeit der Arbeitslosigkeit 1930 bis 1931 brachte ihn zur Verzweiflung. Warum kann man nicht nach Amerika gehen?

Warum? Weil die Vereinigten Staaten keine Visen erteilen. Das kümmerte ihn nicht. Er sah den amerikanischen Konsul, der ihn abblitzen ließ, groß an und sagte:

„Hören Sie gut zu. In kurzer Zeit werde ich in den Vereinigten Staaten sein. Für meine Passage bezahle ich nichts. Ich fahre weder als blinder Passagier noch als Matrose ... Drüben bleibe ich, solange es mir gefällt, denn ich reise auf meine Art ... und brauche keinen Konsul um ein Visum zu bitten!"

Der Konsul hielt ihn für verrückt und kanallte die Tür hinter ihm zu.

Rebell war 45 Jahre alt und hatte noch nie gesegelt. Und wenn schon! Wenn man ihn nach Amerika nicht mitnehmen wollte, würde er eben allein fahren, genauso wie es Bernard Gilboy gemacht hatte.

Er bekam Arbeit, die er für geringeren Lohn annahm als üblich war. Davon konnte er die 20 Pfund für ein kleines Boot sparen.

Diesem war sein Schicksal nicht an der Wiege gesungen worden. Es war eine Jolle von 6 m auf 2,15 m, für Regatten in der Bucht von Sydney gebaut. Klinker, offen, mit Reitbalken und einem Freibord von nicht mehr als 15 cm.

Dieser Rumpf konnte kaum etwas Seegang vertragen. Rebell verdoppelte die Zahl der Spanten und baute einen falschen Kiel an. Er errichtete keine eigentliche Kajüte, sondern eine Art Zelt, offenbar auf mehreren Spriegeln! Achtern blieb es offen. Diesen Leichtsinn hatte Gilboy nicht begangen.

Er vergrößerte die gaffelgetakelte Besegelung, beschaffte sich Lebensmittel für sechs Monate, baute sich aus alten Dosen Trinkwassertanks für 150 Liter und kaufte einen Spirituskocher. Das Gesamtgewicht seiner Vorräte lag bei 500 kg. Es bleiben noch drei beachtliche Lücken:

Die Kunst des Manövrierens, die Navigation und die Beschaffung der Instrumente.

Um die erste Lücke zu füllen, schipperte er ein bißchen in der Bucht von Sydney herum, dann durchwühlte er die Volksbücherei, besorgte sich etwas seemännische Theorie und meinte, das würde genügen. Vergessen wir nicht, er wurde 46 Jahre alt...

Um die zweite Lücke zu schließen, kaufte er bei einem Antiquitätenhändler ein 70 Jahre altes Navigationshandbuch, das sorgfältig an Bord verstaut wurde. Er würde immer noch Zeit haben, es zu studieren, wenn er auf See war, sagte er... Er kopierte die erforderlichen Karten aus einem Atlas, der auch schon 70 Jahre alt war und aus einer Zeit stammte, in der viele Inseln noch gar nicht entdeckt waren.

Die nautischen Instrumente machten ihm die größten Schwierigkeiten. Mit der Suche danach hielt er sich gar nicht lange auf, sondern baute sie selbst. Die Baumethode, von der er erzählt, hört sich an wie ein Witz, ist aber keiner. Diese Apparate sind von den vertrauenswürdigsten Experten geprüft und fotografiert worden (siehe Abb.). Sie wirken durchaus „hausgemacht" und sehen genauso aus, wie Rebell sie beschrieb. Dieser Teil seiner Schilderung ist so schön, daß man ihn zitieren muß:

„Wenn man alles glauben wollte, was einem die Hersteller von nautischen Instrumenten erzählen, könnte man meinen, daß man erst einmal mindestens hundert Jahre auf einer Seefahrtsschule lernen muß, ehe man damit umgehen kann. Ich brauchte zuerst einen Sextanten. Darauf konnte ich nicht verzichten, weil es nur mit seiner Hilfe möglich ist, die Position des Bootes nach Sonne und Sternen zu bestimmen, wenn das Land außer Sicht kommt. Der Apparat muß mit einem Maximum an Sorgfalt hergestellt werden. Der Präzisionsfehler kann Unterschiede von mehreren hundert Seemeilen in der errechneten Position ausmachen. Für meinen Sextanten brauchte ich einige Stücke Eisenblech, die ich aus einem Flaschentransportkasten herausschnitt, ein kleines Monokular, wie es die Pfadfinder benutzen – es hat mich einen Schilling gekostet –, eine alte Eisensäge und ein Taschenmesser aus nichtrostendem Stahl. Die Klinge, die ich in Stücke schnitt, lieferte mir die Spiegel für meinen Sextanten. Sie mußten optisch plan gemacht werden. Die eine Fläche bestrich ich mit Asphalt, so daß sie an meinem Finger klebte, und die obere Fläche schliff ich auf einer guten Glasscheibe glatt, die ich mit Schmirgel belegte, dessen Feinheit ich immer mehr steigerte. Mit Hilfe eines Stoffetzens, der mit Silberputzmittel getränkt war, gelang es mir, dem Stahl eine Spiegelfläche zu geben.

Das Eisensägeblatt brauchte ich für den Gradbogen (Limbus). Ich hatte es wegen des regelmäßigen Abstandes seiner Zähne aufgehoben und weil man es zu einem gleichmäßigen Bogen formen konnte. Die Bogenform wählte ich so, daß jeder Zahn einem halben Grad entsprach. Ich enthärtete das Blatt, um die Zähne abrichten zu können. Als Feintrieb nahm ich eine einfache Holzschraube, die genau zu den Zähnen meines Gradbogens paßte.

Ich besaß damit ein Instrument, mit dem ich die Höhe eines Gestirns auf einen halben Grad genau bestimmen konnte. Aber 30 Bogenminuten sind 30 Seemeilen, und zur Navigation braucht man doch etwas mehr Genauigkeit. Daher vergrößerte ich den Kopf der Schraube und teilte seinen Umfang in 60 gleiche Teile. Mit diesem neuen Feintrieb konnte ich exakt auf eine Bogenminute messen und meine Position damit auf eine Seemeile genau feststellen.

Das war das härteste Stück Arbeit.

Dann brauchte ich auch noch einen Chronometer. Den konnte ich nun wirklich nicht selbst basteln. Ich kaufte daher für ein paar Schilling ganz billig zwei kleine Uhren, eine zur Kontrolle der anderen. Die hing ich kardanisch auf, daß die Bewegung des Bootes ihren Gang nicht stören konnte.

Jetzt kam noch die Anfertigung eines Patentlogs, das mir die durchlaufene Distanz angeben sollte. Dieses Instrument besteht im wesentlichen aus einem Schwimmkörper mit Flügeln, der, vom Boot gezogen, durch die Fahrtgeschwindigkeit eine Drehbewegung ausübt, die in Proportion zur Fahrtgeschwindigkeit steht und mittels eines Gelenkes einen Tourenzähler an Bord betreibt. Den Schwimmer baute ich aus dem Ende eines Besenstils, auf dem ich Aluminiumflossen in Spiralform anbrachte, deren Winkel so verliefen, daß sie alle 30 cm eine komplette Drehung machten. Als Tourenzähler baute ich eine kleine Wanduhr so um, daß jede Minute auf dem Zifferblatt einer durchlaufenen Meile entsprach. Ich probierte das Log und stellte eine Differenz von ca. 20% fest. Aber der Fehler an einem

Instrument ist bedeutungslos, wenn er konstant bleibt und bekannt ist, daß man ihn bei den Berechnungen berücksichtigen kann. Und in der Tat, bis die Seeluft das Räderwerk der Uhr zerstört hatte, arbeitete mein Behelfslog ganz ausgezeichnet."

Jetzt lacht man nicht mehr, sondern fragt sich vielmehr, ob dieser Mann, der es vom Schiffsjungen zum Zimmermann gebracht hat, nicht ein Genie ist. Ein Genie der Improvisation. Bis jetzt jedenfalls. Warten wir ab.

Rebell ist klar zum Auslaufen. Es fehlen ihm nur noch die Papiere. Sein Gewissen verbot ihm aus einer Reihe von Gründen, sich solche ausstellen zu lassen, sagte er. Einer dieser guten Gründe war das Finanzamt!

Es geht los!

Am 31. Dezember 1931 legt er bei schwacher Brise ab, überquert ruhig die Bucht mit großen, weitausgeholten Kreuzschlägen. Er kommt auf einem Stein fest. Das fängt ja schön an! Plötzlich fällt eine Bö ein und drückt in das Großsegel. *Elain* liegt schwer über. Kehrt machen? Nein. Zwei Jungen kommen in einem Dingi vorbei. O Schande! Die Fock hoch. Er kommt frei und wird seekrank.

Mit seiner Jolle hat er bisher noch nicht auf offener See gesegelt.

Er hat aber Glück und überwindet diese Krankheit schnell. Nachts belegt Rebell das Ruder und schläft!

Sechs Stunden später kommt er wieder hoch und stellt fest, daß der Wind nachgelassen hat. Er setzt alles Tuch, nimmt Kurs Ost, Richtung Neuseeland.

Jede Nacht läuft er mit belegter Pinne weiter und rechnet mit der Beständigkeit des Windes. Er koppelt gar nicht erst. Sein astronomisches Besteck, mit dem Sextanten aus Flaschenkasten, Metallsäge und Holzschraube, wird ihm den Standort bringen.

Elain ist ein braves Mädchen, es läuft gut – und er spielt Mandoline. Aber am dritten Tag fällt die Mandoline, die die große Feuchtigkeit unter dem „Pfadfinderzelt" gar nicht verträgt, in ihre einzelnen Bestandteile auseinander. Die Leimnähte sind aufgequollen.

Bekanntlich genießt die tasmanische See keinen guten Ruf. Er macht seine Navigation recht und schlecht. Man müßte eigentlich alles erzählen; die „Pechsträhne von Alain" ist fast nichts gegen seine Malheurs: Die Trosse des Treibankers scheuert am Wasserstag durch. Nackt wie er ist, bekommt er von einem Hagelschauer eine gründliche Tracht Prügel. Dann ein Leck. Um nachts den Wasserstand in der Bilge (einer Jolle von 6 m Länge) kontrollieren zu können, läßt er eine leere Konservendose schwimmen, die als Alarmglocke fungiert. Eine Lenzpumpe hat er nicht, er schöpft von Hand. Vom Wasser total aufgeweicht, drohen seine Fingernägel abzufallen. Als das Wetter endlich besser wird, taucht er und kalfatert die Leckstelle unter Wasser mit Glaserkitt. Versuchen Sie es einmal...

Auf seine Ortsbestimmung ist er ganz stolz.
Aber...
Zitieren wir ihn:
„Ich wollte nach Auckland auf Neuseeland. Unglücklicherweise merkte ich nach vier Wochen Segeln, daß ich *schon sehr weit östlich dieser Inseln stand. Ich befand mich 200 Seemeilen nördlich der Route*, die ich vorher festgelegt hatte!

Unter diesen Umständen schien es klüger zu sein, direkt auf die Fidschiinseln zuzuhalten, als am Wind Süd und später West zu laufen. Ich segelte also genau nach Norden."

An Neuseeland vorbeizulaufen, das 1700 km lang ist...!
Pardon, er nähert sich jezt dem, was er für die Kermadec hält, die aber auf seiner Karte nicht verzeichnet sind.

Trotz allem kam dieser Mann nach Amerika.

Sein Boot sah zwar aus wie ein alter Zigeunerwagen, aber es lief. Man muß gehört haben, wie er seine Uhr repariert und den Stundenzeiger wieder einstellt, „weil er wußte, auf welchem Meridian er sich befand, da er nur Nord gemacht hatte, seitdem sie stehengeblieben war". Das Resultat, bestätigt er, war auf drei Sekunden genau... Wie oft seine Wanten gespleißt und geknotet waren, wie er darüber staunt, daß der Wind „immer gegen ihn war" (sicherlich eine Verschwörung). Wie er sein Schwert verliert und feststellt, daß er das Unterwasserschiff reinigen muß. Wie er mit einem völlig ausgetrockneten Boot in See geht, das Wasser durchläßt wie ein Korb. Wie er, ohne es zu merken, einen Anker verliert, der an Deck angeschlagen war, und so weiter.

Man muß vor allen Dingen seine Navigationsmethode kennenlernen. Weil viele Inseln auf seiner Karte nicht verzeichnet sind, kann er sie nicht ansteuern. Er braucht aber Trinkwasser. Da hört er im Traum eine Stimme: „Es gibt da bei den Fidschis, unten im Süden, ein paar Inseln, die auf deiner Karte nicht eingezeichnet sind." Stimmt genau! Genauso warnt ihn ein Traum vor einem Riff. Stimmt auch!

Ein paar Monate später zeigt ihm eine andere Vision eine Insel, auf die und die Entfernung, in der und der Richtung. Es ist wohl seine Seele, die sich auf den Weg voraus macht, um nachzusehen und dies festzustellen. Er zieht allen Ernstes den Schluß daraus, daß die frühen polynesischen Siedler ihre Inseln dank einem medialen Sinn, den wir heute verloren haben, entdeckten.

Der Traum als Navigationsmittel ...
Er bewährt sich auch bei der Verhütung von Kollisionen.
In Honolulu verlangt man seinen Paß. Er zeigt einen vor, den er selbst gemacht hat.
„Dieses Papier ist nicht offiziell."
„Verzeihung, ich bin meine eigene Regierung."
Das verschlägt dem Beamten die Sprache, er besteht nicht weiter darauf und gestattet Rebell 60 Tage Aufenthalt.
Rebell schafft die enorme Entfernung von fast 3500 Meilen, die die Sandwichinseln von der amerikanischen Küste trennen, und das ohne Uhr, denn beide haben inzwischen das Zeitliche gesegnet. Es ist schon wahr, „daß er ein so großes Ziel wie Amerika kaum verpassen konnte", wie er sagt.
Den Sturm beschwichtigt er mit einem Gebet, an das eine Bedingung geknüpft war:
„Wenn das vor Einbruch der Nacht aufhört, werde ich gläubig."
Gott akzeptiert, zeigt aber auch Sinn für Humor, er schickt ihm nämlich eine Totenflaute und eine schreckliche Dümpelei. Rebell ist ein schlechter Spieler. Einige Tage später fängt er diesen Handel mit demselben Einsatz wieder an:
„Etwas mehr Wind, und ich werde gläubig."
Der liebe Gott schickte diesmal eine angenehme Brise.
Jetzt liegt Rebell dicht vor der Küste auf dem Schiffahrtsweg. Dummerweise ist die Laterne vom Rost zerfressen.
Eine Spiere treibt in dem ruhigen Wasser. Er fischt sie auf ... daran hängt eine Sturmlaterne in ausgezeichnetem Zustand.
„Gott erhört nicht nur meine Gebete, sondern erfüllt auch meine heimlichen Wünsche ..."
Wir wollen uns beileibe nicht über ihn lustig machen – aber man täte gut daran, beim Navigieren nicht mit zu viel Wundern zu rechnen.
Am 8. Januar 1933, ein Jahr und sieben Tage nachdem er Sydney verlassen hatte, ankerte er im Hafen von San Predro, in der Nähe von Los Angeles. Es wird kein triumphaler Empfang, im Gegenteil, er hat Ärger mit den amerikanischen Einwanderungsbehörden und lernt das Gefängnis kennen. *Elain* wird von einer Barkasse der Hafenverwaltung havariert. Durch all das, erhärtet durch amtliche Berichte, wissen wir genau, daß die Überfahrt der *Elain* tatsächlich stattgefunden hat. Es fällt schwer, es zu glauben.
Rebell nahm in den Vereinigten Staaten Verbindung zu mystischen Sekten auf. Später machte er eine Reise nach Lettland. Im Baltikum kaufte er sich das Fischerboot *Selga* (Tiefe), das er mit einem Zementkiel versah,

mit dem er die Felsen der Bucht von Alderburgh in England auslotete, wo er auf Land geriet, während er schlief. Mit den Felsen hatte er auch in der Biskaya seine Schwierigkeiten.

1939 geht er an Bord des in St. Malo beheimateten Schoners *Reine d'Amor*, mit einem Kapitän aus Guernsey, auf eine Reise nach Sidney.

Er arbeitete wieder als Zimmermann und gleichzeitig als Werber für so etwas ähnliches wie die Heilsarmee.

Ist es zu fassen, an was er mit 66 Jahren, nach so vielen Abenteuern und mystischen Erleuchtungen, denkt?

Man höre, was er mir unter dem 11. Oktober 1952 schrieb:

„Ich habe kaum 100 Pfund (an anderer Stelle spricht er von 500) aus der Veröffentlichung meines Buches herausgeholt, und um leben zu können, muß ich meinen Beruf als Zimmermann ausüben. Ich bin immer noch Junggeselle und deshalb das Opfer schwerer Steuerlasten. Während der letzten 12 Monate mußte ich ungefähr 57 Pfund zahlen, auf ein Einkommen von 600 Pfund, und weil ich *so viel* verdiene, habe ich keinen ruhigen Lebensabend, auf den ich doch eigentlich Anspruch hätte."

Nun, dann kann er ja eine Pensionskasse für Einhandsegler gründen.

Er fährt fort:

„Aber ich beklage mich nicht, denn seit meiner Bekehrung ... wurde ich aus einem Egoisten zu einem Philanthropen."

Er erklärt, daß er seit seiner Abreise aus Frankreich an Bord der *Reine d'Amor* nicht mehr allein segelte.

Aber auf anderen Gebieten hat er nicht verzichtet.

Weil er mich für eine Frau hält (im Englischen ist Jean ein weiblicher Vorname), schrieb er weiter:

„Das andere Geschlecht hat in keiner Weise seine Anziehung für mich verloren (ich könnte einige seiner Vertreterinnen fast bewundern) und hoffe immer noch, eines Tages auf reziproke Gefühle zu stoßen und auf Treue bis in den Tod."

Er fügt hinzu: „Ich will eines Tages heiraten."

Hält er mich für hübsch, oder denkt er nur an die Steuerklasse?

Der Pazifik sieht aber nicht nur Einhandsegler, solche Phantasten und bizarren Seefahrer, wenig würdig, Schule zu machen, wie Rebell. Ganz im Gegenteil. Bill Weld war auch ein Zimmermann, ein Schiffszimmermann, der Boote aus Holz baute und der mit seiner *Pagan* schon drei beachtliche Pazifiküberquerungen geschafft hatte; Eric De Bisschop studierte dort die Strömungen mit seiner Dschunke *Fou Po II*, bevor er mit *Tatibouet* auf eine Weltreise ging; ein armer Teufel, John Riley, segelte mit einem armseligen Kanu von San Franzisko nach Honolulu und kenterte im Zielhafen. Es gab Australier, Neuseeländer, Yankees, einen Dänen, Pedersen, den 23jährigen Brian Platt, und viele andere, die man hier nicht alle aufzählen kann.

Besondere Erwähnung verdient der erste Alleingänger aus Asien. Der Japaner Kenichi Horie, der an Gilboy Maß genommen hatte. Freilich segelte er in entgegengesetzter Richtung und in der nördlichen inselfreien Zone von Osaka nach San Franzisko. 5300 sm auf der Seekarte. Das in 94 Tagen bei schwerem Wetter auf dem ersten Teil der Reise. Die Übersegelung des Pazifiks in beiden Richtungen und ohne Zwischenhafen war Wirklichkeit geworden. Im Winter 1965–66 hat der italienische Schiffsoffizier Alex Carozzo mit seiner 10-m-Slup „*Golden Lion*" Hories Leistung wiederholt, jedoch legte er zwei Häfen ein.

Blieb nur noch die Nachahmung der Segelart, die vor der Invasion der Europäer praktiziert wurde, nämlich auf einem Floß.

Das wurde dann ja auch gemacht. Zunächst mit der *Kon-Tiki*, dann, in der anderen Richtung, von Polynesien nach Amerika, von Eric De Bisschop und seinen Fahrtgenossen, mit viel größeren Schwierigkeiten und leider ohne den Enderfolg.

Und es wurde von einem Mann allein geschafft, mit dem wir uns hier beschäftigen müssen, von William Willis.

1893 als Sohn tschechischer Eltern in Hamburg geboren, war er also 1954 schon 61 Jahre alt, als er seine Reise begann. Willis war ein alter Segelschiffsmatrose. Seit seiner Jugend schipperte er in amerikanischen Küstengewässern an Bord kleiner Segelfahrzeuge. Das Leben führte ihn nach Texas, wo er alle möglichen landgebundenen Berufe ausübte, um ab 1937 wieder auf Frachtern zu fahren.

Die Idee mit dem Floß stammte nicht von ihm, denn die Überfahrt der *Kon-Tiki* lag schon einige Zeit zurück. Sie wurde in gleicher Weise ausgeführt. Das Material war ebenfalls Balsaholz, dieses wunderbar leichte Holz aus den Anden. Der Großmast war ein Zweibeinmast, wie auf der *Kon-Tiki*. Achtern stand noch ein kleinerer, wodurch das Ganze zu einem Yawlrigg wurde. Der bewegliche Klüverbaum (wie die alten „Chicabauts" auf unseren Loggern) erwies sich als äußerst praktisch.

Willis kannte wohl nicht die einfache Methode, bewegliche Steckschwerter zwischen die einzelnen Stämme zu schieben, mit denen man tadellos Kurs halten kann und die sozusagen automatisch steuern. Er baute ein klassisches Ruder mit Blatt und Rad ein, das er sicherlich fest belegen konnte. Obwohl Willis allein war, mußte er Ruder gehen, was das Problem wesentlich erschwerte. Dehalb mußte er auch seine Besegelung oft ändern und büßte damit den größten Vorteil eines Floßes ein.

Andererseits beging er nicht den schweren Fehler, kein Beiboot mitzunehmen, den die Leute von der *Kon-Tiki* gemacht hatten. Auf einem Floß hat ein Beiboot immer Platz, und man kann damit an Land kommen, wenn das Floß an einer unzulänglichen Küste unwiderruflich festsitzt, und zumindest die Besatzung retten oder um das Riff herum bis auf die Leeseite pullen. Willis nahm ein Beiboot mit.

Das Floß bestand aus sieben Stämmen und wurde auf den Namen *Die sieben kleinen Schwestern* getauft. Willis hatte einen kleinen Sender an Bord, der übrigens erst bei seiner Ankunft funktionierte.

Er segelte am 22. Juli 1954 von Callao (Peru) los. In seiner Begleitung befanden sich ein Papagei und eine Katze ... womit der Frieden an Bord dahin war. Dauernd mußte er auf die Katze aufpassen. Ob das Verschwinden des Papageis nun ein „Seeunfall" oder auf eine „Bluttat unter der Crew" zurückzuführen war, man weiß es nicht...

Das Floß lief, genau wie *Kon-Tiki*, im Humboldtstrom, aber das gesteckte Ziel lag viel weiter: Die Samoa-Inseln, 6700 sm, die in 115 Tagen zurückgelegt wurden.

Ein ähnlicher Zwischenfall wie bei Bombard trat ein, allerdings nicht ganz so dramatisch. Die Sache hätte aber leicht ein tragisches Ende nehmen können: Willis wollte einen Hai mit dem Bootshaken speeren und fiel dabei ins Wasser. Als er wieder an die Oberfläche kam, trieb das Floß majestätisch weiter.

Unmöglich, es schwimmend wieder zu erreichen. Durch Zufall hatte Willis immer noch die Leine seiner Harpune um einen Arm gewickelt, deren Ende an Bord belegt war. Es gelang Willis, sich Hand über Hand über eine Entfernung von 60 Metern heranzuholen, trotz der scharfen Einschnitte und ohne die stark beanspruchte Leine zu zerreißen (welche Ängste muß er ausgestanden haben!). Für einen Mann von 61 Jahren war das eine ganz erhebliche Anstrengung. Aber der alte Seemann hatte lange trainiert und war gut in Form.

Er war gerettet. Kurz darauf wäre er aber beinahe einer Krankheit erlegen. Ein fremdartiger, unerträglicher Schmerz im Bereich des Solar Plexus verursachte eine Bewußtlosigkeit. Darauf gab er SOS – ohne Erfolg – und sofort waren die Leiden behoben. Krankheiten sind für den Alleingänger eine der größten Gefahren, gegen die er sich nicht schützen kann.

Ziemlich stark geschwächt, setzte Willis wieder Segel. Er stellte fest, daß seine Vorräte zur Neige gingen, daß ihm kaum noch Wasser geblieben war. Dieser echte Seemann ärgerte sich über sich selbst: Das muß ausgerechnet mir passieren, mir, der ich die See und ihre Gesetze kenne. Ich hätte doch größere Wasserbehälter einbauen müssen, Fässer. So macht man es auf See. Mea culpa. Aber das half ihm nicht weiter. So mußte er wie Bombard, dessen Theorien damit wieder bestätigt werden, Seewasser trinken. Seit langem kannte er die Wirkung als Reinigungsmittel der Verdauungswege. Er trank täglich nur bescheidene Mengen, die er mit Süßwasser versetzte, und fühlte sich ganz wohl dabei.

Nördlich der Marquesas, die aber nicht in Sicht kamen, brachte sehr hartes Wetter eine Zeit schwerster Prüfungen für das Floß, aber es hielt durch. Wie bei *Kon-Tiki* nahm das Balsaholz allmählich Wasser auf und tauchte tiefer ein. Es mußte Ballast über Bord geworfen werden. Bedeutete das, die Aufbauten wegschlagen? Willis war durch die grelle Sonne geblendet, fast blind. Es wurde höchste Zeit ans Ziel zu kommen.

Der Landfall auf die amerikanischen Samoa-Inseln gelang einwandfrei, doch hinderten ihn Wind und Strom, an Land zu kommen, obwohl er nachts ganz dicht daran vorbeitrieb. Trotz des vorhandenen Beibootes wollte er sein treues Floß nicht aufgeben. Er war ja auch keineswegs dazu gezwungen und hielt auf die britischen Samoa-Inseln zu, als ihn ein Boot entdeckte, das ausgeschickt worden war, ihn zu suchen. Über Radio hatte er seine bevorstehende Ankunft gemeldet. Das Boot schleppte ihn nach Pago-Pago ein.

Diese Floßfahrt eines alten Mannes, der sich die körperliche Konstitution und die Energie eines jungen Menschen bewahren konnte, ist eine der beachtlichsten Leistungen der letzten Jahre.

Und dann 1963, nun bereits 70jährig, unternahm er eine weitere Reise. Diesmal mit einer Katze auf einem eisernen Floß, dessen Name *„Age Unlimited"* schon ein Programm verhieß. Von Callao aus gelangte er nach Samoa und schipperte weiter nach Australien. Nicht für das Publikum. Nur für sich selbst. Aber auch er hat sich vom Zwang nach Steigerung einfangen lassen: 1967 machte er sich von Irland auf mit der 5-m-Slup *„Aisha"* und schaffte es nach Amerika – dank der Hilfe eines Netzfischers. Und dann lief dieser Mann, den man für vernünftiger halten könnte, am 1. Mai 1968, also mit 75 Jahren, von Long Island mit einem noch kleineren Boot aus. Seine *„Little One"* maß ganze 3,30 m über alles. Mitten auf dem Atlantik wurde es aufgefunden, es schwamm eben noch. Doch niemand war an Bord. Willis starb auf See. Das war für ihn vielleicht am besten so.

4.

DER INDISCHE OZEAN

Hayter, Guillaume, Moitessier

Alle Weltumsegler, von denen wir noch sprechen werden, haben den Indischen Ozean überquert. Sie wählten eine Route, von der sie sagen, daß sie die angenehmere sei, nämlich zwischen dem Norden Australiens (Torresstraße) und Durban, südlich von Madagaskar. Diese Passatroute ist ideal.

Es geht natürlich auch anders.

Man kann südlich an Australien vorbeilaufen, wie es Dumas gemacht hat, aber das wird dann grausam.

Man kann auch gegen den Monsun ankämpfen.

Vom Fernen Osten zum Roten Meer oder Madagaskar, was besonders anfangs nicht so einfach ist, oder in der entgegengesetzten Richtung und dann auch noch gegen den Monsun ...

Man lese einmal die Geschichte des britischen Obersten Hayter.

Sein Boot, die *Sheila II*, war eine hochbetagte 1911 gebaute Yawl von 9,80 m Länge. Ihr Alter hinderte den Colonel aber nicht daran, im August 1950 von Lymington auszulaufen.

Er passierte Gibraltar, Port Said, durchquerte das Rote Meer, ohne mit Piraten ins Handgemenge zu geraten (das ist das erste Mal, vergleiche Robinson, Zitt und Petersen, ebenso im Jahre 1951, aber in der entgegengesetzten Richtung).

Die röstenden Kalmen bringt er mit Hilfe seines kleinen 8-PS-Benzinmotors hinter sich, ohne daß dieser, wie bei Miles, in Brand gerät. Er kommt in Aden an.

Es ist die Jahreszeit der heftigen Monsune (mit mindestens 6 bis 7 Beaufort wehen sie, das sind 60 bis 70 km/h), und zwar aus Nordost, also direkt von vorn. Monatelang warten? Kommt gar nicht in Frage. Der Colonel läuft in Aden aus und fängt hartnäckig an zu kreuzen (doppelter Weg, dreifache Zeit und vierfacher Ärger).

Wer unter vollen Segeln bei achterlichem Wind die vom Monsun aufgeworfene See gesehen hat, machtvoll, gewaltig, der kann sich ungefähr vorstellen, was es bedeutet, da gegenan zu kreuzen. Welche Willenskraft notwendig ist, um nicht zu sagen: Es hat keinen Zweck, abfallen.

„Das Deck war nie trocken", sagte der Colonel, „meine Haut dauernd feucht. Ich hätte in die Luft gehen können. Ich mußte völlig nackt bleiben, damit die Kleidungsstücke nicht dauernd auf der Haut scheuerten."

Das Rigg, nicht neu, hatte weniger Durchhaltevermögen als der Mensch. Die Fallen brachen. Er mußte in den Mast steigen. Es ist ein Erlebnis – und was für eins – vollkommen nackt in den Mast einer Segelyacht zu entern, die gegen eine vom Monsun aufgewühlte See anbolzt.

Bei den Anstrengungen, nicht in die See geschleudert zu werden, wurde die Haut ständig gescheuert. Die Geschwüre brachen auf. Die Arme hatte das Gefühl, als würde ihm bei lebendigem Leibe die Haut abgezogen.

Trotz allem erreicht er Bombay, dann Goa, Colombo.

Ohne besondere Ereignisse? Fast ohne. Er bricht sich nur ein Bein und bekommt eine Blinddarmentzündung!

Keine ernsten Sachen. Er spricht nicht weiter darüber. Sollte er sich nicht erst erholen, nachdem er die Chance hat, sich an Land pflegen zu lassen, zweimal sogar? Am 27. März 1952 läuft er von Colombo mit Kurs Penang aus. Hier plagt ihn der Monsun nicht, er hat noch nicht eingesetzt, aber ...

„Auf dieser Strecke", so erzählte er, „schlug ein Trinkwasserbehälter leck und ich verlor 17 Gallonen Süßwasser. Es blieben nur noch 4 Gallonen (20 l) in einem Reservebehälter übrig. Ich teilte mir Rationen ein, was mir bei der Hitze in dieser Gegend schrecklich schwer fiel. Ich erlebte langweilige Kalmenperioden, nur von vereinzelten Regenböen unterbrochen, die mir etwas Süßwasser brachten. Eine ganze Menge Wolken entluden sich ausgerechnet nicht über mir.

Eines Nachts wachte ich plötzlich auf. Das Boot hatte in einer solchen Bö eine Lage von 60 Grad. Ich sprang an die Pinne und wagte nicht mehr, sie aus der Hand zu lassen. Das Großsegel hatte noch zu viel Bauch, obwohl ich es dreifach gerefft hatte.

Diese Böen waren erste Anzeichen des wiederaufkommenden Monsuns. Ich stieß auf treibende Kokospalmen und konnte Kokosnüsse ernten, die meine Vorräte glücklicherweise ergänzten.

Am Morgen des folgenden Tages befand ich mich inmitten vieler Inseln, es waren die Nikobaren. Ich stand 180 Meilen nördlich meiner angenommenen Position! Am 24. Mai traf ich in Penang ein. Dort mußte ich mir Arbeit suchen, denn ich hatte nur noch 11 Pfund in der Tasche, und ich hoffte, bis zum Ende des Jahres so viel zu sparen, daß ich mein Boot wieder instand setzen konnte, um nach Singapur, Java, Bali, Timor, Sydney und Neuseeland weiterzusegeln."

Man kann nicht sagen, daß der Oberst ein besonders guter Navigator war, aber der Mann hatte eine seltene Courage, unbezähmbare Energie, und er war ein Glückspilz. Moitessier hatte keine Differenzen von 180 Meilen in der Breite... Hat der Oberst denn keine Sterne geschossen? Halfen ihm die auf den Nikobaren heimischen Götter, oder hat das alte und solide Boot die eigene Erfahrung auf ihn übertragen?

Der Kapitänleutnant Guillaume, Bretone aus Saint-Servan, benutzte den Monsun in der günstigen Richtung, um auf seinem eigenen Untersatz mal eben von Indochina nach Frankreich zurückzukehren. Er besaß ein schönes Boot, mit dem man getrost lange Fahrten unternehmen konnte.

Beachtlich ist, daß seine Vorgesetzten von der französischen Kriegsmarine (der Kapitänleutnant stand immer noch im aktiven Dienst) ihre Zustimmung zu dem Unternehmen gaben. Die Einhandsegelei hat offenbar selbst in ministeriellen Kreisen Anklang gefunden...

Sein Boot *Manohara* war eine schöne Ketsch, von den Anamiten nach einem französischen Riß aus bestem Holz gebaut, nämlich aus echtem Teak. Es wurde nur wenig geändert[1].

Kapitänleutnant Guillaume sollte die Reise zusammen mit einigen Kameraden unternehmen, die sich aber schon vor der Ausreise aus dem Staub machten, bis auf einen, und der wurde in Singapur krank. Der Marineoffizier lief darum im Mai 1956 allein aus.

Zunächst hatte er schlechtes Wetter. Dann blieb zu allem Unglück auch noch seine Uhr stehen. Für eine Reise in Längengraden ist das eine dumme Sache (beim Fall Moitessier wird man das noch sehen).

Aber die Astronomie kommt ihm zu Hilfe. Hören wir, was ein Kamerad des Kapitäns dazu äußerte:

„Guillaume hatte die astronomisch genaue Mittlere Greenwichzeit (GMT) verloren. Er mußte sich damit abplagen, seinen Chronometer wieder auf Greenwichzeit zu bringen.

Das Radio war ausgefallen, als ein Brecher den Lukendeckel weggerissen, die ganze Kajüte überschwemmt hatte und die Akkus, Seekarten, den kleinen Motor und die Wäsche unter Wasser setzte.

In dieser verzweifelten Lage nahm er seine Berechnungen nach den Monddistanzen vor, indem er zwei Serien der entsprechenden Mondhöhen

---

[1] Einzelheiten in der Zusammenstellung am Ende des Buches.

schoß und zwei Höhenserien eines benachbarten Sterns. Jede dieser Winkelmessungen gab ihm die falsche rechte Aufsteigung des Mondes und des Sterns, aber die Differenz der beiden rechten Aufsteigungen war exakt, und er konnte in den Ephemeriden den Tag und die Stunde nachschlagen, zu der der Mond die am Himmel festgestellte Position einnahm. Diese Vorausberechnungen waren sehr interessant. Unsere Berechnungen haben gezeigt, daß die Fehler im Schnitt mit 30 zu multiplizieren waren, aber da er ein ausgezeichneter Beobachter war, konnte er die Zeit auf eine halbe Minute und die Position auf 15 sm genau feststellen...»

Die Sache hatte auch eine humoristische Seite. Eine Presseagentur meldete, Guillaume habe „seinen Kurs dank der Farbe des Mondes gefunden".

Am 27. Juli stand *Manohara* vor Chagos. 71 Tage auf See, ohne ein Schiff zu treffen.

Dank eines dort ansässigen Kap Hoorniers, des Kapitäns Lanier, und des Besuches der *Foudre*, eines französischen Kriegsschiffes, konnte *Manohara* so weit instand gesetzt werden, daß sie am 16. August nach den Seychellen auslief, die sie nach 30 Tagen ohne besondere Vorkommnisse erreichte.

Die Bevölkerung dieses britischen Dominions bereitete ihm einen herzlichen Empfang, und der Einhandsegler konnte einige Reparaturen vornehmen. Die Arbeiten nahmen einen Monat in Anspruch. Am 2. Oktober lief *Manohara* nach Djibouti aus. Um den Strom von 2 bis 3 Knoten längs der afrikanischen Küste und den Südwestmonsun auszunutzen, der in dieser Gegend bis in den November hinein weht, entschloß sich Pierre Guillaume, direkt auf die Küste zuzuhalten und dann nach Norden in Richtung Djibouti weiterzusegeln. Anfangs ging das sehr gut. *Manohara* schaffte Etmale von 150 Meilen und erreichte bald die Küste nördlich von Mogadiscio in Italienisch Somaliland.

Bei Kap Ras Afun wurde vor Anker die Pinne noch einmal repariert. Dann hatte er das Glück, in eine Gegenströmung zu geraten, die ihn bis Kap Gardafui trug. Von dort aus war Djibouti leicht zu erreichen. Das Ruder brach jedoch noch einmal und verschwand diesmal auf Nimmerwiedersehen in den Fluten. Er wollte versuchen, es an dieser flachen Stelle zu bergen, und schoß in den Wind, aber der kräftige Strom versetzte ihn auf die Küste, und nach kurzer Zeit kam er fest.

Das war am 11. November. Durch die Grundberührung waren nur unbedeutende Schäden entstanden. Pierre Guillaume ging an Land, um Eingeborene zu holen, die ihm helfen sollten, *Manohara* wieder flottzumachen. Es erklärten sich auch einige dazu bereit, die ihm den Rat gaben, mit einigen seiner Sachen am Ufer zu warten – was er dann auch tat.

Aber er merkte bald, daß es sich um eine List von Plünderern handelte ... *Manohara* erhielt nächtlichen Besuch, der die Vorräte und Navigationsinstrumente mitgehen ließ.

In dieser Situation erschien wie gerufen des französische Schiff *Tarantule* und bot ihm Hilfe an. Nach einigen heiklen Manövern kam *Manohara* beinahe frei, jedenfalls nahm sie eine Lage ein, aus der sie leicht zu befreien war. Aber ... in der Nacht kappte ein Somali die Trossen, und die Ketsch saß wieder auf dem Trocknen. Derselbe Eingeborene hatte die Lukendeckel offengelassen, und das Wasser konnte ungehindert in die Yacht eindringen. Es war klar, daß die Reise unter diesen Bedingungen abgebrochen werden mußte. Traurigen Herzens ließ Guillaume die Ketsch zurück, fuhr nach Mogadiscio und bat um Schutz und Hilfe. Die Behörden dieses ungastlichen Landes konnten dem Segler nur raten, auf dem Luftwege nach Frankreich zurückzukehren. Dem Kapitänleutnant blieb schließlich nichts anderes übrig.

Wissen zahlt sich nicht immer aus, Unvorsichtigkeit noch weniger.
Moitessier geht einige Jahre danach auf denselben Kurs.
Eigentlich verbieten die uns auferlegten Maßstäbe, seine Geschichte zu erzählen, denn sie endet mit einem Schiffbruch, und zwar durch menschliches Verschulden. Aber sie birgt so viele Erfahrungen, die eine Ausnahme rechtfertigen. Außerdem steckt noch ein ganzes Stück Ozeanüberquerung darin.

Dieser Junge, der schon viele schöne Kreuzfahrten gemacht hatte, besonders an Bord der *Snark* mit Pierre Deshumeurs, befand sich in Kambodscha und wollte nach Madagaskar, um sich dort niederzulassen. Er kaufte eine kleine Küstenschunke von 9,25 m Länge, 9,6 t Verdrängung, die er selbst ausbaute. Auf diese Weise wollte er der Wohnungsnot begegnen und in irgendeinem madegassischen Hafen darauf leben, während er sich eine Stellung suchen würde.

Knapp bei Kasse, machte er es so gut er konnte. Er nähte die Segel selbst, leider aus viel zu leichtem Tuch, und sagte bescheiden, daß sie so schlecht geraten seien wie ein selbstgemachter Anzug. Sie standen schlecht, er konnte damit nicht hoch an den Wind gehen. Sie hielten auch nicht lange.

Genauso schlecht stand es mit dem Ballast, den eine Dschunke haben muß, weil sie nur tief abgeladen richtig manövriert. Er bestand aus großen Steinen, die aber nicht ausreichten, weil ja auch noch Platz für den bewohnbaren Raum bleiben mußte. Darum wurde die Segelfläche verkleinert, sobald etwas mehr Wind aufkam, was wiederum auf Kosten der Fahrtgeschwindigkeit ging.

Aus demselben Grund wurde das Trinkwasser in unförmigen und gefährlichen Fässern gestaut. An Navigationsinstrumenten hatte er lediglich einen Kompaß (ein Boussole) und einen Sextanten, kein Log, kein Doppelglas, keinen Chronometer, nicht einmal eine verläßliche Uhr. Moitessier war drauf und dran, den Sextanten in Singapur zu verkaufen, um seinen Lebensunterhalt bestreiten zu können.

Schließlich konnte der Segler seinen Aufenthalt in Indochina aus Geldmangel nicht verlängern und mußte vorzeitig auslaufen, und zwar gerade zur Zeit der „Sumatras", an Malakka vorbei, und sich mit dem Indischen Ozean bei dem stärksten Südwestmonsun einlassen.

Die Reise begann am 25. März 1952 in Kep. Die Dschunke *Marie-Thérèse* erreichte am 5. April Singapur ohne Schwierigkeiten.

Es hatte sich gezeigt, daß Änderungen am Rigg und eine ganz gründliche Kalfaterung vorgenommen werden mußten. Die Dschunke war nicht neu und auch nicht auf europäische Art gebaut.

Moitessier kann erst am 11. Juni wieder auslaufen. Er steht zwei oder drei „Sumatras" durch, diese nächtlichen, mächtigen Sturmböen, die nur ein oder zwei Stunden anhalten, die aber Geschwindigkeiten von 70 bis 100 km/h erreichen. Am 17. Juni ist er in Port Swettenham. Dort nimmt die Undichtigkeit seiner armen Dschunke überhand, die nicht in allerbestem Zustand war. Moitessier kittet und zementiert die Nähte. Er redet sich ein, daß „diese Mischung aus Zement und Mergel" ausgezeichnet ist, vorausgesetzt, daß sie mit viel Sorgfalt aufgetragen und an den Planken gut angedrückt wird. Nach wenigen Stunden ist die Oberfläche durchgehärtet und am nächsten Tag so hart wie Stein. Sie kann dann keine Risse mehr bilden, wie man annehmen müßte, obwohl die Planken eines Bootes stets mehr oder weniger arbeiten..."

Wir möchten es auch gern glauben und hoffen, daß diese schlecht aufgeplankte Dschunke wenigstens einen guten Spantenbau hat.

Die Reise durch die Meerenge verläuft glatt. Es folgt eine recht bewegte Segelei, „infolge des Materialzustandes und des Monuns, der immer genau von vorn weht".

Man müßte diesem Monsun ausweichen, bei halbem Wind nach Westen ablaufen, auf die Insel Sumatra zu, und dann durch die äquatorialen Kalmen, um endlich in den wohltätigen Passat zu kommen. Endlich, am 17. August, segelt er mit rauhem Wind. Trotz der schwachen Hilfsbesegelung macht *Marie-Thérèse* gute Fahrt. Die Uhr steht. Pah, sagt sich Moitessier, der alte Wecker wird schon dafür sorgen, daß ich die Stunde der Mittagsbreite nicht verpasse, den Augenblick, in dem die Sonne wieder auf dem Horizont des Sextanten herunterzusteigen beginnt.

An einem Flautentag leistet er sich ein Stück, das er beinahe teuer hätte bezahlen müssen. Das Sicherheitssystem, wie er es beschreibt, ist gut durchdacht, aber nur von relativer Wirksamkeit:

„Die Großschot fegte eine Kasserole über Bord. Durch einen Sprung hinterher konnte ich sie tauchend wieder fassen. Ich erwischte eine lange Leine, die ich immer achteraus fuhr. Außerdem machte *Marie-Thérèse* in dem Moment sehr wenig Fahrt, ein bis zwei Knoten. Die Rettungsleine war mit beiden Enden auf jeder Seite am Heck des Bootes belegt und bildete eine Bucht, die ungefähr 10 m achteraus schwamm. So hatte ich im Falle des Überbordgehens immer die Chance, die Leine zu greifen und mich daran festzuhalten, während eine nur einmal belegte Leine bei einer Geschwindigkeit von 5 bis 6 Knoten sehr schlecht zu fassen ist."

Ist er sicher, auch bei 5 bis 6 Knoten Fahrt wieder an Bord zu kommen, nur kraft seines Bizeps?

Die Einsamkeit belastet ihn nicht, oder nur gelegentlich. In solchen Augenblicken beschäftigt er sich mit den Tieren, die ihn begleiten, mit der gleichen Sentimentalität, wie es auch andere Einhandsegler taten.

„Ich liebte besonders einen kleinen Außenbordkameraden, nicht größer als meine halbe Handfläche, der immer genau vor meinem Bug herschwamm und kleinen fliegenden Fischen auflauerte. Schlafen Fische eigentlich nie[1]?"

Er lenkt sich auch durch kindische Zerstreuungen ab:

„Die Einsamkeit bedrückt mich nicht so sehr, und das bißchen miese Laune wegen des schlechten Wetters in der letzten Woche ist schon vorbei. Manchmal würde ich viel darum geben, einige Minuten mit einem menschlichen Wesen schwatzen zu können. Also rede ich mit mir selbst, spreche, mache Witze, streichle den Besanmast und frage ihn, ob er mich noch liebt, wenn ja, ob er mich vor den Seychellen auch nicht verlassen wird. Ich verpasse keine Gelegenheit, wie ein alter Soldat zu fluchen, und gebrauche dabei eine Mischung aus französischen, vietnamesischen und englischen Schimpfwörtern. Und wenn ich mich nicht damit beschäftige, zu lesen, zu sprechen, zu schlafen oder zu fluchen, dann singe ich, mal aus vollem Halse, mal leise, je nach dem Zustand der See und meinem eigenen."

Moitessier macht gute Fahrt, begeht aber eine Dummheit. Er hat die Insel Sumatra im Rücken. Sehr gut. Er macht West. Ausgezeichnet. Es ist sein Kurs. Aber da er auf einem Breitengrad segelt, ohne Uhr und ohne Log, bei sehr variablen Winden, *weiß er absolut nicht*, wo er sich befindet

---

[1] Auch Toumelin hatte während seiner Atlantikreise seine „Pilotfische" in der Bugwelle.

auf diesem Breitengrad. Jeden Tag nimmt er die Mittagsbreite mit dem Sextanten. Damit hat er lediglich die Poldistanz. In dem Augenblick, in dem die Sonne kulminiert, gibt sie ihm die örtliche Mittagszeit, da er aber die Greenwichzeit nicht hat (weder Uhr noch Radio), kann er den Unterschied beider Zeiten und damit seine Länge nicht feststellen.

Er weiß nur, daß er etwas südlich des Chagos-Archipels steht. Aber wie weit ist er davon entfernt? Er weiß es nicht einmal auf 200 Seemeilen genau, denn jede noch so genaue Koppelung ist nach Wochen des Kreuzens bei wechselnden Winden, Flauten und Strömungen zwangsläufig ungenau.

Was tun?

Es gäbe eine längst vergessene seemännische Lösung. Er hätte sie schon vor langer Zeit wählen müssen:

Auf den Ost-West-Kurs verzichten, bei dem man einen Landfall mitten unter flachen Inseln nach Längengraden hat, und dafür einen Landfall auf einem Breitengrad suchen, was Moitessier mit seinen Mitteln gut ausführen konnte. Ein Blick auf die Karte zeigt, daß das zwar nicht einfach ist, denn die wichtigen Küsten liegen ziemlich in Nord-Süd-Richtung, abgesehen von Indien, aber sie liegen im Monsunbereich. Trotzdem, wenn er so lange Übersegelung in einem frischen Passat bei seitlichem Wind vorhat, hätte er Madagaskar erreichen müssen, wobei gar keine Gefahr bestand, diese große Insel zu verfehlen, oder, falls er zu weit nach Süden geriete, würde er immer noch auf Mauritius oder La Réunion stoßen, die sehr hoch aufragen.

Statt dessen entschloß er sich zu einer riskanteren Lösung. Er ließ es sich einfallen, hart im Süden der Insel Diego Garcia vorbeizulaufen, der südlichsten der Chagos, um sie im Vorbeisegeln sicher ausmachen zu können. Wenn er sich am Breitengrad hielte, würde er nichts riskieren, er würde die Insel nicht verfehlen oder etwa mit dem Kiel orten. Jedenfalls würde er genau wissen, wo er ist und seinen Kurs von einem bekannten Abgangsort weiterlaufen können.

Ja, aber diese Insel ist niedrig, man sieht sie von weitem nicht. Und was ist, wenn er auch nur etwas durch Strom versetzt wird? Und nachts? Man sieht weit unter dem Sternenhimmel, man kann sehen und kann auch die Brecher hören. Aber wenn man schläft?

Und wenn, und wenn... Er zuckt die Achseln und meint, „daß das wirklich zu viel Pech wäre", Er rechnet – und das hält er sogar schriftlich fest – er rechnet mit seinem Glück.

Wie den Betrunkenen an Land, hilft auf See das Glück den Narren, das haben wir gesehen.

„Ich rechnete damit, 250 bis 300 Meilen von Sumatra entfernt, keine

Möven mehr anzutreffen, und die ersten wieder einige hundert Meilen vor Chagos. Mein Plan war also ganz einfach, ich hatte mich nur auf dem 8. Breitengrad Süd zu halten, das heißt in der Passatregion, wenn die Seevögel von Chagos auftauchen, sorgfältig auf dem 8. Breitengrad weiterzulaufen, etwa eine Woche oder zehn Tage lang. Das würde mich ungefähr auf 40 Meilen südlich von Diego Garcia heranbringen und mir ermöglichen, den Archipel glatt zu umsegeln. Dann drei bis vier Tage lang Kurs Nord, um die Breite der Seychellen zu erreichen (ungefähr 4° 30′ S). Nachts war gut Ausguck zu halten, für den Fall, daß ich bei ungenauem Steuern auf eine der flachen Inseln stoßen sollte, die den Chagos-Archipel bilden. Wenn die Breite der Seychellen erreicht ist, Kurs West abstecken und dann in freier See weiterlaufen bis zum Ziel. Die Seychellen sind hoch und weithin sichtbar, sie würden mir keine Sorgen bereiten.

Es kam jedoch ganz anders. Es waren immer Seevögel da, auch als ich mich sehr weit von der Küste entfernt wußte. Anders gesagt, es gab kein Zeichen, das mir die Nähe der Chagos ankündigte, und deshalb beging ich den Fehler, weiterhin auf die Seychellen zuzuhalten. Also entgegen aller Vernunft änderte ich das ursprüngliche Vorhaben, zwischen Diego Garcia und den Six Isles durchzulaufen, um mich zu orientieren.

Es wäre ebenso riskant gewesen, blindlings den 8. Breitengrad Süd abzusegeln und mich dabei auf eine falsche Schätzung meiner Länge zu verlassen. Denn dabei bestand die Gefahr, entweder auf eine der Koralleninseln der Amiranten, im Südwesten der Seychellen, aufzulaufen oder den Längengrad der Seychellen zu verpassen, bevor ich wieder nach Norden abdrehen könnte, in welchem Falle ich dann schließlich an den Küsten Afrikas landen würde.

Mir war durchaus bewußt, wie gefährlich es war, zwischen Diego Garcia und den Six Isles durchzulaufen, durch eine Passage, die nur 20 Meilen breit ist, in der mich der Südstrom erheblich behindern würde. Anfang September war ich nahe daran, den Plan, die Seychellen anzulaufen, aufzugeben und direkt auf die Nordküste Madagaskars zuzuhalten, um damit den gefährlichen Chagoinseln aus dem Wege zu gehen. Nach Madagaskar war die See wenigstens frei, und ich könnte mir einen weithin sichtbaren Punkt der Küste aussuchen, um mich dann anhand meiner Spezialkarte zu orientieren."

Das wäre sehr weise gewesen!

Aber – die Post, die in Mahé wartete? Er hatte gesagt, daß er nach den Seychellen segeln würde, und wird es auch tun.

Es sind immer die gleichen Gründe: Ein Mitsegler oder Passagier, der aus irgendwelchen weltbewegenden Gründen, wegen festgelegter Termine zu einem bestimmten Zeitpunkt an einem bestimmten Ort sein muß, der in einem bestimmten Hafen Post erwartet, dessen Urlaubszeit zu Ende geht (die man ja bis zur letzten Minute „nutzen muß"). Aus diesen Gründen laufen die Segler trotz schlechten Wetters aus, auch wenn sie wissen, daß es gefährlich ist, segeln unmögliche Kurse...

So etwas kann nicht gut ausgehen.

Moitessier ist jetzt 73 Tage auf See.

Der Wind steht ausgezeichnet. Seine Breite 7° 8' S ist um 20' zu niedrig, denn der Strom versetzt ihn nach Süd. Er müßte 6° 50' S haben, um sicher zu sein, die Chagos nicht zu verfehlen.

Im Logbuch steht:

„Ich ändere den Kurs um einige Grade..."

Um einige Grade nach Nord...

Und dann, um 19 Uhr, legt sich Moitessier in die Koje. Er hat sich vorgenommen, wie üblich gegen zwei oder drei aufzuwachen.

„Damit endet das Logbuch der *Marie-Thérèse*. Gegen Mitternacht schleuderte mich ein heftiger Stoß gegen die Kajütsdecke. Ich sitze auf dem Küstenriff von Diego Garcia. Wenn ich nur ein paar Meilen weiter nach Norden gelaufen wäre, hätte mich die ungewöhnlich ruhige See gewarnt. Zwölf Stunden nach dem Schiffbruch, zu der Stunde, in der ich sonst mit dem Sextanten in der Hand an Deck stand, war von der *Marie-Thérèse* keine Spur mehr zu sehen. Nicht eine Planke am Strand, kein Stückchen vom Kiel."

Nun, verpaßt hatte er sie jedenfalls nicht!

Nur einmal, ein einziges Mal, hatte er fünf Stunden hintereinander geschlafen...

War das Hexerei? Eine bösartige Sirene?

Und dieser Strom...

Dieser Strom, der nach Süd versetzt, während der Passat aus Südost weht, hätte ihn gerade daran hindern können, in die Nähe des Chagos zu geraten: Der Hauptstrom setzt, wie er vorher beobachtet hatte, nach Südost oder Ost. Er teilt sich und der schwächere Arm drückt nach Süd, der ihn gegen seinen Willen aus dem Gefahrenbereich getragen hätte. Indem Moitessier seinen Kurs korrigierte, um die Stromversetzung auszugleichen, hatte er genau das getan, was ihn auf die Korallen vor Diego Garcia brachte, denn ganz dicht unter Land ist der Strom nur schwach und sein Kurs führte ihn genau auf die Insel.

Man muß eben an alles denken, wenn man in Landnähe segelt (das ist am grünen Tisch natürlich leichter gesagt als unterwegs getan, und wir sind weit davon entfernt, ihn etwa abwerten zu wollen).

Moitessier kann sich unverletzt retten und verbringt sechs Wochen auf

Diego Garcia, der Mörderischen, dank guter Freunde „in Sorglosigkeit und Freude", trotz des Verlustes seines Bootes und der Bücher. Dann kommt er nach Mauritius und findet es dort so schön, daß er bleibt, auf das Schicksal vertrauend, das ihn auf dieses herrliche Fleckchen Erde verschlagen hat. Hier möchte er sich gern niederlassen.

Sicher, der Seemann hat Verständnis für ihn. Die Regeln dieses Spiels bestehen aber nicht darin, das Schicksal herauszufordern, sich selbst in die Misere zu bringen, indem man „auf seinem Westkurs etwas Nord gibt", um genau auf den südlichsten der Felsbrocken des ganzen Gefahrenbereiches der Route zu geraten. Man muß seinen Schiffsort eben doch etwas genauer kennen.

Wir glauben, daß diese Geschichte Navigationsprobleme in bezug auf Länge und Breite beleuchtet und eine Illustration dessen darstellt, was Slocum von zu viel oder zu wenig Präzision hält, wobei aber die Mischung aus beiden das übelste ist.

Das hindert uns allerdings nicht daran, Moitessier sehr sympathisch zu finden, und den Faden weiterzuspinnen.

Denn, nachdem er hier und da ein bißchen gearbeitet hatte, um von eigener Hand ein neues Boot zu bauen, setzte er wieder Segel: nach Südafrika und den Antillen. Wieder Totalverlust. Mit viel Unternehmungsgeist, bescheidenen Arbeiten gegen Entgelt und Unterstützung echter Freunde (die allerdings oft gerade mit einem Teller Linsen helfen konnten), entstand wieder ein Boot. Auch eine Frau fand einen Platz in seinem Leben. Eine der charmantesten Frauen, die obendrein eine bekannte Seglerin war. Mit ihr vollbringt er die längste geplante Reise im Sportboot. In bezug auf die Zeit (126 Tage) seit Gilboy und vor Alec Rose. In bezug auf die Distanz (14 216 sm) bis Chichester! Davon erzählt er in seinem köstlichen Buch „Kap Hoorn, der logische Weg". Sein zweites Buch „Un Vagabond des Mers du Sud" ist mit Abstand das beste, das jemals ein Einhandsegler geschrieben hat. Er schließt mit dem Satz: Nun, mit Gottes Hilfe ist das Wort „Yacht" vielleicht ein Synonym für „Freiheit".

Aber auch er wird, zumindest am Anfang, von der „Rekorditis" gepackt und meldete sich zur Wettfahrt Nonstop einhand um die Welt, auf die wir noch zurückkommen werden.

Die See um ihrer selbst willen? Jawohl. Warum zum Starthafen zurückkehren und nicht woandershin segeln? Das tat er dann auch, ohne zuvor darüber ein Wort zu verlieren.

5.

DIE WELTUMSEGLER

Slocum, Pidgeon, Drake, Alain Gerbault, Miles, Erling Tambs, Francesco Geraci, Bernicot, Vito Dumas, J.-Y. Le Toumelin, Murnan, Petersen, Jean Gau, Bardiaux, Guzzwell, Michel Mermod, Pierre Auboiroux, Chichester, Alex Rose, Frank Casper, Lee Graham.

DER PIONIER SLOCUM

Joshua Slocum, der erste Einhandweltumsegler, ist auch der bedeutendste.
Im Februar 1844 wurde er in Wilmot, in der Grafschaft Annapolis, Neuschottland (Kanada), geboren. Er war das, was die Yankees eine „blue-nose" nannten. Er ließ sich bald als Amerikaner naturalisieren. In seinem Buch „Sailing Alone Around the World" bestätigt er, daß alle seine Vorfahren Seeleute gewesen sind. Das ist zwar nicht ganz zutreffend, denn sein Vater John Slocombe (es ist nicht bekannt, warum Joshua den Namen in Slocum geändert hat) war Farmer, später Hersteller von Seestiefeln. Dieses Handwerk hat auch Joshua gelernt. John Slocombe hatte übrigens auch das Amt eines Diakons der Methodistenkirche. Die Familie Slocombe war im Jahre 1637 aus England gekommen, aus Taunton (Somerset am Bristol Kanal). 1701 machte Kapitän Simon Slocombe von sich reden. Ob Seeleute oder nicht, die Menschen an der Fundy-Bay lebten von der See. Selbst Holzfäller, die ihr Spruce verkauften, aus dem Masten und Rümpfe gebaut wurden. John Slocombe war Seemann, ganz gleich, welchen Beruf er ausübte. Joshua trieb sich seit seinem achten Lebensjahr am Hafen herum und segelte mit den Dorfjungen in der Bucht. Dann wurde er Smutje an Bord eines kleinen Fischereischoners, ein Job, den er nur vor den Mahlzeiten wahrzunehmen brauchte, was gewisse Schlußfolgerungen zuläßt. Später fuhr er als Vollmatrose, darauf als Kapitän. Wie es damals üblich war, teils als Eigner, teils als Miteigner des Schiffes. Sein

Geschäft kannte er ebensogut wie seine Dreimastbark *Aquidneck*, die er zwanzig Jahre lang führte, bis sie im Dezember in Brasilien (in Paranagua) beim Einlaufen festkam und verlorenging.

Die Besatzung der *Aquidneck* suchte sich in Montevideo eine Heuer.

Aber Slocum wollte mit seiner Frau nach Hause. Sie lebte mit an Bord, wie es seinerzeit oft vorkam. Es kam aber kein Schiff. Mit seinen Sohn Victor, bis dahin sein zweiter[1], entschloß er sich, ganz einfach selbst eins zu bauen, die *Liberdad*. An Werkzeug standen ihm eine Axt, ein Handbeil, zwei Sägen, eine Feile und drei Holzbohrer von 18 Millimeter zur Verfügung. Für die großen Löcher genügte ein Rundeisen, das glühend gemacht wurde. Beschläge und Nägel wurden von dem Wrack geborgen. *Liberdad* maß 10,50 m auf 2,15 m. „Es war", so sagte Slocum, „ein Mittelding zwischen einem Dory (die Leute von Neuschottland oder Boston nennen jedes Fahrzeug Dory) und einem japanischen Sampan. Das Rigg sah dem

Liberdad

eines Sampans ähnlich, drei Masten mit Dschunkensegeln, das heißt etwa luggergetakelt mit Spreizlatten. Frau Slocum hatte glücklicherweise ihre Nähmaschine retten können, mit der nun die Segel geschneidert wurden.

---

[1] Er schrieb ein Buch über seinen Vater.

Die Überfahrt verlief glatt. Unterwegs ging man nachts Wache. Der Mann am Rohr hatte ein wirksames Mittel, um seine Ablösung mobil zu machen. Am Fuß des Schlafenden wurde eine Leine angeschlagen. Dreimal Zug bedeutete: Es ist Zeit, Reise, Reise! Dreimal kurz gerissen: Schnell, Segel bergen usw. Eines Nachts hatte Slocum gezogen... und den Seestiefel seines Sohnes „an der Angel".

Eine andere drollige Geschichte: In Puerto Rico sollten *Liberdad* und Crew fotografiert werden. Aber Vater und Sohn schliefen an Land und hatten keine Lust, sich stören zu lassen. Deshalb brachte die Presse ein Foto der *Liberdad,* am Ruder mit einem Mann von stattlichem Aussehen der ziemlich braungebrannt war. Ein Neger!

Liberdad erreichte Washington am 27. Dezember 1888, genau ein Jahr nach dem Schiffbruch.

Wir erwähnten dieses Ereignis, weil es zeigt, daß Slocum damals schon mit kleinen Booten umzugehen wußte, und sie zu bauen verstand.

Die Geschäfte gingen schlecht. Ende 1892 besaß Slocum, damals 48 Jahre alt, kein Schiff mehr und stand vor der Frage, ob er sich um ein Kommando bemühen oder sich an einer Schiffswerft beteiligen sollte, wozu allerdings Geld notwendig war, über das er nicht verfügte. Eines Tages traf er in Boston einen alten Freund, einen Walfangkapitän, der sagte: „Ein Schiff? Ich werde Ihnen eins geben. Es muß nur noch ein bißchen überholt werden, doch dabei werde ich Ihnen helfen."

Das Schiff war eine Slup mit dem Namen *Spray* (Gischt). Es war allerdings nicht mehr ganz neu. Hundert Jahre alt. Der Tradition entsprechend, hatte man früher an den Ufern des Delaware damit Austern gefischt. Es hatte also schon ein ehrwürdiges Alter und stand sorgfältig aufgepallt – Greise brauchen Krücken – und abgedeckt mitten auf einem Feld. Die Lausejungen von Fairhaven, in der Nähe von New Bedford, waren offenbar weniger zerstörungswütig als unsere heutigen.

Nachbarn wollten wissen: „Wollen Sie es abwracken?"

Slocum zögerte nicht mit der Antwort: „Nein, nachbauen!"

Im Frühjahr 1894 war es geschafft. Slocum hatte die alte *Spray* total „auseinandergenommen" und genau nach den Originalstücken eine völlig neue *Spray* gebaut. Das alte Scherzwort der Bootsbauer „du gibst mir das Zertifikat, und ich baue dir das Schiff drumherum" wurde getreulich verwirklicht. Das heißt nicht ganz so genau, denn der Zoll hatte jede Spur von den Dokumenten der alten *Spray* verloren. Die neue wurde aus allerbestem Holz gebaut, die Planken *genietet,* sie war daher außerordentlich robust, was ja später von einiger Bedeutung sein sollte. Das Boot war 11,20 m lang, 4,32 m breit. Das ist sehr viel. Die Innenhöhe betrug aber

Spray

Diese Zeichnung gibt die einzige Fotografie wirklichkeitsgetreu wieder, die von der *Spray* unter Segeln bekannt ist. Ein außerordentlich unscharfes Foto, die wesentlichen Einzelheiten sind jedoch erkennbar.

nur 1,27 m. Es hatte ein fast flaches Unterwasserschiff und verdrängte 12,72 Tonnen. Der Ballast aus 3000 kg Zement war innen angebracht. Es war nicht mit Kupferblech beschlagen und wurde als Slup getakelt. Erst in der Magellanstraße unterteilte Slocum die Besegelung und riggte als Yawl um.

So wie es war, kostete es 554 Golddollar an Material (heute etwa 4650 Mark) und 13 Monate Arbeit.

Slocum wollte mit der *Spray* zunächst auf Fischfang gehen und verbrachte damit auch den Sommer des Jahres 1894. Er mußte aber die Erfahrung machen, daß er ein miserabler Fischer und *Spray* ein außergewöhnliches Boot war, das sich auf allen Kursen selbst steuerte (was man bis Marin-Marie und J.-Y. le Toumelin nicht mehr erleben wird). Die Segelskipper legten darauf damals besonderen Wert, und es sei uns erlaubt, wörtlich wiederzugeben, was Slocum hierzu sagte:

„Mit ausgefiertem Baum und Wind aus zwei Strich (20° 30') achterlicher als querab segelte *Spray* allerbestens. Ich brauchte nur kurze Zeit, um die richtige Stellung der Pinne herauszufinden, in der das Boot allein lief. Wenn ich sie gefunden hatte, brauchte ich die Pinne in dieser Lage nur zu belegen. Das Großsegel diente also der Vorausbewegung, während die Fock, sei es nun auf der einen oder anderen Seite oder ganz ausgebaumt, die Kursbeständigkeit erhöhte."

„Bei stürmischem Wind setzte ich oft eine fliegende Fock an der Nock des Klüverbaumes, die ich ganz platt fuhr, und das war selbst bei stürmischem Wind eine gute Vorsichtsmaßnahme. Ein solider Niederholer am Kopf des Großsegels war unbedingt notwendig, um das Tuch schnell herunterzubekommen, wenn die Umstände es erforderten. Die Lage des Ruders variierte natürlich je nach Stärke und Richtung des Windes. Das sind aber Dinge, die man sehr schnell lernt.

Ich will nur sagen, daß *Spray* hoch am Wind bei leichter Brise und voller Besegelung nur wenig oder fast gar kein Ruder brauchte. Wenn der Wind zunahm, ging ich an Deck, sofern ich gerade in der Kajüte war, gab eine Ruderkorrektur, belegte erneut, und das Boot segelte allein wie vorher.

Die Leichtigkeit, mit der *Spray* bei Wind genau von achtern Wochen um Wochen ununterbrochen den Kurs hielt, erregte fortgesetzt Bewunderung, selbst unter den geschicktesten und erfahrensten Kapitänen.

Man denke an den langen Weg der *Spray* von Thursday Island nach den Kokosinseln, 2700 Seemeilen in 23 Tagen, ohne daß ich die Pinne anfassen mußte, abgesehen von insgesamt etwa einer Stunde, nämlich beim Auslaufen und bei der Ankunft. Kein Boot der Welt hat das unter ähnlichen Umständen fertiggebracht. Eine Leistung, die man nur an einer so langen und glatt abgesegelten Distanz ermessen kann."

Anfang 1895, mit 51 Jahren, fühlte er sich in Hochform und entschloß sich, aus Liebe zur See eine Weltreise zu unternehmen, was bisher in einem kleinen Boot noch niemand unternommen hatte, geschweige denn ein Mann allein. Am 24. April verließ er Boston und segelte nach Gloucester, um seine Ausrüstung zu vervollständigen. Er schnitt ein Dory in zwei Teile und baute sich ein Beiboot daraus. Dieses „halbe Dory" konnte er auch als Badewanne benutzen.

Weil er nicht die 15 Dollar für die Reparatur seines Bordchronometers besaß, begnügte er sich mit einem Wecker aus Weißblech. Aus dem gleichen Material bestand seine zweidochtige Lampe, die er auch zum Kochen benutzte.

Am 7. Mai lief er aus. Kaum auf See, fragte sich der alte Seemann: „Was habe ich eigentlich hier zu suchen? Soll ich das Unternehmen überhaupt durchführen?" Aber „durch einen Chartervertrag an sich selbst gebunden" lief er weiter, Kurs Westport in Neuschottland, wo er seinen Jugenderinnerungen nachging. In Yarmouth ergänzte er das Trinkwasser, überholte die Wanten und verkürzte den Mast geringfügig. Der 2. Juli 1895 war der Tag der endgültigen Ausreise.

Nachdem Kap Sable außer Sicht, die gefährliche Sable-Insel klar passiert war, begann die Einsamkeit. Die See stand hoch, Nebel kam auf, und darin ganz allein die *Spray*. Slocum hatte Angst. Freimütig erzählte dieser alte Fahrensmann – und das sei allen Maulhelden eine Lektion. „Angesichts der Gewalt der Elemente war ich nichts anderes als ein Insekt, das sich an einem Strohhalm festklammert. Es war in diesen Tagen, als ich die Angst kennenlernte. Alle Ereignisse aus dem Verlauf meines ganzen Lebens standen in klarer Deutlichkeit vor mir.

Das Bedrückende und Unerträgliche meiner Einsamkeit verschwand, als ich unter der Wucht des Sturmes mit den Verrichtungen an Deck schwer beschäftigt wurde. Aber bei schönem Wetter kam das Gefühl wieder auf, das ich einfach nicht vertreiben konnte. Ich sprach oft mit lauter Stimme, kommandierte Manöver. Man hatte mir gesagt, ich würde das Sprechen verlernen, wenn ich so lange nicht reden würde. Als ich die Mittagsbreite nahm, schrie ich aus Leibeskräften: ‚Recht so!' Manchmal fragte ich von meiner Kajüte aus einen imaginären Rudergänger: ‚Welcher Kurs liegt an?' Oder: ‚Haben Sie Ruder im Schiff?' Aber da ich keine Antwort bekam, wurde die Situation keineswegs klarer. Meine Stimme verhallte ohne Echo, und bald gab ich diese Gewohnheit auf. Meine musikalischen Talente haben bei meinesgleichen noch niemals Eifersucht erweckt. Aber auf dem Atlantik, da hätte man mich hören müssen! Ich stimmte meine Stimme nach der Gabel des Windes und der See, und man hätte die Tümmler sehen müssen, die in die Luft sprangen, als sie mich hörten. Alte Schildkröten sahen erstaunt aus dem Wasser und wackelten mit dem Kopf, während ich ‚Johny Boker' und ‚W'll Pay Darby Doyl for His Boots' sang.

Als ich eines Tages eine meiner Lieblingsmelodien schmetterte (ich glaube, es war ‚Babylon's a-Fallin'), sprang ein Tümmler hoch, und zwar genau vor meinem Klüverbaum. Wenn *Spray* nur ein wenig schneller gelaufen wäre, hätten wir ihn aufspießen können! Die Seevögel zeigten sich etwas reservierter."

Slocum sang, wie er selbst sagte, um sich zu beruhigen. Doch er tat es auch, weil er zufrieden war, denn *Spray*, diese große „Waschbalje", wie Spötter sagten, lief Etmale von 150 Seemeilen.

Ein Schiff! Die gesamte Crew der *Spray* schrie: „Ein Schiff!"

Der liebenswürdige Kapitän eines spanischen Dreimasters warf Slocum fürsorglich eine gute Flasche zu.

Ein anderes, auf dem schon bekannt war, daß *Spray* bereits seit 14 Tagen auf See war, dippte die Flagge.

Da tauchte ein Dampfer auf, dessen Kapitän Slocum die Position mit großer Selbstsicherheit gab. Und Slocum notiert – wieder eine Lektion, die lernenswert ist: „Er schien mir seiner Berechnungen etwas zu sicher zu sein... Ein rückhaltloses Vertrauen hat schon manchem Kapitän das Leben gekostet." Und später kommt er darauf zurück: „Es sind gerade jene Offiziere, die sich ihrer Sache zu sicher sind, die am häufigsten ihr Schiff verlieren."

Am 20. Juli, 18 Tage nach Kap Sable, ankert Slocum in Fayal auf den Azoren.

Er geht spazieren. Aber darum ist er ja nicht hier: Weiter! Während des Ablegemanövers fallen heftige Böen von den Bergen ein (seine blecherne Waschschüssel macht einen perfekten Segelgleitflug über ein französisches Schulschiff, das in Lee lag). Er hatte Käse und Birnen gegessen, Dinge, die sich schlecht miteinander vertragen. Koliken quälen ihn. In der Kajüte verliert er das Bewußtsein. Dann deliriert er. Er glaubt, an der Pinne der *Spray* einen furchterregenden Seemann zu sehen. Es ist der Lotse der *Pinta* von Christoph Columbus, der während der „Verdauungsstörungen" auf der *Spray* Ruder geht. Während der ganzen Reise nennt Slocum den unsichtbaren Rudergänger den „Lotsen der Pinta", der *Spray* auf so langen Distanzen steuert, ohne auch nur ein Grad vom Kurz abzuweichen.

In dieser Nacht legte er 90 Meilen zurück. Mag der Lotse der Pinta noch so ein guter Rudergänger gewesen sein, er hatte die Fock nicht geborgen, und das war unklug bei so viel Wind!

Am 4. August ist Slocum in Gibraltar. Bis dahin hatte er noch die Absicht gehabt, nach Suez weiterzulaufen, aber mehrere Offiziere machten ihm klar, daß das Rote Meer von Piraten wimmelte. Er meinte, das sei weiter nicht schlimm, dann solle die Weltreise eben anders herum gehen! (Vgl. Karte am Ende des Buches.)

Doch kaum hatte er Gibraltar am 25. August verlassen, als er von einem Piraten verfolgt wurde.

Die Geschichte wäre beinahe schlecht ausgegangen. Der Wind frischte auf, und Slocum mußte sich entscheiden: Die Segel reffen und erwischt werden, oder Tuch stehen lassen, Bruch machen und ebenfalls erwischt werden. Eine Bö machte der Ungewißheit ein Ende: Der Baum der *Spray* brach auf den Wanten. Er mußte in den Wind schießen. Slocum holte sein lächerliches Gewehr heraus – da verlor die Felukke ihren Mast! „Allah möge eure Gesichter schwärzen!" schrie Slocum hinterher.

Unter Fock und Klüver repariert er. Er ist so müde, daß er einen fliegenden Fisch, der an Deck lag, nicht mehr kochen kann. Es wird ihm klar, daß „der Rest der Reise noch erhebliche und langanhaltende Anstrengungen bringen wird". Diese Seeheiligen sind schließlich keine Übermenschen.

Sandwind.

Herrliches Segeln!

Der Passat. Noch schöneres Segeln, ohne Zwischenfälle. Slocum ist geradezu stolz auf seinen haargenauen Landfall auf die nordwestlichste Insel der Kapverdischen Gruppe. Er läuft aber vorbei. Wieder das endlose Meer, die absolute Einsamkeit. „Selbst beim Schlafen wachte ich immer ein bißchen, und gleich, ob schlafend oder wachend, wußte ich immer, wie die Slup lag." Da haben wir den Seemann!

Eines Nachts schreckt er bei schwacher Brise hoch. Menschliche Stimmen! Sie kommen von einem Dreimaster, der auf Gegenkurs langsam auf ihn zuläuft... Die unteren Rahen des großen Segelschiffes, die von den Matrosen in aller Hast gebraßt werden, scheinen eben noch über den Mast der *Spray* hinwegzustreichen. Es verschwindet schweigend wie eine Erscheinung.

Der Passat schläft ein. Bald lag er in der Kalmenzone, die mit heftigen Regenschauern und Böen aus allen Richtungen gesegnet ist. Sie trennt den Nordpassat von dem etwas südlich des Äquators wehenden Südpassat. Die Engländer nennen diese Zone bizarrerweise die „Roßbreiten". Welche Rösser sind gemeint? Jene mit Schwimmflossen, auf denen Neptun, der König des Äquators, reitet? Nein, es ist gar nicht poetisch. Es handelt sich um Pferde, die zur Zeit der großen Segelschiffe in der Hitze eingingen und über Bord geworfen wurden und deren Kadaver in den Kalmen trieben. Zehn Tage lag *Spray* auf der Stelle. Ein Schoner begegnete ihr und stahl ihr die sie begleitenden Fische, denn der Schonerrumpf war stärker bewachsen als der von Spray und bot ihnen mehr Nahrung. Slocum ist ganz traurig über den Verlust seiner Reisegefährten, die ihn ablenkten und von denen er so lustig erzählte.

Am 5. Oktober, nach 40 Tagen auf See, ankert *Spray* in Pernambuco, nachdem sie den Atlantik zweimal überquert hat. Zu jener Zeit war die Landenge von Panama noch nicht durchstochen. Um nach Westen zu gelangen, mußte man um Südamerika herumsegeln, also um Kap Hoorn, ein Ausblick, der für die Matrosen der herrlichsten Schiffe einen unangenehmen Beigeschmack hatte, oder durch die Magellanstraße laufen, deren Ruf auch nicht viel besser war.

Zunächst geht es an der ganzen Küste Brasiliens und Argentiniens herunter. Der Weg ist zwar lang, aber nicht gefährlich. Unterwegs setzt Slocum sein Boot aufs Trockene, durch einen Fehler, wie ihn Anfänger machen. Ganz einfach, weil er zu dicht unter Land gegangen war, um dem Gegenstrom auszuweichen. Solche Schnitzer passieren sonst nur Regattaseglern!

Slocum erzählt ungeschminkt: „Ich ging viel zu dicht an die Küste heran. Am Morgen des 11. September lag *Spray* hoch und trocken auf dem Strand. Im Mondschein hatte eine Sanddüne wie Wasser ausgesehen. So hatte ich mich getäuscht."

In Wirklichkeit war die Lage nicht ernst. Die See war ruhig[1]. Zunächst hieß es also, einen großen Anker seewärts auszubringen. Aber das schwache Halbdory war zu schwer belastet, lief voll und drohte zu kentern. Plumps! Slocum fiert den Anker, der, wie vorauszusehen war, das Beiboot zum Kentern bringt. *Erst in diesem Augenblick fällt Slocum ein, daß er gar nicht schwimmen kann!* Toll! Aber bei Seeleuten ist das nicht selten der Fall. Die Szene ist tragikomisch.

So schreibt Slocum in seinem Buch darüber:

„Ich hielt mich krampfhaft an der Bordwand des Beibootes fest und versuchte es umzudrehen, doch mit viel zuviel Schwung. Es machte eine volle Umdrehung, trieb wieder kieloben, und ich fand mich an derselben Stelle im Wasser wie vorher, immer noch an das gekenterte Boot geklammert. Kaltblütig überprüfte ich die Situation und stellte fest, daß mich der Strom seewärts trug, obwohl ein leichter auflandiger Wind wehte. Es mußte also sofort etwas geschehen. Dreimal versuchte ich, das Boot wieder aufzurichten, dreimal mißlang das Manöver, und bei jedem Versuch tauchte ich völlig unter Wasser. Erschöpft dachte ich: ‚Diesmal ist es aus, ich geb's auf!' Da kam mir in den Sinn, daß alle Propheten, die ich hinter mir gelassen hatte, triumphierend feststellen würden: ‚Ich habe es ja gleich gesagt...' Das gab mir die Energie zu einer letzten Anstrengung. Ich muß in aller Warheit sagen, daß dieser Moment, trotz der ungeheuren Gefahr, zu den heitersten meines Lebens zählt. Es gelang mir endlich, das

---

[1] Im Dezember beginnt der südliche Sommer.

Dory wieder aufzurichten, mich unendlich vorsichtig hineinzuziehen, um ja nicht noch einmal zu kentern, und mit einem Riemen, den ich erwischt hatte, an den Strand zu paddeln. Daß ich patschnaß war, brauche ich nicht zu erwähnen, und daß ich eine beträchtliche Menge Salzwasser geschluckt habe ... *Spray* hingegen war völlig trockengefallen, und das war das einzige, was mich beunruhigte. Sie wieder flott zu machen, nahm alle meine Gedanken in Anspruch. Es war nicht schwer, das Ende einer Leine, die an Deck geblieben war, mit der Ankertrosse zu verknoten, denn ich hatte vorsorglich eine Boje am Ende der Trosse angeschlagen. Ich vergaß all mein vorheriges Mißgeschick und stellte fest, daß Instinkt oder Zufall mir treu geblieben waren, ganz wie man will. Jedenfalls hatte ich gerade noch genug Lose, um die Leine an der Ankerwinsch anschlagen zu können. Der Anker war genau auf die optimal mögliche Distanz ausgebracht. Ich brauchte nur noch auf das nächste Hochwasser zu warten."

Die folgende Szene ist nur komisch, nicht mehr dramatisch. Müde streckte er sich auf dem Kies aus. Plötzlich ... Pferdegetrappel!

„Ich sah mich um und erblickte auf einem kleinen Pferd den verblüfftesten kleinen Jungen der ganzen Küste. Er hatte eben eine Slup gefunden! Sie gehört jetzt mir, dachte er wohl, denn ich habe sie ja auf dem Strand entdeckt!

Ohne Zweifel, da liegt sie: Trockengefallen, weiß angestrichen und gut im Rigg. Er band sein Pony am Wasserstag an, als wolle er das Boot auf diese Weise nach Hause ziehen. Natürlich war *Spray* viel zu schwer, als daß sie von einem Pony gezogen werden konnte. Nicht jedoch das Dory, das wurde flink weiter hochgezogen und hinter einer Düne zwischen hohen Gräsern versteckt. Der Junge war gerade drauf und dran, wieder loszureiten, als ich mich bemerkbar machte und auf ihn zuging. Das paßte ihm offensichtlich gar nicht und enttäuschte ihn tief.

‚Buenos dias, muchacho‘, sagte ich.

Er brummelte eine Antwort, betrachtete mich prüfend von Kopf bis Fuß und explodierte plötzlich in einem Schwall von Fragen. Er wollte wissen, woher mein Boot kam, wie lange ich gebraucht hatte, um hierherzukommen, was ich denn so früh am Morgen an Land wolle und so weiter.

‚Es ist leicht, deine Neugierde zu befriedigen. Mein Boot kommt vom Mond, ich brauchte einen Monat für die Reise, und ich bin jetzt hier, um eine Ladung kleiner Jungen zu holen.‘

Aber sein Vertrauen in das Ziel meiner Expedition hätte mich teuer zu stehen kommen können, denn während ich sprach, löste der Junge sein Lasso und schickte sich an, mich damit einzufangen. Er dachte wahrscheinlich, daß es besser sei, mich am Hals zu sich nach Haus zu schleifen –

hinter seinem Mustang, quer über die Prärie Uruguays –, als selbst auf den Mond entführt zu werden."

Bei Hochwasser konnte *Spray* durch Slocum unter Mithilfe von drei Männern flottgemacht werden. Die kleinen Schäden wurden repariert, und er nahm wieder Kurs Süd, auf Montevideo und Buenos Aires. *Spray*, die seit Pernambuco als Yawl getakelt war, hatte jetzt einen verkürzten Klüverbaum, Mast und später Baum. Überall trifft Slocum Freunde, überall werden seine Schilderungen mit köstlichen Anekdoten ausgeschmückt. Slocum paßt das aber gar nicht, denn er schreibt irgendwo: „Ich wurde überall über die Maßen freundlich aufgenommen, obwohl meine Abenteuer ganz und gar prosaisch waren und gar kein bißchen romantisch."

Dann gab es nichts mehr zu lachen, er mußte nach Süden segeln. Alles ging gut, bis der unendlich große Golf von San Jorge passiert war, der schon im Süden Patagoniens liegt. Dort, weit draußen auf See, trifft *Spray* auf einen gewaltigen Seegang. Hier muß man wieder zitieren, der Leser wird es verstehen:

„Eine gewaltige rollende See von erschreckender Höhe tauchte plötzlich auf. Ich hatte kaum noch Zeit, die Segel zu bergen und am Piekfall in den Mast zu klettern, da war der Wellenkamm auch schon heran. Das Wassergebirge verschüttete mein Boot vollkommen, das mit jeder Faser zitterte und unter dem Gewicht schwankte, aber wieder aufkam und in den nachfolgenden Seen stampfte. Während ich im Mast hing, glaubte ich eine Minute lang, den Rumpf der *Spray* überhaupt nicht mehr zu sehen. Vielleicht war es in Wirklichkeit nicht so lange, mir kam es jedenfalls vor wie eine Ewigkeit."

Man hat sich über Alain Gerbault lustig gemacht, der in gleicher Weise handelte. Slocum hatte an die dreißig Jahre Erfahrung auf See und ist einer der bedeutendsten Seeleute. In diesem Punkt ist Gerbault also gedeckt

Das Jungfernkap wurde am 11. Februar 1896 erreicht. Dort mußte er sich entscheiden, entweder Kap Hoorn zu umsegeln, oder durch die Magellanstraße zu laufen.

Warum ist Kap Hoorn so gefürchtet? Deshalb:

1. In dieser südlichen Region unterhalb des amerikanischen Kontinents bildet das Meer einen *ununterbrochenen Ring* um die polaren Eismassen. Daher wird der Seegang, der einer Welle im Sinne der Radiotechnik gleicht, nicht gebrochen. Er wächst aus eigener Kraft und steigert sich bis zur äußersten Grenze[1].

Wenn die Grenze erreicht ist, bricht sich die Welle. Und diese Brecher

---

[1] Das ist auch der Grund, warum die Flutwelle im Atlantik so gewaltig anschwillt.

kennen kein Pardon. Dazu kommt noch die Windsee, die noch schneller sehr grob wird.

2. In diesem Ring, den die Engländer „Roaring Forties" nennen, und natürlich auch weiter südlich, wehen die Winde beinahe beständig aus West, und zwar sehr stark, sehr oft mit Sturmstärke (sie kündigen sich mit der gefürchteten „weißen Arche" an). Um vom Atlantik um Kap Hoorn in den Pazifik zu segeln, muß man also *gegen den Wind, gegen die See und gegen den Strom kämpfen*. Gegenan kreuzen! Obendrein darf jeder Kreuzschlag nur relativ kurz sein, denn im Süden beginnt bald das Treibeis, und im Norden liegen die Inseln Feuerlands, öde, wild und gespickt mit Felsbrocken. Zwischen diesen Inseln arbeitet das Meer, rollt, bricht sich tosend.

Die schlecht kreuzenden großen Rahsegler liefen Wochen weit draußen, sogar Monate, ohne die Spitze passieren zu können. Es gab natürlich auch solche, die mehr Glück hatten, und andere, die es ganz aufgaben und ihre Reise über das Kap der Guten Hoffnung fortsetzen!

3. Hat man Kap Hoorn endlich hinter sich und kommt in den Pazifik, ist man keineswegs besser dran. Die Winde, die vorher aus Südwest oder West kamen, drehen dann auf Nordwest, und man liegt wiederum genau am Wind, muß in einer riesigen See kreuzen (hat aber die Möglichkeit abzulaufen), angesichts einer wüsten und gefürchteten Küste, die auf 350 Meilen Länge bis zu den berühmten Evangelisten aufsteigt, an der Westeinfahrt der Magellanstraße. Es scheint so zu sein, daß kein kleines Boot, bis auf den heutigen Tag, diesen Weg ganz außen herum gemacht hat. Abgesehen von Al Hansen, der später verlorenging, und Vito Dumas in der Gegenrichtung, die nicht ganz so schwer zu bewältigen ist.

Ist die Magellanstraße günstiger? Sicherlich, jedoch nicht sehr viel. Schon gar nicht im Jahre 1896. Man wird auch sehen warum.

Die Legende berichtet, daß man sie überhaupt nicht durchsegeln kann, man muß hindurchtreideln, sich schleppen lassen, weil sie „unpassierbare Stellen" hat. Dieses Phänomen bsteht aus folgendem: Hat ein Kanal eine schmale Einfahrt, konzentriert sich der Wind auf diesen Punkt wie auf einen Trichter. Wenn der Segler versucht zu kreuzen, kann er bei dem starken Luftstrom einfach nicht durch den Wind gehen. Wenn der Wind aber immer aus West weht und das immer heftig, kann ein Segelschiff, besonders, wenn es schlechte Kreuzeigenschaften hat, niemals durch die Engen der Magellanstraße in den Pazifik gelangen.

Slocum wollte beweisen, daß es doch möglich war und sogar allein. Die Seemannschaft, die er dabei zeigte, war in jeder Hinsicht beachtlich. Mitten in den „Williwaws", den gefährlichen Fallwinden aus den Bergen, mußte er sich auch noch der Eingeborenen Feuerlands erwehren, die unter dem Vorwand des „Yammerschonerns" (Betteln) das kleine Boot tatsächlich angreifen wollten. Listig, wie er war, erschien Slocum am Niedergang immer in anderer Aufmachung, und mit diesem Mannequin-Spiel erweckte er den Eindruck, daß drei Personen an Bord seien.

Es ist einfach unmöglich, diesen Abschnitt der Reise hier zu schildern. Erzählen wir nur eine lustige Episode, eine Lausbüberei, die typisch für Slocum ist. Als er eine kleine Insel gefunden hatte, die nicht auf der Karte verzeichnet war, spielte er den Entdecker und machte von den damit verbundenen Rechten Gebrauch. Er brachte eine Tafel an mit der Aufschrift: Betreten des Rasens verboten! Einsamkeit macht jung, selbst mit 52 Jahren! (Siehe Karte der Magellanstraße am Ende des Buches.)

Am 3. März 1896 entkommt *Spray* bei unerwartetem Ostwind der Meerenge und dem Pazifik.

Aber bevor Slocum genügend Seeraum gewinnen konnte, weht der Wind am Morgen des 4. März mit Orkanstärke aus Nordwest. Slocum läßt sich treiben, lenzt vor Topp und Takel, denn kein Schiff der Welt hätte gegen einen derartigen Sturm ansegeln können. Er mußte ablaufen, nach Südost. Nach Südost?

Kap Hoorn! Liegt das erst querab, muß er wieder von vorn anfangen. Es half nichts, es mußte sein.

Vor der Fock, zwei Trossen achteraus, um die Fahrt zu vermindern, lag *Spray* gut. Aber...

Aber Slocum wurde seekrank. Ausgerechnet er? Wahrscheinlich durch die Aufregung. Seeleute werden das verstehen.

Nach Kap Pilar war die See nicht mehr „ganz so grob, aber noch majestätisch". „Tage vergingen", sagte Slocum, „und machten mir – es war wirklich so – wahrhaftig Spaß!" (Und das mit einem zerfetzten Großsegel.)

Am vierten Tag glaubte er, vor Kap Hoorn zu sein. An Backbord querab macht er durch eine Wolkenlücke ein Gebirge aus.

Da ist es! Wenn das Kap erst gerundet war, würde er nach den Falklandinseln laufen, um sich zunächst einmal zu erholen.

„Ich war froh", sagte er, „wieder in die Magellanstraße einlaufen zu können und ein zweites Mal in den Pazifik zu segeln, denn im Bereich Feuerlands ist die See mehr als übel, sie ist buchstäblich ‚gebirgig'. In den fürchterlichen Sturmböen trug die Slup nur die gereffte Fock. Das Killen dieses einen kleinen Segels ließ das ganze Boot vom Rumpf bis zum Masttopp erzittern. Wären mir jemals Zweifel an der Festigkeit des Bootes gekommen, dann hätte ich jetzt befüchten müssen, daß ein Leck an der Kielplanke im Bereich des Mastfußes entsteht. Aber ich brauchte nicht ein einziges Mal zu lenzen. Unter dem Druck des gerefften kleinen Segels lief *Spray* wie ein Rennpferd auf das Land zu, und es machte mir Spaß, sie durch die Seen zu führen, von Wellenkamm zu Wellenkamm, und sie so zu manövrieren, daß sie nicht umgeworfen wurde. Vom Ruder ging ich jetzt nicht mehr weg und tat mein Bestes.

Die Nacht brach herein, bevor die Slup Land erreicht hatte, und ich setzte meinen Weg im Stockdunkeln fort. Plötzlich sah ich Brecher vor mir. Sofort ging ich über Stag und hielt auf See zu. Doch bald wurde ich durch das Brausen und Tosen neuer Brecher aufgeschreckt. Genau vor mir und auch in Lee! Das bestürzte mich einigermaßen, denn dort, wo ich zu sein glaubte, hätte die See sich nicht brechen dürfen. Ich lief weiter und kreuzte vor dem Wind, fand aber immer noch Brecher vor mir. So verbrachte ich den Rest der Nacht, von Gefahren auf allen Seiten umgeben.

Hagel und Schneeschauer peitschten mir ins Gesicht, daß es blutete. Aber was machte das schon aus! Bei Tageslicht stellte ich fest, daß ich mitten im *Milky Way* war, nordwestlich von Kap Hoorn, und daß die Brecher, die mich nachts bedroht hatten, von einer wilden See herrührten, die sich auf den unter Wasser liegenden Felsen brach. Es war Fury Island und nicht Kap Hoorn, das am Vorabend in Sicht gekommen war und worauf ich zugehalten hatte. Welches Panorama umgab mich jetzt! Es war kaum der Augenblick, sich über die Schrammen im Gesicht zu beklagen. Was blieb mir anderes übrig, als eine Fahrrinne zwischen den Brechern zu suchen. *Spray*, die während der Nacht die Felsbrocken umsegelt hatte, würde den Weg bei Tage erst recht finden. Es war das größte Abenteuer meines Lebens auf See und Gott allein weiß, wie ich da wieder herausgekommen bin!

Die Slup geriet in die Abdeckung kleiner Inseln und kam bald in fast ruhiges Wasser. Ich stieg in den Mast, um von oben die hinter mir liegende Szene zu betrachten. Der große Naturforscher Darwin hat dieselbe Gegend vom hohen Deck der *Beagel* gesehen und schrieb in sein Tagebuch: Jede Landratte wird acht Tage lang Alpträume haben, wenn sie den *Milky Way* gesehen hat.

Er hätte getrost schreiben können ‚auch jeder Seemann'!

Spray hatte weiterhin Glück. Als ich durch ein Labyrinth von Inseln segelte, stellte ich fest, daß ich mich im Cockburn Channel befand, der auf die Magellanstraße führt, und zwar auf eine Landspitze Kap Froward gegenüber, und daß ich bereits die ‚Diebesbucht' erreicht hatte – wie treffend hat man sie getauft. Am 8. März lag *Spray* bei Einbruch der Nacht in einem kleinen Bachbett, am Ufer der Magellanstraße, vor Anker. Ich war noch einmal davongekommen!"

Slocum ruhte sich dort ein wenig aus. Es bestand aber die Gefahr, von

Wilden überfallen zu werden. Deshalb holte er einen Sack Tapeziernägel heraus, den man ihm mitgegeben hatte, für den es aber nur einen Verwendungszweck gab: Die Nägel wurden auf dem Deck ausgestreut, mit der Spitze nach oben ...

„Gegen Mitternacht, ich schlief in der Kajüte, kamen ein paar Wilde an Bord. Sie waren schon sicher, daß sie mich und die Slup hatten. Als sie aber auf das Deck traten, änderten sie ihre Meinung ... Ich brauchte keinen Hund, sie heulten selbst wie eine Meute Doggen. Nicht einmal mein Gewehr mußte ich bemühen, sie sprangen wild durcheinander, entweder in ihre Pirogen oder gleich ins Wasser. Ich glaube, um sich abzukühlen. Mit langatmigen, wüsten Beschimpfungen zogen sie wieder ab. Ich ging an Deck und gab einige Schüsse ab, um zu zeigen, daß ich da war, und legte mich dann wieder schlafen mit der Gewißheit, daß die Leute, die so schnell Reißaus genommen hatten, mich so bald nicht wieder stören würden.

Es gab aber eine noch größere Gefahr: Feuer! Jede Piroge hat ein offenes Feuer an Bord (daher der Name des Landes), denn sie verständigen sich untereinander mit Rauchsignalen, und sie können eine brennende Fackel in die Kajüte werfen, wenn man gerade schläft. *Spray* hatte weder an Deck noch im Kajütsdach eine Öffnung, außer zwei Luken, die aber verriegelt waren und die man unmöglich öffnen konnte, ohne mich zu wecken."

Slocum richtet sich wieder ein Großsegel her und erreicht am 10. März die Bucht St. Nicolas in der Magellanstraße, die er am 19. Februar schon einmal verlassen hatte, um erneut anzusetzen. Seine Hände sind vom dauernden Hantieren mit nassem Tauwerk aufgerissen. Was macht es. Nach einigen Schwierigkeiten erreicht er den Ausgang der Straße zum zweiten Male – nicht ohne sein Boot vorher mit Talg und Weinfässern, die er als Strandgut aufgelesen hatte, vollgestopft zu haben. Eine gängige Währung für seinen Aufenthalt auf den Inseln des Pazifiks (er war früher lange „Trader" gewesen).

Dann kommt er einem Felsen „etwas zu nahe", der seinen Baum beschädigt. Doch das Schicksal ist gnädig. Die Wellen des Pazifiks „grüßen ihn sehr zivil mit weißen Mützen". Diesmal war es ein wirklicher Empfang. Die Evangelisten liegen achteraus, raumschots ab dafür! Nach dreißig Stunden pausenlosen Rudergebens kann er endlich schlafen und denkt an die tropischen Gewässer und den Sommer, der ihn erwartet. Der Gedanke überfällt ihn plötzlich, daß er sich „allein mit Gott" auf diesem unendlichen Ozean befindet. Am 26. April, 15 Tage nach Kap Pilar, macht er die Insel Juan Fernandez aus, auf der Selkirk, alias Robinson Crusoe, gelebt hatte.

Leider können wir nicht von allen seinen Zwischenstationen im indonesischen Archipel erzählen. Das ist schade, denn zu Slocums Zeiten, 30 Jahre vor Gerbault, waren diese Inseln noch von ganz anderer Ursprünglichkeit.

Der Passat unter blauem Himmel macht aus seinen langen Überfahrten reine Spazierreisen. Die Einsamkeit lastet nicht mehr auf ihm, selbst nicht während einer Etappe von 72 Tagen (zwei und einen halben Monat). Korallen und Haie, erzählte er, leisteten ihm Gesellschaft. Ein Wal verabfolgte ihm eine Dusche mit dem Schwanz.

Er begegnete der Witwe von Stevenson. Mit herzlicher Gastfreundschaft wurde er von den Eingeborenen aufgenommen. Beinahe wäre er der einlullenden Verzauberung der Inseln erlegen, der sich kein Segler ganz entziehen kann. Von allen Gefahren einer Einhand-Weltumsegelung darf man diese nicht vergessen, der Gerbault zum Opfer fiel und der die anderen bedauern, nicht zum Opfer gefallen zu sein. Aber die See ruft. Er läuft weiter, und auf See erkennt er seine Seglerseele: Unglücklich an Land, unglücklich auf See. Na, schütteln wir das ab. Weiter! 185 Meilen am ersten Tag. Das schafft. Er passiert südlich von Neukaledonien und trifft außerhalb des Passatbereichs auf ausgesprochen schlechtes Wetter.

Am 10. Oktober 1896 läuft er in Sydney ein.

Die Zeit in Australien vergeht schnell. Er muß weiter. Slocum entschließt sich, zunächst nach Süden zu laufen, in die berüchtigten „Roaring Forties", in die „Brüllenden Vierziger". Die Jahreszeit ist günstig, es ist September – Spätsommer also. In Waterloo-Bay sucht er nach Gold. In Melbourne trifft er am 22. Dezember ein. Dort verlangt man Hafengeld von ihm, das er nicht bezahlen kann. Aber er weiß sich zu helfen: Er stellt *Spray* und einen weiblichen Haifisch mit 26 Jungen zur Besichtigung aus und kassiert. Damit frischt er seine Finanzen auf. Auch ein großherziger Ire hilft ihm. Diese „kleinen Wohltaten" und der Erlös aus dem verkauften Talg ergeben eine gute Barschaft. Nun geht es wieder weiter.

Aber die abnormale Eisbildung und das übliche schlechte Wetter – sogar im Sommer – nehmen ihm die Lust, Kap Leeuwin zu umsegeln. Gut, er läuft nach Norden, in die herrliche tropische Wärme. Dazu braucht er nur an der Ostküste Australiens entlangzulaufen und das Große Barriere-Riff zu überqueren. Er entscheidet sich dafür, den Sommer – unseren Winter – in Tasmanien zu verbringen. Vor seiner Abreise bietet ihm Melbourne noch die Attraktion des Ortes: Einen Blutregen. Das ist ein Regen, der von rotem Wüstensand gefärbt ist.

In Launceston findet *Spray* einen guten Ankergrund, und Slocum kann an Land gehen und sich das schöne Tasmanien ansehen.

Der australische Sommer geht dem Ende zu, die Kälte kündigt sich an. Es ist April 1897. Slocum läuft am 16. wieder aus, von Sydney am 22. Am 20. Mai erreichte er endlich den Passat. Endlich!

An diesem Tag passiert *Spray* Kap Sandy und nimmt Kurs auf das Feuer *Lady Elliott,* das wie eine Wache an der Einfahrt der Großen Barriere steht.

Die Geographie hat sich einen ganz üblen Scherz erlaubt, als sie den Seefahrern das Große Barriere-Riff in den Weg legte. Es ist ein riesiges Korallenriff, länger als 1100 sm (2000 km), mit wenigen flachen Passagen.

Obwohl es mehrfach unterbrochen ist, teilt man es aus Bequemlichkeit in zwei Teile. Der eine stellt eine Art schmaler Kette dar, die sich in geringem Abstand an der australischen Ostküste entlangzieht, von Kap Sandy gerade unter dem südlichen Wendekreis bis zum Norden des Kontinents.

Dort verdichtet sich die Barriere pfropfenartig und verschließt den Zugang zur Torresstraße, der Passage zwischen Australien und Neuguinea. Praktisch ist jedes Schiff gezwungen, dort durchzulaufen, das vom Pazifik in den Indischen Ozean will (sonst muß es den Umweg über Indonesien machen).

Doch der Pfropfen des Großen Barriere-Riffs *muß* durchquert werden, und zwar durch einige Passagen (praktisch zwei), die in der Torresstraße liegen. Den Abschnitt längs der Küste muß man umgehen, indem man entweder weit nach See hinaus hält oder sich in den Schutz eines langen, schmalen Fahrwassers längs der Küste begibt mit geringer Wassertiefe, 10 bis 20 Meter, an manchen Stellen weniger, anstatt der 400 bis 1000 Meter draußen. Es hat viele Winkel und Ecken, und vor allen Dingen kann man es nicht vollständig betonnen (vgl. Karte am Ende des Buches).

Slocum wählte den Küstenkanal, den *Spray* mit Vollzeug durchsegelte, mit Passatwind in einer geschützten, klaren See, durch die man die Korallen deutlich sehen konnte. Eine delikate Navigation, die ständige Wachsamkeit erforderte. Aber wunderbar war es, auf dem so herrlich gefärbten Wasser zwischen den entzückenden Inseln zu segeln. Das Wetter war klar. Slocum fand den Weg leicht, „er war weniger gefährlich als die Boulevards einer großen Stadt".

Nur ein Alarm: *Spray* passierte zu dicht unter einem Feuerschiff und setzte auf einem Felsen auf. Schnell rutschte sie aber auf der anderen Seite wieder herunter, ohne Schaden zu nehmen. Der Felsen wird „Rock M" genannt. Der Buchstabe M ist der 13. im Alphabet. 13 ist Slocums Glückszahl, dabei konnte ihm nichts passieren!

Das Fahrwasser längs der Küste führt in die Torresstraße. Ohne besondere Ereignisse wird es durchlaufen. In dem flachen Wasser tummeln sich buntgestreifte Fische, gleiten gelbgestreifte Seeschlangen. Auf der Thursdayinsel, mitten in der Straße, wohnte Slocum einem großen Eingeborenenfest bei.

Dann kam die Arafurasee, Timor, das Tor zum Indischen Ozean.

150 Meilen trennen ihn nur noch von den Kokosinseln, oder auch Keeling genannt, wo fast alle Einhandsegler Station machen. Es ist ein niedriges Atoll, sehr klein, schwer zu finden. Daher war er auch wie elektrisiert, als er in den Mast stieg und die Kokospalmen vor sich aus dem Wasser wachsen sah. Nach 23 Tagen, ohne die Pinne berührt zu haben. „Ich glitt den Mast herunter und war in einer eigenartigen Gemütsverfassung. Ich war nicht mehr in der Lage, meine Gefühle zu unterdrücken, die mich bewegten, setzte mich an Deck und hing meinen Gedanken nach."

Was zweifellos bedeutet, daß er weinte. Ein anderer Großer unter den Aufrichtigen, Marin-Marie, hat uns ähnliches erzählt.

Während der 23 Tage, präzisiert Slocum, während dieser 2700 Meilen einer wirklichen transozeanischen Reise, ist er nicht länger als drei Stunden am Ruder gewesen. Der Wind wehte von achtern oder backstags. Es war eine köstliche Segelei, sagte er.

Die Eingeborenen von Keeling hielten Slocum für die Seele eines Negers, der vor kurzem ertrunken war, die aus dem Meer zurückkehrte. Auch die anderen Geschichten, die Slocum über dieses „Paradies auf Erden" erzählt, sind reizend. So sahen ihm Kinder zu, als er Maulbeermarmelade aß, nachdem er sein Boot aufgeslipt hatte. „Der Kapitän ißt Holzteer", schrien sie und liefen davon. Oder die Sache mit der Krabbe „kpeting", die unter dem Kiel eingeklemmt wurde. Die „kpeting" wird entzaubert, und das Boot schwimmt bei Hochwasser wieder auf! Man spürt bei Slocum eine innige Verbundenheit mit den Seelen der Kinder und schlichter Menschen. Die Einsamkeit der See hat ihn zu den tiefsten Wesenszügen geführt: Zur Heiterkeit und Begeisterungsfähigkeit.

In die gefährlichste Situation seiner ganzen Reise, erzählt er – zweifellos von Kap Hoorn abgesehen –, kam er durch einen Neger, der mit einem Arbeitsprahm ohne Ruder vor dem Wind aus der Lagune getrieben wurde. Die Baumnock im Wasser schleifend (wir haben das alle schon gemacht, es bringt nicht viel), gelingt es Slocum, ihn wieder in flaches Wasser zu schleppen. Die nächste Küste wäre 1000 Meilen entfernt gewesen. Der Neger schien sehr unternehmungslustig zu sein, meinte Slocum ...

Die Tridacnae, diese großen Muscheln, auch Riesenmuscheln genannt, fischt er nicht selbst. Er bricht den Zementkiel seiner *Spray* auf und setzt dreißig solcher Tridacnae ein. Dadurch wird der Kiel zwar etwas leichter, aber er kann die Muscheln eventuell wieder verkaufen (dieser alte „Trader"!).

Am 22. August läuft er wieder aus, „Kurs Heimat". Es sind etwa 12 000 Meilen, aber abgesehen vom Passieren des Kaps der Guten Hoffnung und der Ankunft selbst, haben sich ihm im großen und ganzen keine Schwierigkeiten entgegengestellt.

Der Indische Ozean ist alles andere als klein, man darf auch ja nicht glauben, daß das Meer dort ruhig ist. Im Gegenteil, bei Monsun wird es gewaltig, ist aber im allgemeinen frei von Kreuzseen, und keiner der Einhandsegler hat dort besondere Schwierigkeiten gehabt. Sie überqueren ihn in zügiger Fahrt, natürlich in der günstigen Jahreszeit. Manchmal bekommen sie ein paar Duschen ab wie Slocum, aber meistens verläuft die Fahrt gut. Auf diesen immensen Strecken (1900 Meilen bis Rodriguez) kennt Slocum sein Boot jetzt so gut, daß er gar kein Log mehr braucht. Das trifft sich auch ganz gut, denn Haie haben zwei der Propeller verschluckt, und die Anzeigen auf der Loguhr waren fehlerhafter als Slocums einfache Schätzungen. Er hatte überhaupt keine Kontrollmöglichkeit, weil er die Länge nicht mehr beobachten konnte. Sein Wecker hat den großen Zeiger verloren, der kleine reicht dazu nicht aus.

Auf Rodriguez kam eine würdige Dame gerade von einer Predigt gegen den Antichrist zurück und entfloh schreiend bei Slocums Anblick: „Das ist er! Er ist mit einem Boot gekommen!" Die ganze Insel ist in Aufruhr. Schließlich hätte „er" sich auch ein anderes Transportmittel aussuchen können, notiert Slocum...

Slocum besucht Mauritius und läuft dort am 26. Oktober 1897 wieder aus, gerade in der richtigen Jahreszeit, um sich dem Kap zu nähern. Westlich der Mozambiquestraße (im allgemeinen passiert man weiter südlich) bricht Feuer an Bord aus. Aber es passiert nicht viel, und er kommt am 17. November in Port Natal oder Durban an.

Dort erlebt er unglaubliche Episoden mit Leuten, die noch glaubten, die Erde sei eine Scheibe. So etwas gab es noch 1897!

Am 14. Dezember 1897 läuft er mit Kurs Kap der Guten Hoffnung aus. Wie üblich, findet er schlechtes Wetter vor. „Am Weihnachtstag, in Sicht der großen Spitze, jedoch auf der fürchterlichen Nadelbank, zeigt *Spray* die Neigung, eine vertikale Lage einzunehmen", erzählt er, „und ich war sicher, daß es ihr bis zum Einbruch der Nacht noch gelingen würde (das berühmte über Kopf kentern!). In den frühen Morgenstunden tauchte sie ganz unverschämt tief ein." Slocum genügte es; als sie die Nase dreimal tief weggesteckt hatte, band er ein Reff in die Fock. Für eine Zeit sucht er Schutz vor dem Wind, hält West und läuft in die Simons-Bay ein, am Ende der False-Bay, direkt unter dem Kap. Das Härteste hat er hinter sich. Der Wind läßt nach, das Kap ist bald gerundet. Slocum schreibt:

„Die Reise war fast beendet, was jetzt noch blieb, war mehr oder weniger einfache Segelei."

In Kapstadt begegnet er Präsident Krüger, der ebenfalls die Erde für eine Ebene hielt und ihm sagte: „Nein, Sie haben keine Reise *um* die Welt gemacht, sondern *auf* der Welt."

Slocum ist begeistert, er hat eine neue Anekdote über Ohm Paul.

Slocum verschafft sich ein wenig Geld, indem er einen Vortrag hält, slipt *Spray* auf und fährt mit einem Gratisrundreisebillett der Eisenbahn in Südafrika herum. Am 28. März 1898 wirft er die Leinen los und ist am 11. April in St. Helena. Man schenkt ihm eine Ziege, die er an Stelle eines Hundes mitnimmt. Dieser „Hund mit Hörnern" muß sorgfältig belegt werden und frißt, so Schreck, die Karte der Antillen, Kabelgarn, Slocums Hut und benimmt sich so unerträglich wie die Wollhandkrabbe, die Slocum mit nach Hause bringen wollte. Die zerriß auch alles und griff sogar ihren Herrn an! Auf der Insel Ascension geht die Ziege am 27. April wieder an Land, zu Nutz und Frommen eines braven Schotten.

Slocum war trotzdem nicht allein, eine Ratte und ein Tausendfüßler waren an Bord gekommen. Die wurden wieder hinausgeworfen. Eine kleine Spinne, die schon in Boston eingestiegen war (eine ziemlich wilde, wenn man an den Kampf gegen ihre feuerländische Schwester denkt), machte ihn allmählich genauso mürbe wie „seine kleine Familie".

Die Spinne und Slocum vollendeten die Weltumsegelung, als sie am 8. Mai 1898 ihren Ausreisekurs kreuzten. *Spray* hatte dort vorher schon gesegelt, im gleichen Passat, nur in der entgegengesetzten Richtung, nämlich am 2. Oktober 1895, also vor 2 Jahren, 7 Monaten und 6 Tagen.

Slocum hält sich in der Nähe der brasilianischen Küste, ohne sie jedoch in Sicht zu haben. Als er in den Bereich der Antillen kommt, wird er von einem Kreuzer überrascht, der sich auf dem Kriegspfad befand. Ohne daß er davon erfahren hatte, war der spanisch-amerikanische Krieg ausgebrochen. Der Kreuzer fragte mit Flaggensignalen:

Haben Sie spanische Kiegsschiffe gesehen?

Slocum antwortete: Nein.

Und immer wieder Spaßvogel, schickte er hinterher:

Laßt uns zusammenbleiben, um uns gegenseitig zu beschützen!

Am 18. Mai, er lief gerade ausgezeichnete Fahrt, sah er den Polarstern wieder. Am 20. Mai tauchte die Insel Tobago (Antillen) auf. Dort passierte ihm ein Mißgeschick, eines Anfängers würdig. Er hält Wellenkämme, die von den Blitzen eines weit entfernten Leuchtfeuers angestrahlt werden, für Brecher! Als er seinen Fehler entdeckte, war er dermaßen fassungslos, daß er sich zunächst einmal abrupt auf eine Taurolle fallen ließ.

Sechs Tage Aufenthalt auf der Insel Grenada. In der Dominikanischen Republik möchte er die Missetaten der Ziege wieder ausgleichen. Er findet jedoch keine Karten.

Macht nichts, es geht ohne sie weiter. Antigua am 1. Juni, am 4. wieder ausgelaufen, segelt er fröhlich weiter und hat die Roßbreiten, den äquatorialen Kalmengürtel fast vergessen oder betrachtete ihn zumindest als einen Mythos. Aber die Roßbreiten lassen sich nicht vergessen, und *Spray* liegt acht Tage in der Flaute. Im Golfstrom zeigt das Rigg der *Spray* die ersten Ermüdungserscheinungen. Es wird Zeit heimzukehren.

Querab von Fire Island macht ein Tornado einen Höflichkeitsbesuch (Marin-Marie entging um ein Haar dem gleichen Empfang), und *Spray* muß vor Treibanker liegen. New York ist ganz nahe. Eine Versuchung. Er läuft trotzdem nicht ein. Weiter, weiter soll es gehen!

Die Hafeneinfahrt von Newport ist wegen des Krieges vermint. Beim Einlaufen in die Luft zu fliegen wäre doch zu dumm. Nein, keine Risiken. Am 28. Juni 1898 fällt der Anker auf amerikanischem Grund, nach einer Reise von mehr als 46 000 Meilen in knapp drei Jahren, wenn man von seiner wirklichen Ausreise, nämlich der von Yarmouth, ausgeht.

Slocum, der jetzt 54 Jahre und 5 Monate alt ist, war nie im Leben krank, abgesehen von der Verdauungsstörung infolge des Genusses von Birnen und Käse. Alle Leute sagten, „er ist jünger geworden".

„Was die *Spray* anging, so war sie in einem besseren Zustand als vor der Ausreise", sagte Slocum. „Ihr Rumpf, nicht mit Kupfer beschlagen, sondern lediglich mit einem Kupferanstrich versehen, war ganz gesund und dicht wie bei einem neuen Schiff. Sie machte nicht einen Tropfen Wasser – nicht einen Tropfen! Bis Australien habe ich meine Lenzpumpe kaum gebraucht, von da ab habe ich sie nicht einmal mehr in Position gebracht."

Spray wurde an demselben Pfahl festgemacht, den er nach ihrem Stapellauf gerammt hatte, um einen Liegeplatz zu schaffen.

„Wenn *Spray* nichts Neues entdeckt hat", schloß Slocum, „dann lag es daran, daß es nichts mehr zu entdecken gab, außer daß die wildeste See für ein kleines Boot nicht so gefährlich ist, wenn es gut geführt wird.

Wenn ein Unternehmen gelingen soll, muß man vorher genau wissen, was man vorhat, und auf alle Eventualitäten vorbereitet sein. Wenn ich mir so überlege, was mir zum Erfolg verholfen hat, dann denke ich an ein keineswegs komplettes Sortiment Zimmermannswerkzeug, einen Wecker aus Weißblech und Tapeziernägel. Worauf es aber am meisten ankam, war die Erfahrung, die ich während meiner Segelschiffszeit erwarb, in der ich mit Eifer die Gesetze Neptuns studiert habe, um mich richtig verhalten zu können, als ich die Ozeane allein überquerte."

Slocum und *Spray* hörten damit nicht auf zu segeln und der erstere nicht, Spaß zu machen.

Er ließ sich in der kleinen amerikanischen Stadt West Tisbury nieder. Er hatte diesen Ort gewählt, weil er bei einem Spaziergang auf dem Friedhof die Grabsteine sah, auf denen die Lebensalter der Verstorbenen zu lesen waren: 90 Jahre, 96, 88 Jahre und so weiter. „Hierher gehöre ich, dieser Ort konserviert!"

Jedes Jahr, wenn der Herbst kam, segelte er wieder nach den Antillen, genauer gesagt, nach der Insel Grand Caiman, wo er gern die Nachkommen der Bukaniere besuchte, und „weil man keinen Wintermantel zu kaufen braucht".

In Wirklichkeit floh er vor den aufdringlichen Menschen.

So machte er es 1905, 1907 und 1908.

1909, er war also schon 65 Jahre alt, verließ er Bristol im Herbst wie gewöhnlich. *Spray* war in tadellosem Zustand und Slocum bei ausgezeichneter Gesundheit. Man sah ihn nie wieder.

Alle möglichen Vermutungen wurden angestellt.

Sturm? In jenem Zeitraum wurde nichts dergleichen gemeldet. Krankheit? Dann hätte man *Spray* wieder auffinden müssen. Feuer im Schiff? Kollosion? – Das ist das wahrscheinlichste, denn sein Kurs kreuzte die Route der schnellen Dampfer, auf denen oft nachlässig Ausguck gehalten wird. Man weiß nur eins, er ist auf See geblieben, und das ist sicherlich ein angemessenes Schicksal.

DIE WELTUMSEGLUNGEN
VON PIDGEON, DRAKE, ALAIN GERBAULT

Erst nach dem Kriege 1914-1918 gab es ein paar Einhandsegler, die Slocum nachahmten. Schon bald wurden sie zahlreicher.

Harry Pidgeon war einer der bekanntesten.

Geboren 1874 auf einer Farm im Staate Iowa, im Herzen der Vereinigten Staaten, 1500 Kilometer von der Küste entfernt, hatte Pidgeon seiner Herkunft nach keinerlei Beziehungen zur See und keine Verbindung zum Ozean. Im Alter von 18 Jahren erblickte er ihn zum ersten Male, aber nicht, um darauf zu segeln, sondern weil er auf einer Ranch in Kalifornien lebte. In Alaska lernte er bald, wie man ein Kanu baut, und auch, wie man damit umgeht. Von da bis zu einer Weltumseglung war es noch weit.

Er dachte auch überhaupt noch nicht daran, kehrte nach Kalifornien zurück und wurde Fotograf, übrigens einer mit Talent. Aber eines Tages hatte er es satt, glücklichen Bräuten zu sagen: Bitte recht freundlich. Er wollte den Horizont wechseln, und als waschechter Amerikaner ging er gleich auf Gegenkurs. Mit 45 Jahren – also etwas jünger als Slocum – entschloß er sich zum Selbstbau eines *Sea-Bird* nach dem Riß des Bootes von T.-F. Day, aber um ein Drittel größer (10,50 m lang, 3,20 m breit, mit 1,50 m Tiefgang). Damit machte er Kreuzfahrten auf See. Wegen Geldmangels ohne Motor. Er hatte nicht die Absicht, irgendeinen Rekord anzugreifen oder gar eine Weltreise zu machen, er wollte einfach interessante Länder kennenlernen, schöne Fotos machen und Berichte für Zeitungen darüber schreiben (auch dazu hatte er Talent), um damit seinen Lebensunterhalt zu verdienen. Als die halbe Reise schon geschafft war und das Große Barriere-Riff hinter ihm lag, meinte er, daß es eigentlich viel einfacher sei, auf der anderen Seite zurückzufahren, durch den kürzlich eröffneten Panamakanal, dessen er sich als erster Einhandsegler bediente und sich dadurch die Heimreise nach Los Angeles wesentlich erleichterte.

1918, mit 44 Jahren, war Pidgeon noch eine Landratte. Daran hatte sich ganz und gar nichts geändert, als er am 18. November 1921, mit 47 Jahren, nach Ozeanien auslief. Er hatte gearbeitet, hart gearbeitet. Die theoretische Navigation lernte er sorgfältig und mit größter Aufmerksamkeit. Mit der gleichen Sorgfalt übte er sich auch in der Praxis, und zwar Schritt für Schritt. Zunächst machte er kleinere Kreuzfahrten, dann längere und sehr lange – nach Hawaii und zurück. Das ist schon Hochseesegeln!

Für die Seeleute war Pidgeon ein „Fall".

Einerseits sagt man im allgemeinen, daß jemand, der nicht vor dem 25. Lebensjahr mit Salzwasser getauft wurde, niemals ein richtiger Seemann wird. Pidgeon wird es noch mit beinahe 50 Jahren!

Die beiden erfolgreichen Weltumsegler, Slocum und Voss[1], waren Kapitäne auf Großer Fahrt gewesen. Und trotzdem erlebten beide unterwegs üble und abenteuerliche Mißgeschicke. Pidgeon dagegen kaum eins: Ein schlechter Ankerplatz in Port Moresby, ohne weitere Folgen, eine Grundberührung nachts in der Nähe des Kaps nach dem Auslaufen bei ruhigem Wetter, weil er schon schlief, bevor er weit genug draußen war. Bei sol-

---

[1] Die Beschränkungen, die wir uns für diese Auflage auferlegt haben, zwingen uns, die inhaltsreiche Geschichte von Voss wegzulassen, dieses „unbezähmbaren kleinen Mannes". Er war tatsächlich nur einige Tage Einhandsegler, nachdem er seinen Mitsegler auf See verloren hatte.

chem Wetter war das nicht weiter schlimm. Ein gebrochener Klüverbaum, aber nicht etwa durch Pidgeons Schuld. Ein ungeschickter Dampfer hatte *Islander*, so hieß die *Sea-Bird*, für eine aufgegebene Yacht gehalten. Das ist alles, obwohl Pidgeon, genau wie die anderen, grobes Wetter angetroffen hatte, aber er war vorsichtig und handelte erstaunlich umsichtig.

Eine Reise fast ohne ernste Zwischenfälle.

Fast ohne. Man mußte erst auf Bernicot und J.-Y. le Toumelin warten, die alles „hundertprozentig" machten.

Pidgeon geht aufs Ganze, sicher, man kann aber trotzdem sagen, daß er mit 47 Jahren *ein richtiger Seemann* geworden ist. Hut ab.

Diese Qualitäten haben aber auch ihre Kehrseiten, denn die erste Überfahrt *Islanders* ist so vollkommen, daß der Nichtseemann sehr enttäuscht wäre, würden wir sie beschreiben. Diese Schilderung ist gar nicht aufregend. Für den Seemann ist das ein Kompliment, sensationslüsterne Amateure kämen nicht auf ihre Kosten.

Die Fahrt durch den Panamakanal sollte wenigstens erwähnt werden. Als Pidgeon mit einem geliehenen Hilfsmotor in Balboa ankommt, trifft er *Fire-Crest*. Sowenig St. Helena die Erinnerung an Napoleon in ihm weckt, er erwähnt ihn überhaupt nicht, genausowenig kümmert er sich um Gerbault, trotz der Reklame, die man um dessen Namen gemacht hatte. Er ist ein Kollege, nichts weiter. Und er notiert: Es war interessant, sein Sluprigg mit meinem Yawlrigg zu vergleichen.

Tatsache ist, daß Gerbault Pidgeon auch nicht erwähnt.

Andererseits sind Pidgeons Beschreibungen der ozeanischen Inseln, der Landschaften, der Sitten auf allen Längengraden sehr ausführlich und farbig. Das liegt nahe, denn er schreibt für Liebhaber des Exotischen und liefert ihnen für ihr Geld, was sie lesen wollen. Er erläutert seine bewundernswerte letzte Überfahrt: Um von Balboa nach Los Angeles zu kommen, macht er, statt in den Kalmen an der Küste entlang zu schleichen, West, bis er auf den Südostpassat stößt, der ihn in den Bereich der Nordwestwinde bringt. Etwa 600 Meilen vor Los Angeles nimmt der Nordostpassat ihn wieder auf.

Diese „Landratte" sticht alle alten Kapitäne aus (s. Karte am Ende des Buches).

Im August 1925 zurückgekehrt, nimmt er an einigen Hochseeregatten teil, aber ohne Erfolg. Das genügt ihm nicht. 1932 reist er wieder aus, um jene Inseln wiederzusehen, die er in so schöner Erinnerung hat. Ohne jemand davon in Kenntnis zu setzen, macht er eine zweite Weltreise (zeitweilig hat er zwei Frauen an Bord) und fährt 1937, im Alter von 63 Jahren, allein zurück.

Er heiratet und geht mit seiner Frau wieder auf Fahrt. Nachdem ihm zwei improvisierte Weltumseglungen gelungen waren, scheitert aber jene, die er vorher angekündigt hatte. *Islander* geht bei den Neuen Hebriden verloren, ohne daß jemand dabei zu Schaden kommt.

Geht ein Boot verloren, kommt ein neues her.

Eigenhändig baut er im Alter von 76 Jahren die Yawl *Lakemba*, einen neuen *Sea-Bird* von 7,80 m Länge, den er am 4. August 1951 zu Wasser bringt. In einem Interview erklärt er, daß er damit rechne, 80 Jahre alt zu werden, und er wolle noch eine Weltreise machen ...

In bezug auf die Hartnäckigkeit findet Pidgeon seinen Meister: Drake, ein Amerikaner aus Seattle.

Hintereinander hatte er drei Schoner verloren, trotzdem machte er weiter. *Sir Francis I* (zu Ehren von Sir Francis Drake, der aber nur sein Namensvetter ist, nicht jedoch sein Vorfahre) ging um 1920 an der Westküste Mexikos verloren, mit der er zuviel geflirtet hatte. Der kleine Schoner wurde von Flußpiraten gründlich geplündert.

Mit dem Nachfolger *Sir Francis II* machte sich Drake auf die Weltreise. Aber das Boot ging bei Kuba verloren.

Es war schließlich *Pilgrim,* mit der Drake über 26 000 Meilen zurücklegte und dabei 117 Häfen besuchte! Man kann nicht sagen, daß *Pilgrim* besonders hübsch war. Sie sah aus wie ein Prahm, was aber Drake nicht davon zurückhielt, mit ihr in die übel beleumdeten Gewässer von Neuschottland und in die Nordsee zu gehen. Immer allein. Aber *Pilgrim* blieb auf einer Sandbank in der Scheldemündung.

Dann folgte *Progress,* ein kleiner Schoner von 11 m.

Aber wen amüsiert Segelei in der Art „verwechselt das Kielchen"?

Wir wollen nicht zu hart sein gegen einen Mann, der mit 53 Jahren zum ersten Male Schiffbruch erlitt und der die Energie besaß, immer wieder von vorn anzufangen. Die Spielregeln sind: Zuerst sich selbst retten, dann das Schiff. Pech bleibt Pech, aber drei- oder viermal, das ist zuviel. Die beachtlichsten Qualitäten, die interessantesten Seereisen verlieren ihren Wert vor diesem „Bruch". Wenn einem Flieger so etwas passiert, wird er zum Bodendienst versetzt, mag er noch so brillant fliegen.

Gerbault hat wenigstens sein Boot nicht verloren. Eigentlich nur, weil er sehr viel Glück hatte. Als er in New York im Herbst 1924 wieder an Bord der *Fire-Crest* (jetzt marconigetakelt) geht, besitzt er die Erfahrungen seiner Atlantiküberquerung und sollte eigentlich einem mittleren Sportsegler (wir sagten mittleren) überlegen sein. Aber ist er der Aufgabe gewachsen, die er sich gestellt hat, einer Weltumseglung?

Er war es nicht, und wir haben schon herausgestellt, daß er dadurch der

Sache einen großen Dienst erwies: Er hat die Aufmerksamkeit der Franzosen auf die Belange der See, auf die Sportsegelei gelenkt. Die Aufmerksamkeit der Leute an Land, aber auch die der Fahrensleute. Denn einige unter ihnen, die der Sportsegelei nicht wohlwollend gegenüberstanden, ignorierten sie ebenso wie die Stadtbürger, was noch weniger zu entschuldigen ist. Es ist schlimm, wenn Commandant Charcot (er!) im Vorwort seines *A la Poursuite du Soleil* schreibt: Andere, ich glaube, es waren zwei, der Amerikaner Kapitän Slocum und ein Engländer (?) haben diese „Tour de Force" schon gemacht, aber die Bedingungen waren nicht die gleichen. Sie stellen Einzelfälle dar.

Charcot gibt dann zu verstehen, daß *Fire-Crest* ein bescheideneres Boot gewesen sei als seine Vorgänger. Und was ist mit *Tilikum*, der Indianerpiroge von Voss, und was ist mit den absurden feuchten Untersätzen der transatlantischen Wettfahrer?

Genau das Gegenteil ist nämlich der Fall. *Fire-Crest* war endlich ein seriöses Boot, *Spray* auch, aber sie war um 1800 konstruiert worden. Durch *Fire-Crest* wird Gerbault nicht zum Einzelfall, denn *Islander* von Pidgeon ist auch ein seriöses Boot, mehr von der leichteren Art, mehr „Seevogel".

Sehen wir weiter.

Alain Gerbault verläßt also New York am 1. November 1924. Aber schon von der ersten Zeile seines Berichtes an versteht man ihn nicht. Wie denn, ein ganzes Jahr lag *Fire-Crest* dort. Die Inneneinrichtung wurde geradezu luxuriös gestaltet (Teak und Ahorn, schön lackiert), das stehende Gut wurde verstärkt, Mast und Baum ausgewechselt, 200 Bücher an Bord genommen. Und dann beginnt Gerbault seinen Bericht: „Ohne die Zeit gehabt zu haben, das neue Rigg auszuprobieren, denn die Segel wurden erst in der letzten Stunde fertig..."

Was hat ihn denn dazu gezwungen, am 1. November auszulaufen? Zweifellos die in Szene gesetzte Propaganda. Das festgesetzte Datum des Matches, wie beim Tennis! Dann braucht man nicht Einhandsegler zu werden, wenn man sich doch solchem Druck beugen muß, für den Preis eines Vergehens gegen die neue Besegelung. Ein Vergehen, das ein mittlerer Sportsegler niemals begangen hätte. Er setzt Vollzeug bei stürmischem Wind. Segel, die erst langsam getrimmt werden müssen. Sie werden nacher hübsch aussehen! Entweder machte sich Gerbault über uns lustig, oder er gehört als Moses an Bord, zum Beispiel der *Aile Noire*.

Gerbault fährt los, ohne vorher die neue Hochtakelung ausprobiert zu haben. Er gibt seinen Fehler allerdings zu.

„Der Wind frischte auf, und ich wußte, daß ich mein neues Segel vertrimmen würde. Ich mußte sieben Ringe eindrehen, Fock und Klüver bergen und nachts beidrehen. Das Manöver dauerte lange, denn das Rigg war neu und viele Kleinigkeiten noch nicht so, wie sie sein sollten. Mit Befriedigung konnte ich feststellen, daß mein neues Patentreff gut funktionierte. Der Wind nahm Sturmstärke an. Die See ging hoch, aber unter dem gerefften Großsegel lag *Fire-Crest* ausgezeichnet, und müde von den vielen Manövern schlief ich ruhig bis zum Morgen durch."

Armes, armes Großsegel! Aber Gerbault, der zum Schlafen so dicht unter Land beidreht, hat mehr Glück als Pidgeon. Er findet sich nicht auf dem Strand wieder, was ihm bei dem Wetter auch nicht gut bekommen wäre.

Bis zum 6. November blieb das arme nasse Großsegel gerefft... Das wird niemand mehr haben wollen, nicht einmal als Occasion! An diesem Tag stellt er fest, daß der Klüverbaum schlecht verstagt ist. Am 8. setzt er das Trysegel, was er bis dahin noch gar nicht ausprobiert hatte. Vertrauen zu den Segelmachern ist ja ganz schön...

Wir wollen nicht auf diese Art fortfahren. Es gibt viele solcher starker Sachen auf jeder Seite seines Buches. Einige sind ganz lustig. Das Deck ist nicht dicht, der Deckenkompaß wird naß und fällt ihm plötzlich auf den Kopf. So unglaublich es klingt, schon geht es mit den Havarien wieder los. Fockstag und Backstag auf Backbordseite brechen zur gleichen Zeit, 11 Tage nach der Ausreise! Er läuft Gefahr, den Mast zu verlieren, nicht seine Toppsegelstenge, wie er sagte, denn dieser Ausdruck ist bei einer Marconitakelung Unsinn. Wenn man will, kann man sich darunter das obere Drittel des Mastes vorstellen, das entspräche dem etwa. Nach mühseliger Reparatur schläft er „in völlig durchweichten Decken". So viel Geld umsonst ausgegeben!

In der Tat, die ganze Arbeit muß auf den Bermudas noch einmal gemacht werden. Deck kalfatern, Schäden am Boot beseitigen, die bei der Kollision mit einem Dampfer entstanden, die Segel total nachnähen. Gerbault kann darüber staunen, daß sein Großsegel am Baum um 50 Zentimeter länger geworden ist! 30 Zentimeter mehr, als er geschätzt hatte, und am Mastliek 75 Zentimeter mehr. Kunststück, bei solcher Behandlung! Die Segel haben Löcher. Er behandelt sie mit „okergetränktem Leinöl". Zum Teufel, davon werden sie nicht leichter, und sie werden von allein senkrecht stehen! Er meint sicher eine Mischung aus Gerbsäure und etwas Leinöl (?).

Der Rumpf macht an zwei Stellen Wasser...

Und das, bevor er in die Region der warmen Gewässer geht.

Gerbault bleibt drei Monate auf den Bermudas. Es wird tatsächlich immer unbegreiflicher, warum er Besegelung und Rigg (von der Dichtigkeit des Decks gar nicht zu sprechen) in New York nicht ausprobiert hat.

Nein, nein und nochmals nein: Gerbault ist kein Seemann. Nicht einmal ein passabler Sportsegler. Er versteht es lediglich, auf See den Kurs abzusetzen, und hat keine Angst vor dem Meer, das ist alles.

Fire-Crest passiert den Panamakanal, und in Balboa beschäftigt sich Gerbault gründlich mit seinen Vorräten und Ersatzteilen. Er läßt ein Großsegel mit losem Fußliek kommen, das ohne Baum gefahren wird. Eine gute Idee. Am 11. Juni 1925 verläßt er die Insel Taboga. Er muß aus den Roßbreiten heraus und den Südostpassat im Süden suchen, gegen den Strom, der nach Norden setzt. Das dauert seine Zeit. Es ist daher ganz normal, daß Gerbault erst am 7. Juli in den Passat kommt. Aber nicht normal ist, daß der Passat aus Südwest weht, das heißt direkt von vorn. Gerbault steht sicher auf schlechtem Fuß mit dem König der Wendekreise. Endlich, am 18., trifft er auf den Galapagos ein. Ein alter Mann, der ihn begrüßt, will nicht glauben, daß er allein gesegelt ist: „Was hast du mit deinem Gefährten gemacht? Hast du ihn über Bord gehen lassen?"

Gerbault ist glücklich. Was er liebt und immer mehr lieben wird, das sind die Inseln und nicht die See. Es ist das Exotische, das Klima, das ursprüngliche Leben und nicht das Segeln um des Segelns willen. Dagegen wäre nichts zu sagen, aber man soll uns Gerbault doch nicht als Vorbild eines Seemannes hinstellen. Man soll auch seine „Kollegen", die ihm in jeder Beziehung weit überlegen sind, nicht als seine „Nachahmer" betrachten.

Auf der Überfahrt von den Galapagos nach Gambier zeigte sich das Marconirigg anfangs bei Backstagswind von seiner besten Seite, und die Etmale waren gut, 113, 144, 122 sm. Das ergibt aber am besten Tag nur 6 Knoten im Schnitt, was für ein Regattaboot wie *Fire-Crest* nicht gerade überwältigend ist. Aber es ist besser als im Atlantik, weil Gerbault jetzt mit belegtem Ruder nachts weiterläuft.

Weiß denn Gerbault nicht, wie man Leinen versorgt? Am 6. September bricht das Backstag an Backbordseite, „Verschleiß durch Schamfielen", wickelt sich um ein Stag und vertörnt sich auf den Stagreitern des Klüvers. Das ist eine häßliche Geschichte. Die beiden Dirken knallen durch. Bei dem Marconisegel ist das noch unverständlicher als bei seinem alten Gaffelgroßsegel. Ebenso sechs der Mastringe (die auf einer als Jackstag dienenden vertikal geführten Leine liefen). Das ist aber noch nicht alles, seine Eichenpinne knackt weg. Auf diesem Boot würde sogar Eisen brechen!

Endlich ist er in Mangareva, dann auf den Marquesas, wo es ihm gut gefällt. Das hindert ihn aber nicht daran, den Leuten mit kühner Stirn vorzulügen, daß *Fire-Crest* seit sieben Jahren sein einziger heimatlicher

Herd sei und das Meer seine „Domäne", obwohl er in Wirklichkeit weniger als 1½ Jahre an Bord gelebt hat. Sieben Jahre vorher war er Fliegeroffizier.

Nach den Marquesas kommt Tahiti, dann Bora-Bora, das er Porapora nennt. Es ist das Paradies. Gerbault will bleiben und kehrt auch wieder dorthin zurück. Aber es gibt noch andere Inseln, und er hat versprochen, eine Weltumsegelung zu machen. (Siehe Karte am Ende des Buches.)

Bald erreicht er Samoa. Als er von Apia nach Asau auf Savaii läuft, zwingt ihn der Wind, beizudrehen, dabei bricht der obere Block des Großfalls. Das Segel killt, der Baum schleift im Wasser. Schließlich kann er den Baum an Deck nehmen und reparieren. Aber Adau liegt weit in Luv. Er muß kreuzen. Da bricht die Fockschot und der Klüverstropp.

Es wird so gewesen sein, daß Gerbault bei all den Schönheiten des Archipels, eingelullt in das Klima und die Nonchalance der Umgebung, das Rigg nicht vor jedem Auslaufen überprüft. In den Häfen läßt er wahrscheinlich nicht einmal die Fockschoten durch die Hand laufen. Er hat nichts, überhaupt nichts gelernt.

Wird also nichts mit Adau. Gerbault geht vor den Wind, Kurs Wallis Island, 250 Meilen in Lee.

Die Strecke ist schnell abgesegelt. Als Gerbault abends dicht unter die Insel kommt, die von einem gefährlichen Korallenriff umgeben ist, birgt er alle Segel und läßt sich treiben, um den Anbruch des Tages abzuwarten. Als der Morgen heraufdämmert, wird es höchste Zeit! *Fire-Crest* liegt wenige hundert Meter vor dem Riff, und als die Segel endlich stehen, nur noch eine Kabellänge. Der frische Wind ist auflandig. Jetzt schnell freikreuzen. Bei dieser Gelegenheit zeigten sich die hervorragenden Eigenschaften der *Fire-Crest* von der besten Seite. Tief, schmal und gut im Ballast, ist dieses Boot geradezu dafür gebaut, am Wind zu liegen. Er kommt trotz des Seegangs sehr gut frei. Wäre es die *Spray* gewesen, die *Tilikum* oder eines der winzigen Boote, die wir schon kennengelernt haben, die wegen ihres geringen Gewichtes nur bei ganz ruhigem Wasser hoch in den Wind gehen, hätte das eine Katastrophe bedeutet.

Diese sollte trotzdem noch folgen. Das Großsegel ging am Kopf aus der Naht. Die Naht platzte weiter auf. Seit einer halben Stunde kreuzt Gerbault mit dichtgeholten Schoten, versäumt aber, auch die Jakobsleine durchzuholen. Natürlich könnte er jetzt vor dem Wind weiterlaufen, weiter nach Norden, aber dann würde er Wallis nicht erleben, und die Fidschis sind noch weit (außerdem war dieser Umweg nicht vorgesehen). Gerbault zieht es vor, das Risiko auf sich zu nehmen, und der Erfolg gibt ihm recht. Unter Vorsegeln repariert er, läßt *Fire-Crest* laufen und verliert dabei wieder die gewonnene Höhe. Als er das Großsegel wieder setzt, liegt das Riff erneut dicht vor ihm. Aber im zunehmenden Seegang luvt *Fire-Crest* wieder ganz ausgezeichnet. Da ist die Einfahrt nach Wallis (oder Uvea). Geschafft! Nein. *Fire-Crest* kommt auf einem Korallenriff fest, das nicht in der Karte verzeichnet ist, und bleibt dort sitzen. Gerbault bringt einen Wurfanker aus, schert eine Talje und holt dicht. *Fire-Crest* rückt ein Stück vor und ... die Trosse bricht. Der Anker ist verloren. Sicher, *Fire-Crest* ist ein sehr schweres Boot, aber warum kann Gebault denn nicht verhindern, daß das Tauwerk so verkommt? Das passiert den anderen doch nicht.

Die Flut steigt. Nicht schlecht. Gerbault kommt frei und ankert vor einem Dorf. Der Ankergrund ist jedoch nicht gut, er muß verholen. Er findet, daß der Anker plötzlich so leicht geworden ist, läßt ihn aber während des Verholmanövers unter Wasser schleifen, während er ans Ruder geht. Dann kommen ihm Skrupel. Er geht nach vorn, hievt den Anker ein – oder vielmehr das, was von ihm noch übrigblieb, den Stock und den halben Schaft – keine Flunken mehr. Überhaupt keinen Anker mehr. Der Rest lag in der schmalen Fahrrinne. Jetzt sitzt er ganz schön in der Patsche. Er brauchte ein Grundgeschirr oder ein anderes Boot, an dem er festmachen könnte. Nichts dergleichen. Er läuft wieder ab, als ein Fischerboot unter Motor passiert und ihm einen Anker leiht. Gerbault ankert. Er hätte vermooren müssen, denn es brist auf. Aber es gibt auf der Insel keinen zweiten Anker. Dann bricht während der Nacht die Kette, die dem großen Druck nicht standhält. *Fire-Crest* ist zu schwer. Einige Sekunden später liegt die schöne Slup auf den Korallen. Der Wind dreht auf Süd und weht „in Sturmstärke", schreibt Gerbault. Lassen wir ihn sprechen:

„*Fire-Crest* lag leicht auf der Seite. Jede Welle hob sie etwas an und ließ sie mit dumpfem Krachen aufschlagen. Die Situation war hoffnungslos. Im Hafen kein Fahrzeug, kein Anker, den man hätte weit ausbringen können. Ich glaubte auch, daß man bei so viel Wind schon einen Dampfer brauchte, um mich da wieder herunterzuholen. Das Wasser stieg noch ein wenig, aber ich war überzeugt, daß *Fire-Crest* bei Niedrigwasser in Stücke gehen würde. Ich saß an Deck und wurde von der See furchtbar gepeitscht. Ohnmächtig sah ich dem Todeskampf meines treuen Kameraden zu. Etwa eine Stunde saß ich auf dem Riff, als sich mein Boot völlig auf die Seite legte. Das Deck stand fast senkrecht und durch die Skylights drang Wasser ein.

Ich schwamm auf das Ufer zu, als ich plötzlich verdutzt bemerkte, daß *Fire-Crest* mir folgte. Tatsächlich erreicht sie das Ufer etwa zur gleichen Zeit wie ich selbst und blieb auf der Seite an der Hochwassergrenze auf weichem Sand liegen, der den Aufprall dämpfte.

Ich sah, daß im Innern nur wenig Wasser stand. Es war pechschwarze Nacht, 1.30 Ur morgens. Ganz geknickt ging ich in das Dorf und dachte, daß die Karriere der *Fire-Crest* und damit meine Reise zu Ende sei.

Am nächsten Morgen war das Wasser zurückgegangen, und *Fire-Crest* lag auf dem Trockenen. Der Bleikiel fehlte, die zehn Bronzebolzen an der Kielsohle, die ihn gehalten hatten, waren glatt abgebrochen.

Durch die heftigen Stöße auf dem Riff hatte sich also der Kiel gelöst. Befreit von dem 4 Tonnen schweren Gewicht, hatte sich das Boot auf die Seite gelegt, was der normalen Gleichgewichtslage mit dem stehenden Rigg entspricht (?). Um ein Drittel seines Gewichtes erleichtert, hatte es in dieser Lage einen geringeren Tiefgang und konnte sachte auf das Ufer zutreiben."

Gerbault tröstete sich mit vielen „Wenns". Wenn der Schotblock in der Fahrrinne gebrochen wäre, wäre es schlimmer gewesen. Wenn der Kiel nicht verlorengegangen wäre und so weiter.

Er gibt zu:

„Mancher Teil des Riggs hätte in besserem Zustand sein können, aber auf meiner langen Reise war es oft unmöglich, die nötigen Ersatzteile zu bekommen. In Samoa gab es auch nicht das Richtige. Die Ankerkette war fast neu. Sicher, sie hätte stärker sein können, denn zu stark hat noch nie geschadet, sagen die Seeleute. Aber da ich ständig auf mehr als 20 Faden Tiefe ankern mußte, wäre eine schwere Kette für einen Mann allein ohne Ankerwinsch zu mühselig einzuholen gewesen."

Warum gibt es dann auf diesem schweren Schiff, das in der Ausrüstung ohnehin schon so teuer war, keine Winsch? Ich kenne Leute, die so etwas dem „poliertem Ahornholz" vorziehen. Geht es mit der Winsch nicht schnell genug? Mit der Winsch schafft man es auf jeden Fall immer rechtzeitig, außerdem bedeutet sie eine erhebliche Kraftersparnis. Aber selbst dann kann man vor dem Einhieven des Hauptankers einen leichteren an leichter Trosse ausbringen, dann den schweren Anker mit der Winsch aufholen und nachher den leichteren Anker mit der Leine Hand über Hand einholen.

J.-Y. le Toumelin war viel ärmer, viel jünger als Gerbault, aber er hatte eine Winsch. Er hatte auch stärkere Ketten, die nicht brachen.

Nach dieser Pechsträhne, die im ganzen nur die Folge von Nachlässigkeit war, steckte der gute Gerbault in einer bösen Klemme. Der vier Tonnen schwere Bleikiel mußte in den Korallenklüften gesucht und dann neben *Fire-Crest* an den Strand gebracht werden. Die gebrochenen Kielbolzen waren zu reparieren, von denen einige mindestens einen Meter lang waren, oder neue mußten angefertigt werden. Der Kiel mußte wieder angesetzt und das Boot dann mit 1,90 m Tiefgang über eine maximale Was-

Hannes Lindemann unterwegs auf hoher See bei seiner 2. Atlantiküberfahrt

*Hannes Lindemann auf seiner 3. Atlantiküberquerung
Blick vom Klüverbaum auf die alleinsegelnde »Liberia IV«*

Dr. Bombard auf »L'Hérétique« in Las Palmas

sertiefe von 1,20 m bei Hochwasser geschleppt werden. Das alles, ohne eine Schmiede auf der Insel, ohne einen Schiffszimmermann, ohne die Aussicht auf den Besuch eines Schiffes im Laufe der nächsten Monate.

Gerbault machte sich mit Hilfe des Ersten Ingenieurs eines alten Dampfers, zweier Chinesen und der Eingeborenen an die Arbeit. Aber die Chinesen bohrten die Löcher für die Kielbolzen zu weit. *Fire-Crest* machte Wasser. Glücklicherweise erschien der französische Aviso *Cassiopée*, der von Paris aus alarmiert wurde (nicht jeder findet so weitreichende Unterstützung). Die Kielbolzen wurden ausgewechselt, die Matrosen hängten sich in den Mast der *Fire-Crest* und schafften damit so viel Schräglage, daß die Yacht über das Riff geschleppt werden konnte. Der Ballast wurde wieder angebracht.

Geschafft.

Gerbault hat während der Zeit an Land seine Kenntnisse über die eingeborene Bevölkerung vertieft.

Am 9. Dezember 1926 geht er Anker auf und erreicht Suva auf Fidschi ohne Zwischenfälle. An das Abenteuer erinnert *Fire-Crest* nur etwas Feuchtigkeit zwischen Bordwand und Wägerung. Alles ist getrocknet, geschliffen und lackiert. Eine unerwünschte Ratte wird gefangen. Abreise in Richtung auf die Korallensee. Ein Schwertfisch springt über das Achterschiff der *Fire-Crest*. Gerbault hat versäumt, wie Slocum scherzhaft zu sagen pflegte, ihm vorher das Schwert wegzunehmen und empfand nachträglich noch einen verständlichen Schrecken. Gerbault nähert sich Neuguinea und läuft in Port Moresby ein, wo er außergewöhnlichen Pirogen unter Segeln in „Form von Krabbenscheren" begegnet, die ihn trotz seiner 6 Knoten glatt abhängen, sie laufen 20!

Er segelt dann durch die Bligh-Passage in das Große Barriere-Riff ein (nicht die lange Kette vor der australischen Küste, sondern der Pfropfen im Norden). Nachts muß er in der Strömung ankern. Die Trosse bricht (wie gehabt, das wird langsam langweilig), ein Anker geht verloren. Er bringt den großen Anker aus. Die Kette bricht (genug, genug!). Er hat also wieder keinen Anker mehr. Gerbault hat mitten im Riffgebiet keinen Anker! Glücklicherweise bekommt er einen von einer Slup – er hat einen Schutzengel – und erreicht die Nordküste von Thursday Island, das wir schon gut kennen. Es ist geschafft. Vor ihm liegt die Arafura See und der Indische Ozean.

Für Gerbault, wie auch für alle anderen, verläuft die Überfahrt nach Keeling (Kokos) glatt. Am 9. August 1927 trifft er dort ein. Er spielt Tennis. Dann segelt er nach Rodriguez weiter. *Fire-Crest* steuert sich bei achterlichem Wind nicht gut selbst, darum muß Gerbault vor dem Wind kreuzen, und das Rigg gibt Stück für Stück nach.

Auf Rodriguez wird er von einem schlechten Lotsen in eine Sackgasse geführt, aus der er aber wieder herauskommen kann. Auf La Réunion gab es nichts Besonderes, nur Neugierige. Am 17. Dezember 1927, nach 29 Tagen ohne Havarie, „nur eine zerrissene Fock", macht er in Durban fest.

Eine kleine Randbemerkung: Gerbault, der sich zum Verteidiger der Eingeborenen macht, findet es in Durban sehr angenehm, sich in einem rikschaähnlichen Gefährt von einem mit Hörnern verzierten Zulu ziehen zu lassen, der Schellen trug „wie ein Schlittenpferd". Gerbault meinte, dieses Transportmittel sei den Autos weit überlegen. Man muß eben zwischen den gelegentlichen Vorteilen und den großen Prinzipien, der Würde der Eingeborenen, unterscheiden!

Gerbault passiert das Kap der guten Hoffnung im südlichen Hochsommer ohne Schwierigkeit und hält sich dort noch etwas auf. Am 17. März 1928 geht es weiter, nachdem er die Kupferbleche erneuern und einen Beschlag der Ruderhalterung reparieren ließ. Aufenthalt in St. Helena und in Ascension. Dann liegen die Kapverdischen Inseln vor ihm. Jetzt geht alles klar, Gerbault wird bald zu Hause sein.

„Am Montag, dem 9. Juli, läßt der Wind nach und flaut nachts zu einer schwachen Brise ab. In der Nähe der Insel St. Vincent ging ich über Stag, die Küste von San Antonio lag 5 Meilen vor mir. Ich glaubte, daß ich in aller Gemütlichkeit etwas ruhen könnte und schlief kaum drei Stunden, als mich ein leichter Stoß weckte. Ich wußte sofort, was los war, noch bevor ich an Deck kam. Ich hatte eine Korallenspitze berührt, die nur wenige Meter vor der Küste von San Antonio liegt. Es war unglaublich, aber wahr. Kein Lüftchen wehte. Ein starker Querstrom hatte mich auf die Küste gesetzt. In wenigen Sekunden lag *Fire-Crest* auf der Seite. Der Masttopp berührte beinahe die Steilküste, und ich hätte an Land springen können, ohne nasse Füße zu bekommen. Es war Mitternacht. Das Wasser fiel, und es hatte absolut keinen Zweck, einen Anker mit dem Beiboot auszufahren."

Gerbault meint, daß „er sich keinen Navigationsfehler vorzuwerfen brauchte". Was denken Marin-Marie und Le Toumelin darüber? Gerbault suchte Hilfe, fand einen Neger, der weder Englisch noch Spanisch verstand aber... Latein! Ein Schlepper kam, der *Fire-Crest* dank des ruhig gebliebenen Wetters wieder befreien konnte, jedoch zum Preis einer eingedrückten Bordwand. Das Leck wurde abgedichtet. *Fire-Crest* nach Porto Grande geschleppt und ausgebessert. Aber die Reparatur war so unzulänglich, daß Gerbault, der am 14. August 1928 wieder ausgelaufen war in der Hoffnung, Frankreich noch vor Einbruch des Winters zu erreichen, wieder kehrt machen und nach Porto Grande zurücklaufen mußte. Dort verbrachte er den Winter und schrieb den Bericht über seine Reise.

So wurde es möglich, daß das Buch in dem Augenblick seines Eintreffens in Frankreich erschien, eine ausgezeichnete Reklame und die beste Lösung in finanzieller Hinsicht.

Am 6. Mai ausgelaufen, passiert er Horta auf den Azoren, und nach einer Nacht in Cherbourg trifft er am 26. Juli 1929 in Le Havre ein. Man bereitet ihm einen triumphalen Empfang.

Als der Commandant Bernicot neun Jahre später an der Pointe de Graves eintraf, nachdem er die gleiche Weltreise gemacht hatte – jedoch mit dem kleinen Unterschied, daß er durch Patagonien gesegelt war, statt durch den Panamakanal, und daß er *keine einzige Havarie* gemacht hatte –, war kein Mensch, abgesehen von seinen Verwandten, zum Empfang da. Am nächsten Morgen erschien auch kein Artikel über ihn in der Presse.

Man weiß, daß Gerbault im September 1932 wieder in See ging. Er ließ sich ein neues Boot bauen, die *Alain Gerbault,* deren Pläne in allen Einzelheiten in zwei Büchern nachgelesen werden können. Ein schönes Boot. Alain Gerbault hatte seine eigenen Erfahrungen und auch die von anderen mit eingebracht, wozu man ihn nur beglückwünschen kann.

Fire-Crest schenkte er der Marine Nationale für die Seefahrtsschüler. Aber das alte Einhandboot war mit diesem Schicksal offenbar nicht einverstanden, denn im Schlepp von Guernsey nach Bréhat schlug es voll und sank. Das war ein würdiges Ende.

Das von Gerbault entsprach weniger seinem Schicksal, war er doch ein Intellektueller, ein Ästhet, ein Idealist, vielleicht sogar ein Mystiker, aber kein Seemann.

Er sagt übrigens:

„Ich bin außer mir vor Freude, die Stadt verlassen zu können..., in der ich so lange Gefangener meiner Berühmtheit war.

Von einer neuen Reise verspreche ich mir nichts. Ich könnte nichts besser machen (hört, hört, sagen die Seeleute). Was ich auch tue, ich kann durch dieselben Leistungen kaum noch etwas gewinnen, aber ich werde die innere Ruhe auf dem Meer finden und die sonnendurchglühten Inseln wiedersehen."

Und immer spricht er von „einer Zivilisation der Weißen, die er verachtet".

Das ist typisch Gerbault: Die Einsamkeit, die er sucht, ist die Einsamkeit einer Flucht. Eine Einsamkeit *aus Ablehnung,* eine Einsamkeit *gegen* die Welt unserer Zeit und unseren Kontinent, und nicht, wie bei den anderen, eine *positive Einsamkeit,* eine innerliche Einsamkeit, die man um ihrer selbst willen sucht, indem man ganz einfach alle störenden Einflüsse um sich herum ausschaltet.

Die zweite Atlantiküberquerung und die spätere halbe Pazifiküberquerung von Alain Gerbault verliefen glatt und ohne bemerkenswerte Zwischenfälle. Der Tenor seiner Schilderung[1] unterscheidet sich ganz erheblich von seinen drei ersten Büchern. Er schreibt ohne Pathos, benutzt fast korrekte seemännische Ausdrücke (und zwar ohne zu übertreiben), offensichtlich ohne beim Publikum falsche Vorstellungen erwecken zu wollen. Er ist endlich er selbst und er kennt jetzt die See und die Seefahrt. Er hat auch den Gedanken aufgegeben, dem er vorher gehuldigt hatte, daß das Gelingen um so beachtlicher sei, je mehr „Schiffbrüche", „wilde Stürme" und „dramatische Situationen" vorkommen. Diese billige Demagogie ist nicht mehr festzustellen. Sein einziger Wunsch ist, *seine* Inseln wiederzusehen, dort zu leben und die Eingeborenen dazu anzuhalten, nach ihrer eigenen Façon zu leben und nicht nach der der Weißen. Wenn er jetzt segelt, dann nur, um mit diesem Postulat von einer Insel zur anderen zu gehen.

Alain Gerbault starb während des letzten Krieges in Dili am Vorabend der alliierten Landung auf Portugiesisch Timor. Er war auf dem Wege nach Indochina gewesen.

Schwer malariakrank wurde er an Bord seiner Yacht aufgefunden. Er starb in einer Klinik am 16. Dezember 1941. 1947 wurden seine sterblichen Überreste nach Bora-Bora überführt, wo sie dicht am Strande der Lagune beigesetzt wurden. Das französische Gesetz verbietet das Ausstreuen der Asche eines Verstorbenen auf See, wie er es sich gewünscht hatte.

Die *Alain Gerbault* wurde zuerst von Holländern, dann von Japanern geplündert und später von Chinesen benutzt und wird irgendwo gestrandet sein. Auf jeden Fall hat man sie nie wieder gesehen.

MILES, ERLING TAMPS UND SEINE FAMILIE,
FRANCESCO GERACI

In den Jahren 1928 bis 1931 machte der Segler Edward Miles eine Weltumsegelung, aber *von West nach Ost*. Wir haben bei Rebell gesehen, daß das viel schwieriger ist, weil die Route gegen die Passatwinde führt. Man erinnert sich, daß auch Slocum diese Idee hatte, aber in Gibraltar darauf verzichtete, weil er Kap Hoorn oder die Magellanstraße den Piraten des Roten Meeres vorzog.

---

[1] in *Iles de Beauté,* dem Gerbault den Titel „La route du vrai retour (Kurs wahre Heimkehr) geben wollte.

Edward Miles war der erste, der diesen Lorbeer errang.

Das Boot, mit dem er New York am 29. August 1928 verließ, *Sturdy* (Entschlossen), war ein kleiner marconigetakelter Schoner von 8 Tonnen, mit einem 12-PS-Motor ausgerüstet. Das Boot hatte Miles selbst gebaut.

Die Trimmfahrten wurden zwischen Savannah (Georgia, hart an der Nordgrenze Floridas) und New York ausgeführt. Alles ging gut. Miles nahm Kurs Südost und erreichte Gibraltar 49 Tage später. Er segelte gemütlich durch das Mittelmeer, aber an der Südküste entlang: Tanger, Algier, Tunis, Malta, dann lief er hinauf nach Istanbul, fuhr zwischen den griechischen Inseln spazieren und ließ *Sturdy* dann in Alexandrien, während er für die Dauer von neun Monaten nach den Vereinigten Staaten zurückreiste.

Nach Ägypten zurückgekehrt, durchlief er den Suezkanal, und nach drei Tagen Segeln im Roten Meer brach bei der höllischen Hitze Feuer auf dem Boot aus, als er etwas zu sorglos mit dem Benzin umgegangen war. Es wurde völlig zerstört.

Er konnte sich retten, erreichte Alexandrien und kehrte von dort aus in die Staaten zurück, um sich eine neue *Sturdy* zu bauen. Es wurde *Sturdy II*. Etwas kleiner als das erste Boot maß dieses 11,20 m in der Länge, 3,30 m in der Breite und ging 1,45 m tief. Es war auch schonergerigt, hatte aber jetzt einen Dieselmotor von 20 PS, der Bunker faßte 2700 Liter Gasöl, was einen Aktionsradius von 4500 sm gestattete.

Miles machte natürlich keine Weltreise unter Motor, aber seine „Mühle" hat ihn sicherlich ganz gut unterstützt. Das war nicht so ein kleiner Motor, den man nur zum Einlaufen in Häfen benutzt, einer von der Art, der Bernicot immer Streiche gespielt hat. Miles Leistung wird durch diese Maschine etwas herabgemindert, deshalb wollen wir ihm auch nur eine kurze Zusammenfassung widmen. Nur unter Motor zu fahren (Arielle) ist für den Alleingänger viel schwieriger, als nur unter Segeln. Aber das Segeln, unterstützt durch einen starken Motor, der in der Lage ist, auch gegen eine frische Brise zu halten, wird dadurch natürlich ungemein vereinfacht. Alle Weltumsegler, die wir schon kennengelernt haben, und drei, die noch folgen werden, hatten überhaupt keinen Motor. Zwei andere, Bernicot und Bardiaux, hatten einen kleinen, nicht viel stärker als der „Quirl" eines Beibootes, also gar kein Vergleich zu dem Diesel von Miles.

Sturdy II wurde an Deck eines Frachters nach Ägypten gebracht, denn Miles wollte seine Reise dort fortsetzen, wo er sie abbrechen mußte. Und im September 1930, fast genau ein Jahr nachdem die erste *Sturdy* verbrannte, lief er von Port Tewfick aus, an der Küste von Suez. 29 Tage brauchte er, um das Rote Meer zu durchlaufen, berührte Ceylon, Singapur, Manila, Hongkong und Yokohama, das er im vollen Sommer ohne

Taifune erreichte. Am 14. Juli 1931 verließ er Yokohama mit Kurs auf die Hawaii-Inseln. Unter allen Seglern ist Miles der einzige, der diesen Kurs wählte[1]. Er gestattete ihm in der Zone der wechselnden Winde zunächst einmal Ost zu machen und ganz in die Nähe des Nordpassats zu kommen. Miles brauchte 52 Tage bis Hawaii und nur 18 Tage für die Strecke nach San Franzisko, wo er am 30. September 1931 den Anker fallen ließ. Er lief dann an der Westküste Mexikos weiter, passierte Panama und erreichte etwa vier Jahre nach seiner Ausreise wieder New York. Wenn man die 20 Monate für die zwei Rückreisen nach den USA und die Reise in die Türkei abzieht, bleiben für die Weltreise genau zwei Jahre, was für einen Einhandsegler bis dahin einen absoluten Rekord darstellt.

Die folgende Geschichte, die sich in den Jahren 1928 bis 1931 abspielte, handelt nicht von einem einzelnen Mann, sondern von einem Paar. Einem Ehepaar, dem unterwegs Kinder geboren wurden. Wir haben nicht den Mut, diese Geschichte einfach wegzulassen. Darüber hinaus... darüber hinaus wird man sehen, was sich zugetragen hat...

Dieses menschlich so bewegende Abenteuer wurde von Erling Tambs selbst gut erzählt. Er ist Norweger und von Beruf Romanschriftsteller. Vom maritimen Standpunkt ist seine Geschichte wenig ergiebig, denn die Prinzipien Erling Tambs, nach denen Navigationsinstrumente und Seekarten von keinem oder nur geringem Nutzen und „die Mittel der Matrosen" viel wirksamer seien als die Methoden des Navigators (man glaubt die Phantastereien aus Alain Gerbaults erstem Buch zu hören) haben leider dazu geführt, daß er viel zu sehr auf sein Glück vertraute. Eines Tages war das Glück erschöpft und er verlor sein herrliches Schiff[2].

Ein Mann, der in jeder Beziehung das Recht hat, zu urteilen, nämlich Bernicot, meinte: „Betiteln Sie dieses Kapitel: Wie man nicht segeln soll!"

Das wäre gesagt, gehen wir auf See... mit Erling Tambs und seiner jungen Frau Julie, an Bord der *Teddy*.

Teddy, ein norwegischer Kutter von 12 m Länge, war ein „Colin Archer" (Spitzgatter), also von dem berühmten Yachtkonstrukteur gezeichnet, der auch die *Fram* für Nansen entworfen hatte. 1890 gebaut (diese Boote sind außerordentlich dauerhaft), hatte es den größten Teil seiner 38 Jahre als Lotsenversetzboot in den gefährlichen norwegischen Fjorden und in den noch gefährlicheren norwegischen Küstenwasserstraßen gedient. Von allen, die es in Norwegen und auf allen Meeren sahen, wurde es als

---

[1] Der Japaner Kenichi Hori segelte 1962 mit der *Mermaid* (5,79 m) von Osaka nach San Franzisko.
[2] Erling Tambs „The Cruise of the Teddy".

eines der schönsten Boote bezeichnet, das man jemals zu Gesicht bekommen hatte: Schnell, von außergewöhnlicher Seetüchtigkeit und bequem, nachdem Tambs es in hervorragender Weise eingerichtet hatte. Denn es war für ihn nicht nur ein Boot, auf dem er gelegentlich kampierte, sondern es war sein Domizil, sein wirkliches Heim. Die Wassertanks faßten 1500 Liter. Das Rigg war einfach, Gaffelgroßsegel, Fock und Klüver mit Baum. Das Ganze hatte nur den Fehler, keinen Motor zu haben – und das bei 6 Tonnen Innenballast, die ein Gesamtdeplacement von 25 Tonnen ergaben. Mit dem großen Tiefgang, dem Großsegel von 50 qm auf zwei Fallen, war das Boot viel zu schwer für einen Mann, der – wie er – 40 Jahre alt war. Auch dann, wenn er seiner Frau das Ruder anvertrauen konnte. Tambs hat es auf seiner ersten Überfahrt zu spüren bekommen.

Aber das war längst nicht das Ärgste.

Er läuft aus – und rühmt sich dessen noch – ohne Sextant, ohne Chronometer, ohne Seehandbücher, ohne Leuchtfeuerverzeichnisse und fast ohne Karten! Er hat einen Kompaß, der „aber schon so alt war, daß er bei der geringsten See durchdrehte". Einen Trockenkompaß also, wenn man richtig versteht. Das ist kein Witz! Man soll uns doch nicht glauben machen, daß er, der für das Geld seines letzten Romans die *Teddy* kaufen und ausrüsten konnte, nicht auch einen vernünftigen Kompaß und einige nautische Bücher hätte kaufen können. Ohne Karten nach Neuseeland zu laufen, nur um dann sagen zu können „zufällig kam ich haargenau nach Auckland"! Es ist verantwortungslos. Auf solche Geschichten auch noch stolz zu sein, die begeisterungsfähige, naive Jungen dazu bringen könnten, es ihm nachzutun und die dabei unweigerlich umkämen.

Die letzten Augusttage des Jahres 1928 waren reichlich rauh. Tambs und seine Frau hatten während der 16 Tage von Norwegen bis Le Havre ganz übles Wetter. Die junge Frau befand sich zwar nicht gerade auf der Hochzeitsreise, sie war aber zu jenem Zeitpunkt in einem Stadium ihrer Liebe, in der nur eines Bedeutung hat, nämlich beisammen sein zu können. In einem ganz kritischen Augenblick, als schon alles verloren schien, sagte sie: „Das ist halb so schlimm, wird sind ja beisammen."

Das ist schön, die Liebe ist sehr schön – und das ist auch alles, was man dazu sagen kann.

Tambs kam auf einer Sandbank in der Nordsee fest, weil er keine korrigierte Karte und kein Leuchtfeuerverzeichnis hatte. Als er eines der vielen Feuer ausmacht, stimmt dessen Kennung mit den Angaben in der uralten Seekarte nicht überein. Unmöglich, auch nur eines zu identifizieren: „Von drei oder vier Feuern, die wir ausmachten, stimmte keines mit unseren Unterlagen überein."

Für Tambs gibt es um so weniger eine Entschuldigung, weil er acht Jahre lang Matrose an Bord großer Segelschiffe war. Glaubte er, der sich auf den Rahen so tapfer gehalten hatte, daß seine Arme und Beine nur von Nutzen sein können, wenn sie instinktiv gebraucht und vom Hochdeck aus kommandiert werden?

Er liegt in Luv der Bänke, als er merkt, daß zuviel Tuch steht: „Ich hatte genug davon, immer mit dem großen Segel zu kämpfen... und der Gedanke, in der schwarzen Nacht ein Reff einbinden zu müssen, war ein Alptraum."

Er zieht sich ängstlich in seinen Pullover zurück und wartet ab, was passieren würde.

Kurz darauf, mitten im Kanal, schläft er während seiner Wache ein und entgeht mit knapper Not einer Kollision. Er begeht weitere Selbstmordversuche durch Nachlässigkeit und Unachtsamkeit. Seine junge Frau, so voll Vertrauen zu ihm, hätte Besseres verdient.

Man könnte uns nun vorhalten „Warum so viel Wesens darum machen, sie sind doch davongekommen!" Warum? Weil sein Buch auf zwei Zeilen zusammenschrumpfen würde, „wenn sie nicht immer wieder davongekommen wären", und von dieser Art Tatsachen haben wir schon genug gelesen.

Kann man nun alles glauben, was Tambs erzählt, oder ist es oft übertrieben, Dummenfang, um „auf dramatisch zu machen", damit sich sein Buch verkauft? Das ist gut möglich. Man ist versucht, so zu denken, wenn Tambs erzählt, daß er 14 Stunden durchgeschlafen hat, „traumlos und ohne ein Glied zu bewegen". Und das einige Meilen vor den Flandernbänken. Man ist dessen sicher, wenn man liest, „das erste Land, das wir ausmachten, 9 Tage nachdem wir Le Havre verlassen hatten, war Kap Ortegal an der Nordwestküste Spaniens".

Die Halbinsel Cotentin zu passieren, ohne die Feuer zu sehen, sei es nun an der englischen oder der normannischen Küste, dann an Quessant vorbeizulaufen oder am Sein, ohne Feuer, ohne Land auszumachen! *Ohne Sextant* zufällig auf Kap Ortegal zu treffen... na, na. Genug damit. Überlassen wir diese Prahlereien dem Romanschreiber, der andererseits so sympathisch ist.

Es soll außerdem bemerkt werden, daß er in der weiteren Folge keine derartigen Abnormitäten mehr von sich gibt.

Aber wir sprechen hier von Navigation und vom Segeln und nicht vom Roulettspiel, wir sollten sein Buch schließen. Überlassen wir das Vergnügen – das durchaus berechtigt ist – den Lesern von Reisebeschreibungen, gleich, ob sie sich auf See abspielen oder nicht.

Wir tun es dennoch nicht, denn eines darin ist ganz außerordentlich bewundernswert: Das Leben eines Ehepaares an Bord, auf einer Reise über alle Meere (Spanien, Portugal, Madeira, Kanarische Inseln, Trinidad, Panama, Marquesas, Tahiti, Samoa, Neuseeland, Australien). Und sehen wir, wie dieses Leben auf einer Segelyacht, auch auf hoher See, möglich ist, wenn sie entsprechend eingerichtet ist. Desto besser ist es natürlich auf kleineren Kreuzfahrten möglich. Jeder hütet sich, den anderen zu verletzen, denn dort wie anderswo sind Frau und Mann, die sich lieben, dafür geschaffen, miteinander zu leben und ihre Kinder großzuziehen.

Jetzt kommt etwas Außergewöhnliches. Geboren in Las Palmas auf den Kanarischen Inseln (Frau Tambs war seit mehr als sechs Monaten in gesegneten Umständen und hat die Reise bis dahin gut überstanden), wird der kleine Tony im Alter von sechs Wochen an Bord genommen. Die Seeluft bekommt ihm ausgezeichnet, und die Kondensmilch ist überall die gleiche. Nur die Probleme der Niederkunft waren schwierig zu lösen.

In dieser Hinsicht ist noch ein anderes, kürzlich erschienenes Werk zu nennen: L'Amour dans une Coquille de Noix[1].

Es handelt nicht von großen Seereisen, sondern von einer gemütlichen Trampfahrt von Insel zu Insel im Bereich der Antillen. Man erlebt den Kapitän Bill, einen bekannten Hochseeregattaskipper, seine Frau und Tarka-Dik, einen jungen Mann, wenige Wochen alt, an Bord einer herrlichen Yawl. Über Wäscheprobleme wird etwas zu viel gesprochen, aber sonst ist es amüsant.

Tambs berichtet nicht, wie Julie damit fertig wird. Sie „wäscht im Meer". Kannte sie die Mittel, die kaltes Seewasser zum Schäumen bringen, und verstand sie, das Problem des Geschirrwaschens auf Seetörns zu lösen?

Das Leben spielt sich ein, und seitdem er aus seiner Hängematte krabbeln kann, wird der kleine Nackedei bei dem herrlichen Tropenwetter ein prächtiger Junge.

Es ist rührend, wie Tambs versucht, etwas vorsichtiger zu sein. Sicher, er hat Erfahrungen gesammelt, aber er befindet sich in der Verfassung eines rasanten Autofahrers, der seinen Erstgeborenen mit 40 Stundenkilometern zur Taufe fahren muß. Tambs hat jetzt sogar einen Sextanten ... und versucht, damit klarzukommen. Die „kleine Familie" wird durch einen Hund vervollständigt, einen großen deutschen Schäferhund, den er drolligerweise auf den Namen „Notproviant" tauft. Hunde an Bord, vielen Dank! Dieser Herr Tambs macht sich gern das Leben schwer.

Die kleine Familie gerät in schreckliche Gefahren. Als sie sich den Antil-

---

[1] von Anita Leslie.

len nähert, weiß Tambs nicht einmal mehr auf 500 Meilen genau, wo er ist. Es kann sein, daß er auf die Orinokobänke läuft, oder ebensogut auf Barbados oder Martinique. Julie rettet die Situation, indem sie unverwandt ein Dampferlicht beobachtet, bis es an der Kimm verschwindet. Gut, gut, wir haben versprochen, von dieser Art Navigation nicht mehr zu berichten, sondern vielmehr von einer anderen, die einzigartig dasteht: Ohne Motor von seinem „gnädigen" Schlepper losgeworfen, muß *Teddy* den Panamakanal bis Gambos *durchsegeln* und das bei Nacht! Bei ganz schwacher Brise gleitet sie schweigend zwischen den beiden Dschungelufern.

In Balboa macht Tony gerade seine ersten Schritte, an Bord natürlich, „mit einem Schlag im Gang, wie ein alter Seemann", was man ohne weiteres glauben kann. Großzügige Seelen, die sich nicht vorstellen konnten, daß dieses herzige kleine Kind mit über den Pazifik sollte, wollten ihn zum Preise von 600 000 Franken kaufen. „Das jedes Jahr – welch eine Einnahmequelle", sagte Tambs!

Sollen wir unser Versprechen brechen und von dem Tage berichten, als die Planken des Unterwasserschiffes der Yacht durch einen langen Aufenthalt in einem tropischen Hafen derartig ausgetrocknet sind, daß das Boot 20 Tonnen Wasser macht und zu sinken droht? Oder von der Geschichte, als Tambs ein Atoll überläuft, ohne es zu merken? Gott beschützt die Unschuldigen – und die feinen Kerle, so hoffen wir jedenfalls, und Tambs, was man ihm auch immer vorhalten mag, ist ein feiner Kerl:

Schwer krank und verletzt, fürchtet er bereits das Schlimmste. Er zeigt Julie wie man mit dem Sextanten umgeht (der Aufschneider ist vergessen) und hält einen Navigationskursus mit ihr ab. Er erklärt ihr auch, wie sie sich seines *Leichnams* entledigen kann, dessen Gegenwart in den Tropen eine unmittelbare Gefahr bedeuten würde. Mit dem Fockfall würde sie es schon schaffen. Diese Seite ist von wirklicher Größe. Bei ihrem dem Ende nahen Mann wächst diese unglückliche Frau über sich selbst hinaus, sie muß Kapitän und Vater sein. Sie unterdrückt ihre Angst, pflegt ihren Mann, zeigt ihm ein freundliches Gesicht und spielt mit dem Kind, als sei nichts geschehen, während sich *Teddy* mit belegter Pinne den Weg selbst sucht. Von der Koje aus überwacht Tambs den Kurs, der einen konstanten Winkel zu den variablen Windrichtungen bildet. Drei Wochen lang manövriert *Teddy* zwischen Inselgruppen, und der wechselnde Wind weht sie um alle Gefahrenbereiche herum.

Das geht so recht und schlecht, aber nach so vielen Tagen muß der gekoppelte Ort wieder korrigiert werden. Mit über 40,5 Grad Fieber nimmt Tambs taumelnd eine Mittagsbreite, nach der er mitten auf einem gefährlichen Riff sitzen müßte.

Julie wäscht an Deck, Tony spielt. Plötzlich schreit Julie: „Brecher!" Tambs springt aus seiner Koje und stösst dabei an seinen verletzten Arm.

Am nächsten Morgen, am Weihnachtstag, lässt das Fieber nach. Die Wunde hat sich bei dem Stoss geöffnet.

Die Riffs waren nur Tümmler!

Aber das Land sollte Tambs noch einen bösen Streich spielen und zwar nicht die Küste, sondern das Land im Inneren Neuseelands, das zu beben begann und die ganze Familie beinahe auslöschte.

Auch auf See geht nicht mehr alles klar. Kurioserweise ist es diesmal nicht auf Tambs Fehler zurückzuführen. *Teddy* wird von einer befreundeten Yacht in Schlepp genommen und schliesslich an die Küste geworfen. Es wird repariert.

Tony ist fast zwei Jahre alt, als die Crew auf vier Köpfe anwächst. Oder fünf, wenn man den Hund mitzählt. Es waren nun zwei Kinder, Tony und seine kleine, knapp ein Jahr alte Schwester Tui, die an Bord der *Teddy* fuhren, als das Boot auf Felsen gesetzt wurde. Tambs war in starken Strom geraten und bei schwacher Brise zu dicht herangegangen. Warum hat er nicht geankert? *Der Anker war solide auf dem Vorschiff belegt und die Kette im Achterschapp sorgfältig verstaut.* Tambs griff zu einem lächerlichen Wriggriemen, der natürlich brach (25 Tonnen waren zu bewegen). Das war *Teddys* Ende.

Die Kinder, die junge Frau, Tambs selbst und sogar der Hund wurden auf dramatische Weise gerettet.

Das Schicksal wollte, dass ein Fischerboot in dieser abgelegenen Gegend motorte und sie an Bord nahm. Wie durch ein Wunder hatte es alle fünf entdeckt und war durch die Brandung über den unter Wasser befindlichen Teil des Riffs heranmanövriert.

Tambs beendet seinen Bericht so:

„*Teddy* war nach ihrer grossartigen und schönen Karriere als Lotsenboot dazu bestimmt, als Spielzeug in den Händen eines Narren zu enden...

Die Geschichte unserer Reise ist eigentlich die Geschichte eines Bootes, eines edlen Bootes, vergleichbar einem treuen Hund, einem alten Pferd, deren Liebe zum Herrn und Meister unverbrüchlich bleibt, auch wenn er sie schlecht behandelt."

COMMANDANT BERNICOT
ODER DIE BESCHEIDENHEIT

Die hier eingehaltene zeitliche Reihenfolge darf nicht übersehen werden: Nach dem Narren kommt jetzt der Weise. Commandant Bernicot, der eine Weltumsegelung *ohne eine einzige ernsthafte Havarie* vollbrachte. Das war ein Seemann!

Das Komische daran ist, daß er überhaupt nicht danach aussah. Als er auf dem dritten Viertel seiner Reise die Insel Mauritius anlief, brachte ein hartgesottener Reporter, so erzählte der Commandant ganz unbefangen, seine Enttäuschung darüber zum Ausdruck, „daß ich genauso aussehe wie andere Menschen".

Das ist es.

In unserer Erinnerung an ihn darf dieser Zug nicht fehlen. Es ist schwer, darüber zu sprechen, weil er kürzlich gestorben ist. Wir müssen erzählen, wie wir ihn kennengelernt haben.

Es war ein schöner Sommertag in Trinité-sur-Mer, kurz nach dem Ende des letzten Krieges. Ich hatte mein Boot in diesem schönen Hafen zu Anker gebracht, und weil Lebensmittel, besonders Brot, damals noch schwer aufzutreiben waren, leisteten meine Frau und ich uns den Luxus, bei Mutter Le Rouzic Seezungen zu essen. Dazu gab es einen Muscadet, der nicht von schlechten Eltern war. Hocherfreut trafen wir unseren lieben Pierre Béarn, den ausgezeichneten Marineschriftsteller. Wir waren gerade dabei, große Berge von Krabbenschalen auf unseren Tellern anzuhäufen, als ein kleiner Herr eintrat, unauffällig gekleidet, sauber, von sehr diskreter Erscheinung. Im Speisesaal war nur noch ein Platz frei, und zwar neben meiner Frau. Er bat um Erlaubnis und setzte sich. In seiner Hand hielt er einen weichen Hut, den er vergebens irgendwo unterzubringen suchte, denn Kleiderhaken waren nicht in erreichbarer Nähe. Es gab überhaupt kein geeignetes Möbel, um den Hut abzulegen.

Der Tisch war voll beladen, alle Stühle besetzt. Der kleine Herr legte den Hut auf seine Knie. Das ging aber auf die Dauer nicht. Er sah sich um, ob er ihn auf seiner Stuhllehne aufhängen könnte. Die war aber rund. Der Hut kam also wieder auf die Knie zurück.

Die Austern wurden serviert. Der kleine Herr wollte sich bedienen, dabei fiel der Hut auf den Boden.

Meine Frau, gutherzig – eine Frau, die das nicht ist, verdient den Namen Frau nicht –, jung und ein wenig kühn (dem Himmel sei Dank), leitete eine hilfreiche Bewegung ein. Der kleine Herr entschuldigte sich, lächelte – und ich bemerkte sofort seine blauen Augen, rein, wie die eines Kindes. Dann endlich raffte sich meine Frau auf und erklärte dem kleinen Herrn, wo der Garderobenständer zu finden sei. Der Herr erhob sich, ging hinaus, kam ohne Hut zurück und aß seine Austern.

Wir sprachen natürlich über Boote, und ich sagte gerade:

„Da liegt ein wunderbares Boot gleich hinter unserem. Ein Marconi von einer ganz herrlichen Form mit einem merkwürdigen Deckshaus, das achtern etwas höher als das Kajütsdach ist. Seinen Namen habe ich nicht genau erkannt. Es hieß so ähnlich wie *Anita*, glaube ich. Ich muß es mir unbedingt noch genau ansehen..."

Da wendet sich mir der kleine Herr zu:

„Entschuldigen Sie bitte vielmals, mein Herr, daß ich mich einmische, aber Sie haben so viel Schönes über mein Boot gesagt, daß ich mich einschalten muß, bevor Sie etwas Schlechtes darüber sagen."

So ein Angeber, dachte ich.

„Es heißt nicht *Anita*, sondern *Anahita*..."

„*Anahita*! Sie sind Commandant Bernicot! Oh, Commandant..."

„Ach, Sie kennen mich?"

Dieser Mann, der eine Weltreise ganz allein gemacht hatte, und dessen herrlicher Bericht von der N. R. F. herausgegeben worden war, war ganz bescheiden darüber erstaunt, daß man ihn kannte[1]!

Ja, so was! Commandant Bernicot.

Er trug einen Anzug, wie ihn die meisten Kapitäne auf Großer Fahrt tragen, die sich nicht damit abgeben, an Land den Seemann zu spielen, im Gegenteil... Der Filzhut verlieh ihm seine eigene Note.

Commandant Bernicot war Bretone und das nicht wenig, er war aus Aberwrach, direkt von der „Heidenküste", aus dem Land der rauhen Tangfischer, der Langustenfischer, der hartgesottenen Seeleute. Kann ein Junge, der in den herrlichen Fjorden zwischen den kahlen Inseln herumschippert, der mit irgendwelchen Verwandten die Fischkästen aus den zahllosen Felslöchern herausholt, zwischen den Strömen und dem harten Seegang des Four, etwas anderes werden als Seemann?

Louis Bernicot wurde am 13. Dezember 1883 geboren. Mit zehn Jahren besitzt er sein erstes eigenes Segelboot!

Als er sein Patent in der Tasche hat, fährt er auf großen Seglern. Er wird Kapitän und macht Karriere bei der „Transat", sei es auf Fahrt, sei es als Agent in Houston (USA), am Golf von Mexiko, später in Basse-Terre (Guadeloupe).

1934 wird er pensioniert. Der Seemann pflanzt auf den Ländereien von

---

[1] La Croisière d'Anahita, neu herausgegeben von „Les Amis de la Mer", 30 Rue Serpente, Paris 6.

Madame Bernicot, in der Dordogne, seinen Kohl oder bewacht die Weingärten. Oh, la la, welch ein Leben! So landgebunden! Mit seinen 51 Jahren fühlt er sich durchaus noch nicht alt. Seemann ist er, nur Seemann will er sein. Und er denkt, daß er dies eigentlich niemals so richtig hat sein können, vielmehr hatte man einen „schwimmenden Straßenbahnschaffner" aus ihm gemacht! Er hat Lust, endlich einmal ungebunden zu schippern.

Er denkt an eine Weltreise. Warum nicht? Durch die Magellanstraße. Er zögert noch. Ist das nicht Wahnsinn? Da stößt er auf die Erzählung Slocums, der genau dort gesegelt hat und dessen *Spray* die übelsten Wetter durchgestanden hatte. Das bringt die Entscheidung. Er muß nur noch das Boot suchen und dann kann es losgehen.

Allein? Aber natürlich, allein.

Ich besuchte ihn wenige Wochen vor seinem Tode an Bord der *Anahita*, als er sie mühsam in Bordeaux abtakelte. Da sagte er mir, daß er nicht mehr schippern könne. Für einen Mann in seinem Alter sei es allein zu schwer.

Ich fragte: „Aber können Sie denn nicht einen Jüngeren unter ihresgleichen finden?"

Aber von seiner Krankheit mitgenommen, hob er resigniert die Hände: „O nein, nicht zu zweit!"

Anahita[1] wurde im Jahre 1936 von den Chantiers Moguéron in Carantec gebaut, wo schon viele Yachten zu Wasser gebracht wurden, große und kleine, seetüchtige und für ihre Größe sehr bequeme. Sie wurden von den Langustenfischern inspiriert.

Anahita, eine Marconislup ohne Klüverbaum, ist 12,50 m lang, 3,50 m breit und hat 1,70 m Tiefgang. Sie hat herrliche Linien. Der Ballast liegt im Kiel. Der Commandant fragte, und er kannte gewiß nicht die in diesem Buch geschilderten Fälle: „Was wird aus dem beweglichen Binnenballast, wenn das Boot kieloben liegt?" Eine Besonderheit ist die Ruderanlage. Man kann dank eines Rades neben der Pinne im Liegen damit steuern und dabei die See beobachten. Der Commandant, der die Fünfzig überschritten hatte, rechnet mit Krankheiten wie mit anderen normalen Ereignissen, die eintreten können. Baum mit Schneckenreff, Baumfock. Ein winziger Motor (die einzige Quelle von Ärgernissen!) mit einem Tank für 450 Liter, der ihm behilflich sein soll, in Häfen einzulaufen und durch die Kalmen zu kommen, der aber nicht ausreicht, um dem Boot gegen den Wind genügend Fahrt zu verleihen. Trinkwasserbehälter für 450 Liter.

---

[1] Anahita ist der Name einer Göttin der chaldäischen Gewässer.

Als Commandant Bernicot sein Kind sah, beeindruckte ihn die Höhe des Marconimastes. Man sagte ihm, daß er bei einem solchen Mast niemals beidrehen könne. *Anahita* tat es ganz tadellos.

Commandant Bernicot läuft am 22. August 1936 aus.
Er begeht einen kleinen Fehler, den er sich selbst sehr übel nimmt, denn es entstehen daraus noch Schwierigkeiten. Er hatte etwas zu viel Vertrauen zu den Werftarbeitern, denn er fuhr mit dem neuen Boot los, ohne es auf kurzen Schlägen „ausgeritten" zu haben. Sicher, alles schien in Ordnung zu sein.

„Hätte ich es nur getan", mußte er sich später sagen.
Die Fischer von Carantec sind skeptisch:
„Er sagt, er wolle los. Na, woll'n mal sehen."
Es war reine Bescheidenheit, die den Commandanten dazu brachte, fast ohne Probeschläge auf die große Reise zu gehen.

Beim Ablegen ist er innerlich bewegt, aber der Lotse, der ihn einige Kabellängen begleitet beobachtet ihn ... Der Commandant fühlt, wie man ihn von der Dampferbrücke aus mustert: Er richtet sich auf. Vorbei. Die Weltumsegelung kann ohne den geringsten Aufenthalt beginnen.

Aber nach kurzer Zeit läßt sich das Ruder schwer legen. Der Ruderschaft ist für die Ruderführung zu stark, oder schlimmer, für sein Hennegatt (Ruderkoker). Das sind die Kinderkrankheiten neuer Boote. Deshalb hält sich der Commandant mangelnde Voraussicht vor. Ganz bestimmt hätte die Sache durch eine geringfügige Änderung vor dem Auslaufen behoben werden können. Statt dessen kann durch diese Nachlässigkeit *Anahita* ihren Kurs nicht allein halten. Noch ärger, sie luvt in den Böen nicht mehr an, sondern fällt nach Lee ab. Das kann gefährlich werden!

So ist es eben mit einem Boot: Das kleinste Detail ist wichtig.
Der Commandant, der Südamerika in einem Zuge erreichen wollte, muß die Reise in Funchal auf Madeira unterbrechen. Nach einer schlecht ausgeführten Reparatur setzt er seinen Weg fort.

„Die Einsamkeit bedrückte mich nicht. Ich ging gern an Deck hin und her und fand Spaß daran, in meinem Reich herumzulaufen. Wenn es wahr ist, daß von allen menschlichen Verlangen Unabhängigkeit das größte ist, was konnte ich mir mehr wünschen als diese absolute Souveränität?"

Ja, aber wie meint Slocum so treffend: „Es ist auf jeden Fall viel einfacher zu befehlen: Machen Sie dies, tun Sie das!" ...

Commandant Bernicot ist sein eigener Wachdienst. Bei dem Eifer, Distanzen zu bewältigen, merkt er gar nicht, daß er dabei ist, sich umzubringen. Schlafmangel. Nach und nach gerät er in einen Zustand gefährlicher Empfindungslosigkeit, dessen er sich gar nicht bewußt wird: „Wieso, ich hatte doch die äusserste Grenze noch längst nicht erreicht. Noch einmal flackerte die Vernunft auf, das letzte Mal vielleicht. Mir wurde die Gefahr bewusst, in der ich mich befand, und an diesem Abend drehte ich bei ... In Zukunft würde ich etwas besser aufpassen."

Nach den Kapverdischen Inseln die Rossbreiten. Mit dem kleinen Motor werden sie ein wenig schneller durchquert als unter Segel allein.

Am Unterwasserschiff bildete sich Bewuchs. Bei ruhiger See versuchte Bernicot, etwas von dem animalischen und vegetabilen Leben zu entfernen. Er nahm dazu einen Schaber, den er mit einem Stiel verlängerte. Als er sich bei dieser Arbeit einmal zu weit über Bord lehnte, wäre er fast kopfüber ins Wasser gefallen. Er liess den Schaber schnell los und hatte gerade noch Zeit, sich mit beiden Händen am Waschbord festzuklammern. Es war auf der glatten Decksfläche nicht ganz einfach, das Gleichgewicht zu halten. Mit unendlicher Vorsicht gelang es ihm, sich wieder aufzurichten und auf beiden Füssen an Deck zu stehen. Es wehte eine leichte achterliche Brise. Seine Augen folgten dem Schaber, der im Kielwasser zurückblieb.

Man zittert bei dem Gedanken! Selbst die Besten können Unvorsichtigkeiten nicht vermeiden. Aber sind wir nicht auch alle unvorsichtig – beim Überqueren der Strassen?

Doraden zogen sich vor ihren Feinden, den Walen, in den Schutz des Rumpfes der *Anahita* zurück. Das erklärt vielleicht die kleinen Stösse, die man auf vielen Schiffen verspürt. Butzköpfe verfolgen ihre Beute. Der Commandant stellt fest, dass die Doraden offensichtlich schlafen: „Der Mond schien klar, das Meer war herrlich, und *Anahita* lief unter einer leichten achterlichen Brise etwa drei Knoten. Manchmal segelte ich an einem Fisch vorbei, der 50 cm von der Bordwand entfernt, völlig unbeweglich halb auf der Seite lag. Irritiert beobachtete ich ihn. Plötzlich, genau auf der Höhe meins Hecks, fuhr wieder Leben in ihn, und schnell wie der Blitz schoss er bis zum Steven vor, blieb dort liegen und trieb vor meinen Augen in derselben Stellung wie vorher vorbei.

Als ich mich nach der anderen Seite wandte, bemerkte ich auch dort Doraden in der gleichen Lage, halb auf der Seite liegend. Ihre silbernen Leiber glänzten im Mondlicht."

Weil das Grosssegel aus Carantec schon Verschleisserscheinungen zeigte, machte sich der Commandant daran, ein neues anzufertigen. In dieser Kunst hatte er sich noch nie geübt, und sie ist keineswegs leicht. Wie schwierig ist allein das Zuschneiden ohne genügend Platz zu haben, um das Tuch richtig auszubreiten. Es gelingt schliesslich. Wenn das Segel auch nicht schön ausfällt, so ist es doch solide. Und das ist die Hauptsache.

Mar del Plata in Argentinien. Man lädt Bernicot zum Dinner ein. Aber,

»Les Quatre-Vents« (Marcel Bardiaux) läuft in Rio ein

»Kurun« steuert sich auf See selbst

viel tiefer wirklicher Alleingänger als andere, die glücklich darüber wären, sich einmal entspannen zu können, lehnt er dankend ab. Er schützt Müdigkeit vor. „In Wirklichkeit scheute ich die Aussicht, so schnell wieder in Kontakt mit der Gesellschaft zu kommen." Dabei kam die Einladung durchaus zur rechten Zeit, denn er hatte kaum noch etwas zu essen an Bord und keinen Tropfen Wasser mehr!

Am 22. Dezember geht *Anahita* wieder in See. Auf der ganzen Länge der südamerikanischen Küste (es ist immer noch Hochsommer) hat er es mit schlechtem Wetter zu tun. Am 8. Januar kam ein Sturm auf, so richtig in dem Sinne, was ein Kapitän auf Großer Fahrt darunter versteht. Lassen wir Bernicot diese Episode erzählen, die einzige wirklich dramatische seiner Reise:

„Die Nacht kam, der Wind schien das Maximum seiner Stärke erreicht zu haben. Die Seen wurden länger, steiler – bis 1 Uhr morgens ging ich Wache. Bald im Cockpit an die Spritzwasserabweiser geklammert, die ich in einer bestimmten Höhe auf jeder Seite angebracht hatte, bald in der Kajüte. Gegen 1.30 Uhr, als ich mich erschöpft fühlte, weniger durch körperliche Ermüdung als durch die andauernde geistige Anspannung, legte ich mich einige Augenblicke auf die Koje.

Etwa eine halbe Stunde lag ich wie betäubt, als ich plötzlich mit einem fürchterlichen Krach gegen die gegenüberliegende Bordwand geschleudert wurde – vielleicht sogar gegen die Deckstringer –, und ich spürte, wie ein Haufen Sachen auf mich fiel. Die Lampe, die ich nachts immer in der Kajüte brennen ließ, erlosch. Geräusch und Stoß ließen mich das Schlimmste befürchten. Ich dachte: Nun ist es so weit!

Einige Sekunden lauschte ich unbewegt. Dann, als kein Geräusch eindringenden Wassers zu hören war, schöpfte ich Hoffnung. Das Boot hatte sich wieder aufgerichtet. Schnell befreite ich mich von all dem, was auf mir lag: Segeltuch, Decken, Matratzen, Kopfkeil von Steuerbord, Bücher, Koffer und so weiter. Aus der Kajüte herauszukommen, war gar nicht so einfach. Die Bodenbretter lagen nicht mehr auf ihrem Platz. In dem kleinen Deckshaus herrschte ein unbeschreibliches Durcheinander. Tauwerk, Werkzeug, Segel, Ersatzmaterial lagen kunterbunt auf Backbordseite und versperrten den Weg.

Beim ersten Blick über Deck sah ich, daß ein Rundholz (zum Abstützen beim Trockenfallen im Watt) an Backbord, also der Luvseite, hin und her schlug. Es war aus seiner Halterung herausgerissen. Auf dem schrägen Deck kroch ich nach vorn, konnte es erreichen, vor den Mast ziehen, in dessen Schutz ich schnell arbeitete, um es wieder festzuzurren.

Mir schien, als hätte der Wind etwas nachgelassen. Der Kutter mußte quergeschlagen worden sein. Vielleicht weniger durch den Wind als durch die See, die immer noch stand. In dieser mißlichen Lage mußte das Boot einen enormen Wasserberg abbekommen haben, der es fast umgedreht hatte. Ich sage umgedreht, denn eine andere Erklärung gibt es nicht für das Verlagern der Gegenstände in der Kajüte. Klebte unter den Decksbalken nicht gemahlener Kaffee? Es war nur eine Schlingerbewegung um die Längsachse. Gleichzeitig war der Bug des Kutters nach Lee weggedrückt und tief in ein Wellental getaucht worden.

Als ich ins Cockpit gehen wollte, um das Ruder nachzusetzen, fand ich den Niedergang, der auf den Bodenbrettern aufliegt, völlig aus seiner Lage gerissen. Er hatte sich zwischen den Deckstringern verklemmt. Ein saures Lächeln kam auf meine Lippen ... wenn ich dazwischen geraten wäre! Allmählich ließ der Sturm nach. Aber als ich meine Kajüte im blassen Schein des Morgengrauens betrachtete, zog sich mein Herz zusammen ... Der Gedanke, daß der Waffenstillstand da draußen wahrscheinlich nicht von langer Dauer sein würde, brachte mich sofort an die Arbeit.

In aller Eile bereitete ich mir einen heißen Kaffee. Meine Lebensmittel, die griffbereit in der Kajüte gelegen hatten, schichteten sich kniehoch auf den Bodenbrettern. In der Kajüte war nichts mehr an seinem Platz. Seehandbücher und ein Teil der Karten badeten in dem öligen Bilgenwasser. Die Bücher, die ich fest gegeneinander gepreßt in ein transversal laufendes Schwalbennest geklemmt hatte, wie waren sie bloß herausgefallen? Eine kleine Kreuzeryacht muß sich aufrichten, ohne daß sich etwas bewegt. Bei diesem Gedanken beglückwünschte ich mich selbst, *weil ich Binnenballast ganz entschieden abgelehnt hatte.*"

Am 16. Januar taucht das Jungfernkap auf, das die Einfahrt zur Magellanstraße ziert. Bernicot läuft ein (s. Karte).

Wir kennen die Schwierigkeiten, mit denen Slocum zu kämpfen hatte. Heute gibt es dort keine Wilden mehr, und die Kaps tragen Feuer und sind betonnt. Aber die schrecklichen Williwaws haben sich nicht geändert.

Natürlich versagte der Motor bei ihren ersten Attacken. Bernicot fand Schutz unter der Küste und konnte schlafen. In diesem Bereich läuft eine gewaltige Tide, sie erreicht bis zu 18 Meter Gezeitenunterschied, was bei weitem die Bucht von Mont Saint-Michel übertrifft. Ein „barmherziger Samariter" weckt ihn, indem er *Anahita* mit kleinen Steinen bombardiert. Es besteht Gefahr, trockenzufallen. Bernicot hat keine Zeit mehr, die Stützen auszubringen. Das Boot fällt flach, richtet sich aber später schön wieder auf.

Infolge des großen Gezeitenunterschiedes setzten sehr starke Ströme. Bernicot nutzt sie mit Verstand, und mit Hilfe seines kleinen Motors kommt er glatt durch diese Meerenge. In bestimmten Buchten empfand der Alleingänger die Einsamkeit stärker als sonst. „Die Natur ohne ein Lebewesen." Er wurde von einer unerklärlichen, bedrückenden Stimmung heimgesucht und beeilte sich, wieder an Bord der *Anahita* zu kommen, die in ruhigem Wasser auf ihn wartete.

Dort fühlt er sich wirklich glücklich:

„Die Nacht brach herein. Ich beschloß, die Ruhe auszunutzen und sofort auszulaufen. Ich wußte, daß die Versuchung zu bleiben, nach dem Aufwachen am nächsten Morgen doch zu groß sein würde, und daß es mich sehr viel kosten würde, dieses Asyl wieder zu verlassen, ganz gleich, bei welchem Wetter."

Aber dieser Seemann ist keiner Versuchung unterlegen. Nachdem er eine Stunde brauchte, um seine Ankerkette von Tang zu befreien, begann er mit der schwierigen Navigation in diesem engen Kanal. Er hielt sich nicht mehr auf und nutzte die außergewöhnlich günstigen Bedingungen aus. Bald erreichte er den Pazifik, passierte Kap Pilar und die Evangelisten am 29. Januar, also 13 Tage nachdem er den Atlantik am Jungfernkap verlassen hatte. Slocum brauchte 20 Tage (ohne das zweite Mal mitzuzählen). Sicher, der Motor hat etwas geholfen, doch nur sehr wenig. Aber andererseits lag *Anahita* viel besser am Wind als *Spray*.

Bernicot ist im Pazifik. Wird dieser ihm genauso übel mitspielen wie Slocum? Vielleicht, denn der Seegang ist enorm. Bald kommt schwerer Nordwestwind auf. *Anahita* liegt beigedreht, wie damals *Spray*. Genau wie sie treibt sie nach SSO in Richtung Feuerland. Bernicot befürchtet, versetzt zu werden, geht über Stag, und es gelingt ihm, etwas Nord zu machen. Er ist sehr erschöpft. Die Nieren schmerzen, „er schleppt sich an Deck". Endlich läßt der Wind etwas nach. Zu spät. Da liegt *Anahita* fast bekalmt in einer gigantischen See. Eine unerwartete Brise aus Südwest hilft kaum, zu sehr geht das Boot zu Kehr. Endlich gewinnt er langsam Nord, den Passaten entgegen. Um sich zu beschäftigen (!), näht sich Bernicot eine Fock, aber seine Finger schmerzen so sehr, daß er die Nadel nach jedem Stich mit einer Flachzange durchziehen muß. Endlich der Passat, vorbei die Strapazen. Die Osterinseln kommen in Sicht. Leider muß er vorbeilaufen, der Hafen dort ist zu gefährlich.

Das Leben auf See ist jetzt herrlich, regelmäßig, ruhig wie in einem Kloster. Hier der Tagesablauf dieses „Mönches auf See": „Nach dem Aufstehen, früh (darunter ist wohl 2 oder 3 Uhr morgens zu verstehen), trank ich etwas schwarzen Kaffee. Gegen 7 Uhr Frühstück mit Milchkaffee und Zwieback. Brot entbehrte ich sehr, und ich habe oft versucht, mir selbst welches zu backen. Dabei kam aber nur das heraus, was die Matrosen „Lotblei" nennen, das heißt, ein kompaktes, schweres Brot. Vielleicht wäre es besser geworden, wenn ich einen Ofen gehabt hätte. Nach der Mittagsbreite und dem Besteck folgte eine Mahlzeit aus Kartoffelbrei oder Reis, aufgebessert durch Fleischkonserven, Schinken oder Streichwurst. Und der unvermeidbare Nachtisch auf See: Konfitüre.

Abends, zwischen 6 und 7 Uhr, ein frugales Abendessen, die Reste vom Mittagessen oder oft auch Milchreis. Es gab immer heiße Getränke, Kaffee, Tee oder Kakao mit einem Schuß Milch."

Anahita passiert die Gambierinseln, läuft Tahiti an (dort wird der Mast weiter nach vorn versetzt, um dem Boot mehr Kursstabilität zu geben). Sie durchsegelt so gemütlich die Korallensee, wie man es nicht besser wünschen kann. Später wurde die See allerdings unfreundlicher.

Bernicot läuft in die Torresstraße ein und macht die Tonne Caye Bramble aus. Dann folgt er der Bligh Passage, genau wie Gerbault. Er geht wie dieser bei den Kokosinseln vor Anker und schließlich auch vor Thursday Island. Und das war schon die schöne Arafurasee. Wie bei den anderen war das der Augenblick, in dem der Gedanke an die Heimreise auftauchte. „Diese Heimreise", sagte er, „deren Schatten sich mir in gewissen Stunden schon aufgedrängt hatten, da lag sie jetzt vor mir. Eine fremdartige Anwandlung beschlich mich, die ich unbeteiligt an mir beobachtete.

Unbeteiligt oder ängstlich?

Das Wort eines Kirchenvaters kommt ihm in den Sinn:

„Derjenige scheint mir glücklich zu sein, der ein Refugium hat." Und er schließt daraus: Ein Refugium? Die isolierte Existenz auf See während so vieler Monate, das war schon etwas davon, und es fällt mir ohne Zweifel schwer, diesen Frieden wieder aufgeben zu müssen...

Aber ist das alles? Das Leben auf See ist voller Anziehungskraft – ich brauche nicht zu sagen, voller Schönheit, denn alle Welt weiß es – von unendlicher Weite, voll von Unvorhersehbarem, voller Gefahren...

Der Südostmonsun führt *Anahita* fröhlich über die Arafura- und die Timorsee. Nach einer Zwischenstation auf Keeling (Kokos) kam der Indische Ozean, folgte die Insel Mauritius, La Réunion; Durban wurde am 6. November erreicht. Dort verließ ihn der Motor, wie es schon so viele andere taten: „In der Bucht, im Küsteneinschnitt vielmehr, der sich auf Port Natal öffnet, stand eine grobe See, während der Wind immer mehr nachließ. Ich sah schon, wie schwierig es sein würde, bei achterlichem Wind und einem derartigen Seegang die Einfahrt zu erwischen, nahm das Großsegel weg und warf den Motor an. Er ließ mich hundert Meter vor der Südmole im Stich, die mir am nächsten lag. Die Wellen schoben mich auf das Schleusentor zu, gegen das die See mit Gewalt donnerte. Ich konnte nicht mehr daran denken, das Großsegel zu setzen, denn dann wäre der Kutter unweigerlich quergeschlagen, zumal unglücklicherweise alle Rutscher aus der Mastschiene gefallen waren. Es blieb nur die Fock übrig, die ich in Windeseile setzte.

Ich verbrachte einige angstvolle Minuten, bis zu dem Augenblick, als ich gegen den Strom der Barre Meter um Meter in ruhigeres Wasser kam und mich die Barke des Hafenarztes in Schlepp nahm."

Das Kap der Guten Hoffnung wurde gerundet...

Starker Wind von achtern, lief er vor der Fock. Das ist zwar keine Kleinigkeit, auf jeden Fall aber die beste Lösung! Ohne besondere Zwischenfälle segelte er die afrikanische Küste hinauf, legte in Pointe-Noire und auf den Azoren Hafentage ein.

Am 30. Mai 1938, um zwei Uhr morgens, umlief *Anahita* bei häßlichem Nieselregen unter der Fock, der Motor hatte natürlich wieder versagt, die Courbe, den Eingang zur Gironde, ohne daß Bernicot das Feuer sehen konnte. Der Wind drehte wieder und zwang ihn, ein letztes Mal das Großsegel zu setzen, steif und schwer durch den Regen, um die letzten Schläge zu machen. Um vier Uhr morgens lag *Anahita* vor Anker und dümpelte vor der Pointe de Graves...

Nein, er gibt die See nicht auf. Nach dem Kriege wurde *Anahita* wieder ausgerüstet. Als der Sohn des Commandanten Bernicot 1945 seinen Posten in Gabun wieder einnehmen mußte und sich keine Einschiffungsmöglichkeit bot, sagte der Vater: „Ich bringe dich hin."

Gesagt, getan. In den folgenden Jahren segelte Bernicot im Sommer und verbrachte den Winter an Bord. Aber es war kalt. Warum den Winter nicht in Marokko verleben? Genau wie Slocum schätzte Bernicot es gar nicht, Geld für Wintermäntel auszugeben.

Lieber Commandant, in jenem Herbst 1952 haben Sie zum ersten Mal verzichten müssen. Sie sagten:

„Ich hatte mir zuviel vorgenommen."

Trotzdem haben Sie allein abtakeln wollen. Als Sie hoch oben im Mast saßen, wurde Ihnen ein brechendes Want zum Verhängnis. *Anahita* hat Sie getötet.

Das Schicksal war Ihnen diesen Seemannstod schuldig.

VITO DUMAS,
DER BEDEUTENDSTE ALLER EINHANDSEGLER

*Sandefjord kentert über den Bug,
oder auf welche Weise man ertrinken kann.*

Bevor von Vito Dumas erzählt wird, wollen wir eine Vorstellung von der schweren See vermitteln, die er während seiner ganzen Reise auf der „Unmöglichen Route" angetroffen hat, und von der gefährlichen Taktik des Segelns vor Sturm und Orkan, zu deren Apostel er sich gemacht hat. Zunächst soll also berichtet werden, wie *Sandefjord*, das zweite Boot von Erling Tambs, einen „Purzelbaum schlug", über den Bug kenterte, ein Vorgang, den man bis dahin für unmöglich gehalten hatte.

Sandefjord war eine herrliche Ketsch. Vorn der Großmast mit Vor- und Großsegel und achtern, eben vor dem Ruder, ein kleiner Mast, der Besan. Sie war 14,30 m lang und etwa 5 m breit, also schon eine recht stattliche Yacht. Die beachtliche Breite verlieh ihr eine große Stabilität. Mit einem Tiefgang von 2,30 m und Ballastkiel war sie theoretisch von absoluter Sicherheit. Diese Yacht war ein ehemaliges norwegisches Lotsenversetzboot, was von vornherein für Sicherheit bürgt.

Die Mannschaft bestand aus dem Skipper Tambs, Kaare, 25 Jahre, Einar, 23 Jahre alt, Peter und Torlief, kräftigen und see-erfahrenen Jungen. Tambs hatte früher auf der *Teddy* mit seiner Frau und seinen kleinen Kindern schon eine halbe Weltumsegelung hinter sich gebracht. Sicher, seine Navigation war nicht immer zuverlässig, sie war sogar weit davon entfernt. Er hatte aber inzwischen Erfahrungen gesammelt. Der Unfall, der zum Verlust seiner *Teddy* geführt hatte, machte ihn vorsichtiger.

Jetzt war er in Eile. Er überführte *Sandefjord*, um an der großen Ozeanregatta von Amerika nach Norwegen teilzunehmen, die der Cruising Club of America organisierte. Wegen der schon eingetretenen Verspätung fürchtete er, den Start zu verpassen. Es konnte doch unmöglich eine Hochseeregatta mit Ziel in Norwegen ohne einen einzigen norwegischen Teilnehmer gesegelt werden!

Wie schon gesagt, Verabredungen zu einem bestimmten Zeitpunkt sind wenig seemännisch und bieten Anlaß zu Dummheiten.

Am 16. und 17. Mai 1935 briste es nach einer Flaute und einer anschließenden schönen Backstagsbrise, mit Wind von Backbord, immer mehr auf, bis zu 7 und 8 Windstärken (bis 65 km/h), mit so heftigen Böen, daß ein Mann allein am Ruder nicht mehr ausreichte. Man mußte etwas anluven, dadurch lag das Boot aber auch nicht viel besser, weil die See immer gröber wurde.

Tambs wußte, daß noch zuviel Tuch stand, aber er freute sich, als er nach 24 Stunden 199 Seemeilen am Log ablesen konnte.

Die Freude verging rasch, als er sah, daß der Himmel eine beunruhigende Farbe annahm und der Wind über 9 auf 10 Stärken zunahm. Er zögerte immer noch, die Segel zu bergen. Es wäre doch ein Jammer, auf diese tolle Fahrt verzichten zu müssen! Endlich – aber dieses Endlich kam zu spät – resignierte er seufzend. Man begann mit dem schwierigen Manöver. Die Yacht wurde in den Wind gebracht, das Besansegel zu bergen und zwei Reffs ins Großsegel zu binden, was auch ohne große Schwierigkeiten gelang. Nun sollte noch die Fock gegen eine Sturmfock ausgewechselt werden. Bei diesem Versuch riß das Schothorn der Sturmfock aus, und die beiden umherschlagenden Blöcke zerrissen die Fock. Beide Vorsegel waren also nicht mehr zu gebrauchen. Wenigstens eins mußte sofort repariert werden, denn ohne Unterstützung durch ein Vorsegel konnte man nicht beidrehen!

Da beging Tambs das, was viele als schweren Fehler bezeichnen, was aber auch Vito Dumas trotzdem immer wieder erfolgreich durchgeführt hat und – wie man später sehen wird – auch andere Skipper bei Ozeanregatten machten: Während das Barometer ins Bodenlose fiel, der Wind Sturmstärke annahm und sich eine gewaltige See aufbaute, setzte er sich ruhig hin und flickte seine Fock. Dabei lief die Ketsch vor dem Wind, die längst hätte beigedreht liegen müssen.

Um 7 Uhr mußte ein zweiter Mann ans Ruder gesetzt werden, einer allein schaffte es nicht mehr. In der Kajüte nähte Tambs immer noch an der Sturmfock und erklärte dauernd: „Sobald sie fertig ist, drehen wir bei." Dann, um 7.30 Uhr, war es soweit. Vom Vorluk aus wollte er das kleine Vorsegel setzen. In diesem Moment schrie der Rudergänger: „Skipper, kommen Sie auf die Brücke, wir schaffen es nicht mehr!"

Was Tambs dann sah, war furchtbar: Das war kein Sturm mehr, das war ein voller Orkan, der, wie so häufig, Strich um Strich von Südwest auf Nordost drehte. Eine gewaltige See hatte sich gebildet. Wassergebirge mit Gischtgipfeln. Tambs sagte später: „Die Wellenkämme wurden verrückt, sie stürzten sich wild wie Betrunkene auf uns. Eine stieg auf die andere. Sie bildeten Türme, und es sah aus, als wollten sie den Himmel stürmen. Sie erzeugten fürchterliche Brecher, gerade dann, wenn man es am wenigsten erwartete." Mitten in diesem Donnergetöse torkelte *Sandefjord*. Sie warf eine Gischt auf, die die Haut wie mit tausend Nadeln stach.

Eine Orkanbö riß den Lukendeckel auf dem Vorschiff los und trug ihn wie eine Feder davon. Er war zwar klein, aber aus schwerem Holz gearbeitet und hatte fest in den Scharnieren gesessen.

Schnell, ganz schnell mußte man jetzt beidrehen. Während Kaare und Torlief am Ruder versuchten, das Boot einigermaßen im Wind zu halten, mußte die Sturmfock gesetzt werden. Tambs, Peter und Einar rafften sich dazu auf. Da brach der Stropp des Fockhalses. Tambs schickte Peter nach einem stärkeren Ende, das unter dem Beiboot lag.

In diesem Augenblick passierte das Unglück!

Darüber berichten die vier Segler nacheinander:

Tambs hatte sich auf dem Vorschiff an der Sturmfock festgekrallt. Er sah, wie sich der Bug des Bootes in einen Wellenberg bohrte. Bis zu den Oberschenkeln im Wasser, sprang er zum Vorstag und klammerte sich daran fest. Einar war bei ihm. Er hielt sich an der Seereling. Peter robbte auf allen vieren, um seinen Tampen nach vorn zu bringen.

Vom Ruder schrie Torlief: „Ein Brecher, ein Brecher so hoch wie der Mast!"

Ohne die Lage zu begreifen, sah Tambs, wie das Boot vollständig unter Wasser tauchte. Seine Umgebung verschwand. Das Vorstag wurde aus seinen Händen gerissen. Es gab kein Schiff mehr, keine Kameraden. Tambs trieb im Nichts. Es überkam ihn das Gefühl grenzenlosen Verlassenseins. Er fühlte sich von einer ungeheuren Kraft nach rückwärts in die Tiefe gerissen und glaubte, schon in den Sog des Schiffes geraten zu sein, das mit Mann und Maus unterginge. Er sagte sich, daß zweifellos die Planken des Rumpfes herausgerissen sein müßten.

Er empfand, so sagte er, keinerlei Furcht, sondern befand sich im Zustand einer hoffnungslosen Gleichgültigkeit. Ob es schwer sein würde zu sterben?

Er sank tiefer und tiefer in einem Wasser, weiß von Schaum. Er kämpfte nicht. Wozu auch? Nur, um ein paar Minuten länger zu leben? Welche Chance kann ein Schwimmer mitten auf dem Atlantik schon haben? Ganz bewußt atmete er Wasser ein. Dieser furchtbare Schicksalsschlag schien ihn betäubt zu haben. Er spürte keinen Schmerz, selbst dann nicht, als ihm etwas gegen die Brust schlug. Er bemerkte es kaum, dieses Etwas, das zweifellos der Anker sein mußte und ihm zwei Rippen brach.

Er wußte sich tief, tief unter der Wasseroberfläche.

Es kam ihm zum Bewußtsein, daß seine Kinder den Vater verlieren würden. Der Selbsterhaltungstrieb wurde wach. Er schwamm mit allen Kräften zur Wasseroberfläche, jedoch ohne Hoffnung, jemals dorthin zu gelangen. Er war überzeugt, das Bewußtsein vorher zu verlieren.

Es gab aber die Möglichkeit, so sagte er sich, einen langen Atemzug zu tun, bevor er wieder in die Tiefe gezogen würde.

Es war aber völlig hoffnungslos. Er sah nur Schaum. Kein Schiff, die einzige Hoffnung auf Überleben. Seine Kameraden? Sie mußten genau wie er um ihr Leben kämpfen. Von ihnen konnte er keine Hilfe erwarten.

Da wurde er erneut nach oben getragen. *Sandefjord!* Sie war da, sie schwamm! Etwa 25 m luvwärts. Er schwamm auf sie zu ... und da – es ist fast ein Wunder – wird Tambs sofort wieder ganz Seemann. Er schwimmt weiter. Das Boot treibt langsam mit Wind von Steuerbord mit einem winzigen Fetzen, der vom Großsegel noch übriggeblieben ist. Der Großmast steht noch. An Bord – niemand.

Da war sie also, die Chance, sich zu retten! Jetzt überkam ihn die Angst, die Angst, die 25 Meter bis zum Schiff nicht zu schaffen, bevor es weiter abtrieb. Er schwamm wie ein Besessener. Auf der Höhe eines Wellenberges hörte er eine Stimme, offenbar von Bord. Er schrie, man solle ihm eine Boje zuwerfen. Man warf eine, aber er konnte nicht sehen, wo sie aufgeschlagen war und verlor keine Zeit damit, sie zu suchen. Er erreichte die Bordwand und wurde an Deck gezogen.

Es schien ihm, als hätte sich die See etwas beruhigt. Öl? Öl aus dem Motor? Er dachte nicht darüber nach.

Es war Torlief, der ihn an Deck gezogen hatte. Gleichzeitig kamen Einar und Peter wieder an Bord. Den ersten warf eine See über den Achtersteven an Deck, der andere hatte das Rigg des Besanmastes erwischt, der im Wasser schleifte, und kletterte daran hoch.

Unverzüglich gingen die Männer daran, das Rigg zu kappen, ehe der Besanmast die Yacht leckschlagen konnte.

Aber Kaare fehlte. Man konnte rufen so viel man wollte. Er kam nie wieder.

Dieser Verlust war für Tambs ein harter Schlag. Er, der Kapitän, der für alles verantwortlich war, hatte einen Mann verloren. Wie einsam sich ein Kapitän fühlen kann!

Die *Sandefjord* war nur noch ein halbvollgeschlagenes Wrack, auf dessen Bodenbrettern das Wasser ständig stieg. Wozu eine Stunde unnützten Kampfes, eine Stunde Todesangst, schlimmer als der Tod selbst?

Durch seine Schuld. Er hatte schon früher schwere Fehler gemacht (beim Verlust der *Teddy*). Er glaubte sich gewarnt, aber alles war schnell, zu schnell vergessen.

Hier hat Tambs einen Gedanken festgehalten, der uns von besonderer Noblesse zu sein scheint (wir haben ihn bei Gilboy angekündigt): „Oft", so sagt er, „hatte ich das Bedürfnis zu beten, weil ich das Zeichen einer allmächtigen Hand verspürt habe, die das Schicksal der Menschen und der Welt regiert. Aber ich habe nicht gebetet, auch nicht, um mich über den Verlust Kaares zu trösten, nicht für das Heil seiner Seele. Ich wollte den himmlischen Vater nicht mit meinen Sorgen belästigen. Wer nicht täglich mit Gott in Beziehung steht, muss ihm klein und armselig erscheinen, wenn er in der Stunde der Gefahr bei ihm Hilfe sucht. Das ist eine Schwäche, gegen die die Menschen sich wehren sollten. Ich wusste, wenn es sein Wille war, würde er uns unter seinen Schutz nehmen.

Vielleicht hält der Herrgott mir beim Jüngsten Gericht vor, dass ich mich in einem solchen Augenblick nicht an ihn gewandt habe, vielleicht denkt er aber auch gar nicht so schlecht über so viel Stolz.»

Dann endlich kam wieder Leben in Tambs. Er organisierte das Lenzen. Jetzt erst stellte er fest, dass er sich zwei Rippen gebrochen hatte.

Einar machte gerade Backschaft, als Tambs schrie: «Alle Mann an Deck!» Mit dem Skipper ging er nach vorn, kämpfte mit der Fock, sah den Lukendeckel davonfliegen, den der Sturm aus den Scharnieren gerissen hatte.

Plötzlich fühlte er sich außenbords getragen. Er versank schnell und dachte, dass nun alles vorbei sei. Trotzdem schwamm er mit letzter Kraft nach oben. Irgend etwas Hartes schlug ihm gegen den Kopf, wahrscheinlich das Ruderblatt. Eine See warf ihn vor das Rigg des Besanmastes, das er fassen und sich daran an Bord ziehen konnte.

Er sah Tambs und Torlief. Die waren also auch gerettet. Aber Kaare kam nicht. Er trug ein weites Ölzeug und schwere Seestiefel, die ihn sicherlich in die Tiefe gezogen hatten.

Einar ging an die Pumpe. Am Kopf hatte er eine tiefe Wunde. Er verlor das Bewusstsein. Von dem, was dann geschah, weiß er nur noch, dass er mit den anderen auf den Bodenbrettern gelegen hat und dass der Sturm während der Nacht abflaute.

Torlief war mit Kaare am Ruder.

Beim Segelbergen geschah das Unglück, erzählte er. Die Yacht tauchte mit dem Vorschiff öfter tief in die Seen. Beim letzten Mal, während das Vorschiff tief unter einem Wellenberg begraben war, kam eine ungeheure See von achtern und rollte die Yacht Heck über Steven.

Als *Sandefjord* wieder auftauchte, fand sich Torlief allein an Bord. Er hatte sich in den Fallen und Wanten des Besanmastes vertörnt und dadurch im Cockpit gehalten.

Er warf Schwimmwesten in die See. Dann kamen Einar und Peter wieder an Bord. Er hörte jemand rufen – und zog Tambs an Deck. Kaare? Wahrscheinlich, so dachte er, hat er von einem der zahlreichen losgerissenen und umherfliegenden Gegenständen einen Schlag an den Kopf bekommen. Er wird in der Tiefe einen schmerzlosen Tod gefunden haben.

Peter kam mit dem schweren Fockstropp zurück. Da passierte es. Wie? Er erinnert sich nur daran, daß er unter einer Flut weißen Wassers begraben wurde und das Geräusch eines zerreißenden Segels hörte. Dann wurde er von einer riesigen See gepackt und in die Tiefe gezogen. Er schluckte viel Wasser, als er zu schwimmen versuchte. Er erreichte die Oberfläche, fand aber kaum Zeit zum Luftholen, als er von neuem nach unten gezogen wurde. Er hatte alle Hoffnung aufgegeben, als sein Kopf gegen Tauwerk und treibendes Holz stieß. Daran konnte er sich festhalten. Im gleichen Augenblick sah er *Sandefjord* 20 m in Lee und schwamm mit starken Stößen auf sie zu. Dabei hatte er den Eindruck, daß sie weiter abtrieb, obwohl sie kein Segel mehr trug. Einar half ihm schließlich an Bord.

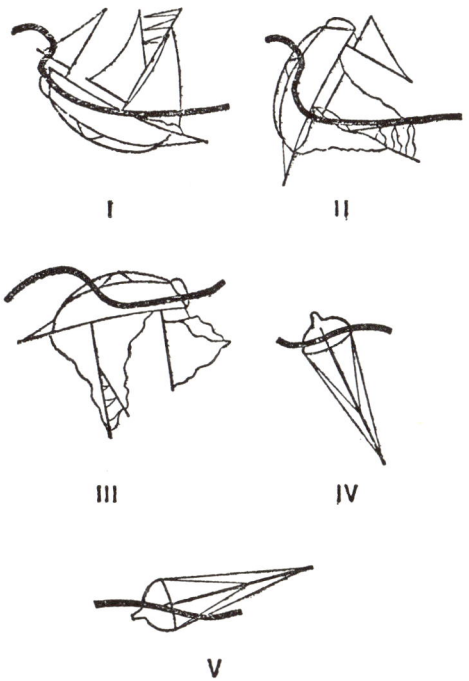

Fehlte einer? Jemand sagte: „Wir müssen alle laut nach Kaare rufen!" Aber Kaare antwortete nicht mehr ...

Unten sah es wüst aus. Die Ankerkette war aus ihrem Kasten herausgeschleudert worden und lag auf der Steuerbordkoje, gleich hinter dem Kettenkasten. Sie war auf der Unterseite der Decksplanken entlanggeschrammt und hatte dort deutliche Spuren hinterlassen.

Das Schiff muß also über den Bug gekentert sein! Peter hatte so etwas bisher für unmöglich gehalten.

Nach gründlichen Überlegungen kam Tambs zu demselben Schluß: *Sandefjord* war über Kopf gegangen. Mit starkem Gefälle auf dem Wege von Wellenberg zu Wellental hat sich ihr Bug mit voller Wucht in die Rückwand eines vor ihr laufenden Wellenberges hineingebohrt. In dieser Lage hat eine von achtern auflaufende enorme See das Heck angehoben und es in einem halben Looping über den Steven getragen. Auf das Schiff, noch lag es kieloben, die Ankerkette auf der Unterseite der Decksplanken, wirkten nun Kiel und Binnenlast von insgesamt 15000 Kilo. In einer seitlichen Drehbewegung richtete es sich wieder auf. Dadurch wurde die Kette in die *achterlich* des Kettenkastens gelegene Steuerbordkoje geschleudert. Das beweist, daß das Boot den Looping beim Wiederaufrichten vollendet hat.

Ein weiterer Beweis: Maismehl, das in einem Schränkchen aufbewahrt worden war, klebte an der Decke, genau über der Stelle, an der es vorher gelegen hatte. Schließlich waren Gläser, die in maßgerecht ausgesägten Halterungen hingen und unter normalen Umständen nur schwer herauszubekommen waren, regelrecht herausgefallen. Es gab noch zahlreiche andere Beweise dafür, daß das Boot einen „Salto vorwärts" geschlagen hatte. Schließlich war der Besanmast nach achtern weggebrochen und nicht zur Seite. Der Großmast war nur gerissen.

Das Deck war wie abrasiert: Beiboot, Schiebeluk zum Niedergang, Kompaß, Segel, ein Anker, ein Lampenbrett waren verschwunden. Der Kajütsaufbau war vollständig herausgerissen worden. Nur die Eckpfosten waren noch da. Aber was schlimmer war, das Schandeck fehlte. Die Wanten des Großsegels hatten keine feste Verankerung mehr. Zuerst mußten sie, koste es, was es wolle, gesichert werden.

Im Topp hing noch das Kopfbrett des Großsegels und schlug gefährlich hin und her. Es war nicht herunterzubekommen. Man riß vergeblich am Mastliek, dem Rest des Großsegels. Auch Stahldraht und Blöcke wurden gefährlich hin- und hergeschleudert. Peter mußte in den Mast klettern, um das Kopfbrett loszumachen, – was bei einer solchen See sicher nicht leicht war.

Dann mußte man lenzen, lenzen. Das Boot nahm kein Wasser über, und die Süßwassertanks waren intakt geblieben.

Sandefjord sah zwar aus wie ein Wrack, erreichte aber den Dampfertreck und später Land.

Dort erfuhr Tambs, daß die Regatta abgesetzt worden war, weil außer ihm keiner gemeldet hatte!

Danach, im Jahre 1957, kenterte die gut gebaute 14 m-Ketsch „Tzu-Hang" des Generals Miles Smeeton über Kopf. An Bord befanden sich seine Frau und Guzzwell, von dem noch einiges zu sagen ist. Sie wollten auf direktem Kurs von Neukaledonien zum Kap Hoorn, auf der Klipperroute, wie Chichester sie segeln wird. Der Vorgang ließ sich an Hand von Abdrücken an der Kajütsdecke und der Flugbahnen einzelner Gegenstände rekonstruieren.

Bei schwerem Sturm lenzte „Tzu-Hang" vor Topp und Takel (ohne einen Fetzen Segel am Mast zu haben) und schleppte eine 100 m lange 25 mm-Trosse achteraus, um die Fahrt zu mindern und die Kursstabilität zu erhöhen. Das war genau das, was Dumas verdammte: Auf keinen Fall Fahrt herabsetzen, im Gegenteil erhöhen, das heißt: Segel stehen lassen. Für die Größe der „Tzu-Hang" war der Seegang gigantisch. In dieser Höhe kann er sich nur in jenen Breitengraden auftürmen, wo kein Land – Kontinent oder große Insel – ihn in der Entwicklung hindert. Diesen nicht unterbrochenen „Ring von Meerwasser" gibt es nur einmal auf der Erde. Die Yacht stand 800 sm westlich des Eingangs der Magellanstraße.

Frau Smeeton, robust und seeerfahren wie sie war, steuerte die ankommenden Wasserwände pendelartig aus. Auch hierzu sagt Dumas nein. Einen Winkel von 11° zum Seegang muß man steuern, wir werden den Grund noch kennenlernen. Die beiden Moitessiers hatten sich an diese „goldene Regel" in der gleichen Gegend mit Erfolg gehalten.

Ein Wassergebirge schob sich von achtern heran. Nicht, daß es sich nennenswert gebrochen hätte, aber die Wand war derartig steil, daß die Yacht wie ein Schlitten bergab rutschte und den Bug tief in das Wellental bohrte. Die andrängende Wasserwand hob das Heck an und – das ist unbestritten – zwang „Tzu-Hang" zu einem vollendeten Purzelbaum. Nachdem Heck über Bug gegangen war, trieb sie wieder auf. Masten und Ruder waren verschwunden, das Boot lag dwars zur See, in Luv seiner treibenden Spieren, die noch an den Wanten hingen. Dieses Festbolzen (eigentlich ist dieser Ausdruck nur bei Wind von vorn anwendbar) des Bugs im Rücken der vorauslaufenden Welle scheint eine Illusion zu sein – im Gegensatz zu den Thesen von Tambs: der Purzelbaum hat sich zwar so zugetragen, jedoch verursacht durch die „Orbitalgeschwindigkeit" der Welle.

In stromfreiem Wasser bleibt die Wassermasse vollständig immobil. Wie bereits eingangs erwähnt, vollzieht jedes seiner Moleküle eine cykloide Bewegung: Ein schwimmender Gegenstand, der sich auf Rücken oder Kamm einer Welle befindet, wird – sofern er nicht vom Wind getrieben wird – voraus getragen, senkt sich dann ab ins Wellental *und läuft zurück,* wird vom nachfolgenden Wellenberg wieder angehoben usw. Diese Kreisbewegung setzt sich fort. Es ist festgestellt worden, daß bei einer Welle von 12 m Höhe und einer Periode von 10 Sekunden die Geschwindigkeit in diesem Kreislauf, eben die Orbitalgeschwindigkeit, auf 7 kn kommt. Sowohl auf der Höhe des Berges in Richtung nach vorn als auch im Tal in rückläufiger Richtung. Eine Yacht mit 12 m L.W.L. wird also zu zwei Zeitpunkten mit 7 kn mit ihrem oben liegenden Teil voraus getrieben und mit ihrem unten befindlichen Teil mit 7 kn gebremst. Wenn ihr Bug im Wellental steckt, ergeben diese beiden Bewegungsmomente einen Rollvorgang, einen regelrechten Purzelbaum. Bei einem längeren Rumpf heben sich diese beiden gegenläufigen Kräfte auf oder bringen nur wenig Wirkung in bezug auf seine Bewegung. Wohl auf seine Verbände. Ein kürzeres Boot treibt voraus, wird gebremst, treibt erneut voraus, wird erneut gebremst, was seine Takelage erheblich strapaziert. *Ein Rumpf darf also niemals halb so lang sein wie eine Wellenlänge.* Oder der Skipper muß sehr genau auf seine Fahrt achten, sei es voraus (schneller als 7 kn) den Wellen davonlaufen, nach der Theorie von Dumas, oder sei es durch bewußte Herabsetzung mittels Schleppleinen, die darüber hinaus verhindern, daß das Heck zum Salto angehoben wird. Letztere Theorie wird durch das eben geschilderte Abenteuer widerlegt und Dumas ist absolut dagegen.

Einige Monate später, Guzzwell war nicht mehr dabei, demonstrierte dieselbe „Tzu-Hang" eine andere Gefahr, die von hohen Wellenbergen ausgeht, die häufigste von vielen. Wenn eine Yacht vor dem Sturm lenzt und läuft aus dem Ruder – sei es durch falsche Bewegung der Pinne, oder durch Ruderschaden, durch zu geringe Wirkung des Ruderblattes wegen zu starker Lage, oder durch zu wenig Fahrt infolge Abdeckung durch einen luvwärtigen Wellenberg, oder durch eine Bö, dann kann sie querschlagen und wird über die Seite gerollt wie ein Faß. Das wäre ein Durchkentern um die Längsachse – und ist schon den Besten passiert wie Bernicot, Voss und anderen. Aus diesem Grunde kann man nicht, nein, man darf nicht, vor dem Sturm bei schwerem Seegang querschlagen. Es könnte tödlich werden.

Das kann also passieren, wenn man bei schwerem Wetter vor dem Wind läuft.
Und trotzdem...
Trotzdem tut es Vito Dumas fast während seiner ganzen Reise um die Welt!
Name und Vorname Vito Dumas weisen auf seine Herkunft hin: Er

stammt aus einer französischen Familie, die während des Empire nach Italien ausgewandert war.

Um die Wahrheit zu sagen, sein Ahne legte keinen großen Wert darauf, daß man von seinen Vorfahren sprach. Er war ein konstitutioneller Bischof, der geheiratet hatte, aber nicht vom Format eines Taillerand. Deshalb befand er sich zur Zeit des Konkordats in einer unangenehmen Lage.

Seine unmittelbaren Nachkommen verschafften ihrem Namen einigen Glanz, denn einer von ihnen wurde zum Ritter der italienischen Krone geschlagen. 1910 bekam der Glanz einen etwas anderen Hintergrund: Ein Nachkomme des Bischofs wurde bekannt, weil er den Weltrekord im Motorradfahren aufstellte.

Aber der väterliche Ast Vitos stieg die soziale Leiter immer weiter hinunter. Er breitete sich in Argentinien aus und hoffte, dort sein Glück zu machen. Was er dort fand, waren Armut und manchmal sogar Hunger.

Vito Dumas wurde am 26. September 1900 in Buenos Aires geboren. Als kleiner Junge hatte er an Bord eines Ausflugsdampfers eine der großen Wasserflächen dieser Region überquert. Als er seekranke Passagiere sah, fragte er sich: Warum reisen diese Leute zur See, wenn sie es nicht vertragen können? Das mag als Beweis für den gesunden Menschenverstand einer Landratte gelten...

Aber er träumte davon, ein Pirat zu sein, oder wenigstens ein Korsar, sich einen französischen Ahnen aus dem Kreise Jean Barts oder Duguay-Trouins zu suchen. Die Wirklichkeit sah allerdings viel prosaischer aus, wenn nicht sogar tragisch. Die Armut zwang ihn, sein Geld als Fußbodenwäscher, Kommissionär und Kupferputzer zu verdienen. Aber das Feuer seines Ideals brannte in ihm. Abends studierte er Bildhauerei und Zeichnen. Er spricht fließend Französisch. Und dann wird er ... Farmer, 10 Jahre lang.

Daran ist noch nichts Maritimes zu finden. Dennoch, seit 1922 machte er ein hartes Schwimmtraining und versuchte 1928, den Rio de la Plata schwimmend zu durchqueren. 25 Stunden Anstrengung in kaltem Wasser!

Dann folgt anläßlich der Kolonialausstellung 1931 eine Reise nach Frankreich, die ihm, dem Dreißigjährigen, unvermittelt die Passion für die See zurückgibt. Seine Geschäfte gehen schlecht. Der Devisenkurs ist günstig, und er kauft in Arcachon die *Titave*, eine ehemalige internationale 8-m-Yacht, schon fast 20 Jahre alt. Eine hochgetakelte Yawl. Er tauft sie *Legh*. In weniger als einem Monat überholt er sie und rüstet sie aus. Anstatt den Passagierdampfer zu nehmen, kehrt er mit seiner Yacht nach Hause zurück, wie es schon sein Freund Al Hansen getan hatte.

Eine internationale 8-m-Yacht ist nun kein Boot von nur 8 m Länge.

Die Zahl 8 bedeutet hier nichts anderes als einen Vermessungswert, den Quotienten eines Bruches, der aber in keiner Weise etwa die Linien des Bootes widerspiegelt (auch nicht die Wasserlinie, was übrigens ein weitverbreiteter Irrtum ist). *Titave*, jetzt *Legh*, war 12,50 m lang und 2,20 m breit. Von diesen 12,50 m zählt ein ganzer Teil aber überhaupt nicht mit. Diese Yacht hatte nämlich sehr große Überhänge, was man damals im Hinblick auf die Geschwindigkeit bei Regatten für sehr vorteilhaft hielt. Solche Überhänge sind keinesfalls beim Hochseesegeln zu empfehlen, aber Vito Dumas machte das nichts aus. Er hatte keine Angst.

Ungünstig war auch die enorme Besegelung. Einmal wegen ihrer übergroßen Fläche, zum anderen wegen des verschlissenen Zustandes, ihrer Sperrigkeit und auch wegen der Schwierigkeiten, mit denen ein Einhandsegler bei den Manövern rechnen muß. Diese Art schneller, überschlanker, schmaler Yachten mit schwerem Ballastkiel segeln auf See fürchterlich „naß". Sie sind reichlich rank, legen sich also bei Einfall von Böen stark über und fordern dem Rudergänger viel Kraft ab.

Mit diesem „großen Spielzeug" wollte Dumas den Atlantik überqueren. Der härteste Teil dieser Reise war nicht das mittlere Stück, sondern das erste, die Biskaya, die im allgemeinen wegen ihrer groben See und heftigen Stürme als bösartig gilt. Man muß anliegen, wenn man aus der Biskaya heraus will. Sehe man einmal auf einer Karte nach, wo Arcachon liegt. Fast im tiefsten Winkel der Biskaya. Kap Vilano (Finisterre), das man querab bekommen muß, liegt 360 Seemeilen in luv.

Schließlich wählte Dumas hierzu den Dezember!

Neun Tage hintereinander mußte er sich mit der Hafenausfahrt von Arcachon herumschlagen. Er versuchte immer wieder auszulaufen. Die See brach sich auf der Barre. Es war unmöglich. Erst am 12. Dezember 1931, nachdem er schon aufgegeben hatte, weil die Schleppleine gebrochen war, gelang es ihm endlich mit Hilfe des Lotsen Lauga. Dumas war toll vor Freude. Draußen fand er schlechtes Wetter vor, aber keine meteorologischen Exzesse, und er „entgolfte" sich ohne allzu große Schwierigkeiten (die Existenz dieses Wortes ist ein Indiz für die dort herrschenden Verhältnisse). Er lief Vigo an, die Kanarischen Inseln, Rio Grande do Sul, Montevideo und Buenos Aires. In allen Häfen, auch den ersten, wurde ihm ein enthusiastischer Empfang zuteil. Sicher, seit Gerbault (1923) hatten schon viele diesen Kurs abgesegelt, der Deutsche Günter Plüschow 1927, von Deutschland nach Bahia, 1928 Romer (aber das ist eine ganz andere Geschichte, wie wir gesehen haben), Tambs und seine Familie mit *Teddy*, der Norweger Al Hansen (der daraufhin mit Vito Dumas Freundschaft schloß) mit *Mary Jane*, die Gebrüder Walter, Sydney Howard und der Engländer Johnson. Man sah aber noch keinen Hispanier, der die mit spanisch sprechenden Menschen bevölkerten Küsten dieses „Mare" miteinander verbunden hatte (die Familie Blanco kam aus den Vereinigten Staaten; genau ein Jahr vorher bereitete man ihr einen begeisterten Empfang in Barcelona). Vito Dumas war der erste Einhandsegler aus einem romanischen Land, dem eine große Ozeanüberquerung gelang. (Der oberschenkelamputierte Italiener Teresio Fava ging 1928 in der Nähe Feuerlands verloren.) Montevideo und Buenos Aires gerieten in ein wahres Delirium. Vito Dumas wurde zum Nationalheros erhoben[1].

Er nahm die Sache zwar nicht tragisch, aber er nahm sie ernst. Er schuldete es sich selbst, so dachte er, der Jugend ein Beispiel zu geben.

Aber die rauhe Wirklichkeit brachte Dumas zu seiner Landwirtschaft zurück. Er beschäftigte sich damit ohne innere Anteilnahme. Seine Gedanken schickt er auf das Meer. Er gewöhnte sich schließlich doch an das Leben an Land, an das angenehme Leben, das er sich einrichten konnte. Er hatte die Malerei und die Bildhauerei. Auf diesen Gebieten zeigte er bald etwas Talent. Aber es blieb der Ruf der See und der Ruf dessen, was er für seine Pflicht hielt. An Regentagen holte er Seekarten heraus. Welche Seekarten? Die drei Übersegler der südlichen Halbkugel: Südatlantik, den „offenen" Indischen Ozean, den Südpazifik.

Auf diesen Überseglern sind zwischen dem Kap Tasmanien und dem Hoorn spanisch die Worte eingedruckt: Routa impossible. Sie erweckten Träume in ihm.

Die „Unmögliche Route". Das Mögliche war in allen Varianten schon gemacht worden, von Slocum, Voß, Drake, Pidgeon, Gerbault, Robinson, Miles und dann von Bernicot. Man mußte also etwas Unmögliches tun. Die direkte Weltumsegelung von Kap zu Kap durch die „cuarenta bramadores", die „Roaring Forties", die „Brüllenden Vierziger", die Zone südlich des vierzigsten Breitengrades, die Zone der ewigen Stürme, die im allgemeinen aus dem westlichen Sektor wehen, wo sich das Meer ringförmig um den südpolaren Kontinent schließt und nicht von Land unterbrochen wird. Dort, wo sich in kurzer Zeit eine beständige gigantische See aufbaut.

Die großen Segelschiffe nahmen diese Route, aber bisher hatten es nur zwei kleine Schiffe gewagt: 1910 die *Pandora*, auf einer Teilstrecke von Neuseeland nach Argentinien um Kap Hoorn, mit zwei Kapitänen, einem Engländer und einem Australier. Diese beiden haben die Teilstrecke bewältigt, gingen aber später im Atlantik verloren.

Die andere Überquerung gelang der *Saiorse* in den Jahren 1923 bis 1925, die von vier Männern durchgeführt wurde. Und was für Männern!

---

[1] Dumas hatte die *Legh* dem Museum der Stadt Lujan vermacht.

Connor O'Brien war wirklich ein ganzer Kerl. Die Route war fast die gleiche, der Vito Dumas später folgte, jedoch mit dem erheblichen Unterschied, daß O'Brien zwei Häfen mehr anlief, nämlich Durban und Melbourne. Aber vier Männer! Das ist etwas anderes als einer allein.

Eines Abends, wahrscheinlich ohne von der Reise seines Vorgängers Kenntnis zu haben, traf er seinen Entschluß: Er will die Welt auf den südlichen Breitengraden umsegeln, nach Osten, auf der „Unmöglichen Route".

Mit welchem Schiff?

Seine Mittel waren gering. Er ließ davon *Legh II* bauen, eines der schönsten Boote, das je konstruiert wurde. Eine Bermudaketsch mit Norwegerheck (Spitzgatt) von 9,55 m Lüa, 3,30 m größter Breite und 1,75 m Tiefgang, einem gegossenen Kiel von 3,5 t, mit einem klassischen Kajütsaufbau, sehr niedrig, der vom Großmast bis zum Besan reichte und Raum für zwei gut eingerichtete Kajüten mit Stehhöhe hatte (Dumas ist 1,72 m groß), einem sehr kleinen Cockpit in Trapezform, die Marconimasten sind recht kurz, der Großmast maß nur 9 m über Deck. Darauf legte Dumas Wert. Der Großmast stammte von der *Titave* aus dem Jahr 1913. Er war zwar nicht mehr neu, aber noch in tadellosem Zustand. Die Segelfläche wurde stark unterteilt: Der Klüver, der an der Nock eines Klüverbaumes von 2,5 m Länge angeschlagen wird, unter dem Klüverbaum hängt natürlich ein Netz, das Besansegel mit 7,15 qm, das Großsegel 20 qm, die Fock 7,50 qm. Zusammen mit dem Klüver von 7,60 qm also 42,25 qm. (Nichtsegler mögen diese Einzelheiten verzeihen, die für Segler sehr wichtig sind.)

Von 1934 bis 1937 oder 1938 macht Dumas mit seiner Yacht kürzere Reisen und stellte dabei hervorragende Eigenschaften fest.

1937, auf dem Rückwege von Rio de Janeiro, gerät er in einen Pampero, der mit 140 km/h blies und zahlreiche Seenotfälle verursachte. Dumas lag beigedreht unter Treibanker, als die winzige noch stehende Besegelung wegflog. *Legh II* wurde von einer See umgeworfen und trieb kieloben. Gefangen in seiner hermetisch abgeschlossenen Kajüte wartete Dumas darauf, mit seinem „Sarg" zu sinken. Aber *Legh II* richtete sich wieder auf, war vollkommen intakt und hatte nicht einen Tropfen Wasser gemacht. Nur das Beiboot war verlorengegangen.

Vito Dumas war stolz auf sein Boot.

Nun ja, Agrarprodukte verkauften sich zuerst nicht gut, dann schlecht, zuletzt sehr schlecht. Er mußte entweder Konkurs anmelden oder seine Yacht verkaufen. Es fand sich ein Käufer. Traurig, mehr als traurig – und das wird jeder verstehen, der sein Schiff verkaufen muß, ohne Hoffnung, jemals wieder eins zu besitzen – kehrte Dumas auf seine Farm zurück. Wirtschaftlich vorläufig gerettet. Dort, und das ist ein Charakterzug, der ihn trefflich zeichnet, macht er gute Miene zum bösen Spiel. Eine Dame sagte zu ihm: „Es muß schön sein, so allein auf See." Seine Antwort: „Der Mensch wird in die Gesellschaft hineingeboren und muß dorthin zurückkehren." Sicher hat er das gesagt, um sich selbst davon zu überzeugen.

Aber der Drang zur See war stärker. Eines Tages, im Jahre 1942 – sein 41. Lebensjahr hatte er bereits vollendet, war aber außerordentlich robust, beinahe massiv –, mitten im Krieg, schwang er sich in sein altes Auto, und ohne jemand ein Wort zu sagen, ließ er sein Pferd, seinen Hund, seine Bäume zurück. Er verabschiedete sich nicht einmal. In seinem Seesack hatte er nur einige lächerliche und kaum noch verwendbare Reste von Ausrüstungsstücken früherer Reisen. Die Wirklichkeit ließ er in dem Staub hinter sich, den das Auto aufwirbelte, und versank in den Traum seiner Träume: Die Welt auf der „Unmöglichen Route" zu umsegeln. Und das ohne Einnahmen, ohne Boot und ohne einen Groschen, um eins kaufen zu können[1].

Irgendeins? Aber keineswegs! Es gab nur ein einziges: *Legh II,* von dem er nicht einmal wußte, ob es überhaupt noch existiere, wo es war und wem es gehörte.

Er fand es in einem recht kläglichen Zustand wieder, noch im Besitz des ersten Käufers. Beinahe besinnungslos kaufte es Dumas zurück. Er zahlte... etwas später. Womit? Er hatte weder Ersparnisse noch Vermögen, das er flüssig machen konnte.

Kapital? Aber natürlich: Seine Freunde!

Der Argentinische Yachtclub übernahm die Reparaturarbeiten. Ein Sport- und Fechtclub bezahlte die Segel, die von einer extremen Stärke und von Hand genäht waren, und legte noch eine Sturmfock und eine große Ballonfock für leichte Brise dazu (die er jedoch kaum gebrauchen sollte). Blieb noch das Schiff selbst zu bezahlen. Dumas setzte sich wieder in sein Auto, spannte seinen Viehtransportwagen an, und zog mit seinen Rindern von einem Markt zum anderen. Ohne Erfolg.

Da tauchte eines Tages sein alter Freund Arnoldo Bruzzi auf, der ihn damals nach dem Verkauf seines Bootes mit Tränen in den Augen nach Hause gebracht hatte, und nahm ihn einfach mit an Bord: Alles war geregelt. Glückliches Argentinien, wo Märchen noch wahr werden.

Andere Freunde bezahlten die Tanks für 400 Litter Frischwasser, für 100 Liter Brennstoff (Beleuchtung und Kombüse). Wieder andere be-

---

[1] Siehe die vollständige Darstellung der Vorbereitungen und der Weltreise in dem Buch von Vito Dumas, in deutscher Ausgabe unter dem Titel „Auf Unmöglichem Kurs" bei Brockhaus erschienen.

schafften die Lebensmittel, zauberten die tausend kleinen, unentbehrlichen Dinge herbei, die im Kriege kaum noch aufzutreiben waren. Alles in allem, Lebensmittel und Ersatzmaterial für ein Jahr.

So bezahlte Vito Dumas für seine Weltumsegelung aus eigener Tasche nur den Zwieback (in einem Getreideland!), einen Schlafanzug und Schuhe. Beim Ablegen steckte ihm Bruzzi noch 19 Pfund Sterling in die Tasche ... Dumas wäre sonst mit nur 10 Pesos losgesegelt!

Aber es gab auch Leute – wer wird es ihnen verübeln –, die ihm diese Reise ausreden wollten.

Er hörte die Geschichte der *Ho-Ho*, eines Bootes von etwa der gleichen Größe wie *Legh II*, deren norwegischer Skipper Bryhn mit zwei anderen kürzlich auf derselben „Unmöglichen Route" die Weltumsegelung unternehmen wollte, ohne einen Hafen anzulaufen. Die Reise sollte in Südamerika beginnen, zweifellos in Buenos Aires. Dort waren Lebensmittel für ein Jahr und eine eindrucksvolle Menge Ersatzmaterial zusammengetragen: 17 Segel, ein ganzes Bündel Ersatzspieren, Rundhölzer usw. Die gewählte Route war die kürzeste, der eben noch vertretbare südlichste Breitengrad, hart an der Eisgrenze.

Südamerika lag achteraus und man erreichte diesen Breitengrad, lief Kurs Ost in einer Reihe von aufeinanderfolgenden Weststürmen.

Südlich des Kaps der Guten Hoffnung kenterte *Ho-Ho* vor Topp und Takel (mit geborgenen Segeln), diesmal aber breitseits. Das Schiff machte eine ganze Drehung um die eigene Längsachse[1].

Glücklicherweise befanden sich die drei Männer in der Kajüte. Einer von ihnen wurde verletzt, er erlitt einen schweren Knochenbruch. Das Boot war zu einem Drittel vollgelaufen. Alles tropft von eiskaltem Wasser. Der Mast hatte gut gehalten, aber die Havarie war so schwer, daß versucht werden mußte, wieder an Land zu kommen. Aber das war unmöglich. Der Sturm trieb sie immer weiter nach Osten ab. So machten sie bei Kälte, Wind und dauernder Nässe weiter. Nach hundert und ein paar Tagen auf See befanden sie sich südlich von Australien und mußten den Plan, die Erde zu umsegeln, ohne einen Hafen anzulaufen, aufgeben, nachdem sie ihn schon zur Hälfte durchgeführt hatten. Von den 17 mitgenommenen Segeln war ihnen nur noch ein Ersatzsegel geblieben. Der Baum war an zwei Stellen gebrochen und repariert worden. Mit dem Rest sah es nicht viel besser aus.

Um das Rigg wieder in Ordnung zu bringen, einen neuen Unterwasseranstrich aufzutragen und um sich auszuruhen, hatten sie eine kleine In-

---

[1] Wenn man diese Geschichten liest, könnte die Meinung aufkommen, Yachten hätten die Angewohnheit, sich wie Fässer zu drehen. Dabei ist jedoch nicht zu übersehen, daß wir nur die verwegensten Unternehmen ausgewählt haben.

sel Neuseelands angelaufen... Vor Anker liegend überraschte sie ein Sturm, der das Boot auf Land setzte. *Ho-Ho* schien ein Wrack zu sein, nicht mehr zu gebrauchen. Aber die Männer hatten den Mut nicht verloren. Sie kämpften neun Monate lang. Aus dem Holz des Landes und mit ihren Bordwerkzeugen konnten sie das Boot reparieren. Sie beendeten die Reise über den Pazifik, gegen die Passatwinde, einmal ganz anders. Sie liefen Tahiti an. Dort verheiratete sich der Eigner, wurde Vater einer Tochter, und fuhr später über Panama nach Hause.

„Da siehst du", sagte man Vito Dumas, „wenn das schon drei harten Männern passiert ist, was dich erwartet. Laß dich doch nicht auf solche Dummheiten ein!"

Nun, Vito Dumas schob sein Ablegemanöver deshalb nicht um eine Stunde auf.

Und das fand am 27. Juni 1942 statt, das heißt mitten im Winter. Ein Pampero hielt den Segler jedoch in Bueco (Montevideo) bis zum 1. Juli fest.

Seine Ausreise erfolgte bei 8 Windstärken (Sturm, 55 bis 65 km/h), die von Südwest auf das Kap wehten.

Die 4000-Meilen-Überfahrt nach Afrika kündigte sich so an, wie sie nachher war: Von 55 Tagen 45 Tage Sturm im südlichen Winter.

Nach 40 Stunden am Ruder birgt Vito Dumas das Großsegel, um sich auszuruhen. Zu seiner großen Bestürzung findet er Wasser in der Bilge. Der Rumpf war doch vor dem Auslaufen völlig dicht! Dumas will wissen, woran er ist und räumt einige 500 Flaschen und Dosen unter den Bodenbrettern zur Seite, dann die Zwiebackdosen, die die Leckstelle blockieren. Er verletzt sich am rechten Arm und an mehreren anderen Stellen. Er beachtet es nicht. Endlich findet er die Ursache. In der Wasserlinie ist eine Naht gesprungen. Er repariert sie mit einem Holzbrettchen, das er auf eine Lage Bleiweiß nagelt.

Endlich kann er schlafen. Tadellos ausgetrimmt hält das Boot unter Normalfock und Besan allein Kurs.

Am Morgen des 5. Juli fühlt sich Dumas krank. Er hat Fieber. Die Wunden an seinem rechten Arm haben sich infiziert. Ach, das wird schon keine große Sache sein. Der Wind ist noch ziemlich hart und die See reichlich unruhig. Am 6. Juli ist der Arm geschwollen. Um 12 Uhr nimmt Dumas die Mittagsbreite – trotz miserablen Horizontes macht Dumas immer eine ausgezeichnete astronomische Navigation mit Mittagsbreite, Sonnen- und Mondaufgang – und stellt fest, daß er 480 Seemeilen westlich von Montevideo liegt. Ein recht schönes Ergebnis.

Die Zone der schrecklichen „Roaring Forties" kommt immer näher. Am Morgen des 8. Juli hat der Wind wieder auf Stärke 8 zugenommen. Die

«Chaussee wird immer holpriger». Der rechte Arm verursacht ihm grausame Schmerzen. Das Boot schlingert so stark, daß er keine vernünftigen Reparaturarbeiten ausführen kann. Das Fieber steigt. Er injiziert sich ein fiebersenkendes Mittel.

Am 10. Juli fällt ein 5-kg-Topf mit Honig herunter und zerbricht – die See ist immer noch enorm. Der Honig verbreitet sich auf den Bodenbrettern. Dumas, durch die Schmerzen am Ende seiner Kräfte, kann nur noch zusehen. Er will sich eine zweite Injektion geben. Bei einer heftigen Schlingerbewegung fällt ihm die Spritze aus der Hand und verschwindet im Honig. Komisch? Dumas leidet furchtbar. Er bückt sich, sucht mit der gesunden Hand in der zähen Masse nach der Spritze und findet sie. Er muß sie säubern, muß mit einer Hand einen feinen Draht in das kaum sichtbare Loch der Kanüle einführen, während das Boot fürchterlich zu Kehr geht. Er beißt die Zähne zusammen. Die Injektion in den fast völlig entzündeten Arm gelingt. Am 11. Juli geht es wieder los. Er hat mehr als 40 Grad Fieber – draußen und drinnen die «Brüllenden Vierziger»! Der Arm ist stark geschwollen. Die See beruhigt sich nicht. Dumas untersucht seinen Arm, dessen Farbe von rot auf grün überwechselt und schon übel riecht. Man müßte ihn amputieren.

Sich selbst amputieren, mitten in den «Roaring Forties»?

Dumas schreckt vor diesem Gedanken nicht zurück und überlegt, wie er die Amputation ausführen könnte. Gibt es wirklich keine andere Lösung? Er tastet den Arm ab, der schon bei der leisesten Berührung Schmerzensschreie auslöst. Er findet den Infektionsherd nicht. Es muß geschnitten werden. Er bereitet eine Schlinge zum Abbinden vor. Wird er es schaffen?

Ihm schwindelt, er ist einer Ohnmacht nahe. Er betet zur heiligen Therese (Dumas ist sehr fromm), dann verliert er das Bewußtsein.

Er findet sich auf seiner Koje wieder. Es ist Mittag. Das Boot macht weiter Fahrt. Die Koje ist naß. Seewasser? Der Arm ... der Arm – er spürt ihn nicht mehr. Aber er kann die Hand wieder bewegen, den Ellbogen beugen. Dumas nimmt den Verband ab und sieht ein acht Zentimeter großes Loch. Der Arm ist abgeschwollen. Das, was seine Koje durchnäßt hatte – war Eiter!

Eine ungeheure Freude überkommt ihn. Die Infektion klingt ab! Er gibt sich eine vierte Injektion und legt sich hin. Bis jetzt hat sich sein Boot allein durchgekämpft, das wird es auch noch einen weiteren Tag tun. Trotz der Schmerzen findet Dumas einen Augenblick Schlaf. Durch eine plötzliche Stille wird er geweckt (jeder Seemann kennt das). Der Wind hat nachgelassen und auf Süd gedreht. Die See wird ruhiger. Die Sonne kommt heraus. Dumas erneuert seinen Verband, klart auf – mit Ausnahme des Honigs, der sich inzwischen mit dem Bilgenwasser vermischt hat und die Nüstergatten verstopft –, setzt Segel und nimmt das Ruder wieder in die Hand.

Das schöne Wetter sollte nur von kurzer Dauer sein. Sturm folgt auf Sturm. Aber Dumas kommt wieder zu Kräften. Er weiß, daß man in dieser Gegend mit 24 Sturmtagen pro Monat rechnen muß. Schon vor seiner Ausreise war ihm diese Tatsache bekannt, und jetzt muß er sie eben hinnehmen.

Aber einige Stürme mit 8 bis 10 Windstärken kommen, entgegen allen Voraussagen des Seehandbuches, aus Ost. So geht es nicht weiter. Es ist unmöglich, dagegen anzukommen. Sie ärgern ihn ohne Unterlaß. Er muß dauernd manövrieren, Kurs wechseln, versuchen, eine exakte Ortsbestimmung vorzunehmen. Glücklicherweise steuert sich das Boot auf fast allen Kursen selbst.

Er ist jetzt in der Gegend, in der seinerzeit die *København* gesunken ist. Man hat nie erfahren, wie sie verlorenging. Eisberge? Im allgemeinen sind sie während des südlichen Winters nicht zu befürchten. Deshalb hat Vito Dumas diese Jahreszeit trotz der schneidenden Kälte gewählt und hofft, die Minustemperatur am Kap Hoorn mit denselben Vorteilen vorzufinden. Gelegentlich tauchen dort Eisberge auf. Man muß Wache gehen!

Am 21. Juli erreicht der Wind Stärke 12, 140 km/h, voller Orkan. *Legh II*, deren Rigg außerordentlich widerstandsfähig ist, segelt vor kleiner Fock und Besan. Seen kommen über. Laut Dumas erreichten die Wellen eine Höhe von 16 Metern.

Er dreht nicht bei, sondern läuft vor dem Wind. Er hat mehr Glück als Tambs. Ihm passiert nichts. Später erklärte er uns seine Theorie.

Von Kochen kann keine Rede sein. Schlafen kann er nur auf den Bodenbrettern. *Legh II* läuft ein Etmal von 170 Meilen. Am 26. Juli hat er 1320 sm zwischen sich und Montevideo gebracht.

Wieder eine Reparatur, diesmal am Stevenrohr. Die schlecht verzinkten Schrauben – es ist Krieg – sind verrostet.

Am 7. August kündigt ein Wolkengebirge auf 200 Meilen die Insel Tristan da Cunha an. Aber Dumas kann sie nicht anlaufen und dort ausruhen, denn es gibt keinen Hafen.

Dem Arm geht es nicht schlecht, aber auch noch nicht gut. Er vernarbt nicht, bleibt schmerzhaft und unbrauchbar, was die Manöver nicht gerade vereinfacht. Glücklicherweise ist die Fock solide. *Von Anfang bis Ende bleibt sie gebrauchsfähig, überhaupt kommt die ganze Besegelung heil nach Argentinien zurück!*

Eine neue Sorge taucht auf, die dem Laien zu Unrecht lächerlich erscheinen mag: Es gibt Kakerlaken an Bord. Jetzt heißt es, auf die Lebensmittel aufzupassen! Aber was tun? Das wichtigste ist, genau Kurs zu halten, damit das Kap der Guten Hoffnung nicht etwa so weit südlich passiert wird, daß es nicht in Sicht kommt. Der Wind weht beständig aus Süd, von querab also. Das ist sehr angenehm.

Am 13. August schneidet Dumas den Längengrad von Greenwich.

Eine Dampfersirene reißt ihn aus dem Schlaf. Er springt an Deck und sieht in einigen Kabellängen Abstand ein dunkelgraues Schiff. Er bittet um die Position. Keine Antwort. Er hört etwas, das wie „pirating" klingt. Endlich ruft jemand: „Keine Auskunft, es ist Krieg."

Ja, natürlich, es ist Krieg. Eine zusätzliche Erschwernis, die er vollkommen vergessen hatte!

Dumas wird jedoch von dem Kapitän des Schiffes erkannt, der ihm, ohne direkt ja oder nein zu sagen, zu verstehen gibt, daß seine Position richtig ist, der Kurs sei gut, wenn der Wind günstig bliebe.

Das Wetter ist schön. Das ist nicht anormal, was steckt dahinter? Wieder Ostwind, gegen alle Regeln Wind von vorn! Und wenn schon, so kreuzt er eben. Dumas nimmt es gelassen hin, genauso gelassen schöpft er mit seinem linken Arm Pütz um Pütz aus dem Boot. Trotz des schlechten Wetters setzt er Vollzeug, lediglich das Großsegel wird gegen das Try ausgetauscht. Er schläft von zwei Uhr morgens bis es Tag wird und nimmt einfach das Trysegel weg, was ihm ermöglicht, gut beizudrehen und etwa quer zum Wind zu treiben.

Am 20. August hat der Sturm zugenommen. Da reißen einige Nähte des Besansegels. Eine schwere Bö legt *Legh II* flach auf die Seite, so flach, daß der Metallverklicker am Topp des Großmastes von einer See weggerissen wird.

Mehr als 210 Seemeilen.

Es folgt relativ gutes Wetter. Dumas intoniert mit voller Stimme das Ave Maria. Zwei Schiffe laufen auf dem gleichen Kurs. Dumas gibt optische Signale. Aber sie halten ihn offenbar für ein U-Boot und ergreifen die Flucht.

Am Morgen des 24. dreht der Wind plötzlich auf Südwest. Eine Meile luvwärts ein Schiff. Es signalisiert. Ein Kriegsschiff ist es, das auf ihn zuhält. Man stellt Fragen und will wissen: Was wollen Sie am Kap?

„Nach 4000 Meilen Einsamkeit habe ich doch wohl ein Recht auf Ruhe, oder nicht?"

Man lacht. Einer der Matrosen spricht Spanisch. Die ersten Worte nach 55 Tagen! Ein U-Boot läuft dich an *Legh II* vorbei. Man trennt sich wieder. Gegen 16 Uhr taucht im Nordosten ein Schatten auf: der Tafelberg. Land! Sieg!

Die See ist grob, aber der Wind steht günstig. Küstenwachfahrzeuge. Fragen. Grüße. Dumas ist bereits gemeldet. Auf einen Lotsen verzichtet er aus Geldmangel. Er wird doch nicht die Hälfte seiner zehn englischen Pfund für nichts ausgeben. Flüche. Um 22 Uhr fällt der Anker. Die Fock wird geborgen. Nach 55 Tagen – und was für Tagen! (Man denke an Gerbault, dem ein Fall nach dem anderen brach, dem ein Segel nach dem anderen zerriß).

Hafenkapitän, Zoll, Polizei. Ohne Erbarmen trinken sie, trinken immer weiter. Der todmüde Dumas kann erst gegen drei Uhr morgens in die Koje gehen.

Die Kapkolonie bereitet Dumas den üblichen großartigen Empfang. Er fühlt außerdem, daß er drauf und dran ist, sich zu verlieben. Warum weitersegeln?

Weiter, weiter! Er kauft Seekarten (aus reiner Vorsicht, denn er bedient sich sonst nur der Übersegler). Ein Freund bezahlt die Lebensmittel. Am 14. September 1942, zu Beginn des südlichen Frühlings, läuft er wieder aus.

Vor Slang Kop Feuer bekalmt, passiert er das Kap der Guten Hoffnung erst am 16., gegen 10 Uhr.

Er beginnt den zweiten Teil der Reise noch außergewöhnlicher als den ersten: Die direkte Überfahrt vom Kap nach Neuseeland auf der „Unmöglichen Route" des Indischen Ozeans, *die vor ihm noch niemand mit einem kleinen Boot bezwungen hatte*, abgesehen von *Ho-Ho*, die es teuer bezahlen mußte (*Saiorse* mußte vorher Durban anlaufen und segelte dann zwischen Tasmanien und Australien durch die Baß-Straße).

Vito Dumas passiert Rockey Bank mit maximaler Fahrt unter Vollzeug. Es weht so stark, und es steht eine solche See, daß zwei Patrouillenboote, die von False Bay ausgelaufen waren, wieder kehrt machten.

Nachts schwächt der Wind ab, aber das Nadelkap hat er hinter sich. Sturm aus Süd, auflandig. Schlafen ist ausgeschlossen. Das Land ist zu nahe. Endlich, am 17., gegen 15 Uhr, nachdem er seit dem 14. nicht mehr geruht hatte, birgt er das Großsegel und schläft.

Er schläft und hat Alpträume, denn er befindet sich in der Gegend, in der sich das berühmte Gespensterschiff „Der Fliegende Holländer" herumtreibt, der Unglücksbote.

Am Ruder erinnert sich Dumas an eine seltsame Geschichte, die ihm selbst einmal passiert ist.

Es war während seiner Atlantiküberquerung. Zwei Tage nach dem Auslaufen aus Arcachon lag er querab von Balboa. Es war Nacht. Er saß am Ruder. Plötzlich hörte er in der Kajüte der *Legh* Stimmen. Zwei Personen unterhielten sich gedämpft in kurzen Sätzen.

Das ist doch unmöglich! Er hatte 24 Stunden vor dem Auslaufen das Boot nicht mehr verlassen. Es gab nur die Möglichkeit, daß sich die blinden Passagiere im Vorschiff eingeschlossen hatten, ganz vorn, wohin er nicht oft kam.

„Paßt auf", sagte die eine Stimme mit starkem spanischen Akzent, „ich werde etwas zu essen suchen."

„Sei ruhig", antwortete die andere mit französischem Akzent, „man könnte dich hören."

„Ach was."

Dann war alles still. Vito konnte die Pinne bei dem schlechten Wetter nicht verlassen.

Etwas später hörte er wiederholt, wie eine der beiden Stimmen um eine Zigarette bat, und noch andere Geräusche.

Die Tür zwischen der vorderen Kajüte und dem Vorschiff wird offen sein, dachte Dumas. Aber auf 9 Meter Entfernung, durch zwei Kajütswände hindurch, kann ich nicht viel hören.

24 Stunden lang kam er nicht vom Ruder weg. Das Boot schlingerte fürchterlich. Dumas dachte „im Cockpit ist es ja noch gerade auszuhalten, aber die beiden blinden Passagiere im Vorschiff müssen ganz übel dran sein".

Bitte, das ist Großherzigkeit! In der Absicht, diese zum Äußersten zu treiben, entschließt sich Dumas, den beiden zu verzeihen und die Flüchtlinge in einem Hafen abzusetzen.

Aber der Sturm währte drei Tage und drei Nächte. Das Boot machte Wasser. Dumas mußte dauernd lenzen, Lebensmittel umstauen und wieder ans Ruder gehen. Er hatte keine Zeit, ins Vorschiff zu sehen.

Endlich wurde das Wetter besser, Kap Ortegal war passiert, und er stand nicht weit von El Ferrol, da rief Dumas den blinden Passagieren zu, herauszukommen. Keine Antwort. Er rief noch einmal. Wieder nichts. Mit einem Bootshaken bewaffnet, ging er ins Vorschiff, wühlte und klopfte überall. Niemand. Hier war niemand.

Sind die nachts davongeschwommen?

Oder haben sie gar nicht existiert?

„Auf See ist alles möglich", schloß Dumas, „wer weiß denn, was nach dem Tode kommt?"

Jetzt hatte er die Gegend hinter sich gebracht, in der laut seiner Karte (jawohl!) der „Fliegende Holländer" herumgeistert.

Da gibt es eine viel wirklichkeitsnähere Überraschung, und die nicht weniger ernst zu nehmen als eine Geistererscheinung. Wasser in der Bilge! Das ist doch nicht möglich! Der Rumpf war vor dem Auslaufen dicht wie ein Ei und ist doch gar nicht so stark strapaziert worden!

So ein Unglück, es ist Süßwasser! Ein 200-l-Tank ist ausgelaufen. Für die lange Reise bleiben ihm nur noch 160 l aus dem zweiten Tank.

Kaum hat er diese tragische Feststellung gemacht, muß er schnell zurück ans Ruder: Drei enorme Wasserhosen von fast hundert Meter Durchmesser, eine halbe Meile entfernt... Sie kommen. Sie gehen vorbei...

Dumas denkt nicht daran aufzugeben und nach Durban zurückzulaufen, obwohl er noch nicht weit davon entfernt ist. Er schränkt sich ein. Er will die kürzeste Route laufen, um so schnell wie möglich in die ruhige Zone zu kommen (so denkt er), jenseits der Linie Neu Amsterdam–Kerguelen, *Legh II* läuft Etmale von 120 bis 150 Meilen unter Vollzeug. Zeitweilig kommt grünes Wasser an Deck.

Was hilft's?

Das Thermometer in der Kajüte zeigt 15 Grad. Draußen brauchte man aber einen Himalajaanzug. Das Ölzeug löst sich langsam auf (eine in Valparaiso gemachte Aufnahme zeigt seinen unglaublich zerlumpten Zustand).

Dumas ernährt sich fast ausschließlich von flüssiger und fester Schokolade, von Schiffszwieback, dick mit Butter bestrichen, Datteln und Vitamin A und C. Der „Eintopf", den er sich für seine 42 Lenze zubereitet, besteht aus... Schokolade und auch mal aus einer Gemüsesuppe, später aus Champagner.

Auf der Karte liegt im Norden Madagaskar, in NNO La Réunion und die Insel Mauritius. Paradiese der Versuchung! Nein. Er hat sich geschworen, die „unmögliche Route" zu nehmen, mit den Sturmböen und gegen den Strom, der eine fürchterliche See aufwirft.

Er hält durch. Selbst der Mangel an Trinkwasser kann ihn nicht beugen.

Dumas nimmt die Pinne nur in die Hand, wenn der Wind gedreht hat und sie neu belegt werden muß. *Legh II* läuft allein auf allen Kursen.

Auch die Segel faßt Dumas nicht an. Wie stark der Wind auch immer bläst, er läßt das ganze Tuch stehen.

Dadurch gelingt ihm eine Art Gleiten auf den Seen, und er macht dabei zeitweise mehr als 15 kn. „Anfangs war das sehr eindrucksvoll, aber man gewöhnt sich daran", sagte er, „wenn man genauso schnell läuft wie die See, ist sie nicht mehr gefährlich."

Theoretiker werden sagen: „Das ist doch absurd, die Seen laufen viel schneller. Sie erreichen normalerweise eine Geschwindigkeit von 30 kn. Nur ganz bestimmte Kriegsschiffe sind schneller, und bei Sturm ist das schon fraglich. Es sei denn, sie machen mehr als 40 kn."

Diese Theorie ist absolut richtig. Aber sie bezieht sich auf die Fortpflanzungsgeschwindigkeit der Wellenbewegung, eben jener Wellenberge.

Sie bezieht sich aber nicht auf den Brecher, der – man braucht es nur zu beobachten, es ist deutlich zu sehen – sich wieder „schluckt", also gegen die Wellenbewegung wieder zurückläuft. Während sich die Welle aufbaut, läuft der Kamm genauso schnell wie sie selbst, aber dieser Wellenkamm löst sich ganz klar von ihr ab, weil er verharrt. Bezogen auf einen festen Punkt, verlaufen sich die Wassermassen nach vorn, aber bezogen auf die Wellenbewegung, nach rückwärts. Daher wirken sie auch nicht so mörderisch (Gott sei Dank) wie die Brecher, die gegen die Küste donnern, die durch das Zurückziehen der vorausgelaufenen Welle das Gleichgewicht verlieren, überkippen und von oben herabstürzen.

So kann der Segler dem Brecher davonlaufen oder zumindest seine Fahrt so erhöhen, daß er ungefährlich wird. Um so mehr, als das Heck des Bootes ein nach achtern wegströmendes Kielwasser oder sogar einen Rückstoß erzeugt, der den Brecher zurückwirft.

Hierzu sagte der berühmte Lotse Bohlin aus Gloucester[1]: „Mit der See von achtern in einem Sturm wie diesem hier (Atlantikregatta 1905), hatten die Wellen uns von achtern Lee gegeben. Und dann? Wir liefen ihnen davon. Sie versuchten, an Deck zu steigen, uns zuzuschütten, aber das Schiff ließ es nicht zu. Es lief ihnen in dem Moment weg, als sie glaubten, es erwischt zu haben. Deshalb verkleinere ich mein Tuch nicht. Das Großsegel zieht uns nach oben. Man sagt, es sei Wahnsinn, bei schwerem Wetter nicht zu reffen. Es mag tatsächlich Wahnsinn sein, so wie es manche machen. Aber manchmal ist es genauso idiotisch, nicht genug Segel zu führen. Schiffe sind gerade darum verlorengegangen, weil sie auf einem Kurs, wie wir ihn hier haben, zu stark gerefft hatten."

Das war auch die Meinung von Dumas, und er untermauert sie mit einem unanfechtbaren Argument: Dem Erfolg. Er macht es auf seiner ganzen Weltreise so. In den schlimmsten Orkanen (niemand kann die Orkane in dieser Gegend einfach mit einer Handbewegung abtun), *ohne eine Havarie, ohne ein Segel zu zerreißen!* Wohlverstanden, mit einer Durchschnittsgeschwindigkeit, die keinen Zweifel an der Wirksamkeit und Zweckmäßigkeit dieses Manövers läßt.

Beidrehen? Treibanker? Oh, vielen Dank, sagt er. Er hat es ausprobiert. Das Ergebnis war das Kentern im Jahre 1937. Unter der einzigen Bedingung, daß man genügend Wasser zum Ablaufen hat – und hier ist genug Platz –, gibt es nur eins: Bei achterlichem Wind Vollzeug, das ist das Beste!

Wir geben dem Leser die Thesen der Kontroverse: Auf der einen Seite steht die Theorie von Voss, illustriert durch zahllose Beispiele, darunter

---

[1] In „Fisherman of the Banks" von B. Connolly, Faber & Gwyer, London.

der Fall *Sandefjord* (einer der wenigen, von dem man nicht behaupten kann, daß es durch „Wegschmieren" geschehen ist). Auf der anderen Seite die von Vito Dumas, unterstützt von einem der bekanntesten Hochseeregattaskipper, der ebenfalls das Vordemwindlaufen demonstrierte. So kann man das wohl nennen, denn er überquerte auf diese Weise den Atlantik in 13 Tagen, 9 Stunden und 43 Minuten mit einem 92-t-Schoner ...

Man kann daraus schließen, daß der Kurs vor dem Wind eine heikle Sache ist. Er verlangt von Schiff und Skipper ganz außergewöhnliche Eigenschaften. Wir wollen gewiß die Verantwortung nicht übernehmen, irgend jemand anzuraten, Dumas etwa nachzuahmen!

Am 1. Oktober ist er in der Nähe der Crozet-Inseln. Am 3. läßt der Wind etwas nach. Nouba: Kartoffelpüree und Reis auf indisch (was wohl die Toubibs von dieser Diät halten – Schokolade, Reis, Zwieback und keine ausreichende Bewegungsmöglichkeit). Es folgen zehn Tage Kalmen (er sagt „Roßbreiten"). Das ist aber nur eine Redensart, denn der Äquator liegt nicht gerade nebenan: La Réunion liegt bereits 780 Meilen im Norden. Aber die Illusion ist perfekt: Da sind Doraden, Warmwasserfische, die sich mit Albatrossen, ausgesprochenen Kaltwettervögeln, abwechseln.

Bei häßlichem Regenwetter läßt er am 24. Oktober die Insel Neu-Amsterdam liegen. Der Ozean ist grausam und majestätisch zugleich: Wellenberge von 15 m Höhe, Zyklon auf Zyklon, schneidende Kälte – alles ist wieder da.

Ein kleines navigatorisches Detail ärgert ihn. In dieser Gegend ist die Mißweisung enorm groß. Statt auf Nord, zeigt die Magnetnadel um 35 Grad West. Das ist sehr unangenehm, weil man immer glaubt, man beginge einen Rechenfehler.

Dumas spürt die Ermüdung. Zeitweilig ist er sehr deprimiert. Sein einziger Trost ist eine Kaptaube, die ihm treu geblieben ist. Er füttert und rettet sie vor den Albatrossen. Er zähmt eine Fliege, die aber der Sturm wieder fortweht.

Das Trinkwasser wird immer knapper. Am 9. November hat er nur noch 50 Liter. Nach 56 Tagen auf See rasiert er sich zum ersten Male wieder.

Gut im Trimm, läuft das Boot seinen Kurs mit Backstagswind aus Nord.

Dumas liest Slocum, Voss, Pidgeon. Aber er hat etwas Fieber. Wenn nur die Abszesse nicht wiederkommen!

Erneut Zyklone.

Immer wieder Zyklone. Sie sind sein täglich Brot.

Am 13. November sind es nur noch 130 Meilen bis zur Südküste Australiens (er hat bei seiner Navigation nie einen Fehler gemacht, weder beim gegißten noch beim astronomischen Besteck).

Er hat sich entschlossen, Neuseeland in einer Etappe zu erreichen (dieser Dickschädel muß doch bretonische Ahnen haben, wie er sich das als Kind immer gewünscht hatte)...

Ganz gegen die Regel läßt der Wind auf der Höhe des Meridians von Kap Leeuwin nach. Es wird flau. Selbst die Ballonfock, die zum ersten Male gesetzt wird, zieht nicht mehr.

Die Flaute hält zehn Tage an. Flaute südlich von Leeuwin! Eine Totenflaute. Dumas lernt den Durst kennen.

Es zeigen sich die ersten Anzeichen von Skorbut. Am 22. November überquert *Legh II* den Gegenmeridian von Buenos Aires. Die halbe Weltumsegelung ist geschafft.

Aber plötzlich, während der Flaute, färbt sich der Himmel dunkelbraun. Das sind die „Willy-Willies", die Vorläufer eines Orkans, der auch tatsächlich nicht lange auf sich warten läßt.

Am 24. bricht die Fockschot (es wird bei diesem einen Bruch bleiben, abgesehen von einem Stroppen für den Fockhals). Das Boot liegt sehr stark über. Aber das macht nichts. Bei einem Backstagswind aus Süd von mehr als 100 km/h Stärke birgt Dumas kein Segel. Bei belegter Pinne arbeitet er auf dem Vorschiff...

Der Wind läßt nach. Aber Dumas freut sich nicht darüber. Ganz im Gegenteil: Wenn es nur langsam weitergeht, wird er bald nichts mehr zu trinken haben.

899 Meilen vor Tasmanien fängt er an, Seewasser zu trinken, um Süßwasser zu sparen. Es geht ihm nicht schlecht dabei (man denke an Bombard).

Nordlicht.

Schiffe.

Ein U-Boot. Stimmt ja, es ist immer noch Krieg! Genau wie das Wort erscheint ihm auch die Tatsache absurd.

Land!

Dort liegt Tasmanien.

Der Chronometer hat einen Gang von plus 1 Minute und 30 Sekunden (geht vor).

Inseln tauchen auf. Die Versuchung, dort auszuruhen, ist so naheliegend, daß man sie kaum noch Versuchung nennen kann. Sie wird trotz Kälte, trotz des Mangels an Trinkwasser, trotz Südwestwind, trotz des Aufziehens eines Zyklons schnell zurückgedrängt. Wieder läßt Dumas das Tuch stehen, aber diesmal aus Schwäche. Er hat seine Segel nicht mehr in der Gewalt.

Der Sturm steigert sich auf 150 km/h (an diesem Tage an Land gemessen). Eine 18 m hoch gehende See schmettert an Bord, ohne Schaden anzurichten. Dumas ist so schwach, daß er sich nicht mehr aufrecht halten kann. Der Schlaf will ihn übermannen. Das Boot läuft aus dem Ruder, was niemals passieren darf. Es gelingt Vito Dumas, das Großsegel zu bergen. Intakt (wir hatten es schon erwähnt) *führt er dieses Großsegel um die ganze Welt*. In Nacht und Chaos segelt er ohne Positionslaternen weiter.

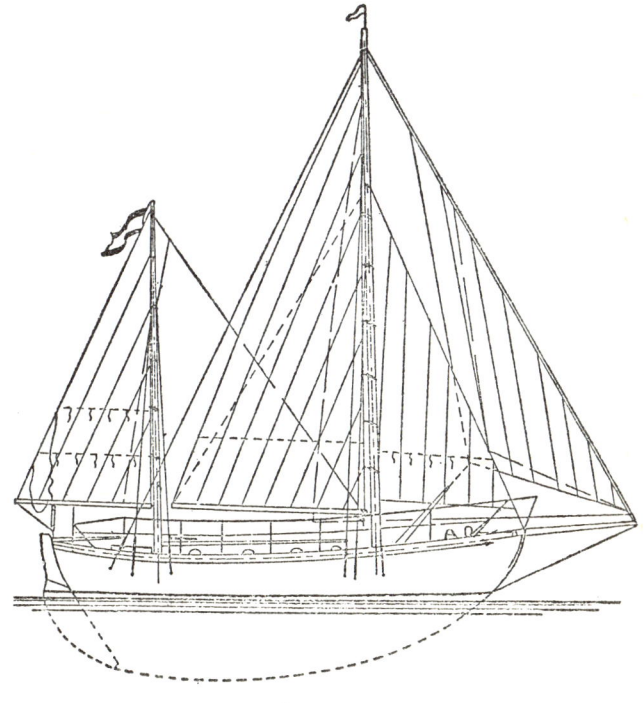

Riß von Legh II

Nur der Kompaß ist in diesem Wahnsinnszustand ein lebendiger Richtpunkt der Vernunft.

Der Skorbut verschlimmert sich. Der Durst auch. Mit trockener Zunge und schmerzendem Gaumen kann Dumas keinen Zwieback mehr kauen. Das Ölzeug löst sich auf. Einem polaren Antizyklon folgt ein neuer. Haushohe See. Aber 183 Meilen werden in 24 Stunden durchgeknüppelt.

Es folgt wieder eine Zeit schönen Wetters. Aber die Kaptaube hat weniger Durchstehvermögen als Dumas. Sie verläßt ihn – nach einer schönen gemeinsamen Überfahrt – und zieht ab, auf das Kap Foulwind oder Kap Farewel zu.

Und da liegt Kap Farewel vor ihm, Neuseeland nach 101 Tagen auf See! Doch das Wetter ist wieder ganz miserabel. Es ist unmöglich, näher unter Land zu gehen. Endlich, am Weihnachtstag 1942, flaut es ab. Um 16 Uhr steht Dumas vor Port Nicholson. Strom und Gegenwind werfen ihn sechsmal zurück, mitten unter die Fischerboote. Aber er will keinen Schlepp. In seinem jetzigen Zustand ist das extremer Heroismus. Eine Dickschädeligkeit, die noch stärker ist als die von Gilboy. Was sind schon die paar Meilen?

Nein. Er will allein vollenden, was er allein begann. Erst am Morgen des 27. läuft er ein.

„Woher kommen Sie?"

„Aus Kapstadt."

Man hält ihn für verrückt. Aber der Hafenkapitän war schon unterrichtet und weist ihm einen Liegeplatz an. Er ist so schwach, daß er eine ganze Stunde braucht, um die Segel wegzustauen. Endlich kann er schlafen.

Doch nein.

Jemand ruft:

„Verholen, hundert Meter weiter, zur Gesundheitsinspektion!" Er protestiert.

Der verständnisvolle Arzt schreit von der Pier:

„Gute Reise gehabt?"

„Sehr gute!"

„Krank gewesen?"

„Nein!"

Und der Arzt geht wieder. Dumas schläft. Später verschlingt er alles, was man ihm vorsetzt.

Dann wird ihm erst so richtig klar, daß er allein 7400 Seemeilen ohne Zwischenhafen in 104 Tagen zurückgelegt hatte, ohne den Verstand dabei zu verlieren und das in einer See, die „der Hölle würdig" war.

„Aber", sagte er, „niemand außer Gott kann sich einer solchen Anstrengung ein zweites Mal aussetzen."

Außer Gott – und er selber.

Denn ...

In Wellington besitzt er nur noch 2 Pfund Sterling. Aber da kommt ein Telegramm. Ein Telegramm? Die guten Feen wissen eben alles:

Wenn Geld benötigt erbitten Nachricht.

Er antwortete:

Danke stop Ja stop Schnellstens.

Joshua Slocum, der Pionier der Weltumsegler

Oben: Kap. Romer 1928 nach seiner Atlantiküberquerung mit einem Kajak

Mitte: Kap. Voss, neben Slocum der erfolgreichste Weltumsegler mit seiner »Tilikum«

Rechts: Hans Zitt, Held à la Jules Verne

Amerikanische und englische Matrosen beider Kriegsmarinen nehmen ihn in Beschlag, reparieren *Legh II*.

Eine Familie beherbergt ihn. Jedesmal, wenn er die Treppe hinauf steigen will, warnt man ihn: „Vorsicht, neun Stufen!" Dumas hält diesen Gag für überflüssig, für eine burleske Antithese zu dem, was er gerade hinter sich hat.

Am 30. Januar geht es weiter. Nach knapp fünf Wochen Aufenthalt. Oh, nur auf den kurzen Schlag von 5400 Meilen.

Nun ist da etwas, das niemand versteht. Er hat seinen Wassertank nicht reparieren lassen und kann nur 160 Liter mitnehmen. Er rechnet für die Reise nur mit 2½ bis 3 Monaten, und dafür kann es reichen.

Das wäre ja sehr schön, aber...

Der Wind verwöhnt ihn nicht, vom ersten Tage an bläst er mit 80 km/h, später nimmt er noch zu. Die See tut es auch nicht. Eine kleine Havarie beim Auslaufen verursachte ein Leck. Kurs immer geradeaus, 5000 sm ohne Land, außer der Insel Chatam, aber die kommt gleich am Anfang und liegt etwas südlich seines Kurses.

Dumas steigt in die Kajüte. Ein Stoß! Aufgelaufen?

Ein Riff, hier?

Unmöglich. Nein, *Legh II* hat sich zwischen zwei Walen Platz gemacht, die erschrocken Reißaus nehmen. Einem anderen würde man die Geschichte nicht glauben, ihm aber muß man sie abnehmen, denn er ist weder ein Prahlhans noch ein Witzbold.

Das Wetter ist trotz allem weniger schlecht als im Atlantischen und Indischen Ozean. Hier sieht man „manchmal" sogar den Horizont.

Bei einem Sturz ins Cockpit bricht oder verstaucht sich Dumas zwei Rippen. So ein Pech! Es ist nämlich gerade schön, angenehme Brise aus Südost, leider etwas zu sehr vorlich für die ganze Strecke nach Osten. Aber es geht noch, *Legh II* liegt gut am Wind. Schöne Etmale von 150 Meilen. Nichts zu tun. Dumas findet seine guten Hemden und seinen Smoking in tadellosem Zustand vor. Ein Smoking macht eine Weltumsegelung auf der südlichen Halbkugel und ist noch tipptopp gebügelt, ohne Stockflecken!

Mußestunden. Am 4. März hat Dumas die halbe Strecke hinter sich. Ein Damenhausschuh schwimmt auf dem endlosen Ozean. Pitcairn, die Insel der Meuterer von der *Bounty,* liegt 900 Meilen im Norden.

Vito begrüßt die Stürme mit Freudenrufen, denn sie bringen ihn voran, während schönes Wetter ihn zurückhält. Er meint, das sei „Segelei für Damen". Ansichtssache. Wenn man sein Logbuch liest... Windstärke 6, 8, 9!

Nach 71 Tagen ohne Havarie, ohne besondere Vorkommnisse, mit frisch bandagierten Rippen, vollkommen zufrieden, weil er in Ruhe seine Schokolade essen konnte (manchmal auch etwas abwechslungsreichere Mahlzeiten), nachdem er sogar einige Male seine Ballonfock setzen konnte, macht er das Feuer von Kap Curaumillas aus.

Valparaiso. Bummel durch alle Hafenkneipen. Jawohl, er! Er legt sich schlafen, und trotz der absoluten Stille im Hafenbecken meint er immer noch das Schlingern zu verspüren. *Legh II* wird zum erstenmal nach 17 100 Seemeilen aufgeslipt! Das ist der Vorteil der kalten Gewässer.

Jetzt sind es „nur noch" 3000 Meilen bis nach Hause. Aber was für Meilen: Rund Kap Hoorn. Nach dem argentinischen Übersegler ist der volle südliche Winter – trotz der Kälte – die günstigste Zeit dazu. Vom 1. Juni bis 15. Juli (Bardiaux wählte sie auch). Tatsächlich sind während dieser Zeitspanne, ähnlich wie am Kap der Guten Hoffnung, treibende Eisberge nicht zu befürchten, und die Winde sind im allgemeinen nicht so stark.

Vito Dumas legt am 30. Mai 1942 ab, geht weit hinaus nach See, um Abstand von der Küste zu gewinnen, die in ihrem Verlauf Nord-Süd während der häufigen Weststürme gefährlich ist. Er verliert sie trotzdem nicht aus den Augen, denn die sich über ihr auftürmenden Wolkenberge sind weithin sichtbar.

Wie vorausgesagt, findet er in dieser Zeit viel Kalmen vor (die Nordküste Chiles hat schon die großen Segelschiffe zur Verzweiflung gebracht).

Erst am 9. Juni der erste Sturm. Am 14. ist Dumas auf der Höhe des Golfes von Peñas. Die Tage werden sehr kurz, die Kälte schneidend.

Am 18. steht er 180 Meilen ostwärts von Kap Pilar. Dumas bereitet Notmahlzeiten vor und schluckt Benzedrinsulfat[1] gegen den Schlaf. Er fettet sein Ölzeug und die Handschuhe ein, trocknet die Stiefel und steckt die Taschenlampe hinein. Noch einmal überprüft er sorgfältig das Rigg.

Die Küste kommt näher. Im Süden das Eis, im Osten und Norden der schreckliche „Milky Way", Riffs und eine gewaltige See...

Am 23. Juni, dem beinahe kürzesten Tag des Jahres, springt der Wind nach einem Nordsturm plötzlich auf Südwest um und bläst mit 80 km/h. Dann, ganz plötzlich, Flaute. Der Strom versetzt *Legh II* in Kursrichtung, schließlich voll nach Ost. Der immense Seegang boxt sie vor sich her. Im Süden ist der Himmel weiß von den Reflexen der Eisberge. Die Kälte ist schwer zu ertragen, doch das ist noch nicht das Schlimmste. Ein neuer Nordsturm am 24. Dumas wird auch damit fertig. Um Mitternacht

---

[1] dl-Amphetaminsulfat, in der Bundesrepublik als Elastonon erhältlich.

liegt das Kap querab. Und damit ihm dieses Erlebnis in ewiger Erinnerung bleiben soll, wird er bei einer Schlingerbewegung gegen ein Bulleye auf Leeseite geschleudert. Er blutet aus der Nase: Ein bescheidener Tribut dem schrecklichen Kap Hoorn, das ihm weniger schlimm erscheint als der Indische Ozean.

Am 25. liegt Kap Hoorn hinter ihm. *Legh II* luvt auf ONO an, nimmt Kurs auf die Le-Maire-Straße zwischen Staten Island und dem Festland. Der Wind läßt nach, dreht auf Südwest, kommt genau achterlich. Dumas ist im Atlantik. Er denkt an seinen Freund Al Hansen, der auch allein dort herum wollte, allerdings auf dem viel schwierigeren Gegenkurs. Er schaffte es, kam aber bei Chiloë um, nachdem das Härteste schon hinter ihm lag.

Der Wind springt erneut auf Nord. Ohne die geringste Sicht muß er jetzt in wirren Nebelschwaden kreuzen. Eine Robbe. Das deutet auf die Nähe der großen Landmasse hin, die Dumas aber nicht in Sicht hat. Er will zwischen Patagonien und den Falkland-Inseln durch, sofern er nicht in den offenen Atlantik hinausgetrieben wird. Es schneit. Auf der Burwood-Bank dreht der Wind auf West und heult mit mehr als 80 km/h. Endlich macht Dumas die Insel San José aus, die zu der Falklandgruppe gehört. Er setzt direkten Kurs auf Mar del Plata ab, noch 450 Meilen, alles ist klar!

Am 5. Juli klart es auf. Land vor ihm. Wieso jetzt schon? Die Wolken reißen auf. Das Land ist ganz nahe, höchstens 5 Meilen entfernt. Der Chronometer war eingefroren und hatte 5 Minuten verloren (ging nach), das macht einen Unterschied von 60 Meilen in der Länge aus. Es wäre doch wirklich lächerlich gewesen, *nach* den bestandenen Gefahren jetzt noch zu stranden!

Das Wetter wird ganz herrlich. Die endlosen Strände liegen friedlich da.

Am Morgen des 7. Juli, ein Jahr und eine Woche nach dem Auslaufen in Bueco (Montevideo), liegt Mar del Plata vor ihm. Das Land, seine Freunde! Dumas hat mit 3000 Meilen Kap Hoorn umsegelt, in 38 Tagen. 7 Tage lang hat er das Ruder nicht aus der Hand gelassen. In der Flaute nimmt er eine Schleppleine an und macht am Yachtclub fest. Der Rest der Reise, 200 Meilen, ist doch nur noch eine Formalität, denkt er.

Doch es kommt anders!

Genau wie Slocum kreuzt er bei ganz schwacher Brise und nebligem Wetter. Dabei kommt er zu dicht unter Land, und mitten in der Nacht sitzt er auf einer Sandbank fest. Eine Welle steigt an Bord. Der verzweifelte Dumas schimpft sich einen schlechten Seemann und versucht, seine Yacht höher auf Land zu setzen. In aller Eile lädt er alles bewegliche Gut aus, und es gelingt ihm, auf den trockenen Strand zu kommen. Ihm selbst droht keine Gefahr, aber *Legh II* würde wohl verloren sein. Beklagenswert und grotesk! Bei Niedrigwasser steht *Legh II* aufrecht auf den Stützen, vollkommen trocken. Was wird bei auflaufendem Wasser geschehen? Glücklicherweise steigt das Wasser nicht. Der Wind bleibt aus. Es ist unmöglich, allein wieder flottzukommen. Nachmittags trifft er einen Reiter und schickt ihn nach einem Schlepper.

Dieser findet sich am folgenden Abend ein und dampft mit dem Versprechen wieder ab, am nächsten Morgen zurückzukommen. Man kann sich Dumas' Zustand vorstellen. Das Wasser steigt immer noch nicht ...

Aber die See bleibt gutmütig und spielt ihrem bewundernswerten Freund keinen bösen Streich.

Nach einem ganzen Tag Arbeit sind endlich zwei Trossen von *je 1000 m Länge* von See zu *Legh II* ausgebracht, eine schwimmende aus Kokos, die die zweite trägt. Das Wasser steigt. Das Boot schwoit, stößt achtern etwas auf, es schwimmt, kommt frei!

Dumas läßt sein Boot in den Händen der Retter und kehrt vor ihnen im Auto nach Mar del Plata zurück. Und dort erfährt er von den Leuten, daß *Legh II* keinen Tropfen Wasser gemacht hat!

Schließlich wurden die 200 Meilen ohne Zwischenfall abgesegelt ... Diesmal weit genug draußen!

In Montevideo und Buenos Aires wird Dumas im August 1943 begeistert empfangen.

Und das hatte er verdient: Mitten im Krieg vollbringt ein Mann allein eine Weltumsegelung, mehr als 20 000 Meilen in nur vier Teilabschnitten und das auf der „unmöglichen Route".

Erst 1966/67, Dumas war gerade gestorben, überbietet Chichester diese Leistung. Doch davon später.

JACQUES-YVES LE TOUMELIN

Man hat schon oft versucht und wird noch oft versuchen, J.-Y. le Toumelin „zu deuten". Im allgemeinen ist ein menschliches Wesen schwer zu definieren, Le Toumelin jedoch mit einem Wort.

Bevor wir dieses Wort aussprechen, soll eine Anekdote erzählt werden:

Jacques-Yves war gerade in Croisic eingelaufen. Nach einer gelungenen Reise kam er genau zu dem Zeitpunkt an, der für einen großen Publikumserfolg besonders günstig war.

Es war der 7. Juli. Die Masse der Touristen machte sich an der Côte d'Amour breit und fand in ihm eine große Attraktion. Der Sommer hatte die Journalisten nur kärglich mit sensationellem Material versorgt, nun stürzten sie sich auf den unerwarteten Fund und füllten die Blätter mit langen Loblieder. Das Städtchen Croisic sah gelassen zu, wie diese Nachricht sich im Ort verbreitete, und betrachtete befriedigt den Zustrom an Neugierigen.

Seine wirklich unfreiwillige Verzögerung gab der Situation Würze. Bei Hochwasser wollte er im Hafen sein, damit er *Kurun* direkt an ihren Liegeplatz bei den Kaimauern bringen konnte, die schwarz von Menschen waren. Ungeheurer Beifall brauste auf. Jacques-Yves, der von See aus schon seine Eltern und Freunde gesehen hatte, ahnte das alles und wußte auch, daß die Offiziellen ihn an der Pier erwarteten.

Da waren sie, Jacques-Yves sah sie.

Aber in aller Ruhe wurde zuerst *Kurun* versorgt, sorgfältig und sehr gewissenhaft, wie er es gewohnt war. Das dauerte lange, sehr lange – Dutzende von Minuten. Man rief bereits nach ihm. Er machte weiter.

In dieser Haltung, die eigentlich gar keine war, lag weder Unverfrorenheit noch Schüchternheit. Es beschäftigte sich bloß mit dem, was wichtig war: Mit seinem Boot.

J.-Y. le Toumelin *hat* kein Boot, er *ist* sein Boot. Dieses Boot ist Teil seines Ichs. Und die Seele dieses Bootes ist er.

Einem Admiral, der ihn zu seiner erfolgreichen Reise beglückwünschte, antwortete er:

„Ich bedanke mich vielmals für mein Boot und für mich selbst."

Und hier ist das Wort: J.-Y. le Toumelin ist die Personifizerung eines Bootes.

Einzelgänger?
Warum?
Weil jedes Boot ein Einzelgänger ist.

Aber warum, wird man fragen, war er es nicht vom Beginn seiner Reise an? Weil seine Eltern ihm diese Bedingung auferlegt hatten und er ihnen als guter Sohn von 29 Jahren keine Sorgen und Ängste aufladen wollte. Aber sobald er konnte, schüttelte er den Ballast eines Reisegefährten ab und fand erst dann sein wirkliches Glück.

Der Erfolg dieser Reise war außergewöhnlich. *Er hat sie ohne die geringste Havarie vollendet, ohne festzukommen, ohne nur ein Segel zu verlieren oder auch nur zu zerreißen.* Bei der Rückkehr war *Kurun* (bretonisch: Donner) genauso intakt wie bei der Ausreise.

Das ist nicht nur auf glückliche Umstände zurückzuführen.

Jahrelang hatte Le Toumelin sein Boot und sich selbst auf diese Reise vorbereitet.

Am 21. Juli 1920 als Sohn bretonischer Eltern geboren (sein Vater, Kapitän auf Großer Fahrt Le Toumelin, stammte aus Sarzeau, Morbihan, seine Mutter aus Saint Malo). Sohn und Enkel von Seeleuten, besuchte er die Seefahrtsschule, aber die Deutschen kamen. Es war unmöglich, die Schule zu erreichen, die in der nicht besetzten Zone lag. Jacques-Yves sattelte auf die Hydrographische Schule in Nantes um, an der er 1941 die „Theoretische" machte. Es fehlte ihm nur noch die Fahrenszeit, um Leutnant auf Großer Fahrt werden zu können. 1942 fuhr er ein bißchen bei der Hochseefischerei, in Mauretanien auf dem Netzfischer *Alfred*. Von 1942 bis 1945 betrieb er die Küstenfischerei in Croisic auf mehreren Seglern, auch auf seiner *Tonnerre* (franz.: Donner), die während der Invasion zerstört wurde. 1946 ist J.-Y. bei der Kriegsmarine auf dem Transporter *Etel*. 1947–1948 baut er *Kurun* und trimmt sie ein.

Er baut *Kurun* zwar nicht selbst, aber er weicht nicht von der Werft, während Moullec das verwirklicht, was der Konstrukteur Dervin nach Jacques-Yves Angaben entworfen hat, denn Le Toumelin hatte ganz bestimmte Vorstellungen von Bootstypen und vom Hochseesegeln. Man kann beinahe sagen, daß seine Ideen vollendeter seemänischer Klassizismus sind: *Zu stark hat noch nie geschadet. Eine Hand für das Boot, eine für sich selbst und Vorausschau bis zum Äußersten.*

Die *Kuran* maß 10 m über alles, 8,36 m in der Wasserlinie, Breite am Hauptspant (den gibt es tatsächlich), 3,55 m, Tiefgang 1,60 m, Gußkiel von 1900 kg.

Kurun wurde größtenteils aus der Entschädigung für den Kriegsschaden der *Tonnerre* bezahlt, aber der Rest der Ausrüstung verschlang noch viel Geld, und J.-Y. le Toumelin fuhr mit ... 50 000 alten Franken los.

Er verließ Le Croisic am 19. September 1949 mit seinem Kameraden „Taton" Dufour aus Nantes, einem Sportsmann, der aber nur bis Fédala dabeibleiben konnte. Nur am Anfang der Reise gab es Schwierigkeiten und *Kurun* mußte für einige Stunden in Belle Ile Schutz suchen, segelte aber bald mit stürmischem Wind weiter. Hafentage in Vigo und Lissabon, Das Boot begeistert: Es hält alle Versprechungen. J.-Y. hat auch tatsächlich an alles gedacht. An alles? Nein, eine Rattenfalle hat er vergessen!

In Fédala (Marokko) muß er (weil seine Familie es verlangt!) hinter einem neuen Mitsegler herjagen. An Kandidaten war kein Mangel. Seine Wahl fiel auf den ausgezeichneten Fotografen Paul Farge, einen 25jährigen Pariser Pfadfinder aus einer Familie mit vierzehn Kindern. Er war vorher noch nie auf See gewesen, nur einmal auf den Alpenseen. Man sagt zwar, daß es auf dem Genfer See „Stürme" gibt, aber ... bei jener Segelei gibt es keine Seekrankheit und keine Angst vor dem weiten Meer (dabei braucht man gar nicht rot zu werden), sie stellt keine so hohen Anforderungen an die Härte, wie das auf See der Fall ist. Wer erstaunt darüber ist, daß J.-Y. sich einen Süßwassermatrosen ausgesucht hat, wird sich noch mehr wundern, daß dieser sich blind in das Abenteuer stürzte. Es hat den Anschein, daß Paul Farge das Hochseesegeln schlecht vertragen konnte und daß das der Grund ihrer späteren Trennung war.

Paul Farge geht in Tahiti von Bord. Er hat also den ganzen Atlantik und den halben Pazifik „mitgemacht". Später wird man sehen, daß seine Anwesenheit nicht ganz unnütz war, denn er konnte Le Toumelin versorgen, als sich dieser mit seiner gefährlichen Harpune am Fuß verletzt hatte.

Außerdem machte er sehr schöne Fotos.

Das ändert aber nichts daran, daß J.-Y. le Toumelin aufatmete, als er wieder allein war. Er konnte einen alten Traum verwirklichen: Die absolute Einsamkeit, die alleinige Verantwortung, die richtige Ausführung des Notwendigen.

Aber kehren wir zu der jungen Mannschaft nach Marokko zurück.

Die Überfahrt von Fédala nach Las Palmas (Kanarische Inseln) war einfach. Dann folgte das erste harte Stück, die Etappe Las Palmas nach den Antillen.

Während der ersten 17 Tage sind die Verhältnisse abscheulich. Es sieht so aus, als sei das völlige Ausbleiben des Passats im Mai jenes Jahres im Bereich südlich der Kanarischen Inseln ein ganz außergewöhnlicher Umstand gewesen. Vermutlich die Ursache der großen Störungen, die damals den Nordatlantik heimsuchten.

Endlich, am 21., ändert sich das alles. Le Toumelin schreibt: „Ich hatte die Doppelspinnaker gesetzt und brauchte bis Martinique (10 Tage lang) die Pinne nicht mehr in die Hand zu nehmen ... schlafen, faulenzen, schönes Leben!"

Während eines Monats zwischen Himmel und Wasser traf *Kurun* unterwegs kein einziges Schiff. Am 2. Juni kommt die Bucht von Fort de France in Sicht und er macht einen schönen Landfall:

„... ich entschied mich dafür, mehr Tuch zu setzen und hart zu segeln. Ich brachte die 15-qm-Fock hoch und holte die Schoten ordentlich dicht. Nie zuvor habe ich das Boot so hart gepreßt. Das Wasser bis zu den Speigatten ‚marschierte' *Kurun* wie ein Rennpferd und ging hoch an den Wind. Punkt 17 Uhr fiel der Anker, fünfzig Meter vor dem Yachtklub."

Dann kommt die Karibische See. 14 Tage Überfahrt. Dort passierte ein Unfall, der auch übler hätte ausgehen können.

Eine Harpune ist eine Art Dreizack (meistens hat sie mehr als drei Zakken), die zum Speeren von Fischen dient. Die auf der *Kurun* war von ungewöhnlicher Art. Anstatt flach zu verlaufen, wie es üblich ist, waren zwölf Spitzen kreisförmig zueinander geordnet und bildeten quasi einen Zylinder von etwa 25 cm Durchmesser. Dieses mörderische Instrument ist sehr gefährlich in der Handhabung. Jetzt erzählt Farge:

„Wir sahen weiße Körper im Kielwasser. Die zu schwache Leine bricht, als wir einen Fisch an Bord holen wollen. Jacques holte die fürchterliche Harpune. Aber beim Rollen des Schiffes rutschte er auf dem glatten Deck aus und durchbohrte seinen Fuß. Glücklicherweise nur an der Seite mit nur einer Spitze. Ich stürzte mich auf den Verbandskasten. Das Deck war rot von Blut, Jacques streckte sich lang aus, ich glaube, er zuckte nicht einmal mit der Wimper. Nachdem der Verband angelegt war, griff er wieder nach der Harpune und verfolgte die Fische, die sich intensiv mit den über Bord gefallenen, blutgetränkten Wattebäuschchen beschäftigten. Ich lockte sie mit dem glänzenden Deckel einer Konservendose näher an das Boot heran, den ich an ein Ende Segelgarn gebunden hatte. Jacques harpunierte einen und brachte ihn an Deck. Es war ein „Remora", ungefähr 70 Zentimeter lang. Auf dem Kopf hatte er einen Saugnapf, mit dem er sich an den anderen Fischen oder auch an Bootsrümpfen festsaugt. Man sagt, daß manche Eingeborenen einen solchen Fisch in der Nähe von Schildkröten an der Leine ins Wasser werfen, damit er sich an ihnen festsauge. Sie brauchen das Ganze dann bloß wieder einzuholen ... Obwohl von zwei Spitzen getroffen, lebte das Tier noch, und ich hatte Mühe, es von Deck herunterzukommen und es über Bord zu werfen, denn dieser Fisch hat keinen kulinarischen Wert ..."

Die Fahrt durch den Panamakanal bot kein navigatorisches Problem, aber – Reibungen mit den amerikanischen Behörden.

Le Toumelin ändert die Besegelung ein wenig, indem er die Gaffel verkürzt. Dann läuft er wieder aus. Vierzig Tage sind für die 900 Meilen von Balboa nach der Insel San Cristobal, der ersten des Galapagos-Archipels, vorgesehen, denn Alain Gerbault hatte 37 Tage gebraucht. Am 26. September in Balboa ausgelaufen, trifft er am 20. Oktober in San Cristobal ein.

„Eine recht mühsame Überfahrt, die meine ganze Aufmerksamkeit erforderte. Ich traf weniger Kalmen an als erwartet, aber Wind von vorn wurde zur unerschütterlichen Regel ...

Nach Malpelo stümischer Wind aus Südsüdwest bis Südwest. Üble Feuchtigkeit. Häßlich kalte Nächte an Deck. Niedrig hängender Himmel, stürmische Regenböen, Tag um Tag. Beobachtungen unmöglich. Passierte Äquator, ohne es zu merken."

Plötzlich kommt er aus den Roßbreiten heraus, und das Wetter wird schön.

Jacques-Yves schließt seinen Aufenthalt auf Galapagos mit der netten Feststellung ab:

„Man sagt, daß jeder, der die Goyavenbirnen der Insel einmal gegessen hat, eines Tages wieder dorthin zurückkehre. Ich möchte es gern glauben!"

Auf der Reise nach den Marquesas und vor allem bei der Überfahrt nach den Pomotous, auf der Strecke nach Tahiti, wird er immer wieder geplagt:

„Er wird nicht ohne Grund ‚der gefährliche Archipel' genannt. Niedrige Inseln, die man erst im letzten Augenblick ausmacht, ohne Feuer, ohne Landmarken, zuweilen sehr heftige Ströme und Sturmböen, gerade in der Zeit, als ich dort war..."

Die 3000 Seemeilen zwischen Santa Cruz und den Marquesas schafft er in 30 Tagen.

Er meldet: „Schönes Wetter... Ich habe nicht ein einziges Mal reffen müssen, meine Navigation war genau, der Landfall auf Hiva-Hoa hätte den anspruchsvollsten Kapitän eines Passagierdampfers befriedigt."

Auch die Etappe nach Tahiti wird vom Glück begünstigt: „Unvergeßliche Reise. An diesem Tage marschierte *Kurun* mit einem ‚Knochen zwischen den Zähnen' und umlief die Venusspitze in rauschender Fahrt."

„Es gehört schon Mut dazu, Tahiti wieder zu verlassen..." Ist sie immer noch die Insel der Sirenen?

Dort fand er außer der Schönheit, dem milden Klima auch... einen richtigen bretonischen „Rosenkranz" vor: In Nuka-Hiva den Bischof aus Questembert, der Lehrer hieß Le Bronnec, und in Neuguinea den Bretonen Monsignore Sorin, Bretone ist auch Monsignore de Boismenu und so weiter...

Paul Farge mustert ab, jetzt ist J.-Y. allein.

Die Vorstellungen, die er vom Alleinsein hatte, werden Wirklichkeit. Und alles geht bestens. Ohne Aufenthalt legt er 3800 sm von Bora-Bora nach Port Moresby zurück. „Harte, aber schöne Segelei", schreibt er. „Passatwinde mit Stärke 6 im Mittel. Einen Teil der Reise machte ich mit gerefter Besegelung, mit Doppelspinnakern und belegtem Ruder. Aber eines Tages belastete der heftige Wind einen Baumbeschlag zu sehr. Da mußte ich auf die automatische Steuerung verzichten und die normale Hilfsbesegelung mit einer Art Breitfock setzen, die durch Dichtholen der Jakobsleine bauchiger wurde und die ich auf einem Behelfsbaum aus leichtem Bambusrohr fuhr. Die Fahrt nahm noch zu und hielt sich zwischen 6 und 7 km. Aber auf diesem Kurs, bei fast achterlichem Wind, mußte ich dauernd Ruder geben.

Zum Schlafen mußte ich beidrehen. Ebenso, um einen Sturm abzureiten:

Das Boot wurde von einer unwiderstehlichen Kraft buchstäblich angehoben. Ich werde mir sofort über die Situation klar ohne falsche Vorstellungen: Es wird kentern, oder das Kajütendach wird eingedrückt. Ich werde heftig gegen die Bodenbretter gepreßt und mit allerlei Gegenständen bombardiert. Unter anderem von meiner gesamten Bibliothek. Das Schapp zu meiner Kombüse hatte ich zum Lüften offengelassen, es spuckt jetzt Wasser wie ein Hydrant.

So brutal sie auf die Seite gelegt wurde, *das Rigg lag im Wasser*, so abrupt richtet sich *Kurun* wieder auf. Ich bin der Überzeugung, daß sie dank ihres Hauptspantes, der drei Tonnen Ballast und des Metallkiels, der von außen gegengebolzt ist, nicht über Kopf gehen kann.

Betäubt, mit verbeultem und blutverschmiertem Gesicht, bin ich mit einem Satz hoch und mit einem zweiten an Deck: Das Wasser steht bis zur Höhe des Waschbords und läuft langsam durch die Speigatten ab... keine Havarie..."

Das Wetter wird wieder schön, er erreicht Port Moresby.

Von dort bis zu den Kokosinseln sind es 3100 Seemeilen. *Kurun* braucht für diese Distanz 27 Tage. Durch die Bligh-Passage läuft auch er in die Torresstraße ein.

„Das Passieren der Torresstraße war keine Spazierfahrt, sondern hartes Segeln und bedeutete eine heikle Navigation bei stürmischem Passat und starker Stromversetzung. Praktisch habe ich bis zur Yule-Insel in der Arafurasee nicht geschlafen. 84 Stunden ständiger Anspannung! Einer solchen Anstrengung habe ich mich nicht für fähig gehalten. Es gab da ein paar harte Augenblicke..."

Aber die Arafurasee bietet ihm, wie es ihre Art ist, zum Ausgleich herrliches Wetter, das schönste, das man sich vorstellen kann. Der Himmel ist häufig völlig wolkenlos, wunderbare, sternklare, mondhelle Nächte.

Der Aufenthalt auf den Kokosinseln wird durch eine beunruhigende Feststellung getrübt: Termiten haben sich im Mast eingenistet. Teufel, das ist eine üble Sache!

Während seiner ganzen Rückreise verfolgte ihn der Gedanke daran ständig. Und nun...

Und nun haben wir ihn zusammen mit einem Wissenschaftler besucht, der Spezialist auf diesem Gebiet ist[1].

Jacques legte ihm einen seiner ungebetenen Gäste vor. Es war ganz einfach die Larve eines Hausbocks (Hylotrupes bajulus), der ohne Zweifel

---

[1] Budker, natürlich.

bereits vor dem Auslaufen in Croisic im Mast ansässig war, und zwar als Ei, das sich in der tropischen Hitze natürlich entwickelte! Als man J.-Y. das erklärte, rief er: „Jetzt habe ich den Titel für mein Buch: *Die Weltreise eines Hylotrupes bajulus!*"

Nun ja, genau wie Slocums Spinne hat dieses Tierchen die ganze Weltreise mitgemacht!

Über die Strecke Kokosinseln nach Réunion sagt er: „Ausgezeichnete Reise, obwohl ich nicht immer das Beste aus meinem Boot herausgeholt habe, weil ich das Reff länger drin ließ als notwendig. Ein wenig unbequem. Viel Wind und vor allem Seegang. Der Indische Ozean ist alles andere als ein Ententümpel..."

Auf Réunion beschäftigt J.-Y. einen Schiffszimmermann mit dem eigenartigen Vornamen „Doux Jesus", der schon für Marin-Marie an der *Winnibelle* gearbeitet hatte.

Le Toumelin wollte Weihnachten in Durban sein. Glücklicher dran als seine Vorgänger, kam er trotz des sehr schlechten Wetters sogar früher an, nämlich am 4. Dezember.

Jetzt galt es, das Kap der Stürme zu nehmen.

„Die Route zum Kap längs der Küste auf Südkurs mit günstigem Strom war etwa 800 Meilen lang. Die Reise war gut, aber durch Schlafmangel ziemlich anstrengend wegen der beständigen Sorge durch die parallel laufende gefürchtete Küste. Nach dem Nadelkap geriet ich in einen Südsturm, der ebenso saftig wie klassisch war. Unter kleiner Besegelung[1] flog das Boot wie ein Pfeil und ich rundete das eindrucksvolle Kap der Stürme. Der Wind wehte zwischen 10 und 11. Erstaunliches Paradoxon. Nachdem ich zwei Stunden beigedreht lag, um mich auszuruhen, und während des letzten Überprüfens der Karte im Hinblick auf das Einlaufen in Kapstadt blieb der Wind plötzlich weg, während ich kurz vorher noch handfeste Böen einstecken mußte, die ausgereicht hätten, den Mast umzulegen... Die längere Hälfte des Tages schaukelte ich 5 Meilen vor dem Hafen in der Flaute und lief dann mit einer ganz schwachen Brise ein..."

Die Schwierigkeiten der Reise lagen damit hinter dem Achtersteven der *Kurun.*

Und hier – immer wieder die Liebe zu den Tieren auf dem Atlantik. Commandant Le Toumelin, der Vater des Seglers, erzählt:

„Unter seinen Vorräten entdeckte er im Salat einen blinden Passagier. Einen Frosch, den er auf einem Floß repatriieren wollte, versehen mit ei-

---

[1] Wie Bernicot, Wissen zahlt sich aus.

nem Trinkwasservorrat und ein wenig geeigneter Verpflegung! Strom und Wind setzten auf die nahe Küste. Bei näherer Überlegung wurde das Projekt fallengelassen, weil (siehe *Kon-Tiki*) das Anlandkommen zwischen den feindlichen Klippen ein aussichtsloses, wenn nicht verhängnisvolles Unternehmen gewesen wäre.

Der Passagier durfte also bleiben und machte die Kombüse zu seinem Domizil. Jacques taufte ihn ‚Josephine' in Erinnerung an ‚Joseph', eine hübsche Eidechse, die er im Juni 1951 im Pazifik auf der Reede von Bora-Bora an Bord entdeckt hatte. Dieser andere blinde Passagier, der wer weiß wo an Bord gekommen war, wahrscheinlich in irgendeinem der früher angelaufenen Häfen, kam ganz diskret aus seinem Versteck (zwischen den gebündelten Spieren auf den Seitendecks oder unter dem umgedrehten Beiboot auf dem Achterschiff), um dem Alleinsegler während der sonnigen Tage Gesellschaft zu leisten. Jedoch ließen die harten Schläge, die er im Westpazifik hinnehmen mußte, als das Deck oft unter Wasser lag, was auch in der Torresstraße und im Indischen Ozean so oft der Fall war, eigentlich keinen Zweifel an dem traurigen Ende dieses sympathischen Reisegenossen. Und dann eines Tages bei strahlendem Sonnenschein, kurz vor der Ankunft auf den Kokosinseln, also mehrere Monate nach seinem letzten Auftreten, war der Skipper plötzlich hoch überrascht, ‚Joseph' wiederzusehen, und zwar ganz ordnungsgemäß auf dem Seitendeck. Gott allein weiß, wovon er sich inzwischen ernährt hatte und wie es ihm gelungen war, sich an Deck zu halten."

„Der erste fliegende Fisch war eben zu sehen und auch Haie. Einer von ihnen verfing sich am Propeller des kostbaren kleinen Patentlogs, Marke Walker. Dem dritten, das dieses Schicksal erlitt, und leider dem letzten, denn bei den Schiffshändlern in Durban und Kapstadt waren sie nicht aufzutreiben. Das bedeutete, daß ich die zurückgelegte Distanz nicht mehr feststellen konnte, zumindest nicht, während ich schlief, infolgedessen mußte jetzt häufiger eine astronomische Ortsbestimmung vorgenommen werden."

Le Toumelin läuft die Azoren nicht an, nimmt aber mit dem Wetterschiff *Le Brix* Verbindung auf, das mitten im Atlantik auf „Punkt K" auf Station liegt.

Am 7. Juli läuft er in Le Croisic ein. Welch schöne Leistung!

Eine schöne Leistung auch des Konstrukteurs und des Segelmachers. Es ist fast unglaublich, daß *auch die beiden Großsegel* nach Croisic zurückgekehrt sind. Sicher etwas deformiert, aber immer noch gebrauchsfähig. Das ist kein leeres Gerede, wir haben sie selbst gesehen und auf unserem eigenen Buckel zum Segelmacher geschleppt, dem guten Marquer (eine große Ehre, auch wenn sie drückte...), der ein paar geringfügige Reparaturen vornehmen mußte, damit sie mit der *Kuran* nach Le Havre segeln konnten, um dann auf dem Salon Nautique in Paris ausgestellt zu werden. Da war jemand stolz auf seine Arbeit und auf seinen Schüler!

Jacques-Yves le Toumelin hat 1954 eine schöne Einhandreise über den Atlantik gemacht. Hin und zurück, mit derselben *Kurun*.

MURNAN, PETERSEN, JEAN GAU, BARDIAUX, GUZZWEL, MICHEL MERMOD, AUBOIROUX, BILL E. NANCE, FRANK CASPAR, ROGER PLISSON, CHICHESTER, ALEC ROSE, LEE GRAHAM

Einige Wochen nach J.-Y. le Toumelin haben zwei Amerikaner, ein alter und ein junger, ebenfalls eine Weltreise beendet.

Der Alte, W. T. Murnan, Bill genannt, ein kleiner Mann mit grauem Haar, der bei der Heimkehr schon 56 Jahre auf dem Buckel hatte, schien ein beachtlicher Kunstschmied zu sein, denn er baute sein Bot selbst, und zwar aus nichtrostendem Stahl. Ein sicherlich verführerisches Material, aber für den Geldbeutel eines Franzosen viel zu teuer. Das Resultat war, wie amerikanische Experten sagten, ziemlich schwer und recht häßlich, weil der Brennstoff für die zwei „Universal"-Motoren von 25 PS mit an Bord genommen werden mußten. Die Yacht lag nicht mehr in ihrer Konstruktionswasserlinie. Trotzdem war ihr Verhalten im Seegang ausgezeichnet. Diese Marconiyawl von 9,15 m Länge war ein Kielschwerter. *Seven-Seas II* wurde vom *Sea-Bird* inspiriert, aber ihre Aufbauten waren sehr hoch, darunter ein Deckshaus. Murnan sprach von einem „offenem Cockpit" (?).

An Kuriositäten mangelte es nicht: Die Lichter in den Lukendeckeln waren aus stark gewölbtem Plexiglas, in das man den Kopf hineinstecken konnte und so, ausgezeichnet geschützt, einen freien Rundblick hatte. Der Kiel ist hohl und dient als Tank. Achtern enthält er 180 Liter Treibstoff, der an diesem Aufbewahrungsort bei heißem Klima kühl bleibt, und vorn dient er als Kühlwasserreservoir für die Motoren. Beide besitzen ein geschlossenes Wasserkühlsystem und keine Seewasserpumpe, wodurch die Öffnung im Rumpf gespart wurde, und damit war auch die Gefahr des Verstopfens durch Algen oder Salzablagerungen und so weiter nicht gegeben.

Im Deckshaus steht der Radioempfänger, mit dem man das Zeitsignal auf der ganzen Erde empfangen kann. Die Segel sind imprägniert und brauchen keine besondere Pflege. Das Tauwerk besteht aus Nylon, der Treibanker aus einem Autoreifen, der flach oder senkrecht gestellt werden kann (gar nicht dumm). Die Zwillingsspinnaker haben sich ausgezeichnet bewährt, sind aber nicht auf das Ruder geführt, dessen Rad durch eine Trommel gebremst wird. Dieses Rad liegt am Eingang zum Deckshaus, und der Rudergänger kann nach Belieben von drinnen oder draussen steuern.

Seven-Seas II hat mit belegtem Ruder beachtliche Strecken zurückgelegt, die 5100 sm von der Weihnachtsinsel nach Durban zum Beispiel in 53 Tagen. Nicht ohne Humor schreibt Murnan in sein „Arbeitsjournal"[1]:

„Das Arbeitspensum eines Seglers gleicht dem einer Hausfrau. Sie steht auf, füttert ihren Mann ab, schickt ihn ins Büro und verbringt den Tag so angenehm wie möglich bei ihren häuslichen Arbeiten. Ich stehe nach einer guten Nachtruhe auf, schalte mein Topplicht ab, werfe einen Blick auf den Kompass, korrigiere den Kurs und frühstücke. Nach dem Geschirrspülen gehe ich den kleinen Beschäftigungen an Bord nach, nehme gelegentlich das Ruder in die Hand, wenn es nötig erscheint, bereite ich eine Mahlzeit vor, lese ein wenig, schreibe Briefe, schalte die Topplaterne wieder ein und lege mich schlafen (er sagt aber nicht, wann er aufsteht).

Ob das Wetter gut oder schlecht ist, man gewöhnt sich daran und nimmt es, wie es kommt."

Das erinnert an das Seemannssprichwort: Nimm den Wind, wie er kommt, woher er weht, und die Buddel an den Mund, wenn du kein Glas hast.

Mit Hilfe seiner beiden Motoren konnte sich Murnan aus einem heftigen Gewittersturm retten (von mehr als 100 kn, sagte er), nachdem er alle Segel geborgen hatte und gegen den Wind motorte. Eine wenig seemännische Lösung, die aber verdient, festgehalten zu werden. Am 5. März 1947 läuft er von Los Angeles aus, passiert den Panamakanal, die Torresstrasse, das Kap. Bill Murnan war am 21. August 1952 wieder in New York. Er hatte es niemals eilig gehabt und hatte auf zwei längeren Strecken seine Frau mit an Bord. *Seven-Seas* war ein individuelles Fahrgastschiff.

Drei Tage vor ihm, am 18. August 1952, traf Alfred Petersen in New York ein, der auch gerade seine Weltreise beendet hatte. Eine ganz andere Art Weltreise. Aber dieser junge Amerikaner war so bescheiden, dass niemand von ihm Notiz nahm, und man hätte bis heute nichts von ihm gewusst, wenn nicht ein Brief aus Dakar bei einem New Yorker Yachtclub angekommen wäre mit der Frage, wie man wohl diesen Petersen erreichen könne. Es wird sich noch herausstellen, von wem der Brief kam. Man entdeckte Petersen als Bootsmann an Bord einer dicken Yacht! Er hatte sich

---

[1] „Yachting", New York.

einen Monat zuvor verheiratet, ganz ohne Aufsehen, und seine *Stornoway* (nach der Hauptstadt der Hebriden, nordwestlich Großbritanniens, genannt) zum Verkauf angeboten.

Dieses Boot ist ein Kutter, ein „Colin Archer", der von Albert Strange geändert und 1926 in den Vereinigten Staaten gebaut worden war. Er war also 22 Jahre alt, als Alfred Petersen im Juni 1948 New York damit verließ. Fred war nur ein Metallarbeiter, aber ein sparsamer amerikanischer Metallarbeiter kann einen „Colin Acher" bezahlen und eine Weltreise machen. Ein kleiner Motor half ihm dabei.

Petersen erreichte Panama und benutzte auf dem Wege dorthin weitgehend die amerikanischen Binnengewässer. Von Balboa aus brachten ihn seine Doppelspinnaker – diesmal auf das Ruder geführt – nach den Galapagos, den Marquesas, den Toamotus bis in die Torresstraße. Von dort aus nahm er Kurs auf Indonesien und den nördlichen Indischen Ozean. Mit einer ganz einwandfreien Navigation und ohne besondere Ereignisse bis zum Roten Meer. Er, der an weite Seeräume gewöhnt war, paßte auf den engen Wasserstraßen nicht genügend auf und kam an der Küste des Jemen fest. Er wurde ausgeplündert, verhaftet. Völlig mittellos konnte er nicht einmal um Hilfe bitten. Schließlich gelang es ihm, zu entkommen, Port Said zu erreichen, und dort spielte dieser nette Junge Vorsehung: Der Engländer Ed Poett befand sich in einer bösen Klemme, weil er allein mit seiner *Kefaya*, einem norwegischen Lotsenversetzboot, nach Hause fahren mußte. Petersen begleitete ihn Bord an Bord bis Malta, stieg dann sogar zu ihm über und brachte ihn nach Nizza, kehrte von dort mit dem Dampfer zurück, um *Stornoway* zu holen. In Gibraltar fand er Poett in einem Krankenhaus wieder. Als dieser wieder gesund war, nahm er die Pinne in die Hand, und die beiden Kutter segelten gemeinsam nach Dakar. Dadurch ging sehr viel Zeit verloren und die Jahreszeit war schon ziemlich vorangeschritten. Petersen wußte genau, daß er riskierte, an der amerikanischen Küste in die Zyklone zu geraten, wenn er noch lange warten würde. Er sprach nicht groß darüber, sondern versuchte sein Glück und segelte los. Aus Bescheidenheit oder vielleicht aus falschem Schamgefühl gab er dem dankbar Zurückbleibenden nicht einmal seine Adresse, der sich nun seinerseits in Dakar in starkem Maße beunruhigte und endlich an die Yachtclubs von New York schrieb. Poett sagte: „Die Wanderer auf dem Meer sind alle Brüder. Aber dieser hier ist ein geborener Gentleman und ein verdammt guter Segler. Die guten Segler sind im allgemeinen feine Kerle, finden Sie nicht auch?"

Der Franzose Jean Gau, in Serignan (Hérault) am 17. Februar 1902 geboren, heiratete 1926 in Valras (einem kleinen Hafen an der Orbmündung), wanderte 1928 nach den Vereinigten Staaten aus, arbeitete als Koch in einem großen Hotel und ließ sich als Amerikaner einbürgern. So war es also das Sternenbanner, das am Heck der *Onda II* und später auf der *Atom* flatterte. Gau blieb aber immer mit Herz und Gefühl ein Franzose.

Auf die See war er eigentlich durch nichts vorbereitet. Mechanikerlehrling in einer Garage, Mädchen für alles bei einem Radiosender, algerischer Scharfschütze, Koch in einem Palasthotel ... Man muß glauben, daß die Leidenschaft für die See schon immer vorhanden war, denn schon als Kind versuchte er seine Malkünste fast ausschließlich an Seemotiven. Und kaum drei Jahre nach seiner Ankunft in New York, 1931, kaufte er von einem englischen Milliardär einen herrlichen Schoner von 12 m Länge, die *Onda II*.

Vier Jahre muß er noch warten, ehe er sie richtig nutzen konnte, um eine entzückende Betty nach Neuschottland zu führen. Das ist eine sehr schöne Geschichte, aber eine von denen, die man besser für sich behält.

Zwei weitere Jahre vergingen, und Jean Gau legte am 7. Juli 1937 ab, allein, um über den Atlantik zu segeln und sein Geburtsland zu besuchen. Allein an Bord eines Schoners von 12 m Länge, der noch schwerer war als *Fire-Crest*.

Bis zu den Azoren ging alles gut. Er erreichte sie 55 Tage nach seiner Ausreise. Am 2. September wieder ausgelaufen, hatte er am 30. Gibraltar in Sicht. Dann kam aber schlechtes Wetter auf und zwang ihn, beizudrehen. Er wurde auf eine Sandbank vor Cadiz geworfen. *Onda II* ... Totalverlust.

Jean Gau kassierte die Versicherungssumme, kehrte in das Palasthotel zurück, nahm den Suppenlöffel in die Hand und legte Dollar auf Dollar. Und zehn Jahre später, im Sommer 1947, konnte er wieder auf See gehen. Allein an Bord seiner *Atom*, einer wunderbaren Ketsch von 11 m Länge, mit Norwegerheck. Wieder passierte er die Azoren und erreichte Valras ohne Schwierigkeiten. 1949 ging er auf die Rückreise über Madeira. Von Funchal lief er in 55 Tagen nach Montauk (Nordwestspitze von Long Island). Das ist eine ganz bemerkenswerte Leistung, denn er lief nicht nach Süden hinunter, um den Passat auszunutzen, sondern blieb im Bereich der wechselnden Winde, der Flauten und Sturmböen.

Jean Gau ist also ein ausgezeichneter Segler. Er ist auch ein Weiser, denn nach jeder Reise kehrte er an den Herd des Hotels Taft zurück (mit dem Flugzeug, wenn er das Boot zu weit zurücklassen mußte). Und auch deshalb, weil er mit Rücksicht auf sein zunehmendes Alter *Atom* mit einem guten 20-PS-Motor ausrüstete. Er hatte ja bewiesen, daß er mit einem Boot ohne Motor auch fertig werden konnte.

Vito Dumas 1931 mit Freunden auf seiner ersten »Legh«

Die »Islander« von Harry Pidgeon 1921

Teilnehmer an der Transatlantik-Regatta 1964 V. Howells, H. G. Hasler, F. Chichester, D. Lewis

1953 begann er eine Weltreise. Er passierte die Bermudas, Puerto Rico, Panama und erreichte Tahiti, wo er neun Monate blieb. Dann Neuguinea, den Indischen Ozean; im November 1955 traf er in Durban ein nach einer Überfahrt von den Weihnachtsinseln in 87 Tagen. Ascension, Azoren, Gibraltar, dann Valras-Plage im Oktober 1956, womit er im Alter von mehr als fünfzig Jahren eine einwandfreie Weltumsegelung vollbracht hatte. Damit machte er aber noch lange nicht Schluß. Valras erlebte sein Auslaufen am 26. Mai 1963, Tahiti verließ er am 29. September 1964 und segelte dann über Auckland, Neu-Guinea, Port Morsby nach Durban. Aber am Kap der Guten Hoffnung kenterte das Boot, verlor die Masten, und er schaffte mit Hilfe seines Motors gerade noch Mossel-Bay in Südafrika. Am 13. Oktober 1966 lief er wieder aus. Mit Mühe gelang es, das Nadel-Kap zu runden, aber auf den Zwischenhafen Kapstadt mußte er verzichten. Daraufhin stiegen Suchflugzeuge auf, doch Gau schipperte ganz friedlich weit draußen auf See. Bald ging sein Großsegel in Fetzen, das er nur durch ein kleines Trysegel ersetzen konnte. So kam es, daß er erst am 14. Februar in recht abgerissenem Zustand Puerto Rico erreichte. Die amerikanische Marine schleppte ihn ein (natürlich mit viel zu viel Fahrt). Für diese Strecke benötigte Gau 123 Tage, eine der längsten, die von einem Einhandsegler zurückgelegt wurde (abgesehen von der Nonstop-Weltumsegelung). Dann ging es weiter nach New York. In dichtem Nebel kam er am 10. Juni 1967 an. Bei dem irrsinnigen Hafenverkehr war dieses Stück der gefährlichste Teil der Reise. Bald darauf ließ Jean Gau seine Kochtöpfe zurück und startete zu einer neuen Reise in den Pazifik.

Wir müssen ergänzen, daß Jean Gau in Amerika, wenn er auch drei Sprachen beherrscht, oft seine Muttersprache spricht, den Dialekt des Langue d'Oc, und daß er eine echt südfranzösische Küche führt. Das einzig Unangenehme bei der Weltreise war für ihn der Gedanke, Konserven essen zu müssen.

Sympathisch, dieser Zug!

Marcel Bardiaux, ehemaliger Kanufahrer, baute sein Boot *Les Quatre Vents*[1] („Die vier Winde") an dem extrem süßen Wasser der Marne. Aber auch Lachse werden im Flußwasser geboren.

Mit diesem kleinen Boot hat er sich, vom Atlantik kommend, aufgemacht, Kap Hoorn zu umsegeln. Nur zwei Menschen haben allein dort unten in derselben Reiserichtung gesegelt: Vielleicht Crenston im Jahre 1849 und Hansen 1934, der aber später verlorenging. In der Gegenrich-

---

[1] Eine hübsche kleine Marconislup, 9,38 m lang, 2,70 m breit, Tiefgang 1,45 m, mit kleinem 5- bis 7-PS-Motor, Benzintank für 210 Liter, Baumfock und Klüver mit kurzem Klüverbaum.

tung gelang es nur Vito Dumas einhand und zwei Männern mit der *Pandora*.

In der Le-Maire-Straße, zwischen Feuerland und Staaten Island, bezog er „eine gewaltige Tracht Prügel", wie er sagt. Das ist nicht erstaunlich, diese Gegend hat einen sehr schlechten Ruf! Und das ist ein Stück außerordentlicher Kühnheit für einen Mann, allein auf einem so kleinen Boot, der von berufswegen nichts mit der See zu tun hatte, der kein alter Hase war.

Die Schilderung der „Tracht Prügel" ist sehr eindrucksvoll. Sie wurde in „Le Yacht" veröffentlicht:

„Da geschah etwas, was ich nicht für möglich gehalten hätte, obwohl es Commandant Bernicot auf seiner *Anahita*[1], kurz bevor er die Magellanstraße erreichte, auch passiert war. *Les Quatre Vents* lief aus dem Ruder, wurde dwars von einem gigantischen Brecher gepackt und völlig umgedreht. Das wäre noch nicht einmal so katastrophal gewesen, wenn sich nicht mein großer Anker aus seiner Haltung losgerissen und dabei die Vorratskiste, den Tisch und dazu einige Flaschen zertrümmert hätte. Dies geschah genau in dem Augenblick, als ich unter Deck ging, um den Treibanker zu holen, denn ich konnte meine 6-qm-Fock nicht mehr länger stehenlassen.

Der Lukendeckel war also gerade offen, und während dieser für die Segelei nicht vorgesehenen ‚Eskimotage' drangen einige Hektoliter Seewasser ein, die meiner Kajüte den Rest gaben. Ich wollte den Motor anlassen, weil er zwei Lenzpumpen betrieb, aber nach einer solchen Dusche verweigerte er hartnäckig den Dienst, und ich mußte mehrere Stunden von Hand lenzen, während das Boot beigedreht lag. Diese Wassermasse im Schiff, die im Rumpf dauernd von vorn nach achtern lief, steigerte die unkoordinierten Bewegungen des Bootes, und sein Steven zeigte verzweifelt in einen tintenschwarzen Himmel oder tauchte in tiefe Abgründe. Zeitweilig war es der Mast, der waagerecht lag, und nicht der Rumpf."

Bardiaux verfolgte seinen Kurs nach der Hoorninsel, die er im Nebel liegen sah. Er umsegelte sie mit sechs Kreuzschlägen am 12. Mai 1952, lief in die San-Franzisko-Bucht ein, erreichte die Bucht von Nassau, ging dort vor Anker. Dann lief er zwischen der großen Insel Navarin und der kleinen Lennox durch und kam nach Ushuaia, der südlichsten Stadt der Welt, um dort Reparaturen vorzunehmen.

„Dort", erzählte uns Herr Argod, der ihn auf Tahiti getroffen hatte, „glaubte er sein Schiff im Wasser sicherer als auf dem Trockenen. Die Sturmböen waren sehr hart und die Stützen nicht stark genug. Als er eines

---

[1] ... und einigen anderen auch, wie es sich zeigte.

Tages um drei Uhr nachmittags zu seinem Boot ging, es war dunkel und er war allein, fand er *Quatre Vents* auf den Steinen. Alle drei Anker waren über Grund gegangen. Er mußte in das eisige Wasser gehen, den Anker auf die Schulter nehmen, ihn mitsamt der Kette schleppen, mehrere Male an der Wasseroberfläche Luft schnappen und dann an der Ankerwinsch dichtholen. Einige Spanten waren gebrochen. Er mußte eine etwas mildere Temperatur abwarten, um die Reparaturen gründlich ausführen zu können."

Bardiaux läuft wieder aus. Eineinhalb Monate hat er hart zu kämpfen, erreicht Cook-Bay und findet wieder einen gigantischen Seegang vor. In den Wellentälern abgedeckt, auf den Wellenkämmen fast flachliegend. Der Cookburn-Kanal und die Magellanstraße sind kaum gastfreundlicher. Nachts muß er dicht unter die Steilküste heran und läßt die Ankerkette 60 m heraushängen. Er muß sich in seiner Koje festzurren, um nicht herauszufallen. Am nächsten Morgen sind 100 bis 120 Meter Kette wieder einzuholen! Der Kampf geht weiter. Kreuzen! Die Inseln sind auf der Karte nicht genau verzeichnet, die Formen ungenau angegeben. Er muß kochen, aber die Luftfeuchtigkeit schlägt sich an den Wänden nieder und läuft dort in Bächen herab. Die Kleidungsstücke sind klamm. In seiner rechten Seite stellt sich ein Schmerz ein. Durch Grimassenschneiden muß er sich vergewissern, daß sein Gesicht nicht erfriert. Auch sein Bein scheint etwas abbekommen zu haben. Er läuft durch die Patagonischen Kanäle weiter. Endlich Puerto Mont in der Nähe von Chiloe. Die Ankerplätze sind furchtbar, auch in Valvidia oder Valparaiso, wo er im September ankommt. Bardiaux hat große Mühe, sein Boot in Valparaiso zu reparieren. Im April 1953 kann es weitergehen. Die Überfahrt nach Papeete, ohne Zwischenstation in 43 Tagen, ist beachtlich.

Nachdem er Neuseeland passiert hatte, läuft er Neukaledonien an. Folgendes schreibt er in „Le Yacht" darüber:

Ich habe gerade eine böse Sache hinter mir, aber nur rein materiell gesehen, denn ich selbst kam mit einigen leichten Verletzungen davon. Ich glaubte, das schlechte Wetter mit Neuseeland hinter mir gelassen zu haben, aber es war hartnäckig und verfolgte mich weiter. In neun Tagen strapaziöser Segelei hatte ich insgesamt nur sieben Stunden Schlaf.

Eine Beobachtung war in den letzten fünf Tagen völlig unmöglich. Während der Nacht wurde ich auf das große Riff südlich von Kaledonien gesetzt, das sich auf 45 Meilen jenseits des Leuchtturms Amadeus erstreckt, der 95 Meilen von Noumea entfernt steht. Es ist schlimm, daß nicht eine einzige Tonne ausgelegt war, denn in der groben See, die ich antraf, sah man die Brecher nicht, weil sie sich von dem langen Seegang kaum unterschieden. Hinzu kommt, daß keine Schiffahrtslinie im Süden verläuft, nur die Routen von Australien nach Westen und von Tahiti nach Osten werden häufiger befahren.

Ich bin mehr als zwanzigmal in den Mast gestiegen, trotz des heftigen Schlingerns, ohne daß ich in der furiosen See etwas hätte sehen können.

Eine Sekunde lang war ich mir klar darüber, daß meine Situation verzweifelt war, denn es war noch nie vorgekommen, daß ein Boot auf ein Riff gesetzt wurde und heil wieder heruntergekommen wäre. Für mich und mein Boot gab es nur die eine Rettung, die erste kleine Insel anzulaufen, 15 Meilen von dieser Stelle entfernt, die ich übrigens nachts niemals gefunden hätte. Sie taucht nämlich kaum zwei Meter aus dem Wasser heraus.

Außerdem scheint diese Gegend von Haien zu wimmeln. Ich frage mich immer noch, woher ich die Energie genommen habe, mit der Ankerwinsch zu kämpfen, dann mit der Pütz, mit der Pumpe, nachdem ich ohnehin schon reichlich erschöpft war, als es passierte.

Dieser Kampf dauerte sicher länger als zwei Stunden, denn es war schon 22 Uhr, als ich den ersten Stoß verspürte. Um Mitternacht war ich auf der anderen Seite des Riffs wieder flott. Flott ist eigentlich leicht übertrieben, denn nur das Kajütendach war noch über Wasser, und ohne meine dichten Luftkästen wäre die Sache für mich und Les Quatre Vents zu Ende gewesen. Den Rest der Nacht verbrachte ich mit pausenlosem Lenzen. Und ich konnte es kaum fassen, als ich sah, daß sich die Bilge langsam leerte. Das Boot machte Wasser, sicher, und es kam darauf an, schneller zu lenzen, als das Wasser wieder eindrang, und mich dann am Tage auf der ersten Insel, die ich antreffen würde, trockenfallen zu lassen.

Nach meiner Gissung meinte ich, auf dem Längengrad des Riffs zu liegen, war aber noch mindestens 20 sm davon entfernt, wenn nicht mehr. Ich mußte durch starken Strom versetzt worden sein, auf den die Seehandbücher hinweisen. Der Wind blies dauernd aus West, Nordwest oder Südwest, obwohl er in jener Jahreszeit in diesen Breiten aus Südost kommen müßte. Ich hatte diesem Umstand zwar Rechnung getragen, aber nicht genügend.

In wenigen Sekunden von den Brechern gepackt, war jedes Manöver vergeblich. Les Quatre Vents wurde auf die Seite gedrückt und konnte sich nicht mehr aufrichten. Der Kiel saß auf den Korallen. Ich wurde weit hinausgeschleudert. Der Lukendeckel wurde herausgerissen, das Spritzpersenning und meine beiden Segel gingen in Stücke. Dann bekam ich einen Begriff von dem Strom, als ich versuchte, mein Boot wieder zu erreichen, dessen Stöhnen ich bei jedem Ansturm der Wassermassen hörte, die es eher zerschmetterten als vorwärtsschoben.

Das neue Großsegel konnte ich bergen, die Luke wieder schließen. Einen Anker machte ich klar, den ich trotz der Wellenberge bis zur Innenkante des Riffs schleppte, also etwa 30 Meter. Mit blutenden Händen und Füßen – und bei dem Seegang!

Nach fünfzehnstündigem Segeln in diesem unbeschreiblichen Korallenlabyrinth, in das sich offenbar noch nie ein Boot, selbst nicht mit den detailliertesten Karten, hineingewagt hatte, während ich damals nur eine Karte von dem ganzen Inselbereich besaß, erreichte ich endlich den Hafen von Noumea am Abend des folgenden Tages. Ich war um zehn Jahre älter geworden und brauchte gute vierzehn Tage, um wieder auf die Beine zu kommen.

Das Boot war fast ein Wrack, und ich würde mehrere Monate daran zu arbeiten haben. Der Mast hatte einen Riß, die Salings waren herausgerissen, und der Kiel glich einem Akkordeon. Was mir noch geblieben war, befand sich in einem bejammernswerten Zustand.

Aber der Lotse von Noumea und die Hafenbehörden meinten, daß es ein Wunder sei, das Boot allein durch dieses Riffgewirr gebracht zu haben bei den Meeresströmungen und dem dauernden Lenzen ...

Les Quatre Vents wurde trotzdem repariert. Bardiaux setzte seine Reise nach Durban fort, wo sich eine erstaunliche Zahl von Einhandseglern zusammenfand.

St. Helena, Pernambuco, dann 1957 die Karibische See. Nach einem leichten Knochenbruch erreichte er im Mai 1957 Pointe à Pitre, am 24. August New York und kehrte nach Frankreich zurück. Ein neues Boot wurde gebaut, aber er segelte nicht mehr allein, sondern heiratete, wie Moitessier, eine Seglerin.

John Guzzwell, der bislang jüngste aller Weltumsegler auf einsamen Kursen (später kommt noch Lee Graham mit 17 Jahren), tritt mit einem Knalleffekt auf die Bühne: bevor seine Weltreise überhaupt begonnen hatte und vor allem, als er sich gar nicht an Bord seines Bootes befand, kam er in außergewöhnliche Situationen. Die erste: Während seiner ideal gelungenen Weltumsegelung hatte er nur ein einziges Mal schweres Wetter erlebt, nämlich während der ersten Woche. Er mußte nach San Franzisko zurücklaufen und erneut starten. Die zweite: Er wollte ein Jahr opfern (daraus wurden zwei), um seinen Freunden, dem Ehepaar Smeeton, bei der Reise durch die „Roaring Forties" zu helfen. Die „Tzu-Hang" kenterte über Kopf und verlor die Masten, wie wir bereits geschildert haben. Mit Mühe und nur mittels der Talente des Tischlers Guzzwell erreichten sie die Küste des südamerikanischen Kontinents. Seine eigene Weltreise dagegen, durch die Torres-Straße und via Panama, verläuft „wie auf einem Sofa".

John hatte sich gut darauf vorbereitet. Geboren 1930 auf der Insel Jersey, Sohn eines Schiffbauingenieurs, wurde er im glücklichen Alter von drei Jahren von Vater, Mutter und einem Mitsegler von Jersey nach Kapstadt gesegelt, der Heimat seiner Mutter. Er wurde Tischler, das heißt ein vorzüglicher Bootsbauer. Es folgten Jahre in England. Dann sagte er sich, daß der Westen Kanadas der geeignetste Platz wäre, um ein Boot zu bauen. Dort entstand unter seinen Händen die ausgezeichnete „*Trekka*". Als Yawl geriggt maß sie 6,25 m über alles. Das kleinste Boot, das je eine Weltumsegelung geschafft hat. Mit 25 Jahren wurde er der jüngste Weltumsegler seiner Zeit.

An Weltumsegelungen, die weder Geschichten noch Geschichte machten, haben wir uns bereits gewöhnt. Dennoch sind sie nicht weniger bewundernswert.

Von Guzzwells Reise wäre noch folgendes zu erzählen: Kurz nach dem Auslaufen, bereits draußen, weit vor der Küste, fragte ihn ein Fischer: „Gott verdammich, wo wolln se denn mit diesem Nachttopf hin?"

„Nach Honolulu", antwortete er. Das trug ihm den klassischen Kommentar ein: „Crazy!"

Er bevorzugte Amwindkurse, weil sich sein Boot so am besten selbst steuerte. Das ist klassische Seemannschaft!

Die größte Gefahr der ganzen Reise war der Bug eines Dampfers auf Kollissionskurs, dem er nur wie durch ein Wunder ausweichen konnte. Wir wissen, daß auf Handelsschiffen heute nur höchst mangelhaft Ausguck gehalten wird. Bei schwerem Wetter sicherte er sich mit der Lifeleine und rettete dadurch sein Leben. Der „Nachttopf" segelte in einer Woche sensationelle 1101 sm, wenn auch der Strom ein wenig mitgeschoben hat.

Crazy?

Nein, saubere Arbeit!

Der erste „Engländer" mit einer gelungenen Einhand-Weltumsegelung.

Wenn von Schweizer Seeleuten gesprochen wird, lächeln viele mitleidig. Was der junge Michel Mermod aus dem Kanton Vaud vollbracht hat, ist eine durchaus gut geratene Weltreise. Vorher war er Forscher in Feuerland und im Amazonasgebiet gewesen. Fünf Jahre dauerte seine Reise mit der 7,80 m-Slup „*Genève*". Am 4. November warf er in Callao die Leinen los, Kurs Galapagos und folgte dem klassischen Kurs nach Neu-Kaledonien. Anstatt von dort durch die Torres-Straße zu gehen, hielt er nach Norden auf die Karolinen, Manila, überquerte das Chinesische Meer, passierte die Malacca-Straße und erreichte Ceylon. Von dort klüste er weiter mit dem Monsun nach den Chagos, den Seychellen, dann folgte Madagaskar. Das war ein recht origineller Kurs, den nur er allein abgesteckt hat. Von Südafrika segelte er nach St. Helena und Natal. Über die Azoren gelangte er nach Lissabon, dann ins Mittelmeer. Auf dieser Strecke begleitete ihn ein Fotograf. Abgesehen von einem Zwischenfall auf den Galapagos, wo man ihn als peruanischen Spion festsetzte, ist nur von der Kenterung im Golf von Lion, zwischen den Balearen und Port-Cros, zu berichten. Das passierte also auf einem Törn, der als Kaffeefahrt beliebt geworden ist – und ihn drei Wochen kostete. In Hyères traf er am 7. Dezember 1966 ein.

Sehr erdverbunden schien der sympathische Pierre Auboiroux zu sein. Er war Taxichauffeur. In Nantes hatte er sich eine sehr hübsche 8,50 m-Slup in reinen, klassischen Formen bauen lassen, die mit Selbststeuerung ausgerüstet war (s. letztes Kapitel). Er nannte sie *„Néo-Vent"*. Am 22. September 1964 legte er in La Trinité-sur-Mer ab und nahm Kurs West. Auch er kam 23 Monate später, am 29. August 1966, wieder in Hyères an.

Die kürzeste Route hatte er gewählt, die durch die Tropen. Über Panama und durch das Rote Meer. Seine Häfen waren Madeira, die Kanarischen Inseln, Martinique, Panama, die Marquesas, Tahiti, Tonga, Neu-Kaledonien, Neu-Guinea, die Torres-Straße, wo wir schon Bernicot, Le Toumelin und Gerbault gesehen haben. Thursday-Island, Christmas, Cocos-Keeling. Bis dahin also die klassische unter den modernen Routen. Aber dann drehte er ab nach Indien: Colombo, Djibouti, Suez, Genua (merkwürdiger Umweg) und Saint-Tropez. Acht Tage lag er in Nouméa im Krankenhaus. Auf dem Indischen Ozean hatte er große Schwierigkeiten mit einer leckgesprungenen Planke (schlecht kalfatert gewesen, nicht mehr dicht zu bekommen) und ... Kakerlaken in jeder Menge. Oft hatte er erwogen, auf sein Rettungsfloß überzusteigen, jedoch seine Ausdauer an der Lenzpumpe in Verbindung mit der glänzenden Idee, durch Umstauen die undichte Planke aus dem Wasser zu bekommen, brachten schließlich den gewünschten Erfolg und er schaffte es bis Columbo ohne fremde Hilfe. Bravo, mein Junge! Sein Buch liest man mit größerem Vergnügen als man von ihm spricht.

Was sich von Chichester nicht behaupten läßt, der (mit seinem französischen Kokurrenten Tabarly, s. Kapitel 7) als das große As der Alleinsegler die nahezu unbegrenzte Unterstützung von Presse und Radio auf seiner Seite hatte. Vielleicht sogar zuviel Unterstützung, denn man hatte ihn dazu gebracht, eine Yacht zu segeln, die ihm ganz und gar nicht behagte. Andererseits sind Unterstützung und Ruhm völlig gerechtfertigt, denn was er in den Jahren 1966/67 geleistet hat, war ganz außergewöhnlich. Seine Reise ist die modernste im Stile Vito Dumas, der erst durch die Nonstop-Weltumsegler übertroffen wurde. Gleichzeitig ist sie die traditionsbewußteste, denn es ging darum, die schnellsten Segler der Welt (mit großer Besatzung) aller Jahrhunderte auszusegeln. Die berühmten „Wollklipper" des vergangenen Jahrhunderts auf ihrem ureigensten Kurs, der eine Weltumsegelung bedeutet, mit nur einem Hafen in Australien. Und das mit 65 Jahren!

Francis Chichester, Verleger von Landkarten, aus London, seit 1931 Einhandpilot von Wasserflugzeugen, ausgesprochener Spezialist in astronomischer Navigation, seit 12 Jahren Hochsee-Regattasegler, hatte schon die Einhand-Transatlantikwettfahrt 1960 gewonnen und kam 1964 als Zweiter ans Ziel (Kapitel 7). Er ist der Vertreter des klassischen Segelns (wenn er auch eine Windfahnen-Selbststeueranlage fährt), der Apostel der großen und schweren Yachten. Zu groß und zu schwer für ihn, das ist hier eindeutig der Fall. Zumal für seine 65 Jahre. Wenn „Firecrest" für Gerbault schon viel zu schwer war, was soll man dann zu „Gipsy Moth" mit ihren 16,50 m L. ü. a. sagen? Es trifft zu, daß eine Marconiketsch sehr leicht zu segeln ist (s. Vito Dumas). Die Segelfläche wird durch stärkere Unterteilung handlicher. Chichester hatte jedoch nicht weniger als 127 m² zu bewältigen. Darunter eine große Genua und ein Besanstagsegel. Mit der mittleren Genua kam er immer noch auf 104 m², ohne diese blieben 87 m². Das ist noch mehr als das Doppelte jener 42 m² der „Legh II" von Dumas. Der Rumpf war mit 12 Tonnen sehr viel schwerer. Dieser Vergleich drängt sich zwangsläufig auf. Der Engländer wollte ja einen ähnlichen „unmöglichen" Kursus segeln.

Chichesters Kurs folgte den „Handelswinden". Für die Wollklipper, diese herrlichen Dreimaster mit schnittigen Rümpfen (der berühmteste die „Cutty Sark" mit 3000 m² Tuch und 45 Mann Besatzung) ging es darum, so schnell wie möglich von Plymouth nach Sydney zu kommen, dort Wolle zu laden und wiederum so schnell wie möglich nach England zurückzukehren. Es galt, den Konkurrenten zuvorzukommen. Für diese Rahsegler, die zwar höher als ihre Vorläufer an den Wind gingen, aber immer noch nicht so hoch wie marconigetakelte Schiffe, bedeutete der gerade Dampferkurs keineswegs die kürzeste Route. Sie mußten mit variablen, vorwiegend westlichen Winden Süd machen, dann mit dem Nordost-Passat die Kapverdischen Inseln gewinnen, die Roßbreiten passieren, dem Südost-Passat bis fast an die brasilianische Küste folgen (so hatte Cabral im Jahre 1500 dieses Land entdeckt), dann die westlichen Winde wiederfinden und den Kurs von Vito Dumas nehmen: das Kap der Guten Hoffnung passieren (ohne zwischen die Eisberge zu geraten). Mit den „Brüllenden Vierzigern" nach Tasmanien laufen, um dann nach Norden auf Sydney abzudrehen. Insgesamt 14 100 sm oder 26 100 km.

Die Klipper schafften das manchmal in 100 Tagen, oft aber waren es 127 und mehr.

Chichester traf am 12. Dezember 1966 in Sydney ein, nach 107 Tagen. Das Rennen gegen die Uhr hatte er nicht gewonnen und zeigte sich darüber enttäuscht. Er glaubte, einen Fehler gemacht zu haben, weil er zu knapp zwischen Tasmanien und dem Kontinent hindurchgelaufen war. Vor allem aber erklärte er, daß dieses Boot für sein Vorhaben völlig ungeeignet gewesen sei. Es war zu schwer, hielt unzureichend Kurs und war nicht ausgereift. „Um damit zu segeln, muß man drei Wesen in einem Körper vereinigen: einen Navigator, am Ruder einen Dickhäuter und für gewisse Manöver im Rigg einen Schimpansen mit Armen von 2,50 m Länge".

Weitere Fehler wirft er sich vor: In den Passatwinden ging er zu hoch ran, so daß er bei jeder größeren Welle Fahrt verlor. Die kürzere Strecke brachte nicht den Ausgleich. Ausgerechnet die Nautischen Tafeln hatte er vergessen (die sein besonderes Anliegen waren). Nun mußte er seine Positionen schriftlich ausrechnen, was geistige Abspannung zur Folge hatte. Es ist beeindruckend, wenn man bei diesem brillanten Seeman liest, wie er in aller Bescheidenheit (die Linie von Slocum) schreibt: es wurde mir klar, daß ich die See noch nicht genügend kannte. Sie spielt einem manchmal ganz üble Streiche.

Und er hat auch noch Pech. Vor der Ausreise zog er sich eine Verletzung am Bein zu, so daß er im Sitzen arbeiten mußte (welche Energie in diesem Alter). An Zahnschmerzen litt er. Die automatische Selbststeuerung funktionierte nach einer Bö nicht mehr und er verlor dadurch mehrere Tage, bis er schließlich zu dem sehr wirksamen System der „Steuerfock" zurückfand, in der Art, wie sie Le Toumelin verwendete. Sehr häufig war es unmöglich, Sterne zu schießen. Darüber hinaus darf nicht vergessen werden, daß er schweres Wetter abzureiten hatte. Seine Reise verlief ohne ernsten Zwischenfall. Im ganzen war er also nicht mit dem Erreichten zufrieden, und das war – abgesehen von Gilboy – immerhin der längste geplante Einhandtörn. Diesen Rekord überbot er selbst einige Monate später. Dazu den Rekord Alec Roses, sowie der Segler der Nonstop-Einhandweltumsegelungs-Regatta. Dieser Rekord sprach gegen die Methode Dumas.

Ein 47-tägiger Aufenthalt in Sydney brachte Erholung (trotz der strapaziösen Zahl von Empfängen) und die Gelegenheit, seine Yacht aufzuslippen. Chichester – pardon, Sir Francis, die Königin hatte ihn nach seiner Rückkehr mit dem Schwert des anderen großen Francis, Sir Francis Drake, zum Ritter geschlagen – ging am 29. Januar wieder in See.

Denn er mußte ja „Wolle fahren". In einer flachen Kiste züchtete er Brunnenkresse, die bereits nach drei Wochen einen wertvollen Beitrag gegen Skorbut leistete. Jetzt setzte er Segel für England. Die Umsegelung des Globus sollte vollendet werden. 28 500 Seemeilen! 14 500 sm lagen also noch vor ihm. Er wollte die „Handelswinde" nutzen, die ihn um Kap Hoorn führen sollten.

Bisher hat dies noch kein Alleinsegeler so direkt getan. 1910 war die Yacht *„Pandora"* mit zwei Männern diesen Kurs gelaufen und verloren gegangen. Vito Dumas hat Hafentage in Auckland auf Neuseeland eingelegt, hielt anschließend weiter nördlich und machte in Valparaiso fest. Dann segelte er um Kap Hoorn außenherum und zurück nach Argentinien. Das Ehepaar Moitessier kam von Tahiti. Was der *„Tzu-Hang"* passiert ist, haben wir gesehen. Chichester ließ Neuseeland liegen, ganz im Gegensatz zu den Klippern, und fand dafür in der Tasmansee ausgesprochen abscheuliches Wetter vor. Er kenterte, kam aber wieder auf ebenen Kiel und hielt dann direkt auf Kap Hoorn – ständig innerhalb der „Brüllenden Vierziger". In aufgewühlter See rundete er das Kap am 22. März. Unangenehmer war im jedoch, daß seine Einsamkeit durch ein Flugzeug gestört wurde und sein Sender ausgefallen war. Ohne Land zu berühren lief er in den Atlantik und erreichte nach 119 Tagen Plymouth. Die Zeit der Klipper, die gelegentlich unter 100 Tagen lag, hatte er damit nicht eingehalten, aber es war trotzdem eine ganz großartige Leistung.

Weder am gefürchteten Kap Hoorn noch in den Wellengebirgen, die westlich davon liegen, kam Chichester in die größte Gefahr. Es war viel später, und nicht durch die See, sondern infolge seines eigenen Fehlers, wie er in aller Bescheidenheit gestand.

Das übelbeleumdete Kap hatte er gerade 50 sm achteraus, als er sich etwas ausruhen wollte. Er legte sich auf die Koje und schlief sofort ein, ohne zuvor die Kurskontrolle eingeschaltet zu haben, die ihm anzeigen sollte, wenn seine Yacht vom eingestellten Kurs abwich. So kam es, daß er mindestens 20 sm nach SW lief, auf die Eisberge zu, die in jenem südlichen Sommer besonders gefährlich waren.

Als die Falkland-Insel querab lagen, war der Rest „nur noch eine Routinesache" im vertrauten Atlantik – und er genoß den Triumph, es geschafft zu haben.

Alec Rose war fast gleichaltrig, 60 Jahre, ein Lebensmittelhändler aus England, der die gleiche Weltreise gemacht hat. Ohne gewollte Publizität. Davor graute ihm. Er lief am 7. August mit seiner 9 m-Slup „*Lively Lady*" von Portsmouth aus und gleich darauf kam das Pech über ihn: Bruch der Selbststeueranlage (er war nicht der Erste oder Letzte, dem das passierte), Ramming mit einem Frachter, Havarie im Mast und schließlich fiel seine Yacht auch noch auf der Slipbahn um. Kurzum, „*Lively Lady*" konnte erst am 16. Juli des folgenden Jahres endgültig auslaufen.

Südlich von Madeira erlebte er ein Abenteuer besonderer Art: Ohne daß er es bemerkte, setzte sich sein automatischer SOS-Sender in Betrieb! Flugzeuge machten sich auf die Suche, der ganze, in solchen Fällen übliche Rummel spielte sich ab. Man fand ihn ... baß erstaunt. An Bord war alles in schönster Ordnung.

Auf demselben Weg wie Chichester kam er am 17. Dezember nach Melbourne. „Glücklich und mit einem ungeheuren Schlafbedürfnis". 14 500 sm lagen hinter ihm, die bisher längste abgesegelte Distanz zwischen zwei Häfen. Am 14. Januar ging er wieder los. Der Bruch eines Wantenspanners zwang zu 4 Tagen Reparatur in Bluff Harbour, im Süden Neuseelands. Dort lief er am 6. Februar wieder aus und am 4. Juli 1968 in Plymouth ein. Kap Hoorn wurde am 1. April gerundet. Im Atlantik quälte er sich durch Kalmenzonen. Zuerst bei den Azoren, dann am Kanaleingang, wo er vor der Küste Cornwalls am 23. Juni entdeckt wurde. Seine Weltreise hatte ein Jahr und 12 Tage gedauert. Auf See verbrachte er davon 323 Tage, gegenüber 226 des älteren Chichester. Darum wurde er nicht weniger gefeiert und von der Königin geehrt. Daheim erwarteten ihn seine Frau, sein Laden und ein attraktiver Vertrag mit einem Verleger. So war alles zu einem glücklichen Ende gekommen, nur – wurde etwas zu viel Wirbel darum gemacht.

Dabei gehört er zu jener Sorte Menschen, die sich nicht in den Vordergrund drängen und sich keinen Deut darum kümmern, was andere von ihnen halten.

Von diesem Schlag war auch der Australier William E. Nance, der kein Buch verfaßt, keinen Artikel geschrieben hat, den erst die Slocum Society, diese großartige Vereinigung zur Förderung des Einhandsegelns, ausfindig machen mußte.

In England hatte er den sehr bescheidenen Vertue-Kreuzer von Dr. David Lewis gekauft. Unter dem Namen *„Cardinal Vertue"* war er bereits bekannt geworden. Heute ist er zu klein für Nance, denn er hat inzwischen geheiratet. Mitte September ging die Reise nach Australien los. Ein bißchen spät für den „Portugiesischen Norder". Madeira wurde angelaufen. Von dort in 61 Tagen Buenos Aires erreicht. Eine ausgezeichnete Leistung angesichts der 15 Flautentage in den Roßbreiten. Den Motor hatte er nämlich ausgebaut, um Platz für einen Wassertank zu schaffen. Die Hauptstadt am Rio de la Plata verließ er am 20. Januar 1963 und hatte nach 39 Tagen Kap Hoorn voraus in Sicht. Wie er das geschafft hat? Darüber schweigt er sich aus. Ebenso über den weiteren Verlauf der Reise nach Melbourne. Darüber äußert er lediglich: „Am 21. März Kap gerundet (Herbstbeginn auf der südlichen Halbkugel), Wind von vorn für ein paar Wochen, Bruch des Ruderblattes der Selbststeueranlage (noch einer), Reparatur unmöglich. Bei achterlichem Wind mußte ich von Hand steuern". Und so geht das weiter: „In schwerer See hin und hergeworfen, Mast verloren in der Nähe der Insel Saint-Paul, von anderen Schäden nicht zu reden. Bei Neu-Amsterdam Wetterbesserung (üble Gegend dort), kann Notbesegelung riggen". Nach Australien war es nicht mehr weit, aber wegen ungewöhnlicher Gegenwinde mußte er nach Süden halten, in den Bereich der „Brüllenden Vierziger" ... mit einem Notmast, der auf der ganzen Länge stark vibrierte. So knüppelte er in 36 Tagen 200 sm, lief am 5. Juni in Freemantle ein. 76 Tage, nachdem er das Kap achteraus gebracht hatte. Hatte er nun mehr Glück? Aber nein. Er berichtete schlicht: „Anfang September ging es weiter, ein Brecher drückte eine Planke an BB unterhalb der Wasserlinie ein (zweifellos konnte er nicht mehr durch den Wind gehen). Vor Kap Leeuwin haben mir eine Anzahl Drücker den schlimmsten Augenblick der ganzen Reise gebracht. Aber ich konnte Albany anlaufen und reparieren und dann weiter nach Melbourne segeln", von wo er Kurs Auckland absetzte und dort am 1. Dezember 1964 ankam.

Kap Hoorn? „Zwei schwere Fallböen hatten mir Ruderblatt und Pinne unklar gemacht. Am Morgen des 7. Januar 1965 hatte ich die Insel Diego Ramirez zu fassen und rundete das Hoorn am gleichen Tage bei mäßiger Brise."

So erzählt er weiter: „53 Tage nach meiner Ausreise von Auckland (mit diesem kleinen Boot) kam ich am 22. Januar in Buenos Aires an. Das waren 6500 sm." Sympathisch, der Junge, der im Yachtclub kein Wort darüber verliert. Dennoch erkennt man ihn: „Woher kommen Sie?"

„Och, ich habe die Runde gemacht." Unter Runde verstand man einen kurzen Törn und glaubte, er wollte sich über die Leute lustig machen.

Wollen Sie noch einen bescheidenen – vielleicht noch bescheideneren Segler kennenlernen? Roger Plisson, ein Bretone aus Morbihan. Stammt er von der Küste?

Keine Spur. Direkt aus Malestroit, mitten aus dem Waldgebiet kommt er. Schon als Kind träumte er vom Segeln. Dazu brauchte er ein Boot. Geld hatte er nicht. Eines Tages sah er einen Haufen Holz in der Werkstatt des Dorfschreiners:

„Was machst du mit dem Holz?"

„Deichseln für Fuhrwerke, aber die Autos..."

„Das ist genau das, was ich brauche."

Und im Haus seiner Verwandten werkelte, sägte und schmiedete er Beschläge. Darum nannten die Leute dieses Haus „den kleinen Creusot" (franz. Waffenkonzern). Abends besuchte er Navigationskurse in Vannes. Urlaubstage verbrachte er auf der bekannten Yacht *„Pencallec"* (auf deutsch: Quadratschädel).

Schließlich transportierte er seine 7,75 m lange *„Francois-Virginie"* zur Küste. Und dann, im Herbst 1967, mit fast 50 Jahren, ging er auf die große Reise. So einfach ist das aber nicht. Er ist haargenau ein „Anti-Toumelin", schlimmer noch als Lacombe. Ein blutiger Laie, der die goldene Regel der Seeleute nicht beachtet: vorausehen! Jetzt hagelt es Mißgeschicke: Im Golf von Gascogne brach der Mast, ohne daß er es merkte, denn er schlief wie ein Murmeltier. Reparatur in Sada nahe La Coruña. Und auf geht's zum Kap der Guten Hoffnung. Er wußte nicht, daß er weit draußen bleiben muß und folgte der afrikanischen Küste. Glücklicherweise in diesem Fall, denn unterwegs sprang das Boot leck, als er im Passat hoch am Wind lief. Gut, dann eben auf nach Amerika! Aber Seekarten der anderen Gegend sind nicht an Bord. Mit dem Sextanten machte er vernünftige Beobachtungen, konnte aber nicht herausbekommen, wo er war und... landete in Guayana, wo er sich im Netz eines Krabbenfischers vertörnte. Auf Martinique wurde er wegen seines abgelaufenen Passes festgehalten. Weiter ging es nach Panama, er kam unversehrt über den Pazifik, aber in der verzwickten Torres-Straße schrammte er ein 50 m breites Korallenriff, über das er glatt hinüberrutschte. Auf dem Indischen Ozean ging alles klar, aber beim Kap der Guten Hoffnung brach wieder der Mast (das ist guten Seglern wie Gau auch passiert). Schließlich gelangte er in den Atlantik und machte in dem winzigen Hafen Houat (Golf von Morbihan) fest, von wo er vor 17 Monaten und einem Tag ausgelaufen war. Nur durch Zufall wurde er entdeckt und die Yacht-Clubs feierten ihn im Sommer des Jahres 1969. Ruhm? Was soll's? In Malestroit ist gut sein. Dann will er wieder auf die Reise, diesmal nach Norden, „wo die Sonne nicht untergeht".

Ganz anders, aber ebenso bewunderswert, verlief die Geschichte Frank Caspers mit seinem 9,10 m-Kutter „Elsie". Seine Weltreise führte ihn von Miami nach Miami, durch den Panamakanal, Port-Morsby, Mauritius, das Kap. Er zählt sich nicht zu den Einhandseglern, weil er auf dem unproblematischen Abschnitt bis zu den Galapagos hintereinander zwei Mitsegler an Bord hatte. Was waren das für Leute? Gestrandete Seeleute, denen er helfen wollte. Mitsegler, das ging gegen seine Ehre!

Der Jüngste von allen, Lee Graham, ging am 28. Juli 1965 mit *16 Jahren* von Kalifornien auf die Reise und zwar mit seiner kleinen Slup „Dove". Seine Festmacher brachte er aus auf den Neuen Hebriden, in Neu-Guinea, in Indonesien und Südafrika. Anfang 1970 lagen noch keine Nachrichten über seine Rückkehr vor, aber Sorgen brauchen wir uns um diesen Jungen nicht zu machen. Auch er segelt lieber unbemerkt von der Öffentlichkeit.

6.

WELTUMSEGELUNG ALS NONSTOP-EINHANDREGATTA

Die Öffentlichkeit beschäftigt sich in steigendem Masse mit der Alleinsegelei – und das ist eine problematische Angelegenheit. Erstens, weil sie nichts davon versteht. Zweitens, weil sie zum „Kontakt durch Radio" zwingt, was das Gegenteil von Einsamkeit ist, um die es doch hier geht. Drittens, weil sie zu Absurditäten führt wie zu Zeiten der „Regatta" Lawlor contra Andrews, mit der zusätzlichen Belastung des „sportlichen Wettkampfes". Jetzt geht es nicht mehr um Monate, um Wochen, dem Rhythmus der See angepaßt, sondern um Stunden oder gar Sekunden!

Um noch einmal auf das ewige „immer noch mehr" zurückzukommen: Nach der Weltumsegelung mit nur einem Zwischenhafen von Chichester und (jedenfalls beinahe) Alec Rose über die „unmöglichen Meere" – Vito Dumas hatte sie eröffnet – was konnte man sich jetzt noch ausdenken? Sie noch schneller abzusegeln? Zahlen sprechen die Leute nur an, wenn sie unmittelbar damit konfrontiert werden. Ebensowenig die Tatsache, daß zur Verkürzung der Reisezeit die Zahl der abzulaufenden Seemeilen vermindert werden müßte. Sollte man andere Kurse suchen, um stärkere Winde zu finden? Dafür gibt es nur eine Lösung: in den „Brüllenden Vierzigern" noch mehr südlich halten, dann wird auch die Strecke kürzer. Dort, wo Eisberge und Blizzards herrschen, müßten sie „Brüllende Fünfziger" genannt werden. Nein, denn ein Schlagwort spricht das Publikum an: *Weltumsegelung ohne Aufenthalt in einem Hafen.* Natürlich allein und unter Segeln, versteht sich.

Moitessier kam 1967 mit dieser Idee heraus.

In jenen Breiten, um die es sich hier handelt, weht der Wind nahezu ohne Unterbrechung aus einer Richtung. Die neu gestellte Aufgabe heißt Ausdauer für Mensch und Boot. Für den Menschen gibt es eine Lösung, das werden wir erleben. Lebensmittelprobleme lassen sich beheben. Für Boot und Rigg bleibt es ein Glücksspiel. Besonders für das Unterwasserschiff, an dem sich Bewuchs ansetzt. In kaltem Wasser weniger, das ist schon richtig, aber immerhin. Der Versuch bewies, daß es möglich war, daß der Fahrtverlust nicht zu groß wurde.

Die See um der See willen? Das demonstrierten gerade eine Menge Leute, die viele Monate unterwegs blieben. Einmal herum um den Globus, ohne etwas anderes zu Gesicht zu bekommen als Wasser, Himmel, einen Kocher, die Kompaßnadel und sich selber? Das kann man in jeder Einsiedelei haben und auf allen Gewässern. Warum also wieder zurück zum Ausgangshafen? Drei Kaps zu runden, ohne sie zu sehen, auf jeden Fall, ohne dort Verbindung mit dem Land aufzunehmen? Ähnliches kann man tun, wenn es um eine Zehntelsekunde auf der Skipiste geht. Ohne die Hilfe anderer in Anspruch zu nehmen. Nicht einmal eine Orange oder einen Liter Wasser. Auf jeden Fall war es eine der Wettfahrtregeln (recht im Gegensatz zu den alten Regeln auf See) der Regatta als Nonstop-Weltumsegelung.

Diese Wettfahrt – es war eine mit allen Tücken, die dieser Begriff umfaßt – wurde 1967 von einer britischen Sonntagszeitung für 1968 ausgeschrieben.

Hier die wichtigsten Einzelheiten:

Ein Globus aus Gold im Wert von vielen tausend Pfund für den Teilnehmer, der als erster wieder an seinem Ausgangspunkt ankommt, nachdem er drei Kaps gerundet hat (Kap der Guten Hoffnung, Leeuwin oder Tasmanien und Kap Hoorn) von West nach Ost.

500 Pfund Sterling für den Schnellsten, unabhängig vom Zeitpunkt seines Startes aber innerhalb eines begrenzten Zeitraumes, was ihn dazu verführen muß, tief nach Süden zu laufen, wo es besonders gefährlich ist.

Beide Preise konnten auf einen Sieger zusammenfallen. Der Start mußte in der Zeit vom 1. Juni bis 31. Oktober 1968 von einem britischen Hafen stattfinden, der dann auch Zielhafen sein und nördlich des 40. Breitengrades liegen sollte (so etwas gibt es praktisch nur in Großbritannien und Kanada, wobei Kanada wegen der schweren Hurrikans an der Ostküste – die Westküste verbietet sich sowieso – ausfällt).

Der Einhandsegler durfte unterwegs keine Hilfeleistung von außen annehmen, weder Treibstoff noch Lebensmittel, Wasser, Ausrüstung welcher Art auch immer. Nicht einmal Post (weil sie Vitaminpillen enthalten könnte?). Nicht einmal Medikamente. Mit der Außenwelt durfte man sich nur über Radio verständigen. Post aufgeben war erlaubt. Eine Regattaverklarung gab es nicht. Es genügte, „beim Start beobachtet worden zu sein", wie der Zoll erklärte. Ein bestimmter Bootstyp war weder vorgeschrieben noch verboten. Chichester, Präsident der Jury, rechnete nur auf Teilnehmer mit langer Erfahrung im Solo-Hochseesegeln. Er hatte sich verrechnet. Alle Torheiten waren zwar zugelassen, wurden in dieser Hinsicht jedoch nicht begangen. Gewünscht aber nicht gefordert (Moitessier hat darauf verzichtet) wurde ein Sender, mit dem Kontakt mit der Handelsschiffahrt gehalten werden konnte.

Für die Jury gab es keine Probleme. Sie setzte sich zusammen aus Sir Francis Chichester als Präsident, Blondie Hasler, dem Vierten der Transatlantikregatta 1964 und Organisator der Wettfahrten, Michael Richey, O. D. Hamilton und dem Franzosen Alain Gliksman, einem Yachtjournalisten und Teilnehmer des Jahres 1968.

10 Boote gingen an den Start, bald waren nur noch 4 auf See. Die anderen 6 hatten aufgegeben:

1. John Ridgeway, von dessen Abenteuer mit Blyth und dem Ruderboot wir bereits berichtet haben. Er startete als Erster, am ersten möglichen Tag, dem 1. Juni und mußte in Recife, Brasilien, aufgeben. Das Vorschiffdeck seiner 9-m-Slup *„English Rose IV"* sprang leck. Es blieben 400 Tagesrationen, die er für weitere 400 Tage gestaut hatte.

2. Chay Blyth, der einstige Mitruderer Ridgeways, war am 8. Juni mit einem Kunststoff-Kutter *„Dysticus"*, 9,15 m, ausgelaufen. Nach unwahrscheinlich schneller Reise lag er beim Kap der guten Hoffnung, als sein Windruder havarierte. Im Gegensatz zum späteren Sieger traute er sich nicht zu, weiterzusegeln und machte in East London fest.

3. Loic Fougeron, Bretone, 42 Jahre alt, Direktor einer Motorenfabrik, verfügte über beträchtliche Erfahrungen. Den Atlantik hatte er schon mit einem umgebauten Rettungsboot überquert. Am 22. August startete er mit seinem Kutter *„Captain Browne"*, 9,50 m, jedoch zwang ihn eine Havarie, auf St. Helena an Land zu gehen. Auf der Höhe der Kapverdischen Inseln mußte er seinen Mitsegler, die Katze *„Roulis"* ausbooten, sie war unausstehlich geworden.

4. Commodore Bill Leslie King, 58 Jahre, bekannter Flieger, Hochseeregattasegler in den Jahren 1935-50, Ehemann von Anita Leslie, der Autorin des köstlichen Buches *„Liebe in der Nußschale"*. Am 24. August startete er mit seiner *„Galway Blazer II"*, einer 13 m-Yacht mit Dschunkenrigg. Unter Deck Sofa und Hollywoodschaukel, und an Deck – weise Voraussicht – einen Zweibeinmast, der notfalls den normalen Mast ersetzen sollte. Kurz vor dem Kap der Guten Hoffnung kenterte er, segelte tapfer weiter, mußte dann aber aufgeben und sich zum Kap einschleppen lassen. Sein Abenteuer ist eigentlich das übelste aller Teilnehmer, und das akrobatische Rettungsmanöver einer schlichten Yacht am Kap beweist,

wie weit die Solidarität der Segler gehen kann. Die Schilderung dieser Tat verdient in ihrer ganzen Länge gelesen zu werden.

5. Bill Howell, amerikanischer Zahnarzt, 42 Jahre, bekannter Einhandsegler, schipperte eigens von Australien nach England, um an der „Transatlantik" 1960 teilzunehmen, aber er kam zu spät zum Start. Sechster 1964 und 1968, Pazifikspezialist. Er zog seine Meldung für den 12,20 m-Katamaran zurück, weil er die Mehrrumpfkonstruktionen noch nicht für die sehr rauhen Gewässer geeignet hielt – was das Mißgeschick eines anderen Teilnehmers ausreichend bewies.

6. Alex Carozzo, der italienische Weltumsegler, an anderer Stelle wurde er bereits erwähnt, startete in Cowes. Um Mitternacht des 31. Oktobers, also in letztmöglicher Minute. Aber seine wunderschöne Ketsch „Gancia Americano" (immer diese Werbung, mit der sich noch einige andere unbeliebt gemacht haben) war für einen Mann zu schwer, und er mußte aufgeben.

Blieben also noch 4 in See. Die ganze Welt nahm Anteil, war aufgeregt, wenn sie ein Kap rundeten, besorgt, wenn sie schwiegen und freute sich ehrlich, wenn sie wieder auftauchten.

Wir sagten in See und nicht im Rennen! Einer von ihnen hatte gemogelt. Offenbar war er nicht klar bei Verstand, denn eine solche Täuschung konnte nicht unentdeckt bleiben. Er war nämlich in Südamerika an Land gegangen und bei den Zollbehörden gemeldet. Den Atlantik hatte er nie verlassen. Durch geschickte Radiomeldungen gab er zu verstehen, daß er die Kaps gerundet habe und behauptete, seit dem Start erst bei den Falklandinseln wieder Land gesehen zu haben, als Kap Hoorn also angeblich schon hinter ihm lag! Nun, er hat sich in seinen eigenen Lügen verfangen. Sein Trimaran „Teignmouth Electron" wurde 600 sm westlich der Azoren aufgefunden, an Bord ein teilweise zweifach geführtes Logbuch. In dem einen stand die imaginäre Weltumsegelung, im anderen die tatsächliche Reise von England nach den Falklands, vom 31. Oktober 1968 – auch er startete in letzter Minute – bis zum 1. Juli 1969 und zurück nach den Azoren. Aber die Yacht hatte keinen Skipper mehr. Selbstmord? Man weiß es nicht. Sein Fall gehört in den Bereich der Psychiatrie, um so mehr, als dieser 35jährige Engländer seit seiner Jugend Seesegler war und vor dem Start einen vorzüglichen Eindruck gemacht hatte.

Bleiben noch drei Teilnehmer. Alle drei haben tatsächlich die drei Kaps bezwungen, unter harten Bedingungen, aber ohne nennenswerte Havarie.

Einer der interessantesten Teilnehmer war der britische Marineoffizier Nigel Tetley, 45 Jahre alt. Er lag gut im Rennen, sah aber seine Hoffnungen – und die aller Mehrrumpfboot-Segler – im wahrsten Sinne des Wortes kurz vor dem Ziel versinken: Bei einem recht banalen Schlechtwettereinbruch, am 21. Mai auf dem Rückweg in Höhe der Azoren, verlor sein 12,30 m-Trimaran „Victress" den vorderen Teil des Backbordschwimmers, nachdem er die „Brüllenden Vierziger" und Kap Hoorn glatt genommen hatte. Glücklicherweise gelang es Tetley, von der sinkenden Yacht in sein Rettungsfloß umzusteigen und den Notsender in Betrieb zu setzen. Ein amerikanisches Flugzeug ortete ihn, ein italienischer Tanker fischte ihn auf. Wie konnte es zu einer derartigen Katastrophe kommen? Weil der Trimaran schon zu sehr „verschliessen" war?

Nein. Tetley, der im Bereich der ewigen Stürme so viel Besonnenheit gezeigt hatte, ließ sich von dem „prächtigen Segelwind" verführen, weil er unbedingt gewinnen wollte. Er hat von seinem Trimaran zu viel verlangt, ihn für das herrschende Wetter zu hart gesegelt. Trotz allem war die Weltumsegelung geschafft, denn er hatte bereits seinen Ausreisekurs gekreuzt, und bekam 1000 Pfund Sterling als Entschädigung.

Die Wettfahrt fand also nur noch zwischen zwei Männern statt, zwischen zwei Yachten. Moitessier und Robin Knox-Johnston. Doch auch Moitessier gab auf. Aber nicht als Besiegter, weder von See noch vom Wetter. Beide waren sogar außerordentlich günstig. Im Sinne der Seemannschaft war er der eigentliche Sieger.

Unser Freund Moitessier (lange haben wir mit ihm darüber gesprochen) war damals 43 Jahre alt, verheiratet. Seine Ketsch „*Joshua*", mit der er schon zusammen mit seiner Frau Kap Hoorn umsegelt hatte, war auf Hochglanz gebracht worden. Ein Gespür für die See war ihm angeboren und er wußte, wo die Grenze lag. Seine Segel waren extrem stark, alles andere dementsprechend. Er startete als Favorit. Trotz zweimonatiger Verzögerung am Start konnte er gewinnen, nicht nur den Geldpreis, auch den goldenen Globus und die Ehre. Praktisch hatte er den Sieg bereits in der Tasche. Als er Kap Hoorn achteraus hatte, war er Sieger. Auf dem vertrauten Atlantik nach Norden zu laufen, war für ihn ein Kinderspiel. Am Ziel wartete Geld, Ruhm ... und der Presserummel. Reporter von Radio und Fernsehen aus aller Welt, Empfänge ...

Auf dies alles verzichtete er „um seine Seele zu retten". Anstatt den Atlantik hinauf zu segeln, lief er weiter und passierte das Kap der Guten Hoffnung ein zweites Mal ...

Hier sei eine Bemerkung eingeschaltet: Durch diesen Entschluß, der im Gegensatz zu jeder Wettfahrtregel stand, wurde er der wirkliche Rekordhalter der Weltumsegelei, und sogar in den „Brüllenden Vierzigern". Zwischen der ersten Umsegelung dieses Kaps am 20. Oktober 1968 und der zweiten am 19. März 1969 lagen nur 150 Tage! Völlig unvorstellbar! Gewiß ist der Kreis dort unten ziemlich klein, „nur" 19 000 sm oder 34 000 km, aber durch welche Meere führte der Kurs! Damit wurde Vito Dumas entthront, dessen These bestätigt, denn Moitessier hatte, genau wie Vito, immer, oder fast immer, das gesamte Tuch am Mast. Diese Leistung wird wohl niemand überbieten oder verbessern können. Zwar blieb ihm eine Kollision nicht erspart, deren Folgen dieser königliche Seemann mit Bordmitteln reparierte (sogar für einen solchen Fall hatte er vorgesorgt).

Die Welt war baff! Den sicheren Sieg greifbar vor ihm, verzichtete Moitessier! Jemand schrieb, er sei zusammengeklappt. Wäre er dann in jenen Breiten weitergesegelt? Noch niemals zuvor hat das ein Mensch getan. Nicht einmal die großen Rahsegler. Warum sollten sie auch? Einmal im Südatlantik, von Australien kommend, noch ein zweites Mal den fürchterlichen südlichen Indischen Ozean, ein zweites Mal den Süden Australiens und Neuseelands!

Von dem Ungeist der modernen Publicity, dem Ungeist des organisierten Wettkampfes hatte er sich befreit. Das ist eine Lektion!

Das ist FREIHEIT!

Die Idee einer Nonstop-Weltumsegelung stammte von ihm und er war bereit, sie zu verwirklichen. Als er von dem Plan erfuhr, eine Regatta und damit ein Geschäft daraus zu machen, schrieb er: „Ich lehne eine solche Reise in Form einer Wettfahrt ab. Der Einhandsegler soll mit sich selbst konfrontiert werden und keinen Kampfgeist gegen andere entwickeln. Auf einer Wettfahrt besteht die Gefahr, den Blick für das Wesentliche zu verlieren. Ich meine die Suche nach einer tieferen Wahrheit. Als Zeugen nur See, Wind, Boot – das unendlich Große und unendlich Kleine."

Andererseits wurde ihm Geld geboten, das seiner Familie, die in bescheidenen Verhältnissen lebte, durchaus gelegen kam. Schließlich hat er auch die Startbedingungen erfüllt und Kontrakte unterschrieben. Als „Joshua" Kap Hoorn das Heck zeigte und das Schwerste geschafft war, faßte er den Entschluß, allein zu bleiben und segelte weiter – zu den liegewonnenen polynesischen Inseln. Nach Tahiti, das schon so viele eingefangen hat. Dort brachte er, nach 1½ Weltumsegelungen 10 Monate nach der Ausreise von England, die Leinen aus.

Von 10 Teilnehmern hatten 9 aufgegeben. Also konnte nur noch einer gewinnen – die Regatta und die Preise – gegen einen Gegner oder Verbündeten: die See. Sie erwies sich als Verbündete. Der junge Kapitän auf Grosser Fahrt Robin Knox-Johnston, Engländer, 29 Jahre alt, startete am 24. Juni 1968 von Falmouth mit seiner 9,75 m-Ketsch „Suhaili". Nach dem Einlaufen im gleichen Hafen, am 22. April 1969 (nach 313 Tagen), stellte der Zollbeamte die klassische Frage: „Woher?" Da kam die stolze Antwort: „Von Falmouth!" Das geschah zum ersten Mal in der Geschichte der Seefahrt.

Oft entmutigt, wie beim Verlust seines Windruders, das er drolligerweise „Admiral" nannte, dachte er an Aufgabe, zumal seine Yacht gegen die anderen kaum eine Chance haben konnte. Aber er hielt durch und es gab keine Konkurrenz mehr. Das ganze war phantastisch. Schwierigkeiten hatte er nur mit dem Land. Als er Verbindung mit einem Freund aufnehmen wollte (die Wettfahrtregeln untersagten das nicht, sofern die andere Person nicht an Bord kam), mit dem er sich südlich von Neuseeland in einer üblen steinigen Ecke in der Nähe von Bluff verabredet hatte, da bekam er Grundberührung! Eine Weltumsegelung über die „unmöglichen Kurse" und Trockenfallen! Bei ablaufendem Wasser in Strandnähe! Das ist toll ... und gefährlich, denn er hatte sicher keine Wattstützen mitgenommen.

Sein Boot legte sich nicht flach, schwamm ohne fremde Hilfe wieder auf und weiter ging die Reise. Kap Hoorn brachte er glücklich hinter sich. Und das war es.

Das Fazit dieser Regatta?

Alle die wissen, wie gefährlich die Überforderung sein kann, haben das Unternehmen mit Zittern und Bangen verfolgt. Menschenleben hat sie nur eins gekostet, und das ist noch nicht sicher.

Trotzdem, es sollte bei dieser einen Regatta bleiben. Das Glück ist nicht immer so grosszügig.

Was konnte man nun noch tun? Den Erdball *gegen den Wind* umsegeln? Der wagemutige Rebell brachte auf diese Weise den Pazifik hinter sich, aber nicht ohne Zwischenhäfen und bei sehr unterschiedlichen Winden. Gegen die „Brüllenden Vierziger" segeln? Gerade das hat kürzlich Chay Blyth vollbracht, Schotte, ehemaliger Fallschirmspringer und 30 Jahre alt. (82 kg Knochen und Muskeln bei 1.76 m Länge). Mit Ridgeway hatte er bereits den Atlantik im Ruderboot überquert, anschliessend zwei Jahre gesegelt, davon ein Teil bei einem Fehlstart zur Transatlantikregatta. Für dieses Unternehmen wählte er eine grosse Stahlketsch von 17,70 m, deren 140 m² Segelfläche die Grenze dessen darstellt, was ein Mensch allein mit seinen Kräften bewältigen kann, aber deren grosse Länge bei verhältnismäßig schlankem Rumpf sehr günstig für Amwindkurs und Geschwindigkeit ist.

Mit dieser „*British Steel*" verließ er am 18. 10. 71 die Reede von Hamble River und segelte den Atlantik hinunter. Nach einigen Zwischenfällen rundete er am Weihnachtstag Kap Hoorn, mitten im südlichen Sommer. Dort unten begann bei einem handfesten Sturm seine eindrucksvolle Reise *gegen die* „Brüllenden Vierziger". Auf Amwindkurs schaffte er ein mittleres Etmal von 100 sm und blieb, um Weg über Grund zu machen in der ganz üblen Gegend des 50. Breitengrades. Am Kap brach ihm die Selbststeueranlage, aber mit festgesetztem Ruder lief „*British Steel*" leicht gute Höhe.

In der Tasmanischen See wurde die Ketsch durch eine See aufs Ohr gelegt, der Mast verbogen, die Wanten mußten nachgespannt werden. Blyth konnte reparieren. Im Indischen Ozean geriet er in den südlichen Winter, Sturm warf ihn mehrere hundert sm zurück. 36 Stunden lang kam er weder zu Schlaf noch zu einer vernünftigen Mahlzeit. Er zurrte sich am Kartentisch fest und betete.

Trotz dieser Verzögerung erreichte er nach unglaublich kurzer Zeit (150 Tage nach Kap Hoorn) das Kap der Guten Hoffnung am 23. Mai. Dann ging es wieder in den Atlantik. Seine Selbststeueranlage war immer noch ausgefallen, so ließ ihm der Passat ganze 4 Stunden Schlaf pro Tag. Am 6. August traf er wieder am Hamble ein und hatte 302 Tage gebraucht, um die Distanz von 30 000 sm (und nicht die abgesegelten Kurse, die am Wind viel länger waren) hinter sich zu bringen. Das sind 11 Tage weniger als Robin Knox-Johnson, der außerdem vor dem Wind lief ...

Nchdem diese „unmögliche" Leistung vollbracht war, bleibt wohl nichts mehr, was die Weltumsegler noch hinzufügen können ... es sei denn, sie segelten nur noch zu ihrem Vergnügen, hart oder weniger hart, jedenfalls nicht im Zwang einer Wettfahrt, die absurd und ohne Zweifel mörderisch geworden ist.

Außer Al Hansen, der Kap Hoorn von Ost nach West umsegelte, weit draußen, und dann die gefährliche Südwestküste Patagoniens gegen Wind und Strom wieder hinauflief (einzigartige Leistung), aber bei Chiloe verlorenging, gibt es niemand, dessen Leistung der von Bardiaux gleichkommt, es sei denn Vito Dumas.

7.

ZWEI PHANTASTEN:
HANS ZITT, HELD À LA JULES VERNE
J. E. SCHULTZ, REKORDHALTER IM LEICHTSINN

Lachse werden am Oberlauf der Flüsse geboren und steigen herab, bevor sie die Ozeane durchmessen.
Hans Zitt und später J. E. Schultz haben beide in der Nähe der Quelle des jeweils größten Stromes eines Kontinents angefangen und sind ihm bis hinunter zum Meer gefolgt, auf Fahrzeugen, die dafür geeignet waren ..., aber dann sind sie damit weitergefahren, und das Meer hat es sich gefallen lassen.

HANS ZITT

Im März 1927 war der deutsche Student Hans Zitt in den Schweizer Bergen schwer gestürzt. Vier Monate lag er im Krankenhaus. Ein Bein blieb unheilbar verkrüppelt. Niemals mehr würde er richtig gehen können.
Für einen Sportsmann wie ihn war das ein harter Schlag. Aber darum auf den Sport verzichten? Niemals! Man muß sich nur eine Sportart aussuchen, bei der man nicht zu laufen brauchte. Radfahren, Reiten, Wassersport. Reiten? Gute Idee. Als er aus der Klinik entlassen wurde, besaß er ganze 50 Mark und kaufte sich ... einen Sattel. Wir kennen auch Leute, die sich als erstes einen Anker oder eine Topplaterne kaufen, wenn sie segeln wollen. Ihnen genügt es, sich vorzustellen, was dazwischen noch fehlt.
Aber es gab kein Pferd zu dem Sattel, und den Reitlehrer war Zitt bald leid, weil er ihn, trotz der hohen Kursusgebühren, dauernd das Longepferd striegeln ließ.
Zitt glaubte, ein Boot auf billige Weise selbst bauen zu können.
Er durchstöberte einschlägige Buchhandlungen, doch die Navigationsbücher waren ihm zu teuer. Da fiel ihm eine schmale Broschüre aus einer

Bastelreihe in die Hand: Wie baue ich ein Segelboot? Lächerlich, dachte er, wahrscheinlich gerade das Richtige für einen Oberschüler, der eine Waschbalje für einen Dorfteich bauen will.

Zitt kaufte die Broschüre trotzdem[1].

Noch am gleichen Abend machte er sich daran, den Riß zu vergrößern. Er schätzte, daß er für den Bau etwa vier Wochen benötigen würde. Es wurden sieben Monate daraus.

Das Boot war 6 m lang, 1,70 m breit, eine Schwertjolle, es hatte also ein Mittelschwert in einem Schwertkasten und war halb eingedeckt mit einem kleinen Deck vorn, Kajüte mit sechs Bulleyes und offenem Cockpit. In der kleinen Kajüte waren eine Koje und ein Klapptisch untergebracht, der aber viel zu groß war und sehr bald über Bord geworfen wurde. Zitt arbeitete im Detail sehr sorgfältig, baute elektrisches Licht ein und eine ganze Menge völlig unnützer Sachen.

In seiner Ahnungslosigkeit versah er das Boot mit einem riesigen Rigg: Der Mast war 11 Meter lang (Donnerwetter!), die Segelfläche betrug 30 qm (enorm!). Das hatte aber auch einen Vorteil: Mit jedem Kilometer, den Zitt auf der Donau zurücklegte (auf der Donau rechnet man nicht in Meilen) und seine Erfahrung wuchs, wurde eine Scheibe nach der anderen vom Mast abgesägt, eine Tuchbahn nach der anderen vom Segel abgeschnitten, bis es schließlich auf 7,5 qm zusammengeschrumpft war!

Zitt lud sein „Kind" auf einen Lastwagen und ließ es nach Ingolstadt an der Donau transportieren.

Doch so ein Pech, kaum zu Wasser gebracht, lief *Bayern*, so hieß das Boot (Zitt hatte seine bayrische Heimat also immer bei sich), voll wie ein Korb.

Obendrein hatte er vergessen, das Boot festzumachen, und die Strömung packte es mitsamt dem Jungen und einem auf Deck arbeitenden Kameraden. Der Kamerad schöpfte verzweifelt Wasser aus – er konnte nicht schwimmen. Zitt paddelte wie wild mit einem Stück Holz, das er aus den Bodenbrettern herausgerissen hatte. Eine nahe Sandbank rettete die Crew vor dem unmittelbar bevorstehenden Ertrinken. Das Boot wurde an Land gezogen, inspiziert, die schadhafte Naht kalfatert, der Rumpf abgedichtet.

Zitt brauchte also nur noch abzureisen. Wohin? Weit weg, weit weg! Es zog ihn nach dem Fernen Osten. Und – warum eigentlich nicht gleich eine ganze Weltreise?

Allein? Nein. Unter den zahlreichen Kandidaten seines Schlages wählte er den fähigsten (mit dem Mundwerk), den zuverlässigsten und so weiter.

---

[1] Wir haben sie mit eigenen Augen gesehen, ein Gedicht...

Jetzt mußte noch Geld aufgetrieben werden. Durch Verhandlungen und Korrespondenz gelang es Zitt, Wirtschaftsunternehmen für seine Sache zu interessieren. Man möchte gern wissen, welche?

Auf geht's mit dem Strom.

Wien ist nicht weit. Die 380 km sind schnell zurückgelegt, und die zahllosen Zwischenfälle in dieser „Schiffsjungenschule" werden mit Gelächter abgetan. Wenigstens Gelächter von seiten Zitts, denn Kälte, Regen, die unfreiwilligen Bäder machen ihm nichts aus. Der Mitsegler, der treue, zuverlässige, verschwindet in Wien. Zitt wartet. Nach einigen Tagen kommt eine Karte aus München, das dieser offenbar trockener fand.

Zitt ersetzt ihn durch einen Globetrotter. Zweifellos besteht die Rolle eines Globetrotters darin, um den Globus zu trotten. Wahrscheinlich, so dachte der Junge, wird so einer mehr als 380 km mithalten. Um die Barschaft ein wenig abzurunden, organisiert er mit seinem neuen Begleiter einen Vortrag. Wie vorauszusehen, wurde das ein völliges Fiasko. Es blieb ihnen nur noch übrig, sich auf den Weg zu machen.

Der Herbst 1928 schritt voran. Das Donauwasser wurde kalt, es wurde neblig, an der Uferböschung bildete sich schon Eis. In der Kajüte der *Bayern* war es nicht mehr auszuhalten.

Ein ungarischer Bauer beherbergte die beiden Jungen eine Nacht in seinem Pferdestall. Aber Jungs haben die Angewohnheit, nachts zu schlafen. Pferde dagegen nicht, die fressen. Der rechtmäßige Bewohner dieser Stätte fand Geschmack an Hose und Hut – sicher mit Exotismen gewürzt – des Globetrotters. Tragikomisch?

Nein, nur tragisch, denn im Schweißleder des Hutes war ein Hundertmarkschein versteckt gewesen!

Das ganze Vermögen des Unglücklichen!

Es ist nicht bekannt, ob er sich aus der Mähne des Pferdes einen neuen Hosenboden angefertigt hat.

An der serbischen Grenze verlangten die Zöllner eine völlig abwegige Kaution in Höhe des mehrfachen Bootswertes.

Nebenbei gesagt, ob sie viel oder wenig verlangt hätten, zu viel wäre es auf jeden Fall gewesen. Glücklicherweise hatten die ungarischen Zöllner Sympathien für die beiden und gaben ihnen den Rat, sich heimlich nachts vom Strom vorbeitreiben zu lassen. Und so wurde es auch gemacht. Später, im Inneren Serbiens, kümmerte sich kein Mensch mehr um das Boot.

In Belgrad wurde Eis gemeldet. Fast kein Strom, Wind von vorn, und ein Seegang von gut einem Meter. Der Fluß ist dort einen Kilometer breit. Zitt einigt sich mit einem deutschen Schlepper, der ihn an die Trosse zu nehmen verspricht. Aber zum vereinbarten Zeitpunkt ist der Schlepper schon fort. So mußten sie also ganz allein die schwierige Strecke bewältigen, dann die unendlich lange Schlucht von Kazan, die Eiserne Pforte genannt, die auf 180 km Länge zwischen fast tausend Meter hohen Wänden eingepfercht ist und eine kochende Strömung wie in einem Waschkessel erzeugt.

Den Winter verbrachten sie zwangsläufig in Giurgiu, dem großen Petrolhafen mitten in der rumänischen Ebene. Von dort aus zog der Globetrotter allein weiter, und Zitt brachte *Bayern* den Winter über in einem Schuppen unter, besuchte Rumänien und lebte von dem Erlös seiner Artikel, die er über Rumänien schrieb und nach Deutschland schickte, und von Artikeln über Deutschland, die er an die Rumänen verkaufte.

Der Frühling 1929 stellte sich spät ein. Endlich schmolz der Schnee, und Zitt konnte an die Weiterreise denken. Er nahm den Kajütsaufbau weg und ersetzte ihn durch ein Persenningdach, dadurch schaffte er sich ein ziemlich freies Deck. Dann verkürzte er den Mast zum vierten Male. Nach einigen Tagen auf dem breiten Strom erreichte Zitt Sulina an der Küste des Schwarzen Meeres.

Jetzt war es zu Ende mit der Süßwasserschipperei.

Vor ihm das Meer!

Doch da fiel Zitt ein, daß er noch nie auf See gewesen war. Lediglich die Strecke Fiume-Ragusa hatte er auf einem Dampfer abgefahren! Er lernte Fischer und Lotsen von Sulina kennen und bat sie um Ratschläge und Instruktionen. Der kleine Junge war nicht dumm, er lernte Fremdsprachen im Handumdrehen.

Am Morgen des 25. April nahm er bei einer schönen Brise aus Nordost Kurs auf den Bosporus.

Klugerweise trainierte Zitt auf dem Schwarzen Meer und machte kleine Kreuzfahrten im Küstenbereich.

Jeden Abend ankerte er, wenn es möglich war, unter Land oder ging in einen kleinen Hafen, um ein paar Stunden zu schlafen.

Wir können hier nicht von allen Wundern erzählen, die Zitt am Bosporus erlebte, von seinem Abscheu vor dem Hafen von Konstantinopel, von seinem auffällig langen Aufenthalt in dieser Stadt des Orients, von dem er schon immer geträumt hatte, von seiner Reise bis zu den Dardanellen.

Die ersten maritimen Schwierigkeiten erwarteten ihn in Cumbas, als ein heftiger Gewittersturm über ihn herfiel. Das Boot flog wie ein Pfeil auf eine halbdemolierte Mole zu. Sie bot ein wenig Schutz, war vielleicht nicht ganz ungefährlich, aber besser als nichts. Vom Ufer aus hatte man ihn schon gesehen. Als er näherkam, war der Strand schwarz von Menschen.

Durch Zeichen gaben ihm die Leute zu verstehen, daß der Ankergrund schlecht sei und daß er das Ende der Leine an Land geben müsse. Es gelang ihm, eine Trosse an Land zu werfen, die von einigen Männern gepackt wurde, die sich daran machten, die *Bayern* aufs Trockne zu ziehen, ohne vorher den Kapitän um seine Meinung zu fragen. Schließlich war das Boot auf Strand gesetzt, das Schwert vollkommen verbogen.

Zitt wurde von dem Ortsgendarm begrüßt und mußte mindestens fünfzig Hände drücken. Dann wurde er in das nächste Café gedrängt, und an einem Tisch stürmten tausend Fragen auf ihn ein, besonders nach seinem Beruf. Das war eine etwas peinliche Frage, denn Journalisten wurden in der Türkei nicht gern gesehen. Er erklärte darum, daß er Mechaniker sei. Am nächsten Tag mußte er für seine Lüge bezahlen.

Als er gerade das Schwert reparierte, suchte der Gendarm ihn auf und fragte, ob es stimme, daß er ein Ingenieur wäre. Dieser rapide soziale Aufstieg verwirrte ihm den Kopf, und er sagte ja. Der Gendarm zog ihn darauf mit zum Elektrizitätswerk, dessen Generator nicht mehr laufen wollte. Der Motor war aus Deutschland – Zitt auch –, und es war die natürlichste Sache der Welt, daß die beiden sich verstehen mußten. Es blieb ihm nichts anderes übrig, als sein Glück zu versuchen. Zitt nahm einen Schlüssel und drehte mit gedankenvoller Miene alle erreichbaren Schrauben los und wieder fest. Dann drückte er auf den Starter..., und das Ding lief!

Zitt wartete weitere Schwierigkeiten lieber nicht ab und fuhr los, bevor der tückische Generator etwa wieder stehenbleiben würde.

In Kum Kale ging er an Land, um die Ruinen einer Festung zu besichtigen, in der sich die Deutschen während des Krieges 1914/18 geschlagen hatten. Als er wieder zurückkam, war sein Boot verschwunden. Er entdeckte es schließlich draußen auf See, auf den Wellen auf- und niedertanzend. Kein Beiboot in der Nähe. Er zog sich schnell aus und schwamm hinterher. Aber erst nach zwei anstrengenden Stunden erreichte er es. Zwei Stunden, in denen er Gelegenheit hatte, sich über seine Dummheit klar zu werden, denn wie leicht hätte der Strom ihn ins offene Meer hinaustragen können, und kein Mensch hätte es je erfahren.

Ein Freund hatte ihn nach Athen eingeladen, aber das hätte einen Umweg bedeutet. Darum ließ er die *Bayern* im Hafen von Mytilene zurück und ging an Bord eines Dampfers.

Dort lernte er einen Griechen kennen, der im Verlauf ihrer Unterhaltung plötzlich ausrief: „Sie sind der Mann, den ich suche!"

„Sehen Sie", erklärte er, „ein Boot, dessen Eigentümer ich bin (was allerdings nicht ganz stimmte), ist auf einem Riff bei der Insel Kreta gesunken. Es handelt sich darum, eine Kassette zu bergen, in der 700 Goldpfund aufbewahrt sind. Das Wrack liegt am Fuße der Steilküste auf 30 m

Tiefe. Für zwei beherzte Jungen müßte es eine Kleinigkeit sein, danach zu tauchen."

„Wir liehen uns also das Tauchgerät eines Schwammfischers", erzählte Zitt, „und suchten das Wrack auf. Keiner von uns beiden hatte jemals mit so einem Tauchgerät zu tun gehabt, und wir wurden bald recht nervös. Der Grieche stieg als erster hinunter und kam nach zehn Minuten wieder hoch, vollkommen erschöpft. Am nächsten Morgen machte ich einen Versuch. Die Kajütstür des Wracks war verklemmt. Ich bekam sie auf, drang in das Innere ein, knipste meine elektrische Taschenlampe an, und dann durchfuhr mich der größte Schreck meines Lebens: Vor mir ein Mensch! Ich stieß einen Schrei aus, der in dem Kupferhelm schmerzhaft widerhallte. Der Mensch hatte beide Augen weit geöffnet, die Zunge hing ihm aus dem Hals. Es war der Kapitän des Bootes, das vor zwei Jahren (?) gesunken war, der mich in der Kajüte erwartete. Ich brauchte einige Zeit, um wieder zu Atem zu kommen. Dann stieß ich die Leiche zur Seite und suchte nach der Kassette. Ich fand sie auch bald und befestigte sie am Ende der Leine, die vom Boot herunterhing. Dann stieg ich so schnell wie möglich wieder auf.

Ich stieg aus dem Gummianzug und wir holten die Leine ein. Aber die Kassette hing nicht mehr daran! In meiner Hast und Verwirrung hatte ich sie schlecht befestigt."

„Man mußte wieder von vorn anfangen, vorausgesetzt, daß die Kassette nicht auf den Meeresgrund gesunken war!

Es briste auf. Als es wieder ruhig wurde, war das Wrack tiefergesackt und nicht mehr zu erreichen."

Nach diesem Abenteuer kehrte Zitt zu seinem Boot zurück, setzte Segel mit Kurs Smyrna. Kurz vor diesem Hafen lief er auf und konnte erst am folgenden Morgen wieder freikommen. Das Boot machte Wasser und Zitt erreichte Smyrna eben noch zur rechten Zeit.

In diesem Hafen traf er den Kapitän eines polnischen Schiffes wieder, den er zuvor in einem anderen Hafen kennengelernt hatte, und der ihm anbot, ihn bis Kap Kara Burun zu schleppen, weil der Wind gerade von vorn kam. Aber wie üblich, lief das Schiff volle Fahrt. Zitt wartete immer darauf, daß der Steven der *Bayern* herausgerissen würde, wenn die Schlepptrosse steif kam. Die See wurde grober, und es konnte nur schlecht ausgehen. Zitt schrie, aber niemand hörte ihn. Endlich bemerkte ein Matrose sein Gestikulieren, und der Dampfer stoppte. Zitt bat darum, langsamer zu fahren, aber der Kapitän rief:

„Lassen Sie doch Ihre Höllenkiste und kommen Sie an Bord!" Zitt war beleidigt, warf die Schlepptrosse los, und das Schiff verschwand bald in der Dämmerung.

Zitt war wieder allein. Es wehte ziemlich stark. Der Junge wollte die Fock setzen, die ging aber bald in Fetzen. Er nahm die nächste. In wenigen Minuten war auch diese zerrissen. Erst als er vier Decken übereinander als Trysegel gesetzt hatte, war er wieder Herr seines Bootes (immerhin eine originelle Besegelung).

Die Wellen wurden höher, kürzer und Zitt dauernd von der Gischt übersprüht. Als er sein Gesicht mit der Hand abwischte, spürte er Sand auf der Haut.

Sand!

Die Küste!

Er war kur davor, auf Land gesetzt zu werden. Zu spät, um *Bayern* zu retten. Der Kiel hatte schon Grundberührung. Der Mast brach in zwei Stücke. Eine einzige See schlug das Boot voll. Zitt sprang ins Wasser, wurde von der See hin und her geworfen, schwamm und kam schließlich an Land. Er sah eine Hütte im Gras in der Nähe des Strandes und dort schlief er ein.

Am nächsten Morgen traf er zwei Gendarmen am Strand. Bei näherer Untersuchung stellte sich heraus, daß *Bayern* reparabel war. Zitt erhielt die Erlaubnis, bei einem Ingenieur zu wohnen und für die Zeit der Reparatur auf türkischem Boden zu bleiben. Dieser Ingenieur, ein netter Mann, hatte während des Krieges Kontakt mit deutschen Truppen gehabt und sich darangemacht, deutsch zu lernen. Zu dem Zweck hatte er sich vierzehn Tage mit seinen Büchern eingeschlossen und nach einer ganz individuellen Methode gearbeitet. Um die Verben zu lernen, hämmerte er sich ein: Ich gehe. Als ihm die Konjugation zu schwer wurde, machte er so weiter: Du gehe, er, sie, es gehe, wir gehe, ihr gehe, sie gehe. Er fand es auch einfacher, aus Verben Substantive zu machen, indem er kurzum die Silbe „ung" an das Verb hing. Der Schlaf wurde damit zur Schlafung, Essen zur Essung. Die Unterhaltung mit ihm war ein einziges Kasperletheater, sagte Zitt.

Nach drei Wochen war *Bayern* repariert, und Zitt konnte wieder segeln. Nachdem er in der Ägäis gekreuzt hatte, lief er von Agya Nikolas, einem kleinen Hafen an der Küste Kretas, zu der 400-Meilen-Fahrt nach Port Said aus, seinem ersten Schlag über die offene See.

Während der ersten beiden Tage hatte er eine ziemlich frische Brise aus Nordost, und er verzichtete auf den Schlaf, um sie bis zum äußersten auszunutzen. Am dritten Tage ließ der Wind nach, und er machte nur noch zwei Knoten Fahrt. In 72 Stunden hatte er ungefähr 100 Meilen gemacht, nach dem Log (denn er wußte nicht, wie man eine Ortsbestimmung durchführt).

Die arme *Bayern* tat, was sie konnte. Sie blieb nicht allein beigedreht liegen, daher brachte Zitt den Treibanker aus und schlief die Nächte durch.

Am 13. Tag wurde das Wasser gelblich und er glaubte, sich der Küste zu nähern. Endlich würde er Afrika sehen! Den ganzen Tag über beobachtete er den Horizont durch das Doppelglas. Die Brise war sehr schwach, er hatte kaum Ruder im Boot und befürchtete, daß ihn irgendeine Strömung versetzen würde.

Endlich machte er gegen Abend einen schmalen Strich am Horizont aus, einen senkrechten: den Leuchtturm von Damiette. Für einen Anfänger also eine ausgezeichnete Navigation.

Seine Begeisterung für die afrikanische Erde flaute schnell ab. Bei der Polizei belehrte man ihn, daß er für die Einreise nach Ägypten eine Kaution von fünfzig Pfund zu hinterlegen habe. Zitt besaß aber nur zwanzig und stöhnte.

Aber der Polizist machte es kurz:

„Ich bedaure, kehren Sie nach Griechenland zurück. Nach Ägypten können Sie nicht einreisen!"

Dann machte er einem Araber ein Zeichen, diskutierte mit ihm in einer Sprache, die Zitt nicht verstand.

Schließlich brachten sie Zitt zum Hafen und führten ihn an Bord eines griechischen Dampfers. Auf der Gangway palaverten die Polizisten mit dem Kapitän, während *Bayern* mit einem Ladebaum aufgehievt und an Deck gestellt wurde.

Zitt geriet in einen fürchterlichen Zorn, fluchte in allen Sprachen, die er kannte, und das waren nicht wenig.

Aber es half ihm nichts. Nach 36 Stunden war der Dampfer in Kreta. Wenn Zitt mit seinem eigenen Boot gekommen wäre, hätte er dort ohne weiteres an Land gehen können, man hätte ihn als Seemann behandelt. Weil er aber als Passagier mit einem Dampfer kam, brauchte er ein Visum. Da er keins hatte, durfte er nicht an Land!

Und schon ging es weiter.

Der Dampfer lief alle Häfen der Ägäis an und kam schließlich wieder nach Port Said. Zitt war immer noch an Bord! Sechs Wochen nach seiner Zwangsausreise kehrte er „im Triumph" in den ägyptischen Hafen zurück. Und der erste Mensch, auf den er dort traf, war der Polizist, der ihn damals zurückgewiesen hatte. Der platzte fast, als er Zitt wiedersah. Was tun! Sollte man ihn wieder auf die Rundreise ohne Ende schicken? Die Behörden resignierten und gestatteten ihm, an Land zu gehen.

Aber um die Genehmigung zur Fahrt durch den Kanal zu erhalten, mußte er die fünfzig Pfund deponieren. Er gab an, daß er auf eine Überweisung warte.

Einige Tage später fand er einen Spanier, der ihm fünf Pfund bot, wenn er in einem Zirkus als Boxer auftreten würde.

Ohne zu zögern, nahm Zitt an ... und bekam eine Tracht Prügel, die die Summe durchaus wert war!

Er verdiente noch zwei Pfund und ein neues Segel, das in großen Buchstaben folgende Beschriftung trug:

„Ich komme aus Deutschland. Haben Sie einen Kodak, um mich zu photographieren?"

Der Grund ist leicht zu erraten, mit diesem Segel mußte er täglich ein bis zwei Stunden vor dem Hafen kreuzen, um die Aufmerksamkeit des Publikums auf sich zu lenken. Damit hatte er insgesamt nun siebenundzwanzig Pfund, die fehlenden dreiundzwanzig konnte er sich leihen und am Ausgang des Kanals zurückerstatten.

Im Roten Meer erlitt er einen Malariaanfall, und um das Unglück voll zu machen, lief auch noch der Trinkwasserbehälter aus. Da lag er mit 40 Grad Fieber in seiner Kajüte. Zwei Tage ohne einen Tropfen Wasser, in einer Temperatur, die auch im Schatten bei 40 Grad lag. Die Küste war nicht weit entfernt, aber er hatte nicht mehr die Kraft, zu manövrieren. Plötzlich hörte er Rufe, glaubte aber, im Delirium zu sein. Doch es war ein griechischer Dampfer, der das kleine Boot ohne Besatzung gesehen hatte und darauf zuhielt.

Endlich Wasser!

Er erhob sich – die Erregung vertrieb das Fieber, sagte er (etwas Neues, die Emotiotherapie). Man gab ihm Wasser, Obst und schlug ihm vor, an Bord zu kommen. Natürlich lehnte er ab.

Er lief Muela, el Waldi, Janbo el Bahr und Djidda an, dann Port Sudan, Massaua, Hodeida und schließlich Aden.

Er hatte die Absicht, an der Küste von Oman entlangzusegeln. Zwischen Haura und Makalla stand eine Baumgruppe auf einem Hügel. Dort müßte es eigentlich Wasser geben, dachte er, nahm einen Krug und ging an Land. Weil diese Gegend wenig sicher schien, bewaffnete er sich vorsichtshalber mit einem Gewehr mit aufgepflanztem Bajonett. In der Nähe der Bäume standen zwei Männer mit drei Kamelen. Er raffte sein ganzes Arabisch zusammen, begrüßte sie und bat sie um Wasser.

Einer der beiden antwortete mit einem unverständlichen Satz, und Zitt, der die Gefahr spürte, nahm seine Beine in die Hand und rannte zum Ufer zurück. Der Araber sprang an seine Seite, ergriff seinen Arm und entriß ihm mit der anderen Hand das Doppelglas. Zitt ging auf ihn los, um es ihm wieder wegzunehmen, doch der Araber faßte nach dem Tragebeutel, den der Junge am Gürtel trug. Der aber nahm sein Gewehr und schlug dem Mann mit dem Kolben gegen das Schienbein. Da ließ er endlich los.

Und nun geht es weiter wie im Kino:
Zitt rennt, so gut es mit dem verkrüppelten Bein geht. Der Araber hinterher, holt ihn mühelos ein und packt ihn an der Gurgel. Eine Klinge blitzt in seiner Hand auf.

Großaufnahme:
Das erschreckte, rote Gesicht von Zitt, angstverzerrt, doch in seinen Augen wilde Entschlossenheit. Keine Wahl! Mit einer schnellen Bewegung sticht er mit dem Bajonett zu.

Der Araber gibt aber nicht auf! (Das war ein ganz hartgesottener.) Er hebt seinen Dolch...

Aber Zitt verpaßt ihm einen Schlag mit dem Kolben auf den Kopf. Der Mann sinkt in den Sand. Schnell nimmt Zitt sein Doppelglas und humpelt los, so schnell er kann. Er springt an Bord der *Bayern*. Aber der zweite Araber kommt ihm nach.

Es bleibt keine Zeit, das Segel zu setzen, bevor er heran ist.

Untertitel: Er oder ich!

Zitt zielt schnell, schießt. Der Mann geht in die Knie, rollt in den Sand. Es bildet sich eine große Blutlache.

In aller Eile holt Zitt den Anker auf. Unter der Brise läuft *Bayern* mit leichter Lage in Richtung See, an Bord der siegreiche (und erschöpfte) Held! Klappe – ENDE.

Fehlte nur noch die blonde Heldin, aber den Siegeskuß bekommt er auch so – vom Meer!

Zitt hat die Nase voll von diesem Land, gewinnt die freie See, und bald bildet der Horizont Tag um Tag einen geschlossenen Kreis.

Er berichtet nicht, wie sich die *Bayern*, dieses armselige Süßwasserboot, auf See verhielt, woraus man schließen könnte, daß sie sich ganz gut machte.

Tage vergehen, Wochen, Monate. Monotone und einsame Tage. In dieser Monsunzeit läßt der Wind bei Sonnenuntergang nach und bleibt dann ganz aus.

Es sind jetzt 2½ Jahre her, seit Zitt Deutschland verließ.

Eines Morgens geht die Sonne hinter einer großen, bedrohlichen Wolkenbank auf. Der Himmel bezieht sich im Laufe des Tages, der Wind nimmt zu, die See wird grob, das Wetter hart. Bei Einbruch der Dunkelheit dreht der Nordwind plötzlich auf Süd. Zitt macht sich auf eine unruhige Nacht gefaßt. Aber er nimmt es gelassen hin, bringt den Treibanker aus und geht schlafen.

Um auf andere Gedanken zu kommen, liest er noch einen Augenblick eine alte griechische Zeitung und schläft dann ein.

Es kann gegen 1 Uhr morgens gewesen sein, als er durch einen fürchterlichen Stoß geweckt wurde. Die Steuerbordseite stieg immer höher, während die Backbordseite unter ihm wegrutschte. Nichts wie raus! *Bayern* lag in dem Moment, als es Zitt gelang, herauszukommen, ganz flach, dann kenterte sie. In die See geschleudert, gelang es dem Jungen, sich am Unterwasserschiff anzuklammern. Er hielt sich dort mit aller Kraft fest und krallte die Finger in den Schlitz des Schwertkastens.

Offenbar war die verbrauchte Trosse des Treibankers gebrochen, obwohl sie gegen Schamfielen bekleidet gewesen war.

Seine Hände schmerzten erheblich, besonders an den Gelenken, aber Zitt ließ nicht los. Er hielt in dieser Lage bis zum Morgengrauen aus. Glücklicherweise ließ der Sturm etwas nach. Er „wartete einige Stunden, um Kräfte zu sammeln" (?), tauchte dann, um Mast und Segel klarzumachen. Unter Ausnutzung einer Welle drehte er den Rumpf in die ursprüngliche Lage zurück und kletterte ins Cockpit.

Der Trinkwasserbehälter war verschwunden, und die nächste Küste war 500 sm entfernt.

Nach einem Augenblick der Niedergeschlagenheit nahm Zitt sich zusammen und versuchte, das Boot leerzuschöpfen. Eine Danaidenarbeit, denn das Deck schwamm in Höhe der Wasserlinie, und die überkommenden Wellen machten in einem Augenblick zunichte, was der arme Junge in langen Minuten verbissener Arbeit geschafft hatte. Endlich sah Zitt, daß der Rumpf langsam höher aus dem Wasser kam.

Als das Boot nach Stunden endlich lenz war, konnte er seine Ausrüstungsgegenstände zusammensammeln, und bald war alles einigermaßen wieder in Ordnung. Alles, mit Ausnahme des verlorenen Trinkwassers.

Der junge Mann dachte, „wo Leben ist, ist Hoffnung, vielleicht komme ich noch einmal davon. Vielleicht? Nein, mit Sicherheit!"

Unter einer Notbesegelung nahm er wieder Fahrt auf. Am Achterliek des Großsegels setzte er ein Notsignal.

Am fünften Tag sah er am Horizont einen Punkt, dann eine Rauchwolke, Masten – einen Dampfer!

Es war das Fahrgastschiff *Queen of Sumatra*, von Ceylon auf dem Weg zum Persischen Golf. *Bayern* wurde gesichtet, und das Schiff änderte den Kurs.

Zitt zog sich an der Jakobsleiter hoch und bat um Wasser, das er unter dem Klicken der Fotoapparate in einem Zuge trank.

Die aufgeregten Passagiere baten den Alleinsegler um Fotos. Er hatte natürlich keine. Ein Amerikaner wollte auf einer Postkarte ein Autogramm haben, und während Zitt es ihm gab, rief er: „Zehn Dollar" und ließ einen Schein in die Hand des Jungen gleiten.

Das löste ein großes Getümmel aus, und eine halbe Stunde lang mußte

Zitt Karten signieren, während sich seine Taschen mit Banknoten füllten.

Der Kapitän des Passagierdampfers schenkte ihm zwei Faß Süßwasser, zusammen etwa 100 Litter. Nachdem Zitt also den Touristen eine wunderschöne Attraktion geboten hatte, nahm er den Kurs nach Indien wieder auf.

Die elfte Woche ging zu Ende. Das Ziel, Indien, konnte nicht mehr weit sein. Endlich, im Morgengrauen, machte er Land aus. Fischerboote lösten sich aus dem Dunst und folgten dem fremdartigen „Schiff". Zitt ging bei einem Hüttendorf an Land. Das Boot setzte er aufs Trockne und seinen Fuß auf indischen Boden, aber der fing plötzlich unter ihm an zu schlingern und zu stampfen. Da war er also in Indien, von dem er seit seiner Kindheit träumte. Der Augenblick war da, den er seit drei Jahren so sehnsüchtig erwartet hatte. Das Dorf war von Eingeborenen bewohnt, von denen keiner englisch sprach. Zitt war es nicht möglich, den Leuten verständlich zu machen, daß er eine große Stadt suche, Karatschi oder Bombay. Er wußte nicht, ob er nach Norden oder Süden weiterlaufen mußte. Er versuchte, es ihnen an Hand der Karte klarzumachen, aber niemand verstand ihn. In seiner Verzweiflung zeichnete er einen englischen Soldaten auf ein Stück Papier. Da zeigten sie in die nördliche Richtung.

Er segelte an der Küste entlang und machte in einem Dorf Station, in dem er erfuhr, daß einige Kilometer binnenlands ein Engländer lebte. Zitt schlug einen Urwaldpfad ein, um ihn zu besuchen, und humpelte los. Unterwegs wurde er von einer Schlange gebissen. Er zog sein Messer, biß die Zähne zusammen, öffnete und reinigte die Wunde und machte kehrt. Aber sein Bein schwoll zusehends an, und vor seinen Augen wurde es immer nebelhafter. Er verlor das Bewußtsein und sank im Urwald nieder.

Fortsetzung folgt.

Doch nein, geben wir sie lieber sofort.

Zitt wachte in einem hübschen Bungalow wieder auf.

Ein grobschlächtiger Mann tritt ein und lacht. Seine gütigen Augen kontrastieren mit dem struppigen Gesicht.

„Na, ausgeruht?" fragte er.

Dabei schüttelt er Zitt die Rechte.

In der großen roten Hand dieses Mannes lag eine Mumienhand. Gelbe runzelige Haut und Knochen.

Es war seine eigene Hand. Es kostete Mühe, sie wiederzuerkennen.

Fassungslos hörte er, daß schon fünf Wochen vergangen waren, seit ihn Eingeborene im Busch gefunden und zu dem Engländer gebracht hatten. In der Zeit zwischen Leben und Tod schien er das Gedächtnis und den

Verstand verloren zu haben. Jetzt fiel der Schleier von seinen Augen, und als Zitt seinen Gastgeber betrachtete, verstand er, warum er den Eindruck gehabt hatte, ihn schon einmal gesehen zu haben.

Zitt kam ziemlich schnell wieder zu Kräften, war sich aber im klaren darüber, daß er noch lange Zeit zu schwach zum Segeln sein würde. Außerdem hatte er davon auch einstweilen genug. In Karatschi bestieg er einen Kümo nach Port Said und konnte dort, dank der Dollars der Passagiere von der *Queen of Sumatra*, einen Dampfer nach Italien nehmen und schließlich mit dem Zug nach Deutschland zurückkehren.

Es ist merkwürdig, daß er nicht berichtet, was aus der *Bayern* geworden ist. Hat er sie auf Nimmerwiedersehen zurückgelassen, die ihn doch treu über so viele Fährnisse gebracht hatte?

JOHN E. SCHULTZ

„Es ist fast amoralisch, wie dieser Narr davonkommt, während redliche Fischer ertrinken."

Das ist das Urteil einer netten und umgänglichen Buchhändlerin, die auf das folgende Abenteuer hinwies, und es scheint die passende Überschrift für die Geschichte zu sein. Es ist absolut sicher, daß die See keine Moral kennt. Sie hat alles von einem orientalischen Satrapen, der nach eigenem Gutdünken verurteilt oder Gnade walten läßt, der die Besten verfolgt und die Schlechtesten verschont.

Der 18jährige amerikanische Student John E. Schultz unterbrach sein Studium, verließ Chikago im Frühjahr 1947, um Mutter und Stiefvater zu besuchen, die damals in Equador, am Rande des Pazifiks, lebten.

Das Semester begann erst im Herbst wieder, und er sagte sich: „Ich habe fünf Monate Zeit, um etwas herumzureisen. Warum soll ich nicht auf einem Wege zurückfahren, der einem Schüler angemessen ist." Zu jener Zeit hatte er gerade das Gedicht *Sea Fever* von John Masefield gelesen: Ich muß wieder zum Meer hinabsteigen ...

Zum Meer hinabsteigen – das wollte John auch. Ganz in der Nähe begann die längstmögliche Abstiegsroute, nämlich der Amazonas.

Ganz in der Nähe – allerdings nur in der Luftlinie – lagen die Kordilleren mit ihren über 6000 Meter hohen Gipfeln.

John würde zu Fuß über die Bergkette müssen, auf Maultierpfaden in der Nähe von Quito, auf der anderen Seite würde er auf den Napo stoßen, einen Nebenfluß des großen Stroms.

Und so machte er es. Dort, wo der Napo schiffbar wird, kaufte John für 4 Dollar und 20 Cents ein Indianerkanu, ausgehöhlt aus einem Stamm, aber noch viel ranker als die Kanadier, die er in Chikago kennengelernt hatte. Recht und schlecht bewältigt er die Stromschnellen, ißt Affenfleisch (nicht aus der Dose), das offenbar viel besser schmeckt als Papageienfleisch, erreicht Iquitos im Norden Perus, nicht weit vom Zusammenfluß mit dem Amazonas.

Dort muß er seine Finanzen aufbessern, denn sein Stiefvater hatte ihm nur ein kleines Zehrgeld mit auf den Weg gegeben:

„Sieh zu, wie du klar kommst, mein Junge."

John arbeitet fünf Wochen als Mechaniker.

Der Amazonas ist von Iquitos ab gut befahrbar. In der Zeit des hohen Wasserstandes laufen dauernd große Schiffe, Frachter bis zu 7000 Tonnen, auf den 2300 Meilen, die Iquitos vom Atlantischen Ozean trennen. Das geht so einfach, daß schwere Güter aus dieser peruanischen Stadt auf dem Fluß bis in die Nähe der Hauptstadt Lima transportiert werden und umgekehrt, durch den Panamakanal und über den Pazifik. Das sind 6500 Seemeilen für eine Entfernung, die in der Luftlinie nur 650 Meilen beträgt.

John hatte einige „Soles" gespart, dafür ließ er sich ein etwas stabileres Boot bauen, das er *Sea Fever* taufte, nach dem Titel des Gedichtes.

Das Boot, oder vielmehr der Einbaum, ist eine erstaunliche Sache, aus einem einzigen Zedernstamm gebaut. Ein zylindrisches Stück wird dergestalt ausgehöhlt, daß die Seitenwände 2,5 cm stark stehenbleiben und der Boden 6,3 cm stark. Bei dieser Arbeit entstehen Löcher, die man mit Pfropfen dichtet. Sie bewähren sich im Strombereich recht gut, auf See aber schlecht.

Wenn der Stamm auf diese Art ausgehöhlt ist, nutet man ihn in gerader Linie, aber nicht ganz von einem Ende zum anderen, durch. Dann bringt man den hohlen Stamm über ein Feuer, um das Holz arbeiten zu lassen, und preßt die beiden Ränder der Nut auseinander, indem man immer stärkere Keile einschlägt. Auf diese Weise, vorausgesetzt, daß es nicht schiefgeht, und das tut es bei der Hälfte aller Fälle, kann man aus einem Stamm von 75 cm Durchmesser einen Einbaum, Casco (Rumpf) genannt, von 120 m Breite herausarbeiten.

Sea Fever maß 5,15 m in der Länge.

Die Indianer zeigten John, wie man es paddelt, nicht achtern, sondern am Vorsteven. Der Junge verließ Iquitos am 4. August und lief bis Manaos. Die einzige Schwierigkeit war, sich zwischen den zahllosen Nebenarmen des Flusses zurechtzufinden, dort, wo der Rio Negro in den Amazonas fließt, etwa auf halber Entfernung zum Meer.

Der Fluß ist hier so breit, daß John glaubt, segeln zu können. Der

Baumstamm erhält ein Yawlrigg! Außerdem noch einen falschen Kiel und zur Verstärkung fünf Spanten. Schultz setzt noch eine Planke obendrauf, um den Freibord zu erhöhen, der vorher nur 20 cm bei voller Last betrug. 20 Zentimeter! Er schaffte sich ein Seitendeck mit einem winzigen Setzbord, deckte Vor- und Achtersteven auf 30 cm ein und verlegte ein weiteres Stück Deck von 40 cm Länge vor dem Koker des Großmastes.

Großmast, wenn man so will, denn dieser und der Besan waren gleich lang, beide 2,15 m. Sehr bequem, um an den Block des Großfalls zu kommen, und sicher war es nicht nötig, in einen solchen Mast aufzuentern. Später wurde der Großmast mit einer Stenge verlängert, an der ein bizarres „dreieckiges Segel" vorgeheißt werden konnte. Schultz ahmte damit, ohne es zu wissen, das altrömische *cyparum* nach, das er „den Lumpen" nannte. Es wurde damals oberhalb des Rahgroßsegels gefahren.

Normalerweise trug der Mast ein 4 qm großes Dreiecksegel und einen Klüver von 1,70 qm. Der Besan hatte ebenfalls ein Bermudasegel von 1 qm. Und weil Segeltuch zu teuer war, bestand das Ganze aus Zeltstoff und war auf seiner ganzen Breite einfach genäht. Das komische dabei ist, daß die Besegelung auf den Fotos, selbst nach Beendigung der Reise, gar nicht so schlecht aussah. Das Ruder war aufgehängt. Ein winziger Klüverbaum brachte den Segelschwerpunkt etwas weiter nach vorn.

Navigationsinstrumente? Einen Pfadfinderkompaß. Der Offizier eines Frachters schenkte John einen Sextanten von einem Rettungsboot, ein nautisches Jahrbuch und ein Exemplar des Seehandbuches, nachdem er vergeblich versucht hatte, ihn von seinem Vorhaben abzubringen.

Von guten Ratschlägen wollte John nichts wissen. Er hörte kaum hin.

Und er fuhr los.

Nautische Erfahrungen hatte er sich in einigen Stunden Snipesegeln auf einem kleinen See erworben! Tatsächlich hatte *Sea Fever* eine gewisse Ähnlichkeit mit einem Snipe, aber keiner der anderen Narren, nicht einmal Andrews oder Lawlor, wäre mit einer Snipe-Jolle auf See gegangen.

Die ersten fünf Tage der Reise unter Segel verliefen ohne Zwischenfall. Aber am sechsten Tage, John hatte alle drei Schoten dummerweise auf einer einzigen Klampe belegt, geriet er in eine Stromschnelle, die Segel kamen back, und er kenterte.

An Bord war nichts festgezurrt. Alles, außer einem wasserdichten Sack mit dem Sextanten und den Büchern, ging verloren, Während er im Wasser paddelte, wurde er von Piranhas gebissen, erzählte John, den gräßlichen fleischfressenden Fischen (er hatte Glück, sie attackierten ihn nur an einer ganz bestimmten weichen Stelle!). Endlich saß er rittlings auf seinem gekennterten Boot. Ein mitfühlender Kanufahrer nahm ihn in Schlepp.

Er kam zum Flußhafen Santarem, dann nach Macapa an der Amazonasmündung.

Der von John aufgestellte Zeitplan war längst überschritten, es war bereits November und zu spät, um rechtzeitig zum Semesterbeginn zu kommen! Er besuchte Belem oder Para, den großen Hafen am Südarm. Von einem ehemaligen Marineoffizier bekam er dort einen guten Kompaß und eine kleine Pumpe geschenkt.

John nimmt in Macapa Lebensmittel an Bord: 10 Pfund Zwieback, 100 Apfelsinen, einige Konserven, Sockolade, 10 Dosen Tomatensaft und 45 Liter Wasser in zwei ehemaligen Ölkanistern.

Kartenskizze mit Route von Schultz

Die Ausreise erfolgte am 13. Dezember 1947.

Während der ersten beiden Tage blieb er im Nordkanal und ging dann durch die „Porocora"-Passage. Eine gigantische Springflut verursachte auf dem flachen Wasser eine drei Meter hohe Flutwelle.

John wollte so schnell wie möglich weg von der gefährlichen Küste, um in den parallel laufenden Nordoststrom zu kommen, der auf Trinidad setzt.

Aber da wehte auch der Wind aus Nordost, also genau von vorn, und *Sea Fever* weigerte sich hartnäckig, anzuluven, was niemand überraschen wird. Übrigens braucht man beim Kreuzen auch den Willen dazu. John hatte keinen mehr, denn er spuckte sich die Seele aus dem Leib.

Später birgt er das Großsegel und läuft unter Besan und Fock weiter. Jetzt muß er sich aber zusammennehmen, denn die Pfropfen in den Löchern, die dazu gedient hatten, den Baumstamm auszuhöhlen, arbeiten, und jeder Wellenschlag drückt sie immer mehr nach innen. Sie tropfen wie kleine Wasserhähne. John drückt sie so gut er kann wieder zurück, aber er bekommt die Löcher nicht ganz dicht und muß jede halbe Stunde lenzen. Anstrengend.

Noch anstrengender war, daß er nicht schlafen konnte. Wie ein Hund mußte er sich zusammenrollen, den Kopf unter der achterlichen Ducht. Durch dieses System hatte er im übrigen eine bessere Wasserstandsanzeige als Rebell durch die Konservendose: Wenn das Wasser ins Gesicht schwappt, muß er lenzen.

Nach dem ersten Tag liegt die Küste ein Dutzend Meilen zurück. Am Abend belegt John das Ruder und schläft. Daher befindet er sich am nächsten Morgen an demselben Punkt, den er tags zuvor verlassen hatte (ohne Küstenstrecke gewonnen zu haben). Am nächsten und übernächsten Morgen fast das gleiche. Erst am vierten Tag kommt die große Insel Maraca in Sicht, die etwa 100 Meilen vor dem Amazonas liegt.

Wind und See waren so freundlich, sich in ihren Anstrengungen zu mäßigen. Am Abend des 16. Dezember hatten sie die Güte, ganz sanft auf Südost zu drehen, und als er die Insel gerundet hatte, bedeutete das achterlichen Wind. Nach dem 17. wird John nicht mehr seekrank. Er staut noch einmal Material und Lebensmittel, die schon verdorben sind, wie man sich denken kann, abgesehen vom Inhalt der verlöteten Dosen. Die Schokolade ist grün, ein Wasserbehälter ausgelaufen.

Am 18. Dezember, mittags, versinkt das Land hinter dem Horizont, und *Sea Fever* macht Fahrt voraus. Gut und schön, sagt sich der Junge, aber jetzt muß der Standort bestimmt werden. Er holt das Handbuch heraus, verschlingt den Inhalt und stellt mit Erschrecken fest („much to my surprise"), daß man eine genaue Uhr braucht, um den Längengrad zu berechnen. Für jemand, der Westnordwest segeln will, ist das sonst ziemlich fatal.

Was das Log anbelangt, so handelte es sich um ein altes Bootslog, bestehend aus einem kleinen Propeller, einer schwachen Leine und einem Zählerchen. John versteht nicht, damit umzugehen, und die Spule macht schnurr. Abgesehen davon, fährt er derartig im Zickzack, daß jedes Koppeln unmöglich ist. Jeden Tag macht John sich die Mühe, die Mittagsbreite zu nehmen, nachdem er schon eine halbe Stunde vorher zwei gleiche Beobachtungen vornahm. Die Schwierigkeit bestand darin, sich in der Nußschale aufrecht zu halten. Er muß das Großsegel bergen, ein Bein schlingt er um das Want, das andere um den Besanmast, stemmt eine Schulter gegen das andere Want. So hat er beide Hände frei und kann die Sonne schießen. Bei schlechtem Wetter mußte er sich am Besan festbinden. Er glaubte, die Breite auf 5 Meilen genau zu bekommen, aber keine brauchbare Länge.

Er weiß, daß die Küste nach Westen verläuft, und segelt weiter. Am 24. Dezember trifft er auf eine Insel. Zum Teufel, welche Insel kann das sein? Er kommt näher und ist perplex, französische Laute zu hören. Französisch? Spricht man denn in dieser Ecke der Welt französisch? Wie kam es, daß er nach so kurzer Zeit auf eine Insel traf, es wird doch wohl nicht schon Trinidad sein?

Nein, Trinidad ist noch weit. Er hat höchstens ein Drittel der Strecke hinter sich. Aber er ist ganz dicht am Kontinent. Es ist die Teufelsinsel, die genau vor der Küste von Französisch-Guayana liegt und von deren Existenz er keine Ahnung hatte.

Diese Insel hat einen schlechten Ruf, es ist eine Strafkolonie. Ihm erscheint sie mit den Bäumen als Paradies.

Ebenso herrlich wie unerwartet.

Er läuft nach Trinidad weiter.

Das Wasser im Boot weicht ihn auf. Er ist halb erfroren, obwohl er am Äquator liegt.

Die Ereignisse haben gezeigt, daß auf seine errechneten Längen wenig Verlaß ist. Er hält es daher für klug, auf die Schiffahrtsrouten zu achten, und indem er diese mit den brauchbaren Breiten in Verbindung bringt, weiß er „ungefähr", wo er ist. Darum hält er auf Westnordwest, nachdem er sechs Tage nordwest gelaufen war und keine Schiffe mehr sah, wohl aber Möwen. Die Rechnung ist nicht dumm. Die Küste der Insel Trinidad bildet mit der Orinokomündung eine Nordsüdlinie. Wenn er ihre Breite kennt, kann er sie nicht verfehlen. Und siehe da, eines Tages taucht das Feuer von Punta Galera im Norden der Insel auf. Er läuft ein, total erschöpft. Er wird von einer Furunkulose und allen möglichen Hautkrankheiten geplagt, die durch die warme Feuchtigkeit hervorgerufen wurden. Acht Tage verbringt er in einem Krankenhaus und läßt sich mit Penicillin behandeln.

Als er wieder in See geht, besitzt er keinen Pfennig mehr. Er muß also

Geld verdienen. Mit einem gewissen von Böhmler zusammen beteiligt er sich an einer Ausschreibung zum Abbruch von Dückdalben, die vor dem Kriege gerammt worden waren. Schultz leiht sich einen Taucheranzug, um an den Fundamenten der Dalben Dynamit anbringen zu können. Dann läßt er sie hochgehen. Das damit verdiente Geld wird zur Verbesserung von *Sea Fever* verwendet. Er baut einen neuen flachen Kiel von 115 Pfund an, der andere wird neu verbolzt, damit er kein Wasser mehr macht – allerdings erfolglos. Die kleinen Decks werden mit Segeltuch überzogen, um sie dicht zu bekommen – ebenfalls ohne Erfolg, John schneidert sich eine Kreuzfock und hofft, damit besser an den Wind gehen zu können – aber auch das blieb ohne Erfolg.

Er kauft einen Anker, Riemen und vier Dollen, denn das Boot ist zum Paddeln zu schwer geworden.

Da John sich entschlossen hatte, allein in die Staaten zurückzukehren, mußte er den südamerikanischen Kontinent jetzt verlassen – Trinidad gehört praktisch zum Kontinent – und den nordamerikanischen erreichen.

Sicher, zwischen beiden Kontinenten liegt nicht die freie See. Es gibt einen Haufen Inseln dazwischen, die Kleinen Antillen, die Großen Antillen, Puerto Rico, Haiti, San Domingo, schließlich Kuba oder die Bahamas. Sie verbinden Venezuela mit Florida. Schultz konnte von einer zur anderen segeln, doch er entschloß sich, den kürzesten Weg von Grenada nach Puerto Rico zu nehmen, quer durch die Karibische See.

Trinidad verließ er am 4. Mai 1948 (die Ferien werden immer länger, erst ein ganzes Jahr später wird er wieder ins Semester gehen können). In einem Tag erreicht er Grenada dann ... braucht er einen weiteren Tag, um in den Hafen von Saint Georges einzulaufen. Zwei schreckliche Tage, denn die Seekrankheit packt ihn so heftig wie nie zuvor. Er spuckt Blut.

Nach einigen Ruhetagen geht es weiter, und zwar diesmal auf die große Überfahrt. Auf einer ganz kleinen Insel, der Avesinsel, wollte er ausruhen, weil aber seine Uhr stehengeblieben war, „konnte er keine exakte Navigation mehr machen".

Man mag daran zweifeln, jedenfalls kommt die Insel nicht in Sicht. Nun steckt er mittendrin in der Karibischen See (und spuckt immer noch). Die Furunkel kommen wieder. Und dann auch noch schlechtes Wetter! *Sea Fever* nimmt Wasser über. Er muß lenzen. Trotz der Arbeit friert er schrecklich, denn er hat Fieber, diesmal ein „physisches Sea Fever".

Er macht Nordnordwest. Es besteht eigentlich wenig Gefahr, in den Atlanik hinauszugeraten, die Inselkette wird kaum unterbrochen. Allerdings könnte er leicht festkommen.

Was dann auch prompt passiert. Eines Tages liegt auf einige Kabellängen Abstand eine himmelhohe Steilküste vor ihm, im Morgengrauen undeutlich erkennbar. Da John aber in Lee liegt, bricht sie die See nicht. Noch mal Glück gehabt. Was nun?

Was nun? Welche Steilküste ist das bloß? John hat nicht die leiseste Ahnung. Es gibt eine Möglichkeit, es herauszubekommen, denkt er, die älteste Navigationsmethode der Welt: an Land gehen und fragen! Er legt sein Kanu an einer geschützten Stelle vor Anker, geht an Land und fragt die Einwohner. Die Insel Gorda ist es, eine der englischen Jungferninseln. Ob es dort ein Krankenhaus gäbe, um die verdammten Furunkel loszuwerden. Auf Tortola, mehr nach Westen.

O. K.

John setzt sich wieder in sein Boot. Müde und krank, hat er kaum noch die Kraft zum Lenzen. In einer Nacht läuft das Kanu voll. Es treibt ohne Segel. Endlich Tortola.

John wird versorgt.

Von Tortola geht er in 29 Stunden nach San Juan auf Puerto Rico (114 Meilen). Mit diesem schwimmenden Untersatz eine beachtliche Leistung! Dort übernimmt der örtliche Yachtclub die Reparatur des „Bootes".

Anstatt im Windschutz der Inseln zu bleiben, also im schützenden Lee, segelt Schultz luvwärts daran vorbei, ziemlich weit draußen, um schneller voranzukommen.

Am 4. Juni wieder ausgelaufen, segelt er fünf Tage bei mäßiger Brise. Am 9., um 22 Uhr, spürt er einen Stoß. Die Lampe geht aus, das Boot legt sich flach, Wasser dringt über das Setzbord ein. Die Ankerkette hing die ganze Zeit über Bord, mittschiffs, sie hatte sich irgendwie auf dem Grund verhakt (Seeleute und Sportsegler können sich mit Recht auf die Schenkel schlagen, denn das ist einfach toll).

Woran die Kette hängengeblieben war? An einem Korallenriff. Schultz befürchtet, daß er auf der Insel Hispaniola von Kolumbus festgekommen ist (Haiti-San Domingo), tatsächlich hat er sich aber weiter nördlich auf die Silverbank gesetzt. Ein Korallenriff, dessen Name auf die Brandung hindeutet, die darauf steht. Schultz hatte das Glück, in Lee aufzulaufen. Aber durch die Beanspruchung wurde ein Augbolzen unterhalb der Wasserlinie herausgerissen (wahrscheinlich ein Augbolzen des Wasserstags). John tauchte, um einen Pfropfen in das Loch zu schlagen, ohne jedoch ein brauchbares Resultat zu erzielen.

Er läuft weiter, immer noch innerhalb des Riffs. Er findet Flauten vor, begegnet einem Bananendampfer, man gibt ihm Brot und Wasser.

Am zehnten Tag will er auf Grand Inagua Station machen, der südlichsten der Bahamas. Aber nach einem ausgiebigen Schlaf stellt er fest, daß er an seinem Ziel schon vorbei war.

Auch gut, er würde wiederkommen. Er angelt. Erreicht endlich Mattew Town auf Grand Inagua.

Jetzt gilt es, an der Nordküste Kubas entlangzulaufen. Aber der Wind frischt gefährlich auf. Das kleine Boot krängt manchmal so stark, daß die Masten fast auf dem Wasser liegen, doch dank dem neuen falschen Kiel richtet es sich immer wieder auf.

Bei einem Reffmanöver tritt John auf den heruntergefallenen Sextanten. Er repariert ihn wieder! Wie vorsichtig gehen dagegen Navigatoren mit ihren Sextanten um!

Ein Streichholzende ersetzt die Spiegelhaltung. Die gefärbten Gläser werden gegen zerbrochene Sonnenbrillengläser ausgetauscht. Der somit „reparierte" Apparat muß umgekehrt benutzt werden, weil der Spiegel nicht mehr stimmt.

Auf der felsigen Barriere nordöstlich Kubas macht *Sea Fever* einen Hammelsprung auf ein Korallenriff. Nach drei weiteren Sprüngen kommt sie wieder in freies Wasser, aber vollgelaufen, Baum und Klüverbaum sind herausgerissen, das Großsegel zerfetzt. Glücklicherweise ist es in der Lagune ruhig, und John kann die kleine Insel Cayo Verde erreichen, wo er eine reizende Familie kennenlernt, deren Männer die Spieren reparieren und deren Mädchen die Segel nähen.

Dort lebte er einige Zeit ganz idyllisch und läuft dann zur letzten Etappe aus.

Nachdem er die Inselgruppe Anguila zwischen Kuba und Florida passiert hatte, lief er nach einem letzten heftigen Sturm am 30. Juni 1948 in der Quarantänestation vom Miami ein.

Gesundheitsinspektion. Zoll!

„Welchen Wert deklarieren Sie für das Boot?"

„11 Dollar."

„Ein Boot – 11 Dollar?"

„Ja."

„Na ja..., dann schreiben wir mal ›persönliches Gepäck‹ 11 Dollar."

E finita la comedia.

DIE EINHANDREGATTEN ÜBER ATLANTIK UND PAZIFIK
oder die organisierte Einsamkeit.

Eine völlig andere Art der Einhandsegelei sind organisierte Einhand-Regatten über den Atlantik oder den Pazifik. Die geistige Einstellung dazu, Ausrichtung und Verwirklichung unterscheiden sich grundsätzlich von dem, was alle Akteure dieses Buches begeisterte, für das sie lebten. Man erinnert sich an den Vorläufer dieser Regatta, jene absurde Wettfahrt kleiner Boote, die 1891 von Lawlor und Andrews von West nach Ost, von Boston nach England, vorwiegend mit dem Wind, ausgesegelt worden war. 69 Jahre später wurde die Idee durch den Engländer Colonel Hasler, wieder aufgegriffen, einem verabschiedeten Marineoffizier, der sich während des Krieges durch ein Kommandounternehmen im Kajak gegen Bordeaux ausgezeichnet hatte.

Der Startschuß fiel in England. Nach Amerika ging die Reise. Überwiegend gegen die vorherrschenden Winde, wenn man die kürzeste Route segeln wollte. Das Alleinsegeln hatte sich während der ersten beiden Drittel dieses Jahrhunderts erheblich verbreitet. Erfahrungen waren gesammelt, die Boote „seriöser" geworden. In den Jahren 1960, 1964 und auch noch 1968 ging der Colonel von dem Gedanken aus, nicht im Konventionellen zu verharren, dem „klassischen" oder „normalen" Segeln. Er wollte im Gegenteil den Versuch fördern, auf diesen großen Distanzen Originelles auszuprobieren: Dschunkensegel, Mehrrumpfboote usw.

Moderne Navigationshilfsmittel waren allgemein in Gebrauch, jedoch nicht vorgeschrieben. Man konnte sie benutzen oder auch nicht. Aber die Regatta wurde gründlich organisiert, Überwachung durch Patrouillenboote und -flugzeuge gewährleistet. Das Übersegeln des großen Teiches was fast eine alltägliche Sache geworden. Das Interesse konnte sich also auf gesegelte Zeit konzentrieren, ohne daß mit Unfällen gerechnet werden mußte. 1960 kamen 5 Teilnehmer zusammen, vier Briten und ein Franzose. Offenbar behielten sie das Abenteuer in angenehmer Erinnerung, denn ausnahmslos meldeten sie für 1964 wieder. Sieger nach 40 und einem halben Tag wurde Francis Chichester mit seiner „*Gipsy Moth*", einem herkömmlichen Kutter, von 12,13 m L. ü. a. und 10,7 Tonnen Verdrängung. Er war recht schwer für ihn, schnitt aber gut durch den entgegenkommenden Seegang. Der Zweite, Colonel Hasler und der Vierte, Val Howells, segelten ein populäres Boot, ein Volksboot mit 7,90 m L. ü. a. Aber Hasler hatte die Normalbesegelung durch ein ausgefallenes Rigg ersetzt. Mit seinen durchgehenden Latten sah es aus wie eine chinesische Dschunke. Die Segelfläche betrug nur 22 m² gegen 35 m² der serienmäßigen Takelung. Es bewährte sich ganz hervorragend, denn Hasler kam nach 48,5 Tagen ans Ziel, während das herkömmlich geriggte Schwesterschiff 63 Tage brauchte.

Letzter wurde Lacombe, der Junge aus einer Pariser Täschnerwerkstatt. Zwar war er schon mal auf dem Wasser gewesen – auf der Seine – und hatte sich anschließend allein und bar jeder Vorkenntnisse in das Wagnis gestürzt, vom Mittelmeer zum Atlantik zu segeln. Er kam nach sehr langer Zeit, 74 Tagen, als Letzter an, weil er die südliche Route wählte und zu früh den Passatbereich verließ.

Mit seinem Boot, einem Kielschwerter vom Typ Cap Hoorn, 6,50 m L. ü. a., wollte er beweisen, daß man mit einem „Jedermannsboot" allein über den Atlantik kommt (was bereits bekannt war, dieses Buch macht es deutlich). Aber es sollte eine französische Konstruktion sein. Die Engländer hatten das gleiche mit ihrer „Vertue", 7,70 m, schon bewiesen. Allerdings mit zwei Mann Besatzung, der eine 50, der andere 60 Jahre alt.

Zwei der Konkurrenten hatten keine Chance. Lewis verlor nur wenige Stunden nach dem Start den Mast. Er mußte nach Plymouth zurück und begann die Regatta zwei Tage später noch einmal. Val Howells wurde von einer Welle fast umgeworfen. Reparaturarbeiten auf den Bermudas hielten ihn dort acht Tage fest.

Die gesegelten Zeiten waren nicht umwerfend (Chichester hatte 1962 für eine andere Allein-Überfahrt 33 Tage, 15 Stunden, 7 Minuten gebraucht, 1964 etwas weniger als 30 Tage und Tabarly 27 Tage). Aber die Regatta fand ein so starkes Echo, daß 1963, als die Wiederholung für 1964 bekannt wurde, mehr als 75 Kandidaten melden wollten.

Die Verantwortung der Organisatoren wog jetzt schwerer, denn gewiß waren nicht alle Teilnehmer Einhandsegler aus Überzeugung, sondern vom Wettkampfgeist angefeuert und ziemlich ahnungslos. Nach welchen Kriterien sollte man Untaugliche aussondern?

Das Boot? Das war kein Argument, denn die allererste Atlantik-Überquerung einhand war nun einmal von Johnson in einem „Dory", einem offenen Fischerboot, vollbracht worden. Selbst wenn man die Leichtsinnigen außer acht läßt, bleibt doch die Tatsache, daß viele glatte Überfahrten in den unglaublichsten Fahrzeugen bewältigt wurden. So von Romer im Kajak, von Lindemann im Einbaum und von Bombard im Schlauchboot. Im Pazifik von Willis mit einem Floß. Also hieß es in den Bestimmungen, daß Yachten jeder Größe und Riggart teilnehmen konnten, nachdem sie vom Regattenausschuß genehmigt worden waren. Beschwerden wurden nicht gehört, demnach waren die Ablehnungen als gerechtfertigt empfunden worden. Von den Kandiaten, die mindestens 21 Jahre alt sein mußten, wurden 60 wegen „mangelnder Seriosität" zurückgewiesen oder verschwanden vor dem Start von der Bildfläche. Gut, daß diese Aussonderung so glatt über die Bühne ging. Wie aber werden die künftigen Regeln aussehen? Am 23. Mai 1964 Start in Plymouth mit Ziel Newport. Zwei Franzosen, Eric Tabarly und Jean Lacombe, zwölf Briten und ein Däne, der eigens einhand von Neuseeland angesegelt kam, um an der Wettfahrt teilzunehmen. Zwei der Teilnehmer schieden von vornherein aus: MacLendon, ein amerikanischer Ingenieur, dessen Yacht drei Wochen vor dem Start in Yarmouth explodierte und Arthur Piver, der mit seinem Trimaran „*Bird*" von den Bermudas kam und sich trotz streckenweise erreichter 30 kn (!) verspätete und verzichten mußte.

Hier die Teilnehmer in der Reihenfolge ihres Alters:

66 Jahre Francis Chichester, Engländer, hier bereits bekannt. Sieger 1960. Wollte die Yacht wechseln, was aber nicht möglich war und segelte daher seine *Gipsy Moth III* mit einem Windruder. Mann und Boot vier Jahre älter, damit wurde letzteres mit seinen großen Marconisegeln nicht leichter zu handhaben. Sendeanlage.

55 Jahre Alec R. Rose, Engländer, Gemüsehändler, Einhandsegler in kalten Gewässern. Seine *Lively Lady* hochgetakelter 11 m-Kutter aus Holz mit mittelgroßem Windruder.

50 Jahre Colonel H. Hasler, Engländer, Organisator der Regatta. Volksboot *Jester* mit häßlicher Plexiglaskuppel und Dschunkensegel. Kleines, zerbrechliches Windruder.

47 Jahre Dr. David H. Lewis, Engländer, in Neuseeland aufgewachsen, Arzt. Einhandsegler im Nordmeer, Teilnehmer 1960. Seine *Rehu Moana* ist ein Katamaran, unsinkbar, 12,20 m lang, sehr breit (5,18 m) aus Sperrholz. Kuttergetakelt mit kleinem Windruder. Bizarrer Doppelklüverbaum. Lewis setzte die Reise als Weltumsegelung fort.

45 Jahre Jean Lacombe, Franzose, diesmal mit dem Golif „*Jog*", 6,50 m-Kunststoffslup. Das kleinste Boot der Regatta, mit sehr großem Windruder.

45 Jahre Axel Pedersen, ausgewanderter Däne aus Neuseeland. Kam 1958 bis 1960 über den Pazifik und verpaßte den Start. Beim

Beginn der Reise keinerlei Erfahrung. Diesmal von Dänemark angesegelt, trotzdem wieder zwei Tage Verspätung. Seine Ketsch „*Marco Polo*", 8,54 m, hochgetakelt, also recht kurz für dieses Rigg. Keine Selbststeueranlage.

45 Jahre Dr. Robert MacSturdy, Engländer, Arzt. Seine „*Tammy-Noris*" eine herrliche Ketsch, 12,35 m, mit vernünftiger Marconi-Besegelung, sehr seetüchtig, mit klassischen Linien. Kleines Windruder.

38 Jahre Valentine Howells (nicht zu verwechseln mit dem folgenden), Engländer, Teilnehmer 1960, ehemaliger Seemann und Fischer. Wegen seines Vornamens von einer französischen Illustrierten für eine Frau gehalten, nannte er sich selbst „die Frau mit dem transatlantischen Bart". Die gecharterte holländische Yacht „*Akka*", eine sehr schöne Stahl-Slup von 10,70 m, hochgetakelt. Ziemlich großes Windruder.

38 Jahre William (Bill) Howell, Australier, heute Dentist in England, Rekordhalter in der Atlantiküberquerung mit 24 Tagen im Passat. Teil-Weltumsegler (Europa-Tahiti-Vancouver) mit „*Wanderer III*". Neues Boot „*Stardrift*" hochgetakelter Kutter mit Klüverbaum und altertümlichem Riß, Baujahr 1937. 10,40 m L. ü. a. Kleines Windruder außerhalb der Mittschiffslinie.

33 Jahre Geoffrey Chaffey, in Kalkutta geborener Engländer, Architekt, ohne jede Einhand-Erfahrung. Für die Regatta kaufte er „*Erich II*", ohne sie gesehen zu haben, einen 26 Jahre alten Kutter mit Klüverbaum, 9,50 m.

32 Jahre Eric Tabarly.

32 Jahre Michael Butterfield (der Name wird ein Pseudonym sein), angeblich Engländer, offenbar vertraut mit Hochseewettfahrten, jedoch nicht einhand. Seine „*Misty Miller*", ist ein klassischer Katamaran, 8,84 m, kuttergetakelt, mit überdimensionalem Auftriebskörper im Topp. Sehr kleines Windruder, Sendeanlage.

31 Jahre Derek Kelsall, Engländer, Ölhändler in Afrika und USA. 1963 Überfahrt mit Trimaran vom Golf von Mexico nach Mallorca. Seine „*Folâtre*" hat zwar drei Rümpfe, nur der mittlere ist bewohnbar, die beiden äußeren dienen lediglich als Schwimmer. 10,66 m lang, ketschgetakelt. Kleines Windruder. Nur 5 Tage blieb er auf See.

28 Jahre R. M. Ellison, Engländer, Seemann, Meldete 1960, Havarie beim Start. Er chartert „*Illaha*", moderner Plastikrumpf, 10,90 m, zwei unverstagte Masten und zwei Dschunkensegel. Sieht von weitem aus wie ein Schoner (ohne Fock). Kleines Windruder, Sender.

28 Jahre Robert Bunker, Engländer, Angestellter bei Guiness in London. Einhand-Erfahrung lediglich durch ein paar Schläge seewärts mit einem Segelkanu. Aber er ist Küstensegler. Amüsante Randbemerkung: Von seinem Arbeitgeber erhielt er 48 Flaschen Bier... und will in 48 Tagen durch die Ziellinie sein. Tatsächlich werden es knapp 50. Verlobte sich am Abend vor dem Start. Seine „*Vanda Caelea*", Marconi-Slup, 7,62 m, ist zweitkleinstes Boot und läuft viel schneller als die Golif von Lacombe. Knickspanter. Mittelgroßes Windruder.

Die beiden französischen Konkurrenten waren zwei völlig gegensätzliche Typen. Lacombe, ein kleiner Mann aus dem Volk, eher das Gegenteil vom Typ eines Seemannes, hat einen kleinen Küstenkreuzer, wird Einhandsegler aus Passion und gehört zu der großen Familie von Originalen, die ohne einen Pfennig in der Tasche über die Meere ziehen, keine Eile haben und nicht viel an Land zurücklassen. Eric Tabarly, Kapitänleutnant, ist ein hervorragender Athlet. Als Bretone in Nantes geboren, verbrachte er seine Schulferien in Trinité-sur-Mer-, dem schönsten französischen Hafen, der sich am besten für intensives Studium der Probleme der See eignet. Seit seinem 6. Lebensjahr segelte er mit seinem Vater. Vorwiegend auf dem großen altmodisch gaffelgetakelten Kutter „*Pen Duik I*". Da gab es drei Vorsegel, ein riesiges Gaffelgroßsegel mit Stenge und sogar Stengetoppsegel, enorme Überhänge und was alles noch dazu gehört. So erwuchsen ihm gleichzeitig die Liebe zur See und der Sinn für Seewettfahrten. Er erhielt die Ausbildung eine Seemannes der bretonischen Küste und eines Hochsee-Regattaseglers.

Sein Boot „*Pen Duik II*" (auf bretonisch „Penduing", bedeutet Kohlmeise) wurde in Trinité-sur-Mer (Morhiban) in Sperrholz gebaut (soll keiner mehr sagen, dieses Material eigne sich nur für Schlickrutscher). Es war eigens für diese Wettfahrt entworfen, durchkonstruiert und ausgerüstet worden. Trotz seiner großen L. W. L. von 10 m, die Schnelligkeit verspricht, war es leicht gebaut und mit relativ kleiner Segelfläche gerigget. Abgesehen von einer großen Genua und einem Spinnaker. Es war eine

Ketsch mit günstig unterteilter Segelfläche: zwei Vorsegel, ein Stagsegel, das gelegentlich zwischen beiden Masten gesetzt wurde.

Für einen Mann scheint es recht komfortabel, für Kreuzfahrten jedoch wenig geeignet zu sein, weil es mit seinem kurzen aber tiefen Kiel schlecht trockenfallen kann, was in Tidengewässern eine große Rolle spielt.

Alle Boote dieser Regatta hatten eine vernünftige Länge, die meisten lagen sogar an der oberen Grenze dessen, was ein Mann allein noch verkraften kann. Doch auch die drei Boote unter 9 m haben sich gut gehalten. Besonders die 7,62 m-Slup von Bunker, der die schnellste Fahrt über Grund lief.

Aus der nebenstehenden Tabelle sind die erreichten Zeiten ersichtlich. Die erste Kolonne zeigt die gesegelte Zeit, die zweite die berechnete Zeit, die durch das Rating der Boote ermittelt wurde. Es handelt sich dabei um komplizierte Formeln, in der die L. ü. a. eine wichtige Rolle spielt. Auf Mehrrumpfboote kann sie nicht angewendet werden. Im großen und ganzen hat sie sich wenig ausgewirkt, abgesehen von dem Nachteil für Ellison und der Umstufung innerhalb des 4. und 5., hat sich die Reihenfolge nicht geändert.

In Wirklichkeit gewährt eine solche Regatta nicht jedem die gleichen Chancen. Unterschiede in der Routenführung können dem einen günstigen Wind, dem anderen Wind von vorn, Nebel, Kalmen bescheren. Schlimmer noch, wenn der erste schon am Ziel ist, können die anderen draußen noch auf widrige Verhältnisse treffen, denen der erste entwischt ist. Dieser Umstand wird nicht vergütet. So ist es 1964 passiert: Tabarly lag bereits vorn, da gerieten die anderen in Küstennähe in unsichtige Kalmen, die ihren Abstand völlig unproportional vergrößerten. Es ist also absolut richtig festzustellen (das hat Tabarly auf ehrliche Weise auch getan), wo die anderen zu jenem Zeitpunkt stecken, an dem der Erste die Ziellinie durchläuft. Der alte Chichester lag mit seinem schweren Boot dicht hinter ihm. Bei gleichen Wetterbedingungen knapp zwei Tage Rückstand. Die Zeitvergütung hat für den Ausgleich nicht ganz gereicht. So gesehen ist die Reise von Lacombe, dessen Rating ihn wegen des Bolzens im Seegang benachteiligte, mehr als ehrenwert.

Die Mehrrumpfboote, vor dem Start allgemein gefürchtet, weil sie theoretisch auf einigen Kursen dreimal so schnell laufen als konventionelle Yachten, erzielten keine guten Ergebnisse. Kelsalls gesegelte Zeit war

---

[1] In Tabarlys Buch „Einhand zum Sieg" wird eine genaue Beschreibung gegeben.

noch ganz annehmbar. Vielleicht können diese Boote konstruktiv noch verbessert werden.

Die Regatta wurde durch ungewöhnlich viel achterlichen und handigen Wind begünstigt. Ein paar stärkere Böen hat es gegeben.

Dieser Umstand benachteiligte jene Teilnehmer, die die Nordroute gewählt hatten – kalt, unfreundlich und viel länger – in der Hoffnung, dort günstige Winde anzutreffen. Wer den direkten Kurs lief, fand sie. Das Opfer war also umsonst. Wer die Südroute gewählt hatte, fühlte sich ebenfalls hereingelegt. Meist ist diese Überlegung richtig, denn normalerweise trifft man dort nicht auf Gegenwind und kommt schneller voran, wenn der Kurs auch viel länger ist. Bei der nächsten Wettfahrt kann es umgekehrt sein. Natürlich können in einem anderen Jahr große schwere Yachten von Vorteil sein, so wie diesmal *Pen Duik II* bei den leichten Winden begünstigt wurde. Aus diesen beiden Wettfahrten feststehende Schlüsse zu ziehen, auf welchem Gebiet auch immer, wäre ein eklatanter Fehler.

Andererseits beweist die zweite, daß Selbststeueranlagen, ähnlich der von Marin-Marie entwickelten, noch leicht zu Bruch gehen. Tabarlys Anlage fiel schon nach kurzer Zeit aus, so daß er gezwungen war, in kurzen Raten von 1½ Stunden zu schlafen. Seine Reise wurde dadurch noch strapaziöser, aber wohl auch schneller. Denn nächtliche Umwege als Folge drehender Winde, die vom Windruder nicht automatisch korrigiert werden, sparte er ein.

Lewis Apparat funktionierte überhaupt nicht, der von Butterfield höchst unzulänglich.

Abgesehen von Val Howells gebrochenem Baum – durch ein Kontrollboot, also Einwirkung von außen – waren alle anderen Havarien, mit einer Ausnahme, auf Schwäche des Materials zurückzuführen. Kelsalls Ruder brach möglicherweise bei einer Wrackberührung. Die Ruder eines Trimarans sind, wie so viele Hängeruder moderner Yachten, sehr empfindlich.

Ein Schaden, der am häufigsten entstand, war Achsenbruch bei Blökken. Das ist besonders heikel, wenn man zum Auswechseln bei Seegang in den Mast steigen muß. Tabarly schaffte das unter großen Mühen und Gefahren. Val Howells hingegen wurde damit nicht fertig, so daß ihm nichts anderes übrig blieb, als Irland anzulaufen. Dadurch verlor er einen Tag. Dasselbe Mißgeschick hatte Ellison am Großmast. Warum werden keine ausreichend starken Blöcke verwendet? Auf die paar Gramm kommt es doch nicht an.

Atlantik-Rennen 1964

angekommen als	gewettet als	Name	gesegelte Zeit	berechnete Zeit	Route	Behinderung	Bootstyp
1.	1.	Tabarly	27 T. 3 h 56	21 T. 23 h	Direkt		Sperrholzketsch
2.	2.	Chichester	29 T. 23 h 57	22 T. 18 h 08	Direkt		Klassischer Kutter
3.	3.	Val Howells	32 T. 18 h 08	24 T. 7 h	Direkt, über Irland	Kollision, Havarie	Stahlslup
4.	5.	Rose	36 T. 17 h 30	27 T. 9 h	Très Nord		Klassischer Kutter, Dschunkensegel
5.	4.	Hasler	37 T. 22 h 05	25 T. 4 h	Nord		Dschunkensegel
6.	6.	B. Howell	38 T. 3 h 23	27 T. 12 h	Direkt		Alter Kutter
7.	–	Lewis	38 T. 12 h 04	–		Ruderbruch, mußte Segel verkürzen	Katamaran, kuttergetakelt
8.	9.	Ellison	46 T. 6 h 26	34 T. 20 h	Direkt	3 Tage Sturm, Segellatten	Zwei Dschunkensegel
9.	7.	Lacombe	46 T. 7 h 05	30 T. 0 h	Direkt		Kleinste Slup
10.	8.	Bunker[1]	49 T. 18 h 45	32 T. 22 h	Süd		Zweitkleinste Slup
11.	–	Buterfield	53 T. 0 h 05	–	Süd	2 Tage Sturm, Schaden am Kiel	
12.	10.	Caffey	60 T. 11 h 15	42 T. 23 h	Süd, Azoren	5 Tage Reparatur	
13.	–	Kelsall[2]	61 T. 14 h 04	–	Direkt	Wrack?	Ketsch
14.	11.	Pedersen[3]	63 T. 13 h 30	44 T. 21 h	Süd		Ketsch
		McCurdy[4]	aufgegeben				

[1] Bunker hat, bezogen auf seine lange Route, die schnellste Reise gemacht. Verlor einen Tag bei den Azoren.
[2] Kelsall mußte nach Plymouth zurückkehren und brauchte in Wirklichkeit 35 Tage.
[3] Zwei Tage Verspätung am Start, dann den großen Haken: segelte 4000 sm.
[4] Mußte Land erreichen, weil er wegen leerer Batterie keine Lichter mehr führen konnte. Petroleumlampen müssen immer an Bord sein. Chronometer zerbrochen. Eine zweite Uhr ist unerläßlich.

Bei Butterfield, Lewis und Lacombe brach der Baum. Lewis verlor viel Fahrt, weil er sein Großsegel plötzlich nicht mehr voll setzen konnte.

Butterfield hatte mit seinem Katamaran besonders viel Pech. Drei Kielbolzen brachen und verursachten einen bösartigen Wassereinbruch, der ihn zu den Azoren zwang. Die Motorhaube wurde weggerissen. Worauf war das zurückzuführen? Lag es am Verhalten des Katamarans – zu starr im Seegang – oder an zu leichter Konstruktion? Dazu verlor er noch sein Log. Das war besonders peinlich (dem Tabarly hatten Haie drei Stück weggeschnappt). Noch üblere Streiche spielte ihm sein Dschunkensegel. Mehrere der langen Latten brachen, eine durchstach das Segeltuch. Außerdem brach der unverstagte Besanmast. Trotz allem kam er ans Ziel. Dieses Rigg verlangt noch viel Kopfzerbrechen.

Zusammenfassend läßt sich über derartige Veranstaltungen folgendes sagen: Mehr als die ernstzunehmenden Männer (sie begingen keinen einzigen Navigationsfehler) wurden ihre Yachten einer schweren Prüfung unterzogen. Außerdem ergab sich hier die Möglichkeit, moderne und herkömmliche, alterprobte Boote zu vergleichen.

Um Zeit zu gewinnen, verließ Tabarly den gemütlichen Golfstrom und geriet in eisige Winde. Andere gingen ganz weit hinauf nach Norden, während der übliche Kurs der Einhandsegler, den „Handelswinden" folgend, auf der schönen Südroute verläuft. Der Göttin „Geschwindigkeit" wurden diese und andere Opfer gebracht. Die Gesundheit zum Beispiel. Schlaf in so kurze Abschnitte zu zerhacken anstatt beizudrehen, ist zweifellos abträglich. Und die Sicherheit. Um wie Fährschiffe die kürzeste Distanz zu laufen, flirten die Alleinsegler mit Eisbergen. Wie die Fischer, die dazu gezwungen sind, wagten sie sich in Nebelgebiete, die mit gefürchteten Wracks gespickt sind. Sie ließen zu viel Tuch stehen, zumal bei Nacht. Ein Manöver mit einem 82 m² Spinnaker, wie es Tabarly ausgeführt hat, ist zwar eine tolle sportliche Leistung, sie widerspricht aber jeder seemännischen Tradition – die letztlich doch immer recht behält.

Und die geistige Einstellung war eine völlig andere. Während einer Regatta wird man gehetzt. Der Mensch ist Diener einer Maschine, wenn sie auch nur durch eine Besegelung dargestellt wird. Sie hat das Kommando. Der Mensch hat Angst. Wovor?

Vor den altbekannten Gefahren der See? Nein, sondern Angst davor, eine Dummheit zu machen, einen Fehler, der Minuten kosten könnte.

Er ist voller Unruhe. Wegen der Zukunft?

Nein, wegen der Position – nicht im Sinne des Bestecks, sondern der im Rennen.

Zweifel befallen ihn. Bohrende Zweifel: Machen die anderen nicht alles besser? Haben sie nicht die größeren Chancen?

Alles, was zuvor allein gesegelt hatte, war nicht in Eile gewesen und hatte das Land vergessen. Hier denken sie nicht nur fortwährend an das Land, sie fiebern ihm entgegen. Ihr Ohr reicht bis dorthin, denn von dort kommen Nachrichten, die entscheiden, ob ihre Ankunft „siegreich" oder nur „ehrenhaft" ausfällt. Als ob es unehrenhaft wäre, langsam zu segeln, sich der See anzupassen!

Segeln, um zu segeln. Das war die Idee vor allem der ersten Alleingänger. Endlich dazu zu kommen, wirklich nachzudenken und nicht nur „ich muß so schnell wie möglich von hier nach dort". „Ich bin auf See! An Land komme ich früh genug". Und mancher wird hinzufügen: „Früh genug, um all das Häßliche, Verrückte, Absurde wieder sehen zu müssen."

Unzulänglichkeiten nimmt man in Kauf. Man unterwirft sich ihnen. Der schönste Erfolg, mit viel Aufwand an Mut bezahlt, ist dann erreicht, wenn man sie gar nicht mehr wahrnimmt.

Die köstliche Freiheit einzutauschen gegen einen Platz in der Siegerliste! Wirkliche Einsamkeit gegen eine überwachte.

Die Überschrift eines Zeitungsberichtes lautete einmal: Einsame Segler sind nicht mehr allein.
Genau das ist der Jammer. Weder Freiheit noch Einsamkeit lassen sich teilen!

1968 fand die dritte transatlantische Einhandregatta statt. Sie bestätigte alle Befürchtungen. Sie war ein Triumph der Publizität, die alles kaputt macht. Ein Zirkus, ein technischer Exzess, ein Skandal. Heftige Vorwürfe mußten die Veranstalter einstecken. Das Ganze war schlecht organisiert, es gab Unfälle. Zu viele Teilnehmer waren zugelassen worden. 35 waren am 1. Juni in Plymouth an der Startlinie. Weiterhin wurde kritisiert, daß die „Probefahrt" – 500 sm einhand mit dem gemeldeten Boot – nicht rigoros überprüft worden war. Sie ist eine notwendige Beschränkung. Gewiß, es war enttäuschend, daß einige daran scheiterten, weil sie Pech hatten, obwohl sie durchaus nicht die Schlechtesten waren, während andere zugelassen wurden, die die Probefahrt gar nicht ernsthaft bewältigt hatten. Leider waren es nicht nur Organisationsfehler, die zu zahllosen Enttäuschungen führten.

Das Interesse konzentrierte sich auf das Verhalten der Trimarane in grober See. Trimarane segeln ungefähr doppelt so schnell als herkömmliche Yachten. Oft erreichen sie 20 kn. Diese Geschwindigkeit wird erzielt, weil der Querschnitt ihrer Schwimmer schmaler ist als der Rumpf einer normalen Yacht, bezogen auf eine gleichgroße oder sogar größere Segelfläche. Ursprünglich war erwogen woden, ob für diese Boote nicht eine eigene Klasse zu schaffen sei.

Leider zeigt dieser Bootstyp jedoch auch wesentliche Schwächen. Die wichtigsten seien hier zusammengestellt:

Diese Fahrzeuge kentern leicht, weil sie nur sehr wenig überliegen (krängen) können. Trägt ein Boot für den gegebenen Wind zu viel Tuch – aus falscher Einschätzung oder durch eine plötzliche Bö – rettet es die Fähigkeit, durch progressives Überliegen den Druck im Segel zu mindern. Der Windwiderstand des Segels reduziert sich proportional zur vertikalen Projektion des Segels auf die Senkrechte zur Windrichtung. Mehrrumpfboote verfügen nicht über dieses Sicherheitsventil. Wird die Schot nicht aufgefiert (was mit unpraktischen Kneifklemmen möglich ist), nicht angeluvt oder in bestimmten Situationen abgefallen bis das Boot vor dem Wind läuft (wobei sich der scheinbare Wind besonders bei diesen Bootstypen vermindert), dann muß irgendetwas nachgeben. Denn alle diese Manöver sind nicht immer, oder nicht schnell genug möglich, und wenn dann die rumpfeigene Höchstfahrt nicht ausreicht, um Linderung zu schaffen, werden Segel, stehendes oder laufendes Gut, Mast oder Schwimmer zu Bruch gehen. Im letzteren Fall bedeutet dies Kentern. Kurzum, ein Mehrrumpfboot ist immer viel schwerer zu steuern als ein Einrumpfboot.

Die verschiedenen Rümpfe oder Schwimmer werden nicht von derselben Welle getragen. So entsteht ein Torsionseffekt und Bruch. Das Hauptproblem ist die Geschmeidigkeit des Verbandes, das Bisschop gelöst hat.

Aus dem gleichen Grund kann das Boot im Seegang gefährlich „bolzen" und der Besatzung sehr ungemütliche Stunden bereiten, die wie Würfel in einem Becher geschüttelt wird. Einer der Teilnehmer meinte: „Wie ein Auto, das mit vier geplatzten Reifen auf Kopfsteinpflaster fährt." Das kann den Segler fertigmachen. Es ist also verständlich, daß diese Zerreißprobe hochgespanntes Interesse fand. Dabei wurde keineswegs vergessen, daß auf der Passivseite bereits mehrere Tote standen. Darunter zwei Konstrukteure, die als Apostel der Mehrrumpfboote bekannt waren (Nichol, Australier, und Piver, Amerikaner).

Die Behauptung des teilnehmenden Kommandanten Waquet, er würde in 10 Tagen hinüberkommen und sei dessen so sicher, daß er nur 20 Liter Wasser mitnehme, wurde mit einiger Berechtigung bezweifelt.

Der Favorit und Sieger 1964, Eric Tabarly (von der Marine verabschiedet, um sich ausschließlich dem Segelsport zu widmen und eine Segelschule zu leiten) verstand es, durch finanzielle Unterstützung einer Zeitung und eines Senders, seine *Pen-Duik-IV* aus Duralinox in Lorient bauen zu lassen. Eine ausgesprochene Rennmaschine, so extrem konstruiert, daß sie kaum noch als Boot anzusprechen war.

Der mittlere Rumpf, über 20 m lang, war eine unwohnliche Spindel. Der übrige entsprechend dieser Linie. Trotz mancher Schwierigkeiten kam das Boot rechtzeitig zu Wasser. Unbeschadet einiger Felsbrocken an der Küste, bietet das Revier zwischen der Südbretagne und Plymouth ausgezeichnete Möglichkeiten für Trimmfahrten, wenn der Seegang nicht zu grob ist. 1968 hatte Tabarly jedoch eine ganze Reihe von Pannen (Kollisionen, Havarien des Wind- und Hauptruders). Dazu kam die doch zu kurze Zeit seit der Indienststellung. Jedenfalls mußte er aufgeben.

Auch Olivier, ein Bretone aus Kersauson, dessen Trimaran *Aigrette* viel Aufmerksamkeit erregt hatte, konnte nicht starten. Ein weiterer französischer Trimaran, *Tamouré* des Kommandanten Waquet, zog die Meldung zurück.

Gefährlich war das Abenteuer der jungen Deutschen Edith Baumann, deren Seebeine mit Hilfe Waquets in wenigen Monaten gewachsen waren. In Wirklichkeit war sie noch eine blutige Anfängerin (ihre 500 sm segelte sie in Begleitung ihres Lehrers ab). Ihr Trimaran wirkte wenig vertrauenerweckend. Und tatsächlich brach *Koala II* auseinander. Unter erheblichen Kosten wurde ein französisches Kriegsschiff in Fahrt gebracht, um die junge Unerfahrene zu suchen. Ziemlich weit südlich ihres vorgesehenen Kurses wurde sie an Bord genommen.

Dramatischer, grotesker und weit kostspieliger verlief das Unternehmen des 27-jährigen Franzosen Jean de Kat. Es war verheerend. Seinetwegen mußten Schiffe vom Kurs abweichen, um ihn zu suchen, seinetwegen gab es eine Funkstille und seinetwegen entstand eine allgemeine Animosität gegen diese Wettfahrt und das Hochseesegeln überhaupt. Von diesem jungen Mann kann man behaupten, daß ihn die Ausschlachtung des Skandals wenig beeindruckte.

Sein Sperrholz-Trimaran *Yaksha*, selbst gebaut, hätte von keiner Inspektion akzeptiert werden dürfen. Er löste sich in seine Bestandteile auf und sank. De Kat rettete sich in sein Zodiak-Schlauchboot, gab eine völlig falsche Position an und wurde trotzdem schließlich aufgefischt. Seine Pflicht gegen den Segelsport wäre gewesen, von der Bühne abzutreten, er aber schrieb ein Buch.

Umkehren mußte auch der italienische Einhandsegler Alex Carozzo mit seinem Trimaran *San Giorgio*. Pulsford war gezwungen, den Schwimmer seines Trimarans in Falmouth zu reparieren, so daß er mit *White Ghost* erst nach 10 Tagen auslaufen konnte – ohne Chance.

Sandy Muros *Ocean Highlander* mit nur zwei Rümpfen verlor den Mast.

Nach dieser Materialschlacht blieben noch drei Trimarane, ein Katamaran und eine Proa. Von den drei Tris erschienen zwei nicht unter den ersten 21. Es waren der kleine *Amistad*, 7,52 m lang, und ohne „Unterkunft", des Amerikaners B. Rodriguez und der große *Goila*, 15,25 m, des Engländers Eric Willis.

Gancia Girl, 13,71 m, der Trimaran des englischen Kapitäns Minter Kemp, kam als sechster durchs Ziel, kurz nach dem Katamaran *Golden Cockerell* des berühmten Bill Howell, der schon an den beiden ersten Wettfahrten teilgenommen hatte. Beide liefen mehrere Tage nach drei Yachten herkömmlicher Bauart ein. Zwar gut plaziert, haben die beiden Mehrrumpfboote nichts Umwerfendes gezeigt. Die beiden schweren Stürme hatten ihnen außerordentlich viel zu schaffen gemacht. Bill Howell berichtete, daß jede zwölfte Welle den Rumpf mit Brachialgewalt quer zum Wind schlug, als er beigedreht lag. Er meinte, daß Katamarane für Alleinsegler äußerst ungeeignet seien. Insbesondere auf offener See. An der Einhand-Nonstop-Regatta um die Erde hat er auf Grund dieser Erkenntnis nicht teilgenommen.

Ein Boot mit Schwimmern hat sich jedoch gut gehalten und zwar die Proa *Cheers*, 12,20 m, des 50-jährigen Amerikaners Tom Follet, der als Yachtvertreter auf den Bahamas quasi ein Professioneller ist. Durch seine Anreise war er gut im Trimm. Eine Proa ist eine Piroge mit Ausleger. Sie segelt vor- und rückwärts. Zum Wenden geht man nicht durch den Wind, sondern stoppt – und was zuvor Bug war, wird nun Heck. Der Ausleger muß stets nach Luv liegen und sich leicht aus dem Wasser heben können. Dadurch kann das Boot etwas (aber nicht zuviel) Lage einnehmen. Etwa vergleichbar mit einem Jollensegler, der sein Gewicht nach dem Wenden zur Luv-Seite ausbringt. Der Rumpf der Proa war ein richtiger Schlauch und der 50-jährige Skipper mußte sich darin wie eine Ringelnatter bewegen. Als Dritter ging er über die Ziellinie. Einen Tag nach dem Ersten und einen halben nach dem Zweiten.

Auch kein spektakulärer Erfolg. Übrigens waren seine Probleme keineswegs neuartig. Das Proa-Prinzip gibt es seit Jahrhunderten auf dem Pazifik und dem Indischen Ozean in tausenden von Exemplaren.

Aber auch für die Einrumpfboote war das Ganze eine Art Materialschlacht, besonders bei den Franzosen.

Marco Cvilinski, 22 Jahre alt, Spezialist für Seeregatten im Mittelmeer, startete mit *Ambrima*, einer Slup aus verformten Sperrholz, für den Ozean kaum geeignet. Sie wurde von einem Brecher auf die Seite gelegt, verlor Mast und Ruder. Zu guter Letzt löste sich der Rumpf auf. Von einem spanischen Schoner wurde er geborgen.

Lionell Paillard lag mit seiner 11,30 m-Serienslup *Délirante* am 11. Juni gar nicht schlecht im Rennen. Da ging vor Topp und Takel der Mast über Bord. Ein Stag war gebrochen. Unter Notrigg gelangte er nach La Rochelle.

Ein Schweizer aus Frankreich namens Guy Piazzini, 29 Jahre, kollidierte um ein Haar schon vor dem Start. Er mußte seine 11,30 m-Ketsch *Gunthur III* trotz des Streiks in Le Havre reparieren lassen. Später zwang ihn eine Havarie in der Takelage aufzugeben.

Schließlich war da noch Alain Gliksman, 36 Jahre (anläßlich der Nonstop-Weltumsegelung hatten wir schon von ihm gesprochen), siegreich in mancher Hochsee-Regatta, Mitsegler bei Tabarly, Chefredakteur einer Yachtzeitschrift, mit seiner wunderschönen aber zu großen 10 m-Ketsch *Ralph* – fasziniert von der Möglichkeit der Werbung. Lange lag er gut im Rennen, vielleicht sogar an der Spitze, mußte aber auf Neufundland abdrehen wegen Schadens am Windruder (schon wieder!) und am Hauptruder (und ich schreibe seit Jahren, daß die modernen Balanceruder zu empfindlich und anfällig sind!).

Von den Franzosen blieben nur noch Bertrand de Castelbajac mit seiner herrlichen 10,66 m-Slup *Maxine*, die unter panamesischer Flagge segelte. Er kam als Neunter an, beinahe 12 Tage nach dem Ersten.

Dann Terlain, ein 22-jähriger Student ohne Hochseeerfahrung, aber von sympathischer Bescheidenheit. Seine Slup *Maguelonne* maß ebenfalls 10,66 m. Er wurde Zehnter. Und André Foézon, 35 Jahre, Lehrer an der Seefahrtschule in Le Havre, dessen Slup *Sylvia II* beim Start den Mast verloren hatte und der dennoch tapfer wieder in See gegangen war. Bis Saint-Pierre et Miquelon schaffte er ein Etmal von 120 sm.

Vom Pech verfolgt wurden nicht nur die Franzosen. Der Deutsche Egon Heinemann mit seiner 9,44 m-Slup *Aye-Aye* hatte Ruderschaden und gab nach 48 Stunden auf. Der Engländer David Pyle flickte auf den Azoren die Segel seiner 9,22 m-Ketsch *Atlantis III* ... und mußte zum Zahnarzt. Meine Güte, Atlantikregatta mit Zahnschmerzen, das war bei Gott zu viel.

Sicherlich ist diese Aufzählung nicht vollständig. In der Reihenfolge ihres Eintreffens ensteht folgende Liste der ersten 10 Teilnehmer:

1. In 26 Tagen weniger 1 Minute: *Sir Th. Lipton*, die große 17,27 m-Ketsch des Engländers Geoffrey Williams.

2. In 26 Tagen, 13 Stunden und 42 Minuten *Voortrekker*, eine herrliche 15,24 m-Ketsch, die Bruce Dalling, dem 29-jährigen Studenten, von einem Konsortium zur Verfügung gestellt worden war. Er ist einmal allein von Hongkong nach Hobart gesegelt. Dalling wurde Erster nach berechneter Zeit.

3. In 27 Tagen und 13 Minuten die Proa *Cheers* mit Tom Follet. (Schade, daß uns kein Foto zur Verfügung steht.)

4. *Spirit of Cutty Sark*, eine 16,15 m-Slup, am Ruder der Engländer Leslie William.

5. *Golden Cockerell*, 13,10 m- Katamaran mit Bill Howell, Kiefernchirurg mit homerischem Gelächter, Kommanditist einer Brauerei.

6. *Gancia Girl*, Trimaran von 13,81 m Länge mit Martin Minter Kemp.

7. *Opus*, 9,75 m-Slup des Engländers B. F. A. Cooke, Bankier, der trotz seines Körperumfanges eine beachtliche Leistung vollbrachte. Nur um Haaresbreite ließ er *Voortrekker* den ersten Platz nach berechneter Zeit.

8. *Myth of Malham*, der berühmte 12,20 m-Kutter des Engländers H. T. J. Bevan.

9. *Maxine*, 10,66 m-Slup von Bertrand de Castelbajac.

10. *Maguelonne*, 10,66 m-Slup von J. Y. Terlain.

Danach trafen ein, nach ihrer Länge geordnet:
Goila, Trimaran, 15,25 m, des Engländers E. Willis.
Mex, 11,27 m-Slup des Deutschen Klaus Hehner.
Sylvia, 11 m-Slup des Franzosen A. Foézon.
Rob Roy, 9,75 m-Ketsch des englischen Pfarrers Pakenham, der unseres Wissens als einziger die Südroute genommen hat. Bei den Azoren erwischte er den Passat und bekam am 24. Juni den 50. Längengrad zu fassen. Nicht schlecht!
English Rose IV, 9,20 m-Slup des Flugkapitäns Ridgeway, der den großen Teich bereits mit Riemen überquert und zur Nonstop-Weltumsegelung gemeldet hatte.
Dogwatch, 9,20 m-Slup des Engländers N. S. A. Burgess.
Jester, 7,90 m-Volksboot mit Dschunkensegel des Engländers Michael Richey. Mit 58 Tagen wurde er Neunzehnter und Letzter.
Hera, 7,90 m-Kutter des Norwegers A. Welch.
Godwin II, 6 m-Slup des Schweden Ake Marttson, 51 Tage 19 Stunden und 52 Minuten, damit Achtzehnter.
Fione, 5,90 m-Slup, kleinster Teilnehmer, gehörte dem Schweden B. Enbom.

Der eigentliche Wettkampf wurde südlich der Loxodrome zwischen Yachten klassischer Bauweise und den am besten vorbereiteten Seglern ausgetragen.

Wie es sich gehört, kam die größte Yacht als erste an. (Wenn auch zuviel Größe für den Alleinsegler besondere Belastung bedeutet). *Sir Th. Lipton* passierte die Ziellinie nach 26 Tagen weniger einer Minute und hat damit Tabarlys Rekord von 1964 um fast zwei Tage unterboten.

Bruce Dallings *Voortrekker* folgte nach 13 Stunden und 43 Minuten. Für die berechnete Zeit kein Problem, ebenso gilt dies für *Spirit of Cutty Sark*. Beide waren große Yachten. Sie traf nach der Proa als vierte ein, obwohl ihr Skipper dieses reichlich schwere Boot mit zuviel Tuch auf nur einem Mast mit einem Arm manövrierte, den anderen trug er in der Schlinge.

Geoffrey Williams Sieg ist in zweifacher Hinsicht anfechtbar. Einmal hat er, entgegen der Wettfahrtregeln, Nantucket Feuerschiff auf der falschen Seite gerundet. Das ist jedoch nicht so wichtig, gravierender ist, daß er während des Ablaufes der Regatta ständig über Funk gelotst wurde. Jeden Morgen um 8 Uhr gab ihm der Daily Telegraph seine Position, seinen Kurs und seine Fahrt in Knoten. Um 9 Uhr bekam er den Wetterbericht. Darüber hinaus wurden durch einen Computer an Land alle drei Faktoren ausgewertet, die Wettervorhersage mit hineingearbeitet und aus 150 verschiedenen Kursen die drei günstigsten für sechs verschiedene Routen ausgewählt, die nur einer nutzen konnte – Williams.

Er hat selbst zugegeben, daß ihm diese Methode, die ihm den für die anderen so verhängnisvollen Sturm am 12. Juni ersparte, entscheidend geholfen hat. Damit machte er mindestens 400 sm gut. Außerdem bedeutete sie eine erhebliche seelische Entlastung, weil viele Unsicherheitsfaktoren entfielen, die den Alleinsegler erheblich belasten. Nach den Regeln darf ein Teilnehmer keine Hilfe von außen erhalten. Die Fernsteuerung war aber eine.

Höchst bedauerlich ist die Technisierung der Wettfahrt. Sie steht völlig im Gegensatz zum ursprünglichen Sinn des Segelns. Wenn man schon von der „modernen" Technik eingenommen ist, warum wird sie auf das Segel übertragen, das als Antriebsmittel gar nicht modern sein will? Es gibt genügend technische Hilfsmittel, um den Atlantik zu überqueren. Auf und unter dem Wasser, ein wenig über dem Wasser, in der Luft. Und das alles auf dem kürzesten und schnellsten Wege!

Wie ganz anders haben die Kleinen die Tradition gewahrt: Lacombe mit seinem winzigen Untersatz, die beiden Schweden mit ihren Slups von 5,90 und 6 m Länge. Sie schlugen sich unter Aufbietung aller Kräfte durch. Aber als sie, die sich so traditionsverbunden abgemüht hatten, Wochen später eintrafen, waren die Lichter bereits gelöscht. Niemand interessierte sich mehr für sie.

Wie hat André Costa gesagt? „Die Einhand-Transatlantik kam schlecht vom Start." Mit folgenden Worten malte er die künftige Entwicklung aus:
„Die Yachten werden noch größer, genau wie der finanzielle Aufwand. Man wird Teilnehmer mit Exklusivberichten für Radio und Fernsehen ködern oder einen 7-jährigen zum Ertrinken losschicken. 1972 wird es die verrücktesten Sachen geben. Der Konkurrent, der für eine andere Zeitung segelt, wird durch Sabotage ausgeschaltet. Der Schiffbrüchige mit seiner Segeltonne wird der staunenden Welt erklären, daß er die Energie zum Durchhalten ausschließlich den Kartoffelchips der Firma X verdankt und

Amerikaner werden Navigationshilfe durch Satelliten erhalten, während die Russen marxistische Ideen beim Berechnen der Loxodrome berücksichtigen werden."

Leider ist das gar nicht komisch. Es ist überhaupt ein Wunder, daß es diesmal keinen Totalverlust gegeben hat. Soll man bedauern, daß diese erfolgreiche Regatta derartig degeneriert und daran eingehen wird? Bei dieser Frage denken wir an die Jungen, die sich von solchen Possen blenden lassen und an die normalen Segler.

Rekordsucht, Wettkampfgeist und Ultratechnik infizieren den gesamten Segelsport. Bleibt zu hoffen, daß außer diesen Champions und Meisterschaftskandidaten immer noch Menschen, Ehepaare, Familien zur eigenen Freude auf See hinausgehen. Jeder auf seine Art, aber nie für das Publikum. In handfesten, gutgebauten Booten, von denen die bescheidensten nicht die schlechtesten sind. In Booten, die anders aussehen als jene bis zur Grenze des Sinnlosen extrem ausgetüftelten Fahrzeuge. Ohne Computer, aber mit dem Wissen um die Gewalt der See. Menschen, die in dem Exklusivvertrag blättern, den sie mit Gott abgeschlossen haben.

Die Übersegelung des Pazifiks in der nördlichen Hemisphäre, zwischen San Franzisko und Tokio, scheint noch bewundernswerter zu sein als die Übersegelung des Atlantiks, obwohl die Südroute des Stillen Ozeans die längere Strecke bedeutet. Um von einem dieser beiden Häfen zum anderen zu gelangen, die beide praktisch auf demselben Breitengrad liegen, gibt es zwei Routen: Die kürzeste ist die Orthodrome. Sie folgt dem Großkreis und erfordert „nur" 4540 sm. Sie hat aber drei große Nachteile: Man muß in dieser Jahreszeit gegen vorherrschenden Strom und Wind segeln, sehr weit nach Norden hinauf laufen, fast zu den Aleuten, schließlich, und das ist der übelste, im dritten Drittel gerät man in die Zone stürmischer Gegenwinde und sogar Taifune.

Eine Loxodrome (gerader Kurs auf der Karte, hier dem Breitengrad folgend) bietet noch kurz vor der Ankunft einen Teil dieser Risiken. Auf jeden Fall Gegenstrom und Wind aus ungünstiger Richtung. Um nach der zweiten Lösung den Passat zu finden, muß man bis zu einer Position etwas nördlich von Honolulu auf dem 28. Breitengrad mit dem Strom auf der Karte „immer geradeaus" in Richtung WSW segeln, von San Franzisko aus gesehen, und dann auf einer zweiten Loxodrome direkt auf Tokio halten. Dabei passiert man die Midway-Inseln, wo es einen Nothafen gibt, etwas nördlich, schneidet den NO-Strom im rechten Winkel bei vorwiegend südlichen Winden und geringer Taifungefahr. Diese Strecke ist erheblich länger: 5400 sm. Eine Yacht hat aber gute Chancen voranzukommen. In der umgekehrten Reiserichtung wäre das anders. Kenichi Horie wählte einen mittleren Kurs.

Die Transpazifik-Regatta wurde auf Wunsch der Japaner von der Slocum-Society ausgerichtet. Nur Einrumpfyachten von höchstens 35 Fuß – 10,67 m – wurden zugelassen.

Sie sollte das Pendant zur Transatlantik werden. Für Europäer lag sie zu weit ab, sie mußten ihre Schiffe zunächst einmal nach San Franzisko schaffen und sie später von Japan wieder zurückverfrachten. Die Amerikaner fanden das Zurücksegeln wenig reizvoll. So meldeten nur fünf Teilnehmer, unter ihnen der Belgier René Hauwaert, der aus Tahiti kam, der Amerikaner Jerry Cartwright und der Deutsche Klaus Hehner.

Vor der beühmten Golden Gate Brücke fiel der Startschuß am 15. März 1969. Die Yachten waren so verschieden wie die Männer, die sie segelten.

Tabarly hatte sich eigens eine Rennziege bauen lassen, die die größte zugelassene Länge von 10,67 m gerade erreichte. *Pen-Duick V* war nach der alten Regel ein Drittel so breit wie lang, aber sehr leicht aus Aluminium gebaut. In einem schmalen Wulstkiel steckte der Ballast. Dies Boot wäre am Wind bis Backstagswind gefährlich rank gewesen, wenn nicht ein besonderer Trick angewandt worden wäre: Ballast auf beiden Seiten in Form von je einem 500 Liter-Wassertank. Durch Umpumpen des Wassers vom Lee- zum Luvtank erreichte Tabarly den Ausgleich, ohne das Gesamtgewicht zu ändern. Der Effekt entsprach dem Gewicht von 7 Mitseglern, die auf die Luvseite klettern. Fällt aber die Pumpe nach dem Wenden aus, muß es zur Katastrophe kommen. Sie funktionierte schlecht. Tabarly hatte vorsorglich noch eine Handpumpe installiert, und dieser Athlet löste das Problem, indem er ausschließlich halste. Damit gewann er Zeit, gleichzeitig überall zu sein: an Pumpe und Schoten. Teleskopbäume, die die Belastung aushielten, gestatteten ihm, zwei riesengroße Zwillingsvorsegel und außerdem einen Spinnaker zu setzen. Tabarly verbrachte seine Zeit damit, diese monströse Besegelung zu verbessern. Abgesehen von kurzen Nickerchen (denn das Windruder brach zwar nicht, funktionierte aber unzureichend) gab es für ihn nur wenig Ruhepausen, was diesen erstaunlichen menschlichen Roboter nicht einmal ermüdete.

Terlains Slup war eine Arpège in Kunststoffausführung, ein Serienbau der Werft Dufour in La Rochelle. Klein und in klassischen Linien: 9 m mal 3 m, 3 Tonnen Verdrängung, 1,2 Tonnen Ballast und 1,35 m Tiefgang. Sie trug nur 37 m² Tuch. Klassizismus in Reinkultur. Klaus Hehner galt als gefährlichster Gegner Tabarlys. Auch er segelte einen Serienbau. Seine *Mex* war ein Schwesterschiff des Siegers des One Ton Cup, wegen der vorgeschriebenen Maximallänge um 50 cm verkürzt.

Jerry Cartwright segelte *Scuffer II*, eine Slup von 29 Fuß, das sind knapp 9 m. Durch eine schwere See aus seiner Koje geschleudert, verletzte er sich so stark, daß er Pearl Harbour anlaufen und aufgeben mußte. René Hauwaert kehrte mit seiner *Vent de Suroit* nach San Franzisko zurück, um seinen gebrochenen Mast auszuwechseln. Er lief wieder aus, obwohl die Partie für ihn bereits verloren war.

Im Rennen blieben also die drei Erstgenannten. Tabarly nahm die südlichste Route, um die Passatwinde zu suchen, die er erst 500 sm südlicher als üblich fand. Der Ausfall seines Windruders kostete ihn viel Schlaf (für ihn eine Kleinigkeit). Trotz starker Winde von vorn während der letzten drei Wochen, traf er am 24. April um 20,59 Uhr ein. Kein Mensch hatte ihn so früh erwartet, niemand hat die Zeit genommen. Seine Reise dauerte 39 Tage, 15 Stunden und 44 Minuten. Nach diesem triumphalen Erfolg – 5700 sm mit einem Schnitt von 6 kn auf der Karte mit Spitzenfahrt von 13 kn – war alles, was er sagte: „Ohne die verdammte Flaute vor dem Ziel hätte ich es in 35 Tagen geschafft." Das ist typisch Tabarly.

Vielleicht war der Erfolg von Terlain mit seiner kleinen *Blue Arpège* noch beachtlicher. Er verdankte ihn seiner ausgezeichneten Kursführung, die ihn hinunter bis zum 28. Breitengrad brachte. Dort kam er in den Passat, dem er fast zur Datumsgrenze (180° Greenwich), nämlich bis 155° Ost folgte. Danach hielt er 305° bis kurz vor dem Ziel. So segelte er den Nojima-Strom aus, der ihn 35 sm nach SW versetzte. Eine besondere Anmerkung: Sein Windruder, vom gleichen Typ wie Tabarlys, funktionierte bestens. Einen Grund, aus dem seelischen Gleichgewicht zu geraten, hatte er kurz vor dem Ziel: Er kreuzte den Kurs des gemütlich spazierensegelnden Tabarly. Er wurde Zweiter mit 50 Tagen, 10 Stunden und 43 Minuten für etwa 5600 sm.

Der gefürchtete Klaus Hehner hatte dagegen die Nordroute gewählt, um Tabarly zu besiegen. Sie ist 100 sm kürzer. Aber, aber... er traf auf die zu erwartenden Winde von vorn, die zu erwartenden Stromversetzungen und mußte hinunter zur Passatregion. Das war ein Schlag von 800 sm. Von dort folgte er der Orthodrome. Trotz der Verzögerung passierte er als Zweiter die Datumsgrenze, zwei Tage vor Terlain. An einem Tage schaffte er ein Etmal von 164 sm auf der Karte, eine ganz beachtliche Ziffer.

Aber östlich von Japan geriet er in Windstärken von 9 und 10 Bft., 11 Tage lang. Seine Selbststeueranlage fiel aus, das Deck wurde undicht, die Gonio-Antenne machte Bruch – eine ernste Sache, wenn bei bedecktem Himmel die Sterne nicht zu sehen sind. Japans Ostküste mußte er unter Spinnaker heruntersegeln, was ihm im dichten Nebel in der Bucht von Tokio brenzlige Situationen bescherte. Er brauchte 52 Tage, 16 Stunden und 3 Minuten für eine Distanz von ungefähr 500 sm. Die Nordroute, zwar nachträglich geändert, hat sich nicht ausgezahlt.

Wird diese Wettfahrt wiederholt werden? Solange im Zielgebiet niemand in einen Taifun gerät, ist die Sache trotz der Länge verhältnismäßig einfach. Vielleicht segelt man die Route eines Tages schneller als Tabarly. Welch ein Fortschritt, wenn man an die vielen wunderbaren Inseln und Ankergründe des Pazifiks denkt!

SCHLUSSBETRACHTUNG

Die «Eroberung der Meere» durch Einhandsegler dauerte hundert Jahre. Ein Jahrhundert genügte, um zu bewältigen, was zu bewältigen war.

Der erste Alleinsegler war Crenston, ein Amerikaner, der 1849 von New Bedford, in der Nähe von Boston, auslief. Mit seinem Kutter *Tocco* segelte er ganz allein bis nach San Franzisko, durch die Magellanstraße oder um Kap Hoorn. Er schaffte die Umsegelung des amerikanischen Kontinents, etwa 13 000 Meilen, in 226 Tagen. Die erste Atlantiküberquerung zu zweit von West nach Ost wurde 1857 mit *Charter-Oak* geschafft.

Die erste belegte Überquerung zu zweit (in der entgegengesetzten Richtung, die wesentlich schwieriger zu bewältigen ist) machten der Amerikaner Buckley und der Österreicher Primoraz 1870. Der erste Einhandsegler, der 1876 von West nach Ost ging, war der Amerikaner Johnson. Von da an werden sie Legion, Narren und Weise, Andrew und Lawlor oder Blackburn. Der erste auf der Südroute nach Westen, 1923, war der Franzose Gerbault, der erste auf der Nordroute nach Westen, 1934, der Engländer Graham. Im kleinsten aller Boote unter 2 m vollbrachte Hugo Vihlen, Amerikaner, 1968 mit *April Foll* die Überfahrt. Im größten, *Sir Th. Lipton*, 17,27 m, Geoffrey Williams (gleichfalls 1968).

Die erste Pazifiküberquerung einhand mit dem Passat auf der Südroute machte 1882 bis 1883 der Amerikaner Gilboy, gegen den Passat Rebell (Lette) 1931 bis 1933. Auf der Nordroute 1962 der Japaner Kenichi Horie. Von West nach Ost die drei Teilnehmer der «Transpazifik 1969» ohne Hafentag.

Die erste Weltumsegelung: Slocum (Kanadier 1895–1898 durch die Magellanstraße, und nachdem der Panamakanal eröffnet war, die lange Reihe seiner Nachfolger, Pidgeon (Amerikaner) an der Spitze. 1969 waren es auf beiden Routen bereits 26!

Um Kap Hoorn zu zweit gingen 1910 der Engländer Blythe und der Australier Arapakis, mit dem Wind, von West nach Ost, Jahre später, 1966, das Ehepaar Moitessier.

Einhand um Kap Hoorn, 1934, Al Hansen (Norweger), außen herum 1962, der Engländer Allcard, 1966, mit Station in Puntas Arenas. Chay Blyth am 25. 12. 1971; er setzte als erster und einziger die Reise auf Westkurs fort. Bardiaux (Franzose), mitten durch das Felslabyrinth nach Westen. 1943 folgte, von Osten kommend, Vito Dumas (Argentinier), dann 1967 Chichester.

Den «Unmöglichen Kurs» im Süden über alle Ozeane nahm Vito Dumas 1942 bis 1943 in vier Etappen. In einer Etappe Chichester mit 65

Jahren (1966/67). Ohne Zwischenhafen 1969 Moitessier, Knox Johnston und Tetley (erster mit Mehrrumpfboot).

Erste Passage über Suez, gefährlich nicht wegen der See, sondern wegen der Bewohner, nach Osten Zitt (Deutscher) 1927, nach Westen zu zweit Robinson (Amerikaner) 1931 und der Amerikaner Petersen 1951 allein.

Den Indischen Ozean mit dem Monsun befuhr Guillaume 1956 (nach Petersen auf seiner Weltreise);

den Indischen Ozean gegen den Monsun, Hayter, 1951;

den Pazifik auf einem Floß, William Willis, 1954;

den Atlantik im Ruderboot Harbo und Samuelsen (Norweger aus Amerika) 1896, dann Ridgeway und Blyth (Briten) 1966. Allein 1969: John Fairfax von Ost nach West und MacLean von West nach Ost.

Unter Motor zu zweit: Newman und Sohn (Amerikaner) 1902;

Marin-Marie (Franzose) allein (bisher als einziger) 1936.

Über den tropischen Atlantik im Kajak fuhr 1928 Kapitän Romer (Deutscher).

Über den Atlantik ohne Wasser und Lebensmittel: 1952 Bombard (Franzose).

Eine Frau (allein): Ann Davison (Engländerin) 1952 bis 1953.

Siebzigjährig: Willi mit Floß, später mit kleiner Slup. Teenager Le Graham mit 16 Jahren.

Richtige Ozeanregatta: 1960: 5 Teilnehmer, 1964: 15, 1968: 35, davon 14 aufgegeben oder in Seenot geraten.

Über die Zahl der Einhandsegler gibt die Liste am Ende des Buches einen Überblick, und zwar einen sehr unvollständigen Überblick, denn derartige Unternehmungen sind so häufig geworden, daß die Teilnehmer sogar eine Art Freundeskreis gegründet haben, nämlich die Slocum Society. Diese kannte seit 1957 11 Einhandreisen über den Atlantik, ohne jene zu zählen, die unbekannt geblieben sind.

Die Liste am Schluß des Buches enthält nur Einhandsegler, die mindestens einen Ozean überquert haben. Sie enthält keine Unternehmungen, die mit einem Schiffbruch endeten, von denen es noch viel mehr gibt. Man müßte sie direkt einmal zählen, um die Enthusiasten etwas zu dämpfen. Einerseits ist das unmöglich, denn diese Helden – oder Opfer – schweigen darüber. Andererseits wäre es grausam. Nennen wir daher ganz einfach auf gut Glück nur einige Beispiele:

Ira Sparks, einhand mit der *Dauntless* von Hawaii ausgelaufen, bei den Philippinen 1924 verlorengegangen.

Agnew, verschwunden mit seiner Yawl *Alone*, 8,25 m lang, zwischen Fidji und Neuseeland.

René Chabas, auf *Papillon*, 5,80 m, entmastet, Ruder gebrochen. Das

Boot sank südlich von Toulon, während er von einem Marineboot gerettet wurde (1951).

Oder geben wir eine Agenturmeldung vom 3. März 1954 wieder: *Alleinseglerin von einem französischen Schiff gerettet. San Diego (Kalifornien). Am 20. Februar aus San Pedro allein zu einer Weltreise mit einer Segelyacht ausgelaufen, wurde Mrs. Vira Olive gestern abend von dem französischen Dampfer Maurier-Christmas 15 Meilen südlich von San Diego aufgefischt. Ihr Boot hatte seit fünf Tagen Wasser gemacht. Sie wurde an ein Küstenwachboot übergeben, das sie nach San Diego zurückbrachte. Mrs. Olive leidet an einer Wirbelsäulenverletzung und mußte in ein Krankenhaus eingeliefert werden.*

Ein Artikel aus der Zeitung „Ouest-France", 1960: „Daniel G., ein solider 49-jährige Mann aus Paris, ging in Le Havre von Bord der *Rotterdam* und hat ein sensationelles Abenteuer hinter sich.

Anfang dieses Jahres hatte der Versicherungsinspektor die Genehmigung zu einem Berufswechsel von seiner Verwaltung erhalten. Seelisch aus dem Gleichgewicht geraten, suchte er zunächst Trost in der Lektüre. Nachdem er den „Discours de la Méthode" von Descartes noch einmal gelesen hatte, „entdeckte er den Weg, die Gesellschaft zu fliehen, die ihn erdrückt", wie er versicherte.

Allein überquerte er den Atlantik, ohne jemals zuvor seinen Fuß auf ein Bootsdeck gesetzt zu haben. Er stürzte sich ins Studium der Navigation. Mit seinen Ersparnissen kaufte er einen kleinen Kutter von 7,50 m Länge, der mit Segeln und einem Hilfsmotor ausgerüstet war. Am 31. Mai 1960 segelte er mit seiner Nußschale von Croisic los, Lebensmittel für 28 000 Franken an Bord, darunter 10 000 Zwieback. 159 Tage schipperte er allein auf dem Atlantik umher. Hunger und Erschöpfung kosteten ihn 20 kg Gewicht. Viermal traf er Frachter, die erfolglos versuchten, ihn an Bord zu nehmen.

Ein anderes Mal kreuzte ein amerikanisches U-Boot seinen Kurs, dessen Kommandant diesem Abenteuer ein Ende machen wollte. Auch ihm gelang es nicht. Er überließ Daniel einige Vorräte.

Ein paar Tage später fand ihn die amerikanische Coast Guard. Sie fakkelte nicht lange und nahm seinen Kutter auf den Haken. Diesmal wurde Daniel Gauthier erschöpft an Deck gezogen.

Das Abenteuer war zu Ende.

In New York wurde der Alleinsegler von der Einwanderungsbehörde in die Mangel genommen, weil er keinen Paß hatte. Sein Boot wurde beschlagnahmt. Mit knapper Not entkam er der Internierung und konnte sich auf einen Dampfer nach Frankreich retten.

Bei seiner Ankunft in Le Havre erwartete ihn seine junge, dunkelhaarige Frau auf der Pier. Er hat sie lange umarmt, bevor er sagte: „Ich habe ziemlich gelitten. Diese Zeit möchte ich nicht noch einmal erleben."

Manchmal endet so ein Abenteuer recht traurig. Auch dafür ein Beispiel:

Ein gewisser Pierre Nello aus Nizza war während des Krieges Lastwagenfahrer gewesen. Er hatte bankrott gemacht und arbeitete dann als Portier in einem großen Pariser Hotel. Aber „nachdem er Gerbault gelesen hatte", stach ihn der Hafer. Von der See hatte er gar keine Ahnung, abgesehen von Spazierfahrten in einem kleinen „pointu" in seinerKindheit.

Er *entwarf selbst* die Pläne für sein Boot (aber er war nicht Lacombe), und er baute es in Paris selbst.

Das Ergebnis, von dem wir Fotos gesehen haben, war schlimm. Bevor er überhaupt in Fahrt kam, schien das Boot (?) in zwei Teile auseinanderzubrechen.

Fugitif maß 9 m auf 2,80 m und trug eine Tonne Ballast im Kiel, war gaffelgetakelt, ohne Motor, die Materialkosten beliefen sich auf 350 000 Franc (1948 bis 1950). Für diesen Preis hätte Nello auch einen guten Gelegenheitskauf machen können. Aber er ist mit sich selbst sehr zufrieden, so zufrieden, daß er sich zu einer Weltreise entschließt.

(Mal eben...)

Seinem Arbeitgeber kündigt er, *kündigt seine Wohnung*, verkauft die Möbel, und los geht es!

Er erklärt, daß er mit einem Sextanten nicht umgehen kann, nimmt weder ein Barometer noch Ersatzsegel mit. Fährt er allein? Nein, seine Frau Blanche, die 29 Jahre alt war, seine Tochter Claude, 7 Jahre, und sein Sohn Christian, 4 Jahre alt, begleiten ihn.

Ein kleiner Schlepper bringt *Fugitif* nach Le Havre. Nello gibt sein ganzes Geld für Lebensmittelvorräte für zwei Monate, einen kleinen Kohlenofen – es ist Winter –, einen Wecker (für die Wacheinteilung vermutlich) und einen Kompaß aus.

Genau wie Lacombe *hat er vorher sein Boot nicht ausprobiert*, aber er läuft am 23. Dezember – bitte, lesen Sie noch einmal – also mitten im Winter und in diesem gefährlichen Ärmelkanal, aus, Richtung Lissabon, Casablanca und Rio de Janeiro.

Aber...

Es war zwar frisch, doch schön.

Bei achterlichem Wind läuft *Fugitif* einige Meilen. Aber da kommt noch ein unvorhergesehener Reisegenosse an Bord: Die Seekrankheit. Alle werden heimgesucht. Da endlich, völlig demoralisiert und von Magenkrämpfen geplagt, erkennt Nello mit grausamer Klarheit, daß ihm nichts anderes übrigbleibt, als umzukehren, wieder seinem Beruf nachzugehen. Und das ohne Wohnung, ohne Möbel, als Kapital nur die unverkäufliche Balje mit einem Zweimonatsvorrat an Kartoffeln, Reis und Milchkonserven.

Dies sei den Amateuren hinter die Ohren geschrieben! Ob sie daraus lernen? Sie werden keinesfalls entmutigt. Ich erhalte viele, zum Teil haarsträubende Briefe von Jungen und sogar einem Mädchen, die das Vorstehende gelesen haben. Ihr Vertrauen mißbrauche ich nicht, wenn ich zitiere (manche schreiben anonym):

„Möchte mit 7 m-Kutter Weltumsegelung allein machen, Eigenbau. Habe aber kein Geld mehr. Suche daher Instrumente und Material: Kompaß, Empfänger, Barometer, Log, Sextanten, Chrono, Karten, Segel für schlechtes Wetter (Fock 5 m², Großsegel 9 m²) usw. M. Ph. in T.

Schlußbetrachtung?

Es sind eigentlich Schlußbetrachtungen, denn man kann aus all den Berichten eine ganze Menge Schlüsse ziehen.

Aus dem seemännischen Blickwinkel sind sie etwas widerspruchsvoll. Die Männer, die wir haben segeln sehen, waren so verschiedenartig wie ihre Fahrzeuge.

Eines ist sicher: Das kleine Boot von weniger als 16 m Länge, von einem Mann allein geführt, kann auf die größte Reise gehen, wenn er die Gesetze der Seemannschaft respektiert.

Das einschränkende „fast" ist bei dem großen Boot in gleicher Weise gegeben – die Möwe treibt, das große Schiff widersteht. Stärke ist nicht immer ein Vorteil. Und noch eine Lehre kann man daraus ziehen, die allerdings nicht so deutlich zutage tritt: Absolutes Vertrautsein mit der See und seinem Boot, minuziöse Vorbereitung, Voraussicht bis zum Extremen, zahlen sich im allgemeinen aus, im allgemeinen nur, denn auf See gibt es keine absolute Sicherheit.

Exzesse an Kühnheit, Nichtbeachten gemachter Erfahrungen und Leichtsinn werden zwar nicht immer bestraft ... aber oft.

Vom rein Menschlichen her gesehen, kann man zu folgendem Schluß kommen: Die Energie des merkwürdigen Tieres, das wir nun einmal sind, besonders in der maritimen Variante, kennt praktisch keine Grenze. Wenn es sein muß, in der akuten Gefahr, findet es in sich selbst unglaubliche Kraftquellen und Reserven. Und die Erinnerung an die durchgemachten Leiden verschwimmt später, verwischt so schnell, daß es immer wieder bereit ist, sie noch einmal auf sich zu nehmen.

Der Mangel an Komfort, die Strapazen, selbst die Gefahr, die Angst wiegen nichts im Vergleich zu dem Glück, das es findet.

Das es wo findet?
Auf der verzaubernden See, die vielleicht eines der nahesten Gesichter Gottes ist.
Und was noch?
Rekorde aufstellen? Das ist es nicht.
Im göttlichsten Bereich der Natur mit sich selbst im Reinen sein, das man nur in der Einsamkeit auf See kennenlernen kann.
Der Ire Conor O'Brien hat den Schlüssel dazu gefunden: Er nannte sein Boot *Saiorse* – F r e i h e i t.

LISTE DER SPORTSEGLER
DIE MINDESTENS EINE EINHANDREISE
ÜBER EINEN OZEAN NACHGEWIESEN HABEN

(Von wenigen Ausnahmen abgesehen, erwähnen wir nur Überfahrten, die nicht mit einem Schiffbruch endeten. * = Weltumsegelung).

1849   *J. M. Crenston* (Amerikaner). Von New Bedford nach San Franzisko; über Kap Hoorn oder Magellanstraße; 13 000 sm in 226 Tagen. – *Erster mit Sicherheit bestimmbarer Einhandsegler.*
Tocca, Kutter, 12,30 m.

1876   *Alfred Johnson* (Amerikaner, Fischer). Von Shake Harbour (Neuschottland, Kanada) nach Abercastel (Wales;) vom 25. Juni bis 10. August, 46 Tage.– *Erste Einhandüberquerung.*
Centennial, Dory, 6,10×1,80 m, kuttergeriggt mit Breitfock.

1882–1883   *Bernard Gilboy* (Amerikaner). Am 18. August 1882 von San Franzisko in die Nähe Australiens, ohne einen Hafen anzulaufen; 6500 sm in 164 Tagen; ohne Lebensmittel aufgefischt am 29. Januar 1883. – *Erste Einhandübersegelung des Pazifiks.*
Pacific, 6-m-Schoner.

1891   *Andrews* (Amerikaner). Aufgegeben 660 Meilen vor der europäischen Küste. – *Einhand-Transatlantikregatta.*
Mermaid, Jolle, 4,70 m, gaffelgetakelt mit Fock.

1891   *J. W. Lawlor* (Amerikaner). Von Boston nach Coverack (Lizard), vom 21. Juni bis 5. August, 45 Tage. – *Einhand-Transatlantikregatta.*
Sea-Serpent, Spitzgatter, 4,57×1,50×1,50 m, Tiefgang 60 cm, Sprietbesegelung mit Fock.

1892   *Andrews* (s. o.). Von Atlantik City (USA) nach Palos (Spanien), 2. Juli bis 25. September, 84 Tage. – *Das kleinste Boot bis 1939* (Young).
Sapolio, halb eingedeckte Slup, 4,42×1,67 m, Tiefgang 92 cm, Eigenbau.

1894   *A. Frietsch* (Finne). Von New York nach Queenstown (Irland); 5. August bis 13. Dezember.
Nina, Knickspanter, 12 m, schonergeriggt, Eigenbau.

*1895–1898   *Joshua Slocum* (Kanadier mit amerikanischer Staatsangehörigkeit, Kapitän auf Großer Fahrt). Von Yarmouth nach Newport in 3 Jahren, 4 Tagen.– *Erste Weltumseglung durch die Magellanstraße.*
Spray, Kutter, später Yawl, 11,20×4,32 m, Tiefgang 1,27 m, Eigenbau, Zementballast, nicht kupferbeschlagen.

1899   *Howard Blackburn* (Kanadier mit amerikanischer Staatsangehörigkeit, ehemaliger Fischer). Von Gloucester (USA) nach Gloucester (England); 18. Juni bis 17. August, 60 Tage. – *Segelte ohne Finger, die ihm abgefroren waren.*
Great Western, Kutter, 9,15×2,60 m, Tiefgang 1,50 m, Eigenbau.

1901   *Howard Blackburn* (s. o.). Von Gloucester (USA) nach Kap Espichel (Spanien); 9. Juni bis 17. Juli, 38 Tage.
Great Republic, Kutter, 7,60×2,15 m.

1903 *Ludwig Eisenbraun* (Deutscher mit amerikanischer Staatsangehörigkeit, Kapitän). Von Halifax nach Funchal; 28. August bis 23. Oktober, 56 Tage. Kenterte am 6. September, richtete wieder auf, lief nach Gibraltar und Marseille weiter.
Columbia II, Kutter, 5,60×0,95 m, Tiefgang 1,83 m.

1911 *Joseph Naylor* (Amerikaner). Von Boston nach Spanien nur unter Riemen. – *Allein über den Atlantik im Ruderboot (?)*

1920 *Tommy Drake* (Amerikaner). Mehrere Weltreisen; zahlreiche Schiffbrüche; vier Schoner:
Sir Francis I, Sir Francis II, Pilgrim (10,65×3,35 m, Tiefgang 1,50 m), *Progress* (11 m).

1923 *François* (Italiener). Von Guayana nach Europa im Kanu.

*1921–1925 *Harry Pidgeon* (Amerikaner, Fotograf). 47 Jahre alt bei Antritt seiner Reise. Von Los Angeles nach Los Angeles über Torresstraße, Kap und Panama in 3 Jahren, 11 Monaten, 13 Tagen. – *Erster Weltumsegler via Panama.*
Islander, Sea-Bird, 10,50×3,20 m, Tiefgang 1,50 m, Eigenbau 1909–1911.

1923 *Alain Gerbault* (Franzose, Ingenieur und Tennisspieler-). Gibraltar–New York in 101 Tagen; Südroute. – *Erste Atlantiküberquerung von Ost nach West.*
Fire-Crest, Kutter, gebaut 1892, 11×2,60 m, Tiefgang 1,80 m, 3500 kg Blei im Kiel und 3000 kg Binnenballast.

*1924–1929 *Alain Gerbault* (s. o.). Von Cannes nach Le Havre, über Panama, das Kap; 1. November 1924 bis 25. Juli 1929.
Fire Crest (s. o.).

1927 *Gunter Plüschow* (Deutscher, Schriftsteller). Von Deutschland nach Bahia (Brasilien). Kutter.

1928 *Romer* (Deutscher, Kapitän). Von Kap St. Vincent (Portugal) nach den Kanarischen Inseln in 11 Tagen. Dort ausgelaufen am 3. Juni, erreicht St. Thomas (Antillen) am 31. August. Verlorengegangen auf dem Wege nach New York.
Deutscher Sport, Kajak aus gummiertem Segeltuch, 6×0,95 m, Tiefgang 25 cm, Ketschtakelung, 5 qm.

1928 *Teresio Fava* (Italiener, Kapitän). Von Italien nach Neufundland, 16. Mai bis 2. August, anschließend verschollen. Kutter, 6×1,90 m.

1928–1929 *Paul Müller* (Deutscher). Von Hamburg im Juli 1928, Miami 1. Juni 1929. Boot bei Kap Hatteras verloren, er selbst schwimmend gerettet.
Aga, Fischerslup, halb eingedeckt, 5,50×1,85 m, Eigenbau.

*1928–1932 *Ed. Miles* (Amerikaner). – *Erster mit Dieselmotor durch das Rote Meer auf Ostkurs.* Reine Reisezeit 2 Jahre.
Sturdy, Marconischoner mit Benzinmotor, später *Sturdy II,* 11,20×3,50 m, Tiefgang 1,45 m, 20-PS-Diesel, 2700 l Brennstoff.

1928–1934 *Al Hansen* (Norweger). Von Oslo nach Argentinien, dann als Erster um Kap Hoorn, außenherum, von Ost nach West, bei Chiloe verschollen.
Mary Jane, norwegisches Lotsenversetzboot, 11 m, 20 Jahre alt.

1931	*Blanco* (Spanier) und seine achtjährige Tochter. Von Barcelona über Panama nach Tahiti. *Evalu*, Schoner, 11,25 × 3,35 m, Tiefgang 1,82 m, Benzinmotor.
1931–1932	*Vito Dumas* (Argentinier). Von Arcachon im Dezember nach Südamerika. *Legh*, Yawl (ehemalige 8-m-Yacht), 12,50 m, 19 Jahre alt, ohne Motor.
1931–1933	*Fred Rebell* (Lette, Zimmermann). Von Sydney (Australien) nach Los Angeles in 372 Tagen. – *Erster über den Pazifik von West nach Ost.* *Elain*, Klinkerjolle, 6 × 2,15 m, nicht eingedeckt, ohne Motor.
1932	*Alain Gerbault* (s. o.). Von Marseille nach den Pazifischen Inseln. *Alain Gerbault*, Marconislup, Spitzgatt, 10,45 × 3,20 m, Tiefgang 1,90 m, 4-Tonnen-Bleikiel, kein Motor.
1932	*A. Nardi* (Italiener). Von Australien über Panama nach Italien. Segler, 10,50 m.
*1932–1937	*Harry Pidgeon* (s. o.). New London nach New London; 8. Juni 1932 bis 15. Juni 1937 über Guinea. – *Zweite Weltumsegelung.* *Islander* (s. o.).
1933	*Marin-Marie* (Franzose, Marinemaler). Von Douranenez nach Funchal in 14 Tagen, von Funchal nach Fort-de-France in 29 Tagen, dann nach New York in 21 Tagen. *Winnibelle II*, Spitzgatter, 11 × 3,05 m, Tiefgang 1,65 m, Motor, Doppelspinnaker.
1933–1934	*Lionel W. B. Rees* (Engländer, Kapitän). Von England nach den Bahamas im Winter. *May*, Norwegerketsch, 9,75 m, 20 Jahre alt.
1934	*R. D. Graham* (Engländer, Kapitän). Von Bantry nach St. John (Neufundland) in 24½ Tagen, dann Einhandsegeln in den Gewässern Labradors, anschließend Bermudas und zurück. – *Erster allein über den Atlantik von Ost nach West auf der Nordroute.* *Emanuel*, Kutter, 9,15 × 2,58 m, Tiefgang 1,50 m.
1935	*A. V. Kaariat*ta (Finne). Von Helsingfors nach Rio de Janeiro. *Sport*, Kutter, 9,70 m, ohne Motor.
1936	*Marin-Marie* (s. o.). Von New York nach den Chausey-Inseln; 23. Juli bis 10. August; 18 Tage, 16 Stunden. – *Erste und bisher einzige Atlantiküberquerung allein unter Motor.* *Arielle*, 13 × 3,45 m, Tiefgang 1,30 m, Gußkiel 2500 kg, 5000 l Brennstoff, Dieselmotor Baudoin 4-Zyl., 50 PS, 8 kn. Selbststeuerung.
*1936–1938	*Bernicot* (Franzose, Kapitän). Von Carantec nach Verdon *durch die Magellanstraße* in 1 Jahr, 9 Monaten und 22 Tagen. *Anahita*, Marconislup, 12,50 × 3,50 m, Tiefgang 1,70 m, kleiner Motor.
1936	*Jean Gau* (Franzose mit amerikanischer Staatsangehörigkeit). Von New York am 15. Juni; bei Cadiz festgekommen, Boot verloren! *Onda II*, Schoner, 12 m.
1937	*Schlimbach* (Deutscher, Kapitän). Lissabon, Azoren, New York. *Störtebeker III*, Yawl, 10 × 2,60 m, Tiefgang 1,60 m.

1938 *Hein Garbers* (Deutscher). Von Hamburg am 22. Mai über Spanien, 9. Juli, nach New York am 28. August.
Windspiel III.

1938 *Frank E. Clark* (Engländer). Von Portsmouth am 23. August, dann von Penzance nach Charleston, 10. November. Vom amerikanischen Zoll beschlagnahmt!
Girl Kathleen, Fischkutter, 9,15 m.

1939 *Frank E. Clark* (s. o.). Von New York nach Newlyn (Cornwall), 13. Juni bis 16. Juli; 33 Tage.
Girl Kathleen (s. o.)

1939 *Guido Clifford Avery* (Amerikaner). Von Tampa (Florida) nach Frankreich. Im August wegen Kriegsgefahr wieder ausgelaufen, auf See aufgefischt.
Miss Tampa, Ketsch, 8 m.

1939 *Harry Young* (Amerikaner). New York – Azoren in 39 Tagen. – Kleinstes Boot. Nicht eingedeckte Slup, 4,20×1,80 m, 12 qm Segelfläche, Eigenbau.

1939 *M. Formosa* (Italiener). Von Malta nach Brasilien. Kanu, 5 m.

*1942–1943 *Vito Dumas* (s. o.). – *Weltumsegelung von West nach Ost auf der Südroute* in einem Jahr in 4 Etappen: 4200, 7500, 5400, 3000 sm.
Legh II, Ketsch, 8,7×3,30 m, Tiefgang 1,70 m, kein Motor.

1942 *Poon Lim* (Chinese). – *Rekorddrift eines Schiffbrüchigen.* Trieb 130 Tage lang auf Floß im Mittelatlantik.

1946 *Hans de Meiss-Teuffen* (Schweizer). Von der Themse über den Atlantik, ohne Aufenthalt von Casablanca nach New York in 58 Tagen.
Speranza, Bermudayawl mit Hilfsmotor, 10,20×2,50 m, Tiefgang 1,40 m.

1947 *Jean Gau* (s. o.). Am 28. Mai von New York nach Valras-Plage (Hérault) über die Azoren.
Atom, Ketsch, 9×3 m, Tiefgang 1,40 m.

*1947–1952 *W. T. Murnan* (Amerikaner). Bei Reisebeginn 51 Jahre. Zeitweise ist seine Frau an Bord. Von Los Angeles nach New York in 5 Jahren und 5½ Monaten.
Seven Seas, Yawl aus nichtrostendem Stahl, 9,15 m, 2 Motoren mit 25 hp.

1948 *Joseph F. Pettersen* (Amerikaner aus Bangor). Von Estremadura (Portugal) nach Northest Harbour (Neuschottland) in 55 Tagen.
Seven Seas II, Yawl, 11,50 m.

*1948–1952 *Alfred Petersen* (Amerikaner). Von City Island im Juni 1948 nach New York. Am 19. August 1952 über Panama und Suez.
Stornoway, Spitzgatter, 10,05 m, 2-Zylinder-Motor, 22 Jahre alt.

1949–1951 *Edward Allcard* (Engländer). Von Helford (Cornwall) nach Gibraltar. Am 21 Mai 1949 von Gibraltar nach New York in 80 Tagen. Zurück von New York am 5. August 1950, in Plymouth am 17. Juli 1951.
Temptress, Spitzgatter, 10,40×3,20 m, gaffelgetakelt, Motor.

1949 *Jean Gau* (s. o.). Von Valras-Plage nach Funchal, von Funchal-Montauk (bei New York) in 55 Tagen.
Atom (s. o.)

*1949–1952 *Jacques Yves le Toumelin* (Franzose). 28 Jahre bei der Ausreise. Mitsegler bis Papeete, dann allein. Von Le Croisic nach Le Croisic über Panama, Torresstraße und das Kap in 2 Jahren, 9 Monaten und 18 Tagen.
Kurun, Spitzgatter, 10×3,55 m, Tiefgang 1,60 m, 1900 kg Gußkiel, ohne Motor.

*1950–1953 *Tom Steele* (Amerikaner). Weltumsegelung über Panama.
Adios, Ketsch.

1950–1953 *Adrian Hayter* (Engländer). Von Devon 21. August 1950, Algier im Oktober 1950, Port Said im Februar 1951, Aden im Mai 1951, Bombay im Juli 1951 bis Januar 1952 (Beinbruch), Colombo im März 1952, Penang im Mai 1952 (Blinddarmentzündung), Singapur, läuft weiter nach Australien.
Sheila II, Yawl, Spitzgatter, gaffelgetakelt, 9,75×2,60 m, Tiefgang 1,50 m, 1911 gebaut, Benzinmotor, 8 PS.

*1950–1958 *Marcel Bardiaux* (Franzose, Kanufahrer). Ausgelaufen Le Havre im März 1950. Im Sommer 1951 in 28 Tagen von Dakar nach Rio de Janeiro. *Im Juni 1952 Kap Hoorn gerundet*. Ushuaia bis 9. Juni, Quellon 23. Juli, Valparaiso 10. September, Coquimbo 4. April 1953, Papeete 17. Mai (4880 sm in 43 Tagen), Durban Dezember 1955, St. Helena-Pernambuco Ende Oktober 1956, Pointe-a-Pitre Mai 1957, New York 24. August. Paris September 1958.
Les Quatre-Vents, Marconi, 9,38×2,70 m, Tiefgang 1,45 m, 1300-kg-Bleikiel, doppelt mit Kupfer beschlagen, Eigenbau.

1951 *John Riley* (Amerikaner). Von San Franzisko nach Honolulu.

1951 *Clyde Deal* (Amerikaner). Von Mandal (Norwegen) am 25. Juni 1950 nach Gibraltar, dann Kanarische Inseln (29. April) nach New York in 55 Tagen. Dann zur Magellanstraße und wieder hinauf nach San Franzisko.
Ram, Spitzgattersketsch, 10,06 m, ohne Motor.

1951 *Lee* (Amerikaner, ehemaliger Fischer). Von den USA nach den Marquesas, Tahiti usw.
Manzanita, 12,20 m.

1951–1952 *Dick Tober* (Holländer). Bei Antritt der Reise 26 Jahre alt. Von IJmuiden (Holland) am 21. August 1951 nach Auckland in 15 Monaten, um eine Stellung zu suchen. Atlantik in 25 Tagen. Panama – Galapagos in 9 Tagen.
Onrust, Stahlketsch, 11,30×3,07 m, Tiefgang 7,75 m, ohne Motor.

1952 *Alain Bombard* (Franzose). 27 Jahre alt. *Im Schlauchboot;* zu zweit: Monako – Tanger, dann allein: Casablanca – Kanarische Inseln in 12 Tagen. Verließ Las Palmas am 20. Oktober, erreichte Barbados am 23. Dezember, also in 64½ Tagen.
Hérétique, Schlauchboot, 4,60 m, mit kleiner Kanubesegelung. Ohne Vorrat an Lebensmitteln und Wasser.

1952–1953   Colin Leslie Fox. Atlantik.
            Deben Peace.
1952–1953   Ann Davison (Engländerin, Schriftstellerin). Bei Antritt der Reise 38 Jahre alt. Von Plymouth am 18. Mai 1952, Douarnenez, Casablanca. Von dort am 25. September nach Las Palmas, Kanarische Inseln (Ankunft 24. Oktober 1952), am 27. Januar: Insel Dominique (Britische Antillen). Ankunft in Miami am 13. August 1953, dann nach New York. – Erste Frau allein über den Atlantik.
            Felicity Ann, Marconislup, 7×2,15 m, Tiefgang 1,40 m.
1953   Olavi Kivikosky (Finne). Von Amerika nach Wilhelmshaven in 66 Tagen. Dann nach Kemi (Finnland).
            Turquoise, 10 m.
1954   Sven Toffs (Amerikaner). Von New York nach Irland.
            Latea, Kutter, 10,50 m.
1954   William Willis (Tscheche mit amerikanischer Staatsangehörigkeit). Im Alter von 61 Jahren mit einem Floß in Rekordzeit von Callao (Peru) am 23. Juni 1954 nach Pago-Pago (Samoa), Ankunft: 13. Oktober. Insgesamt 6700 sm in 115 Tagen.
            Sept Petites Sœurs, Balsafloß mit Yawlrigg.
1955   J. Y. le Toumelin (s. o.). Von Croisic, Grand Canaria (9. Januar), Grenada (5. Februar); 27 Tage. Dann Guadeloupe (2. Juni). Le Croisic an: 27 Juli.
            Kurun (s. o.).
1955   George Boston (Amerikaner). 35 Jahre alt. Von Amerika nach Gibraltar in 21 Tagen. Tahitianische Piroge, 9 m, Eigenbau, ketschgeriggt, mit Hilfsmotor.
1955   Moitessier (Franzose). Von der Insel Mauritius nach Durban.
            Marie-Thérèse II.
*1955–1957 Jean Gau (s. o.). Von Amerika nach Durban (Dezember 1955), 87 Tage. Ascension: Mai 1956, dann Azoren – Gibraltar, Valras – Plage (Oktober 1956). Ankunft in New York am 17. Juli 1956.
            Atom (s. o.).
1955–1956   Jean Lacombe (Franzose). 36 Jahre alt. Von Marseille nach den Kanarischen Inseln; von Las Palmas ab: 15. November 1955, Ankunft in Puerto Rico am 22. Januar 1956; insgesamt 67 Tage. Nach Atlantic City, dann nach New York am 27. Juli 1956.
            Hippocampe, Marconikutter, 5,50 m, Eigenbau.
1955–1956   Dr. Hannes Lindemann (Deutscher, Arzt). Von Las Palmas nach Sainte-Croix (Antillen).
            Liberia, primitiver Einbaum, 7,50 m.
1956   Peter Hamilton (Schotte, Marineoffizier). 35 Jahre alt. Am 1. August von Schottland, Ankunft in Kanada am 10. September. Ohne Motor.
            Salmo, Slup, 7,50 m.
1956   John Goodwin. Atlantik.
            Speedwell of Hong-Kong, Slup, 7,65 m.

1956 *Harold Jacobsen* (Norweger). Atlantik: Ost-West.
Nengo, 7 m-Kutter.

1956 *Balas* (Ungar). Mit einer 9 m-Slup.

1956 *Bill Geering*. Von Freemantle zur Insel Mauritius.
Kate, 6,30 m.

1956 *Donald Shave*. Von Plymouth nach Rio.
Colin Archer, 10,50 m-Kutter.

1956 *Baile*s. Pazifik.
Jollicle, Slup, 7,65 m.

1956 *Das*. Pazifik.
Lady Timarau, 7,32 m-Slup.

1956 *Hawkins*. Pazifik.
Lamerhak II, Slup, 7 m.

*1956–1959 *John Guzzwell*. Bei Antritt der Reise 25 Jahre. Am 10. September 1956 Abfahrt von Victoria (Kanada); Frisco – Honolulu in 29 Tagen. Dann Samoa, Neuseeland (zwei Jahre Unterbrechung). Sidney, Torres, Durban, Panama, Galapagos, Hawai und Ankunft in Vancouver am 10. September 1959. *–Im kleinsten Boot jüngster Weltumsegler.*
Trekka, 6,25 m-Yawl, Eigenbau.

1956–1957 *Dr. Hannes Lindemann* (s. o.). Von Las Palmas nach Saint-Martin in 72 Tagen mit Klepperboot.

1956–1957 *Pierre Guillaume* (Franzose, Marineoffizier). Von Singapur nach Kap Gardafui über Chagos und die Seychellen. Strandete im Roten Meer.
Monahora, Ketsch, 8,80×2,50 m, Tiefgang 1,25 m. Ohne Motor.

1957 *Richard Doran*. Atlantiküberquerung von Ost nach West.
Verity, 11,50 m.

1957 *Joseph Cunningham*. - *Ice Bird*, 7,50 m-Slup.

1957 *Bernhard Kohle*r (Franco-Schweizer). Concarneau, Kanarische Inseln, Fort-de-France in 38 Tagen. – *Heimliche Einhandreise.*
Va danser, Kutter, 6,40 m, 24 Jahre alt.

1958 *Georges Ballas* (Kanadier). Am 6. Januar von Las Palmas, Anfang Februar in Barbados, anschließend New York.
Fei Lin, Slup mit Hilfsmotor, 9,14 m.

1958 *Peter Tangwald* (Norweger mit amerikanischer Staatsbürgerschaft). Las Palmas – Antigua in 31 Tagen.
Windflower, Yawl, 13,73 m.

1958–1960 *Gui Clabaud* (Franzose). Bei Beginn der Reise 39 Jahre. Von Las Palmas (23. Oktober 1958), dann Panama, Tahiti, Loyalitäts-Inseln (Juni 1956). *Starb während seiner Weltreise an Gelbsucht.*
Eole, Ketsch, 9,80 m, nach eigenem Riss.

1959 *Mervyn Liappiat* (Brite). Von den Kapverdischen Inseln nach Carlisle Bay in 18 Tagen.
Fingal, 10 m-Kutter.

1959 Peter Phillips. Atlantiküberquerung von Ost nach West.
Morna, 14,80 m-Ketsch.

1959 Christopher de Grabowski (Pole). Von Tanger (12. April 1959) nach New York (5. Juli 1959): direkt in 84 Tagen.
Thetys, 7,36 m-Kutter.

1959 Lars Roedhal. Atlantiküberquerung von Ost nach West.
Serene, 15,50 m-Schoner.

1959 Axel Pederson (Däne). Von Auckland nach San Franzisko; segelte von dort nach Dänemark weiter. *Pazifik von West nach Ost.*
Marco Polo. Mit diesem Boot wurde bereits eine Weltreise zu zweit gemacht.

1959 Tom Dower. Havarierte, von Neufundland kommend, bei den Kanarischen Inseln; baute neues Boot und segelte damit bis Afrika. – *Atlantiküberquerung gegen Passat.*
Newfoundlander, 11 m-Slup.

1959 Briant Platt (Amerikaner). 23 Jahre alt. Hongkong, Okinawa, Midway (Mastbruch). Ankunft in San Franzisko am 25. Dezember 1959 nach 2 Monaten und 3 Tagen.
High Tea, Dschunke, 10,80 m, mit Diesel.

*1959–1960 Patrik Moore (Neuseeländer). Von Rarotonga (16. August 1959) nach nach Auckland (6. März 1960); sieben Monate im Pazifik verschollen. 15. Weltumsegelung ohne Motor.
Drifter, 9 m-Kutter.

*1959–1964 Peter Tangwald (s. o.). Von Brixham nach Las Palmas (19. November 1959). Nach Antigua in 29 Tagen, dann Los Angeles – Tahiti (mit Ehefrau aus Martinique); Mittelmeer 1963, wieder Brixham im August 1964.
Dorothea, 9,45 m-Kutter.

1959–1960 Colin L. Fox (s. o.). Las Palmas (24. Dezember 1959) bis Sainte-Croix (12. Februar 1960), dann nach New York.
Vaiger, 10,07 m-Kutter.

1960 *Atlantik-Regatta Ost-West, ohne Motor*
Chichester (Engländer). 59 Jahre alt, Plymouth 11. Juni, New York 21. Juli, 40 Tage, Sieger.
Gipsy Moth III, 12–13 m-Kutter.
H. G. Hasler (Engländer). 46 Jahre alt; 48 Tage, Zweiter.
Jester, Volksboot, 7,80 m, Dschunkensegel auf einem Mast.
David N. Lewis (Neuseeländer). 11. Juni bis 6. Juli. Dritter.
Cardinal Vertue.
Val Howells (Engländer). Vierter.
Serienmäßiges Volksboot.
Jean Lacombe (Franzose). 11. Juni bis 24. August, 74 Tage. Südroute. Fünfter.
Cap Horn, Serienboot, 6,50 m.
Bill Howell (Australier). Kam von Neuseeland zu spät zum Start.
Stardrift.

1960 *Daniel Gautier* (Franzose). Le Croisic (31. Mai 1960), New York (6. November 1960), also 159 Tage. Kam völlig erschöpft an nach diesem *längsten unfreiwilligen Törn.*
Isis, 7,50 m-Slup mit Couach-Motor.

1960 *Claude E. Johnson* (Amerikaner). Von Norwegen nach San Diego.
Farida, 12,40 m-Ketsch, Motor.

1961–1962 *Edward Allcard* (Engländer). Beginnt Weltreise über Antigua, Montevideo.
Sea Wanderer.

1962 *Kenichi Horie* (Japaner). Osaka 12 Mai 1962. Ankunft in San Franzisko 12. August. 5300 sm auf der Seekarte. – Erster Asiate Pazifik West-Ost ohne Hafen, kein Motor, sehr kleines Boot.
Mermaid, 5,80 m-Slup.

1962 *Chichester* (s. o.). Atlantik in 33 Tagen.
Gipsy Moth III.

1962 *Bill Howell* (s. o.). Von Las Palmas am 12. Juli. Ankunft in Barbados am 5. August.
Stardrift. Motor nicht benutzt.

1962–1963 *Jim Stephenson.* Von England nach Florida.
Le Rêve, 8 m-Slup.

1962–1964 *Frank Casper.* Florida-Mittelmeer-Florida-Tahiti.
Elsie, frühere *Liberia* von Lindemann, auf 8,60 m verlängert.

1963 *Tom Dower* (s. o.). Neufundland–Senegal über Antillen.
Newfoundlander, 11 m-Slup.

1963 *Stanley Jablonski* (Pole). Von Polen nach USA.
Amethyst, 8,60 m-Slup.

1963 *Ron Russel.* Atlantik Ost-West.
Gannet, 6,30 m.

1963–1964 *William Willis.* 70 Jahre. 4. Juli 1963 ab Callao. Samoa am 11. November; dann Australien. – Der Älteste mit Floß. Eiserne Ruder brechen nach 500 sm.
Age Unlimited, Floß, Metallkonstruktion, 9,60 m.

1963–1964 *Rollo Gebhard* (Deutscher). Atlantik.
Solveig, 5,60 m-Slup.

1964 *John Goetske.* Von den Antillen nach Neuseeland.
Valkirie, 9,60 m-Ketsch.

1964 *Olivier Stern-Veyrin* (Franzose). Von Martinique nach Tanger.
Smile, Ketsch.

1964 *Philippe Puiais* (Franzose). Las Palmas 8. Februar – Fort-de-France 14. März.
Mahina.

1964 *Jan de Kat* (Franzose). Ab Rochelle am 1. April 1964, über Kanarische Inseln, Guadeloupe nach New York am 22. Juni.
Ombrine, 10 m.

1964 René Blondeau (Franzose). Am 23. Oktober ab Korsika – Las Palmas – Mindelo (Kapverd.). Am 18. November Fort-de-Franc. Schläft 10 Stunden pro Nacht unter unkomplizierter Doppelfock. Windruder.
Aigle de Mer, Diable Doppelkiel, 8 m.

1964 Arthur Piver (Engländer). Bermudas – Plymouth, Spitzen von 30 kn. – Erster Trimaran. 1968 verschollen.
Seabird, Trimaran.

1964 Zweite Transatlantik-Regatta
Start am 23. Mai in Plymouth, Ziel Newport (s. Text). 15 Teilnehmer; einer hat aufgegeben. Zeiten zwischen 27 und 63 Tagen.

1964 John Riding (Engländer). England, Azoren, Bermudas, Rhodes-Island. Ging 1967 auf Weltreise. *Sehr kleines Boot.*
Sjø-Ag, Slup, Kimmkieler.

1965 Robert Manry (Franzose). Amerika – Europa.
Tinkerbelle, 4 m-Slup.

*1962–1965 William E. Nance (Australier). – *Weltreise ohne Motor um Kap Hoorn.*
Cardinal Vertue, Serienboot, 7,70 × 2,20 m.

1965–1966 Alex Carozzo (Italiener). Am 26. August 1965 ab Hamajima, Hawaii, Golden Gate am 26. April 1966. *Pazifik West-Ost, 6000 sm.*
Golden Lion, Slup 10 m. Eigenbau.

*1961–1966 Michel Mermod (Schweizer). *Weltreise über das Chinesische Meer* (s. Text) vom 4. 12. 1961 bis 7. 2. 1966.
Genève, 7,80 m-Slup ohne Motor.

*1964–1966 Pierre Auboiroux (Franzose, Taxifahrer). Am 2. September 1964 ab La Trinité-sur-Mer; Torresstraße, Rotes Meer, Genua, Hyères am 29. August 1966.
Néo-Vent, 8,50 m-Slup.

1966 Bill Verity (Amerikaner). Fort Lauderdale (Florida) bis Fenit (Irland) in 66 Tagen. Gegenkurs zum Heiligen Brendan vor 1500 Jahren, was er beweisen wollte. *Sehr kleines Boot.*
Nonoalca, 3,65 m-Slup.

1966 John Guthrie. New York, Azoren, Falmouth in 34 Tagen.
Askadil, 8 m L.W.L.

*1965–1967 Lee Graham. – *Mit 16 Jahren jüngster Weltumsegler.* Am 28. Juli 1965 von Kalifornien nach den Neuen Hebriden, Indonesien, Südafrika.
Dove, Slup.

1966 Pierre Dubernat (Franzose). Bordeaux – Georgetown. Seine dritte Überfahrt. Dauer 3 Monate. Wollte in Französisch-Guayana Farmer werden.

1966 George Farley (Engländer). Ende Juni ab England über Kanaren nach Barbados, am 7. Oktober zurück in Cork.
Dawn Star, 6,70 m-Slup.

1966 Kenneth Weiss. August ab Vancouver, 12. Dezember an Auckland.
Thumbelina.

1965–1966 Robin Knox-Johnston. Bombay – London in 15 Monaten über Sansibar und das Kap.
Suahili, 10 m-Ketsch.

1966 Peter Neve. Kanaren – Antigua in 46 Tagen. Offenes Boot, 4,55 m, Lateinersegel.

1965–1966 Peter Rose. Kanaren – Barbados in Versuchs-Regatta, dann von Camden (Maine) nach England.
Odd Time, Spitzgatt-Fischerboot, 7 m.

*1966–1967 Francis Chichester. 65 Jahre alt. Ab Plymouth am 28. September, an Sidney am 12. Dezember (in 107 Tagen). Ab Sidney am 29. Januar, an Plymouth am 28. Mai (in 118 Tagen) um Kap Hoorn. *Ältester Weltumsegler mit einer Etappe auf Klipperroute.* Wurde auf Grund dieser seglerischen Leistung geadelt.
Gipsy Moth IV, 16,30 m-Ketsch.

*1963–1968 Jean Gau (s. o.). Ab Valras am 26. Mai 1964. Tahiti – Auckland – Neuguinea – Durban. Kenterte und brach Mast, erreichte Mossel-Bay. Ohne Aufenthalt am Kap mit zerrissenen Segeln nach Puerto Rico in 123 Tagen. Miami – New York am 10. Juni 1967, Valras am 9. Oktober 1968. *Begann Anfang Mai 1970 seine dritte Weltreise über New York. Damit 10 Atlantiküberquerungen.*
Atom (s. o.).

*1963–1967 Frank Casper (Deutscher). Am 19. Dezember 1963 ab Miami – Tahiti Mai 1964 – Port Morsby Juni 1965 – Mauritius April 1966, Bermudas Mai 1967.
Elsie, 9,10 m-Kutter.

1966–1967 Tom Corkill. Brisbane – Indonesien – Singapur – Durban in 16½ Monaten.
Clipper I, Trimaran.

1967 Pierre Chassin (Franzose). Am 20. August vom Kap über St. Helena und Ascension nach den Antillen (22. Dezember). 7 m-Boot.

1967 Rudolf Wagner (Deutschland). Verließ Cherbourg am 10. Juni 1967 und landete nach 36 Tagen auf Antigua (westindische Inseln). – *Längste Einhandreise, die in einem Katamaran bis dahin durchgeführt wurde.* Wagner überquerte den Atlantik noch einmal – diesmal mit seiner Familie – und lebt heute auf Antigua.
Hobby, Katamaran, 8×4,20 m, Tiefgang 0,60 m.

1967 William Wallace (Amerikaner, Mathematikprofessor). Von USA nach Plymouth in 41 Tagen. Kunststoffboot, 6 m.

Seit 1967 sind die Ozeanüberquerungen derart zahlreich geworden, daß hier nur noch die Weltumsegelungen erwähnt werden können – es sind jetzt immerhin schon 33 – sowie die Rekorde und Ozean-Regatten.

*1966–1968 Wilfried Erdmann (Deutscher). Alicante – Gibraltar (10. 9. 66) – Las Palmas – St. Vincent – Panama – Port Moresby – Kap Helgoland. Eingetroffen am 7. 5. 1968
Kathena.

*1966–1967 *Walter König* (Deutscher). Am 28. 7. 1966 ab Hamburg.
Zarathustra, 6 m-Slup.

*1966–1968 *Alan Eddy* (Amerikaner). New York – Panama – Tasmansee – Kap
– Antillen, wo er im November 1968 mit einem Foto vom Kap eintrifft.
Apogée, 9,14 m.

1968 *Hugo Vilhen* (Amerikaner, Zivilpilot). Ab Casablanca am 29. 3. nach
Miami am 21. 6. (in 85 Tagen). *Kleinstes Boot.*
April Fool, Katboot, 1,80 × 11,50 m mit Zwillingsfock.

1968 *Dritte Transatlantik-Regatta*
35 Teilnehmer, von denen 14 aufgegeben haben (s. Text).

*1967–1968 *Alec Rose* (Engländer, Gemüsehändler). Im Alter von 60 Jahren am
16. 7. 67 ab Portsmouth, am 17. 12. 67 in Melbourne, am 14. 1. 68 ab Melbourne, an Portsmouth am 4. 7. 68. *Weltumsegelung mit 2 Häfen (Melbourne und Bluff)*. Alec Rose wurde auf Grund dieser Weltumsegelung geadelt.
Lively Lady, 11 m-Ketsch.

1968 *Stephen Pacquenham* (Reverend). 15. in der Transatlantik-Regatta, kehrte in 21 Tagen nach England zurück.
Rob Ray (s. Text).

*1966–1968 *Roger Plisson* (Franzose). Trotz Mastbruch schnellste klassische Weltumsegelung in 18 Monaten weniger 1 Tag (davon 4 Monate im Hafen).
François-Virginie, Slup, 7,75 m, Eigenbau.

*1966–1969 *Leonid Teliga* (Pole, Flugkapitän). Verläßt Polen am 8. 12. 66, Casablanca, Panama, Fidjii; Rückkehr ohne Zwischenhafen nach Dakar in 165 Tagen. Eintreffen in Casablanca am 29. 4. 1969.
Opty, Yawl, 9,85 × 2,75 m, Eigenbau.

*1965–1969 *Robin Lee Graham* (Amerikaner aus Hawaii). Bei Auslaufen 16 Jahre.
Am 28. 7. 65 ab Kalifornien – Honolulu – Neue Hebriden – Neu Guinea (heiratet in Südafrika, aber Weiterreise ohne seine Frau) – Guayana – Barbados (s. Text).
Dove, Slup aus Polyester, 7,20 m.

1969 *Erste Transpazifik-Regatta*
4 Teilnehmer: Tabarly (Franzose), J. Y. Terlaine (Franzose), Claus Hehner (Deutscher), Hauwaert (Belgier).

*1968–1969 *Nonstop-Einhand-Wettfahrt rund um die Welt.*
Drei Konkurrenten gehen in den „Brüllenden Vierzigern" gegenan: Knox-Johnston, Tetley und Moitessier. Letzterer gleich 1$^1/_2$ mal, vom Kap der Guten Hoffnung wieder zum Kap. *Schnellste Weltumseglung in 150 Tagen.*

1969 *John Fairfax* (Engländer). Am 20. Januar Abfahrt von den Kanarischen Inseln, Ankunft in Florida Mitte Juli – *Erste Atlantiküberquerung von Ost nach West im Ruderboot.*
Super Silver, 6 m-Dory mit Luftkästen.

1969 *Mac Lean* (Engländer, ehem. Fallschirmjäger). – *Erste unbezweifelte Einhand-Atlantiküberquerung im Ruderboot von West nach Ost:* von St. John auf Neufundland (17.5) nach Irland (27. 7.)

1969-1970 Sidney Ganders (Engländer). Von Cornwall im September 1969 in drei Monaten nach den Kanarischen Inseln. Weihnachten weiter nach Antigua in 74 Tagen, dann Miami. – *Atlantiküberquerung im Ruderboot von Ost nach West.*
Ruderboot aus Sperrholz, 7 m.

*1967-1970 Rollo Gebhard (Deutscher). Am 12. 12. 1967 von den Kanarischen Inseln – Barbados – Panama – Galapagos – Tahiti – Port Moreby – Thursday Island – Durban.
Solveig II, Plastik-Slup, 7,80×2,40 m, Segelfläche 28 qm.

*1970-1971 Chay Blyth (Schotte, ehem. Fallschirmjäger) überquerte den Atlantik im Ruderboot mit Ridgway. – *Nonstop-Weltumsegelung von Ost nach West gegen die „Brüllenden Vierziger".* Von Hamble (England) nach Hamble in 302 Tagen (18. 10. 1970 bis 6. 8. 1971).
British Steel, Ketsch, 17,70×13,25 m L.W.L., 3,90 m Tiefgang.

1971 Sir Francis Chichester, 1971 im Alter von 70 Jahren, brauchte 202 Tage für 4000 sm von Portugiesisch Guinea nach Nicaragua. Für einen Tagesdurchschnitt von 200 sm fehlen ihm nur 2 Tage. *Schnellste Atlantiküberquerung.*
Gipsy-Moth (s. o.).

1971 Nicolette Milens-Walker (Engländerin). Am 26. 7. 1971 von England nach Newport in 45 Tagen. –

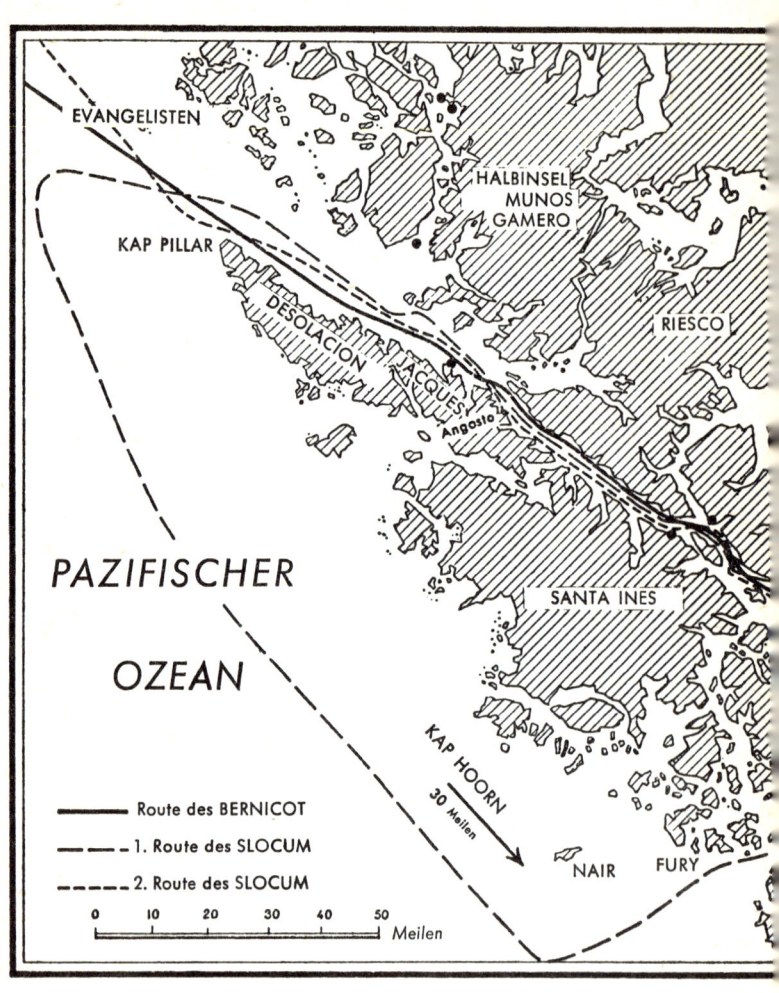

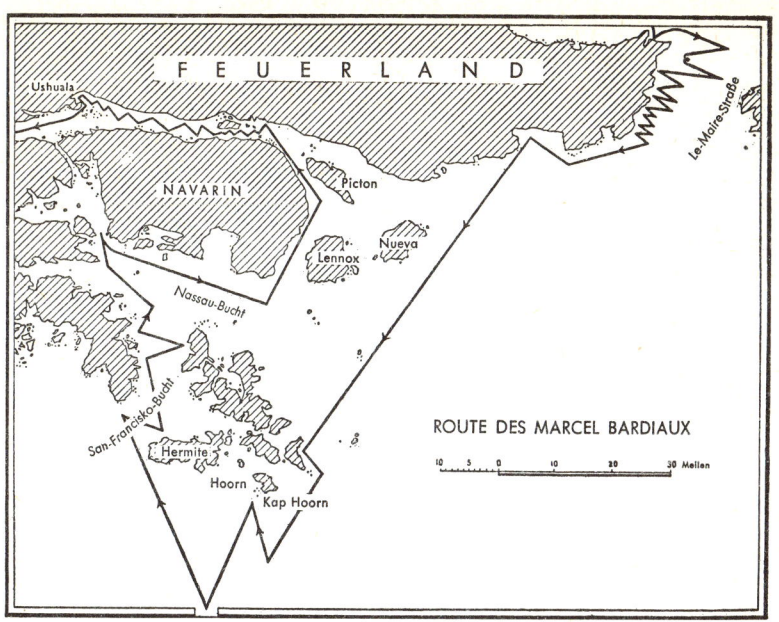

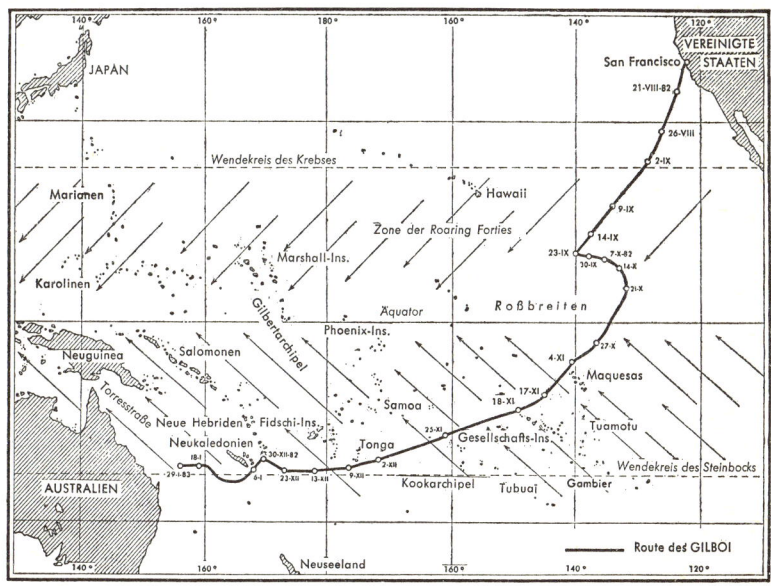

Bücher
über Reisen in kleinen Booten,
die von den Seglern
selbst geschrieben wurden:

Einsamer Pazifik   CLAUS HEHNER

Hehner hat die erste Transpazifik-Einhand Regatta mitgesegelt von San Franzisko nach Tokio. Hier erzählt er von dieser Reise, ihren Vorbereitungen und ihrem Verlauf. 232 Seiten mit 22 zum Teil farbigen Fotos und mehreren Zeichnungen und Kartenskizzen, Ganzleinen DM 19,80 − ISBN 3-7688-0050-4

Einhand zum Sieg   ERIC TABARLY

Der bekannte französische Segler berichtet über seine Teilnahme an einer Einhand-Atlantik-Regatta. Sein Buch ist auch insofern interessant, als der Autor sich mit seiner eigenen und den Selbststeueranlagen seiner Konkurrenten beschäftigt. 320 Seiten mit 82 Fotos und 24 Zeichnungen, Ganzleinen DM 22,80 − ISBN 3-7688-0086-5

Unternehmen Pol-Cat   DAVID LEWIS

Mit diesem Buch über eine Reise von England nach Island bekommt der Leser eine Menge Informationen über das Segeln im Katamaran auf See. Da der Autor etwas unkonventionell vorgeht, verläuft sein Unternehmen recht abenteuerlich. 232 Seiten mit 19 Fotos und 10 Zeichnungen und Kartenskizzen, Ganzleinen DM 16,80 − ISBN 3-7688-0067-9

Verlag Delius, Klasing + Co